普通高等教育"十三五"规划教材

软 件 工 程

陈 永 主 编

张 薇 杨 磊 副主编

中国铁道出版社有限公司
CHINA RAILWAY PUBLISHING HOUSE CO., LTD.

内 容 简 介

　　软件工程是一门讲授如何采用工程学的原理、技术和方法开发与维护软件的课程。本书结合国内外软件工程领域最新的进展，以软件设计方法、工具应用为主线，通过基础篇、高级篇和案例篇三部分，从实践、实用的角度，通过丰富的实例和热点问题，系统地介绍了软件工程的基本思想、方法。本书内容全面，涉及大数据、云计算、可穿戴计算、面向服务计算等新技术内容，此外，对软件职业素质和职业道德也进行了阐述。

　　本书取材新颖，深入浅出地介绍了软件工程基本理论和前沿技术。通过典型项目案例和应用实例，使读者能够快速掌握软件工程理论和设计方法。

　　本书适合作为计算机科学与技术、软件工程、信息管理与信息系统、信息与计算科学等专业本科生的教材，也可作为研究生及相关学科领域软件技术研究人员的参考用书。

图书在版编目（CIP）数据

软件工程/陈永主编. —北京：中国铁道出版社有限公司，
2017.1（2022.12 重印）

普通高等教育"十三五"规划教材

ISBN 978-7-113-19717-9

Ⅰ.①软…　Ⅱ.①陈…　Ⅲ.①软件工程-高等

学校-教材　Ⅳ.①TP311.5

中国版本图书馆 CIP 数据核字（2017）第 005124 号

书　　名：软件工程
作　　者：陈　永

策　　划：	周海燕	编辑部电话：（010）63549501	
责任编辑：	周海燕　冯彩茹		
封面设计：	刘　颖		
封面制作：	白　雪		
责任校对：	张玉华		
责任印制：	樊启鹏		

出版发行：中国铁道出版社有限公司（100054，北京市西城区右安门西街 8 号）
网　　址：http://www.tdpress.com/51eds/
印　　刷：北京建宏印刷有限公司
版　　次：2017 年 1 月第 1 版　2022 年 12 月第 7 次印刷
开　　本：787 mm×1 092 mm　1/16　印张：24.75　字数：601 千
书　　号：ISBN 978-7-113-19717-9
定　　价：58.00 元

前　言

　　软件工程采用工程学的概念、原理、技术和方法来开发与维护软件，把经过时间考验而证明正确的管理技术和当前能够得到的最好的技术方法结合起来，研究和应用如何以系统性的、规范化的、可定量的过程化方法开发和维护软件的学科。随着信息处理技术的不断发展，软件的作用越来越广泛，对软件的开发方法、开发理念、开发工具提出了更高的要求。

　　软件工程是高等学校软件工程学科和计算机科学与技术学科专业的一门重要专业基础课程。本书针对软件开发过程中的理论体系进行讲解，通过基础理论、高级软件开发技术、项目案例实战，从经典软件工程基本方法到形式化方法、面向服务软件工程、软件质量管理、合同、职业素质与职业道德、软件标准化文档等问题进行了系统的阐述。

　　在本书的编写过程中，编者结合多年的授课讲义，充分吸取了国内外经典软件工程著作内容，并增加了大量新技术和新方法。在本书知识结构及教学内容上进行了精心推敲和认真规划，其主要特点如下：

　　（1）在保证软件工程理论体系完整的同时，突出软件工程新技术和新方法，对大数据、云计算、面向服务计算、极限编程、领域工程等问题有所阐述，该部分内容体现了软件工程知识的新颖性。

　　（2）软件设计方法与设计工具并重，合理安排教学内容，通过全新实例和项目案例突出设计方法和设计工具的使用。如基于二维码食品安全追溯、人体运动捕捉系统、虚拟心脏系统、按图搜索网上订餐系统等内容，科学地丰富了课程内容。

　　（3）遵循教材编写规律，注重教材写作技巧，尤其是对一些软件工程新技术、新思想，采用由浅入深、实例引导的方式，有效提高了教材的可读性和易理解性。

　　本书正文共三部分，分为17章，选材上内容新颖，案例翔实，不仅能体现经典软件工程基本理论的知识性，还能体现实践性、前瞻性。本书通过理论、设计、应用的主线，做到了理论和设计分析相结合，同时，本书注重各专业、学科间知识的融合交叉性，内容涉及管理学、认知心理学、数学、人机工程学、经济学、职业素质和职业道德等学科内容。

　　第一部分为基础篇，包括第1章至第10章：第1章概述了软件工程基本概念和软件工程人员职业素质和职业道德；第2章主要对各种软件过程和开发模型进行了介绍；第3章讲解了软件规划和可行性分析；第4章介绍了软件需求分析方法、任务和各种分析工具；第5章介绍了软件总体设计及食品安全追溯案例分析，重点讲解了面向数据流的设计方法；第6章介绍了人机交互设计、设计原则、可穿戴计算；第7章介绍了详细设计工具和方法，并对程序复杂度定量计算进行了讲解；第8章介绍了软件编码风格和语言选择；第9章介绍了软件各种测试方法和压力测试、容量测试等内容；第10章介绍了软件维护、软件再工程、软件复用等技术。

第二部分为高级篇，包括第11章至16章。第11章介绍了软件形式化方法在软件设计中的应用，并给出案例说明；第12章对软件设计模式技术进行了讲解；第13章介绍了极限编程思想及过程；第14章介绍了大数据与面向服务的软件工程；第15章介绍了软件项目管理与质量控制；第16章介绍了合同的相关知识。

第三部分为案例篇，包括第17章，通过对项目案例"网上订餐系统"的设计与实现，对软件工程各个设计阶段的思想和设计方法、工具实现过程进行了详细讲解。

本书在编写过程中，通过总结编者多年的授课经验，力图做到概念清晰、内容新颖、层次分明、通俗、易懂、理论联系实际，以对读者富有启发性。

本书由陈永（兰州交通大学）任主编，张薇（兰州交通大学）、杨磊（甘肃省教育考试院）任副主编。其中，第1章到第7章及附录D由陈永编写；第8章到第15章由张薇编写；其余章节及附录A、B、C由杨磊编写。硕士研究生张甜甜、贺红参与了本书的校对工作，优秀本科毕业生安书山、张海钰、陈振花为本书提供了部分翔实的案例素材。

在本书的编写过程中，参考了大量的互联网电子资源、图书文献资料，在此向相关作者致以谢意。本书也得到了中国铁道出版社、兰州交通大学、甘肃省教育考试院有关部门的帮助和支持，在此一并表示感谢。

鉴于编者水平有限，加之时间仓促，书中难免存在疏漏及不足之处，恳请读者指正。

编　者

2016 年 12 月

目　录

基　础　篇

高 级 篇

案 例 篇

基 础 篇

第1章
概　　论

　　软件（Software）是一系列按照特定顺序组织的计算机数据和指令的集合。软件一般被划分为系统软件、应用软件和介于这两者之间的中间件软件。软件并不是只包括可以在计算机（这里的计算机是指广义的计算机）上运行的程序，与这些程序相关的文档、数据等元素一般也被认为是软件的一部分。

　　随着计算机技术的迅速发展和广泛应用，社会对软件的需求也与日俱增，软件在计算机系统中的比重不断增大。现代社会已经离不开软件。国家基础设施和公共建设，工业制造、金融、交通等行业，软件已经成为必不可少的一部分。软件可以将劳动生产率水平进一步提高，促进经济全球化、经济增长集约化、环保经济绿色化、军事技术信息化，甚至影响和改变着人类的生活方式。软件从最初的计算机硬件的附属品，仅仅作为计算机硬件的运行和做一些简单的计算与数据处理的程序，发展到今天大规模的封闭或开放式的系统软件和应用软件。有的软件的源代码甚至超过千万行。例如，美国阿波罗计划的软件长达 1 000 万行，航天飞机计划的软件更是长达 4 000 万行，桌面操作系统为千万级量级规模。如今，物联网技术、云计算、大数据、移动互联网融合发展，为生产生活、社会管理带来深刻变化。现代软件技术结合物联网、大数据、云计算和移动互联网、虚拟现实、大规模并行计算等一系列技术让"智慧城市"与"智慧交通"的美好画卷正在变成现实。

　　软件是抽象的，是人类逻辑思维的产物，它不受物质材料的限制，也不受物理定律或加工过程的制约，这一特性使软件工程得以简化，因为软件的潜能不受物理因素的限制；另外一方面，由于缺乏自然约束，软件系统的实现在实施过程中，容易变得极为复杂，理解它会很困难、改变它付出的代价更加高昂。软件规模的增长，使其复杂度也随之大大增加，而高复杂度和高可靠性的不相容性，使得软件可靠性随着其规模的增长而降低，质量难以保证，维护愈加困难，投资预算很难控制，传统的软件研制开发方法已无法适应大规模软件的开发需求。

　　为了解决在软件开发和维护过程中遇到的一系列软件危机的严重问题，1968 年，北大西洋公约组织（NATO）的科学家和官员们在原德意志联邦共和国召开的国际会议上讨论并首次提出了软件开发要工程化。当时，单个的程序开发技术已经不能扩展并应用到大型的、复杂的软件系统中。软件项目有时甚至要推迟几年才能完成，不仅比预计的费用高且难以维护。软件工作者开始认真研究消除软件危机的途径，从而逐渐形成了一门新兴的工程学科——计算机软件工程学（Software Engineering），简称软件工程。软件工程是一门工程学科，涉及软件生产过程中的各个方面，从最初的问题提出一直到投入使用后的系统维护，都属于其学科研究范畴。

1.1 软 件 危 机

1.1.1 摩尔定律和超越摩尔

1965 年，Intel 联合创始人戈登·摩尔提出了著名的理论：半导体芯片上可集成的元器件的数目每 12 个月便会增加一倍。也就是说，同样规格的芯片的成本，每 12 个月便会降低一半。1965 年每个芯片可以容纳 50 个晶体管，摩尔预测到 1970 年，每个芯片将能够容纳 1 000 个元器件，每个晶体管的价格会降低 90%。

经过简化，这个发现被归纳为"摩尔定律"：每个芯片上晶体管的数目每 12 个月将会增加一倍。戈登·摩尔的发现不基于任何特定的科学或工程理论，只是真实情况的映射总结。硅芯片行业注意到了这个定律，没有简单地把它当作一个描述的、预言性质的观察，而是作为一个说明性的、重要的规则、整个行业努力的目标。

除此之外，还有一个与摩尔定律相对的洛克定律（Rock's law），强调了生产中的成本因素。通过观察可知，芯片制造厂商的成本每 4 年便会增加一倍。技术的进步以不断为芯片上晶体管数量的增加铺平道路，但是芯片生产设施的建造会十分昂贵，而更小、更便宜的处理器的使用还在不断增加。

硬件技术在不断发展，但现在，这种发展轨迹要告一段落了。由于同样小的空间里集成越来越多的硅电路，产生的热量也越来越大，这种原本两年处理能力加倍的速度已经慢慢下滑，原本的摩尔定律在逐步失效。目前，行业研究规划蓝图新的战略是"超越摩尔"（More than Moore）：与以往首先改善芯片、软件随后跟上的发展趋势不同，以后半导体行业的发展将首先看软件——从手机到超级计算机再到云端的数据中心——然后反过来看要支持软件和应用的运行需要什么处理能力的芯片来支持。

这种局势的转变使得人们更加强调软件的重要性。计算机的应用日益广泛、深入，然而硬件的进步只是为计算机系统提供了潜在的能力，如果没有软件来驾驭和开发这种能力，人类并不能有效地使用计算机，因此，软件已成为限制计算机系统发展的关键因素。

计算机软件是一个逻辑的而非物理的系统，它具有与硬件显著的不同特点。它的主要工作集中在定义、开发、维护等纯智力活动方面。随着软件需求的剧增，软件规模不断增大，软件数量急剧膨胀。在程序运行时发现的错误必须设法改正；用户有了新的需求时必须相应地修改程序；硬件或操作系统更新时，通常需要修改程序以适应新的环境。上述种种软件维护工作，以令人吃惊的比例耗费资源。更严重的是，许多程序的个体化特性使得它们最终成为不可维护的。软件危机就这样开始出现。

1.1.2　软件危机的介绍

软件危机（Software Crisis）是指在计算机软件的开发和维护过程中所遇到的一系列严重的问题，也可以指落后的软件生产方式无法满足迅速增长的计算机软件需求，从而导致软件开发与维护过程中出现一系列严重问题的现象。

广义上讲，所谓软件危机包含两方面问题：如何开发软件，以满足对软件日益增长的需求；如何维护数量不断膨胀的已有软件。

狭义上讲，所谓软件危机主要有以下一些典型表现：

（1）对软件开发成本和进度的估计常常很不准确。实际成本比估计成本有可能高出一个数量级，实际进度比预期进度拖延几个月甚至几年的现象并不罕见，这种现象降低了软件开发组织的信誉。而为了赶进度和节约成本所采取的一些权宜之计又往往降低了软件产品的质量，从而不可避免地会引起用户的不满。

（2）开发人员和用户之间很难沟通，矛盾很难统一。往往是软件开发人员不能真正了解用户的需求，而用户又不了解计算机求解问题的模式和能力，双方无法用共同熟悉的语言进行交流和描述。在双方互不充分了解的情况下，就仓促上阵设计系统、匆忙着手编写程序，这种"闭门造车"的开发方式必然导致最终的产品不符合用户的实际需要。

（3）大型软件项目需要组织一定的研发人力共同完成。软件项目管理人员缺乏开发大型软件系统的经验及软件开发各类人员的信息交流不及时、不准确，有时还会产生误解，这些都会导致软件质量无法得到保证。

（4）软件系统中的错误难以消除。软件是逻辑产品，质量问题很难以统一的标准度量，因而造成质量控制困难。软件产品并不是没有错误，而是盲目检测很难发现错误，而隐藏下来的错误往往是造成重大事故的隐患，这些都会导致软件产品出现质量问题。

（5）软件常常是不可维护的。很多程序中的错误是非常难改正的，实际上不可能使这些程序适应新的硬件环境，也不能根据用户的需求在原有程序中增加一些新的功能。"可重用的软件"还是一个没有完全做到的、正在努力追求的目标，人们仍然在重复开发类似的或基本类似的软件。

（6）软件通常没有适当的文档资料。错误的观点经常认为：软件就是程序。程序代码写完软件也就设计完了。实际上软件不仅仅是程序，还应该有一整套文档资料。这些文档资料应该是软件开发过程中产生出来的，而且应该是和程序代码完全一致的。软件开发过程中，基线是软件文档和源代码的一个稳定版本，它是进一步开发的基础。软件开发组织的管理人员可以使用这些文档资料作为"里程碑"，来管理和评价软件开发工程的进展状况；软件开发人员可以利用它们作为通信工具，在软件开发过程中准确地交流信息，对于软件维护人员而言，这些文档资料更是必不可少的。缺乏必要的文档资料或者文档资料不合格，必然给软件开发和维护带来许多严重的困难和问题。

（7）软件成本在计算机系统成本中所占的比例逐年上升。随着互联网时代的到来，电子商务、移动互联网兴起，软件经济已经影响到社会经济生活中的方方面面。硬件成本逐年下降，然而软件开发需要大量人力，软件成本随着软件规模和数量的不断扩大而持续上升。

（8）软件开发生产率跟不上计算机应用系统迅速普及深入的速度。软件开发是一种高强度的脑力劳动，理论性和实践性都很强，软件开发人员的生产效率也对开发的周期和质量有很大影响。特别是软件工程，对软件开发的成功（按质按量，按期完成）有决定性作用。

（9）软件产品的特殊性和人类智力的局限性，导致人类无力处理"复杂问题"。"复杂问题"的概念是相对的，一旦人们采用先进的组织形式、开发方法和工具提高了软件开发效率和能力，新的、更大的、更复杂的问题又摆在人们的面前，所以"复杂问题"的解决需要诸多学科知识及技术的协同发展。

以上举例的仅仅是软件危机的一些典型表现，与软件开发和维护有关的问题远不止这些。

1.1.3　产生软件危机的原因

开发软件系统需要投入大量的人力和物力，但软件系统的质量却难以保证，也就是说，开发软件所需的高成本同产品的低质量之间有着尖锐的矛盾，这种现象就是所谓的"软件危机"。在软件开发和维护的过程中存在这么多严重问题，一方面与软件本身的特点有关，而另一方面的主要原因是软件开发和维护的方法不正确有关。

软件开发不同于一般的加工制造业、机械工业以及一般的加工业，这些行业都已经有了上百年的历史，产品的生产流程及工厂、车间、工种等的机构设置和角色分工都有了成熟的模式。但是，软件企业及软件产品的生产，历史不长，加之软件本身的智力劳动的特性，软件作为产品的生产流程及其相应的管理活动，还远远没有一个成熟的模式。此外，软件不同于一般程序，它的一个显著特点是规模庞大，而程序复杂性将随着程序规模的增加而呈指数上升。为了在预定时间内开发出规模庞大的软件，必须由许多人分工合作。然而，如何保证每个人完成的工作合在一起确实能够成一个高质量的大型软件系统，更是一个极端复杂困难的问题，这不仅涉及许多技术问题，如分析方法、设计方法、形式说明方法、版本控制等，更重要的是必须有严格而科学的管理。

与软件开发和维护有关的许多错误认识和做法的形成，可归因于在计算机系统发展的早期阶段软件开发的个体化特点。错误的认识和做法主要表现为忽视软件需求分析的重要性，认为软件开发就是写程序并设法使之运行，轻视软件维护等。另外，软件开发过程中如果缺乏有力的方法学和工具方面的支持会产生软件危机。由于软件开发不同于大多数其他工业产品，其开发过程是复杂的逻辑思维过程，其产品极大程度地依赖于开发人员高度的智力投入。由于过分地依靠程序设计人员在软件开发过程中的技巧和创造性，加剧软件开发产品的个性化，也是发生软件开发危机的一个重要原因。

软件项目管理（Software Project Management）的对象是软件工程项目。它所涉及的范围覆盖了整个软件工程过程。为使软件项目开发获得成功，关键问题是必须对软件项目的工作范围、可能风险、需要资源（人、硬件、软件）、要实现的任务、经历的里程碑、花费工作量（成本）、进度安排等做到心中有数。这种管理在技术工作开始之前就应开始，在软件从概念到实现的过程中继续进行，当软件工程过程最后结束时才终止。

软件项目管理是为了使软件项目能够按照预定的成本、进度、质量顺利完成，而对人员（People）、产品（Product）、过程（Process）和项目（Project）进行分析和管理的活动。软件项目管理的根本目的是为了让软件项目尤其是大型项目的整个软件生命周期（从分析、设计、编码到测试、维护全过程）都能在管理者的控制之下，以预定成本按期、按质地完成软件交付用户使用。研究软件项目管理要从已有的成功或失败的案例中总结出能够指导今后开发的通用原则、方法，同时避免前人的失误。软件工程学的一个重要目标就是结合软件开发技术和先进管理技术，以提高软件的可维护性，减少软件维护的代价。

1.1.4 消除软件危机的途径

软件工程作为一个新兴的工程学科，主要研究软件生产的客观规律性，建立与系统化软件生产有关的概念、原则、方法、技术和工具，指导和支持软件系统的生产活动，以期达到降低软件生产成本、改进软件产品质量、提高软件生产率水平的目标。软件工程学从硬件工程和其他人类工程中吸收了许多成功的经验，明确提出了软件生命周期的模型，发展了许多软件开发与维护阶段适用的技术和方法，并应用于软件工程实践，取得了良好的效果。

为了消除软件危机，首先应该对计算机软件有一个正确的认识。软件设计者应该彻底消除在计算机系统早期发展阶段形成的"软件就是程序"的错误观念。一个软件必须由一个完整的配置组成，事实上，软件是程序、数据及相关文档的完整集合。其中，程序是能够完成预定功能和性能的可执行的指令序列；数据是使程序能够适当处理信息的数据结构；文档是开发、使用和维护程序所需要的图文资料。1983 年 IEEE 为软件下的定义是：计算机程序、方法、规则、相关的文档资料以及在计算机上运行程序时所必需的数据。

更重要的是，必须充分认识到软件开发不是某种个体劳动的神秘技巧，而应该是一种组织良好、管理严格、各类人员协同配合、共同完成的工程项目。必须充分吸取和借鉴人类长期以来从事各种工程项目所积累的行之有效的原理、概念、技术和方法，特别要吸取几十年来人类从事计算机硬件研究和开发的经验教训。

在软件开发过程中人们开始研制和使用软件工具，用以辅助进行软件项目管理与技术生产，人们还将软件生命周期各阶段使用的软件工具有机地集合成为一个整体，形成能够连续支持软件开发与维护全过程的集成化软件支持环境，以期从管理和技术两方面解决软件危机问题。应该推广使用在实践中总结出来的开发软件的成功的技术和方法，并且研究探索更好更有效的技术和方法，尽快消除在计算机系统早期发展阶段形成的一些错误概念和做法。

应该开发和使用更好的软件工具，在软件开发的每个阶段都有许多烦琐重复的工作需要做，在适当的软件工具辅助下，开发人员可以把这类工作做得既快又好。如果把各个阶段使用的软件工具有机地结合成一个整体，支持软件开发的全过程，则称为软件工程支撑环境。

此外，人工智能与软件工程的结合成为 20 世纪 80 年代末期活跃的研究领域。基于程序变换、自动生成和可重用软件等软件新技术研究也已取得一定的进展，把程序设计自动化的进程向前推进一步。软件标准化与可重用性得到了工业界的高度重视，在避免重用劳动、缓解软件危机方面起到了重要作用。

软件开发的风险之所以大，是由于软件过程能力低，其中最关键的问题在于软件开发组织不能很好地管理其软件过程，从而使一些好的开发方法和技术起不到预期的作用。而且项目的成功也是通过工作组的共同努力，所以仅仅建立在可得到特定人员上的成功不能为全组织的生产和质量的长期提高打下基础，必须在建立有效的软件如管理工程实践和管理实践的基础设施方面，坚持不懈地努力，才能不断改进，才能持续地成功。

软件质量，乃至于任何产品质量，都是一个很复杂的事物性质和行为。产品质量，包括软件质量，是人们实践产物的属性和行为，是可以认识、可以科学地描述的。还可以通过一些方法和人类活动，来改进质量。针对以上问题，可以在软件开发过程中实施能力成熟度模型来改进软件质量、控制软件生产过程、提高软件生产者组织性和软件生产者个人能力和开发效率。

能力成熟度模型（Capability Maturity Model，CMM）是一种开发模型。CMM 是国际公认的对软件公司进行成熟度等级认证的重要标准。CMM 的目标是改善现有软件开发过程，也可用于其他过程。CMM 的基本思想是，因为软件危机问题是管理软件过程的方法引起的，所以新软件技术的运用不会自动提高生产率和利润率。CMM 有助于组织建立一个有规律的、成熟的软件过程。改进的过程将会生产出质量更好的软件，使更多的软件项目免受时间和费用的超支之苦。软件过程包括各种活动、技术和用来生产软件的工具。因此，它实际上包括了软件生产的技术方面和管理方面。CMM 策略力图改进软件过程的管理，而在技术上的改进是其必然的结果。CMM 致力于软件开发过程的管理和工程能力的提高与评估。该模型在美国和北美地区已得到广泛应用，同时越来越多的欧洲和亚洲等国家的软件公司正积极采纳 CMM，CMM 实际上已成为软件开发过程改进与评估事实上的工业标准。

总之，为了解决软件危机，既要有技术措施（方法和工具），又要有先进的组织管理措施。软件工程正是从管理和技术两方面研究如何更好地开发和维护计算机软件的一门新兴学科。

1.2 软件开发工程化

软件作为人类纯智力的劳动成果，和其他科学、技术、文学、艺术一样是人类共享的社会财富。但与文学艺术这类纯精神产品不同的是，它要面向社会发展的方方面面，它的研制开发工作就必须从用户的要求和市场的需求出发。能否得到用户的欢迎，能否取得一定的市场份额，将取决于软件本身的功能、性能、可靠性、价格以及扩充能力等。软件产品的商品化是实现上述目标的必由之路。传统的"艺术创作"式的方式，极不适应提供低价格高品质软件产品的商品化需求。为此，人们将借鉴其他科技产品商品化的路子，提出软件产品的研制开发与生产必须工程化、标准化。

1.2.1 软件工程的定义

1968 年"软件工程"这一名称被首次提出。软件工程的目标简而言之就是要使开发的软件产品具有可靠性、有效性、易维护性和可理解性。实现这一目标的软件工程原理就是：必须采用一种有效的方法和技术来降低开发活动的复杂性。

软件工程一直以来都缺乏一个统一的定义，很多学者、组织机构分别给出了自己认可的定义：

Barry Boehm：运用现代科学技术知识来设计并构造计算机程序及为开发、运行和维护这些程序所必需的相关文件资料。

IEEE 在软件工程术语汇编中的定义：①将系统化的、严格约束的、可量化的方法应用于软件的开发、运行和维护，即将工程化应用于软件；②在①中所述方法的研究。

Fritz Bauer 在 NATO 会议上给出的定义：建立并使用完善的工程化原则，以较经济的手段获得能在实际机器上有效运行的可靠软件的一系列方法。

此外，《计算机科学技术百科全书》中，软件工程是应用计算机科学、数学、逻辑学及管理科学等原理，开发软件的工程。软件工程借鉴传统工程的原则、方法，以提高质量、降低成本和改进算法。其中，计算机科学、数学用于构建模型与算法，工程科学用于制定规范、设计范型、评估成本及确定权衡，管理科学用于计划、资源、质量、成本等管理。

ISO 9000 对软件工程过程的定义是：软件工程过程是输入转化为输出的一组彼此相关的资源和活动。

其他定义：①运行时，能够提供所要求功能和性能的指令或计算机程序集合；②程序能够满意地处理信息的数据结构；③描述程序功能需求以及程序如何操作和使用所要求的文档。以开发语言作为描述语言，可认为软件=程序+数据+文档。

综上，软件工程可以概括为：软件工程采用工程学的概念、原理、技术和方法来开发与维护软件，把经过时间考验而证明正确的管理技术和当前能够得到的最好的技术方法结合起来，研究和应用如何以系统性的、规范化的、可定量的过程化方法开发和维护软件的学科。

软件工程的目标是：在给定成本、进度的前提下，开发出具有适用性、有效性、可修改性、可靠性、可理解性、可维护性、可重用性、可移植性、可追踪性、可互操作性和满足用户需求的软件产品。追求这些目标有助于提高软件产品的质量和开发效率，减少维护的困难。

1.2.2 软件开发的发展过程

软件是由计算机程序和程序设计的概念发展演化而来的，是在程序和程序设计发展到一定规模并且逐步商品化的过程中形成的。软件开发经历了程序设计阶段、软件设计阶段和软件工程阶段的演变过程。

1. 程序设计阶段

程序设计阶段出现在 1946 年至 1955 年。此阶段的特点是：尚无软件的概念，程序设计主要围绕硬件进行开发，规模很小，工具简单，无明确分工（开发者和用户），程序设计追求节省空间和编程技巧，无文档资料（除程序清单外），主要用于科学计算。

2. 软件设计阶段

软件设计阶段出现在 1956 年至 1970 年。此阶段的特点是：硬件环境相对稳定，出现了"软件作坊"的开发组织形式。开始广泛使用产品软件（可购买），从而建立了软件的概念。随着计算机技术的发展和计算机应用的日益普及，软件系统的规模越来越庞大，高级编程语言层出不穷，应用领域不断拓宽，开发者和用户有了明确的分工，社会对软件的需求量剧增。但软件开发技术没有重大突破，软件产品的质量不高，生产效率低下，从而导致了"软件危机"的产生。

3. 软件工程阶段

自 1970 年起，软件开发进入了软件工程阶段。由于"软件危机"的产生，迫使人们不得不研究、改变软件开发的技术手段和管理方法。从此软件开发进入了软件工程时代。此阶段的特点是：硬件已向巨型化、微型化、网络化和智能化四个方向发展，数据库技术已成熟并广泛应用，第三代、第四代语言出现；第一代软件技术——结构化程序设计在数值计算领域取得优异成绩；第二代软件技术——软件测试技术、方法、原理用于软件生产过程；第三代软件技术——处理需求定义技术用于软件需求分析和描述。

4. 未来

在 Internet 平台上进一步整合资源，形成巨型的、高效的、可信的虚拟环境，使所有资源能够高效、可信地为所有用户服务，成为软件技术的研究热点之一。软件工程领域的主要研究热点是软件复用和软件构件技术，它们被视为是解决"软件危机"的一条现实可行的途径，是软件工业化生产的必由之路。而且软件工程会朝着开放性计算的方向发展，朝着可以确定行业基础框架、指导行业发展和技术融合的"开放计算"。

最近几年产生了一种观点——"软件即是一种服务"，软件不再在本地计算机上运行，而是将它放在所谓的"计算云"中。云计算（Cloud Computing）是基于互联网的相关服务的增加、使用和交付模式。云计算是一种按使用量付费的模式，这种模式提供可用的、便捷的、按需的网络访问，进入可配置的计算资源共享池（资源包括网络、服务器、存储、应用软件、服务），这些资源能够被快速提供，只需投入很少的管理工作，或与服务供应商进行很少的交互。云计算是继 1980 年代大型计算机到客户端—服务器的大转变之后的又一种巨变。云计算是分布式计算（Distributed Computing）、并行计算（Parallel Computing）、效用计算（Utility Computing）、网络存储（Network Storage Technologies）、虚拟化（Virtualization）、负载均衡（Load Balance）、热备份冗余（High Available）等传统计算机和网络技术发展融合的产物。云计算是通过使计算分布在大量的分布式计算机上，而非本地计算机或远程服务器中，企业数据中心的运行将与互联网更相似。这使得企业能够将资源切换到需要的应用上，根据需求访问计算机和存储系统。

云计算背景下，传统软件工程也需要不断创新发展。在传统的软件开发过程中，软件使用者对软件的需求确定后则按照传统软件工程开发模型进行软件设计，需求的改变则可能会导致软件架构的改变，这种改变会对软件设计影响巨大。而在云计算背景下，需求可能是在不断地变化，比如刚开始预期的使用人数只有一万人，但是当软件上线之后发现该软件很受欢迎，使用人数达到了百万级，大大超过了之前软件设计容量，于是通过云计算，可以对软件的运行环境进行动态扩充，只要对软件稍作修改便可使软件继续顺利运行。运用云计算的动态性，可以动态改变软件的运行环境，尽量减少整个软件结构所需的改动。同时对于在开发过程中选择更改架构的程序，也只需要改变本地代码即可，对于云端服务器，只要进行简单的设置就可顺利地让程序运行。此外，传统的软件工程开发更多的是软件工程师采用集中开发方式，以求最大的开发效率，开发组织大部分都局限在某一个具体公司里，组织之外的人想要参与项目是很困难的，而在云计算的时代，由于服务器在云端，只需要通过远程操作云服务器就能完成软件的开发部署工作，所以软件工程师可以身处世界各地而共同完成同一个工程，这使得开发变得更加包容与开放，只要互相之间进行约定，每个人按时完成自己所负责的工作即可，这使得开发组织可以变得更加多元化。

现在，越来越多的人开始意识到云计算的好处，并且已经开始接受并采用云计算，因为它可以改变人们的工作生活方式，对于软件工程行业也是如此。云计算服务器为开发人员提供了更加宽广的开发平台，它使得开发人员可以专注于业务的实现而从复杂的运行环境中抽身出来，使得软件变得更加可靠。

此外，云计算、移动互联网、大数据时代的到来，使传统的软件工程面临新的机遇与挑战。传统软件工程也正处于一个软件工业大变革的过程中，随着软件资源的大量积累与有效利用，软件生产的集约化与自动化程度都将迅速提高，软件生产质量与效率的大幅度改进将成为可能。

1.2.3 软件工程的基本原理

自从 1968 年提出"软件工程"这一术语以来，研究软件工程的专家学者们陆续提出了 100 多条关于软件工程的准则或信条。美国著名的软件工程专家巴利·玻姆（Barry Boehm）综合这些专家的意见，并总结了美国天合公司（TRW）多年的开发软件的经验，于 1983 年提出了软件工程的七条基本原理。

玻姆认为，这七条原理是确保软件产品质量和开发效率的原理的最小集合。它们是相互独立的，是缺一不可的最小集合；同时，它们又是相当完备的。人们当然不能用数学方法严格证明它们是一个完备的集合，但是可以证明，在此之前已经提出的 100 多条软件工程准则都可以由这七条原理的任意组合蕴含或派生。

下面是软件工程的七条原理：

1．用分阶段的生命周期计划严格管理

这一条是吸取前人的教训而提出来的。统计表明，50%以上的失败项目是由于计划不周而造成的。在软件开发与维护的漫长生命周期中，需要完成许多性质各异的工作。这条原理意味着，应该把软件生命周期分成若干阶段，并相应制定出切实可行的计划，然后严格按照计划对软件的开发和维护进行管理。

玻姆认为，在整个软件生命周期中应指定并严格执行六类计划：项目概要计划、里程碑计划、项目控制计划、产品控制计划、验证计划、运行维护计划。

2．坚持进行阶段评审

统计结果显示：大部分错误是在编码之前造成的，大约占 63%，错误发现得越晚，改正它要付出的代价就越大，要差 2 到 3 个数量级。因此，软件的质量保证工作不能等到编码结束之后再进行，应坚持进行严格的阶段评审，以便尽早发现错误。

3．实行严格的产品控制

开发人员最头疼的事情之一是改动需求。但是实践告诉我们，需求的改动往往是不可避免的。这就要求要采用科学的产品控制技术来顺应这种要求。也就是要采用变动控制，又称基准配置管理。当需求变动时，其他各个阶段的文档或代码随之相应变动，以保证软件的一致性。

4．采纳现代程序设计技术

从 20 世纪六七十年代的结构化软件开发技术，到最近的面向对象技术，从第一、第二代语言，到第四代语言，人们已经充分认识到：方法大于气力。采用先进的技术既可以提高软件开发的效率，又可以减少软件维护的成本。

5．结果应能清楚地审查

软件是一种看不见、摸不着的逻辑产品。软件开发小组的工作进展情况可见性差，难于评价和管理。为更好地进行管理，应根据软件开发的总目标及完成期限，尽量明确地规定开发小组的责任和产品标准，从而使所得到的标准能清楚地审查。

6．开发小组的人员应少而精

开发人员的素质和数量是影响软件质量和开发效率的重要因素，应该少而精。这一条基于两点原因：高素质开发人员的效率比低素质开发人员的效率要高几倍到几十倍，开发工作中犯的错误也要少得多；当开发小组为 N 人时，可能的通信信道为 $N(N-1)/2$，可见随着人数 N 的增大，通信开销将急剧增大。

7．承认不断改进软件工程实践的必要性

遵从上述六条基本原理，就能较好地实现软件的工程化生产。但是，它们只是对现有经验的总结和归纳，并不能保证赶上技术不断前进发展的步伐。因此，玻姆提出应把承认不断改进软件工程实践的必要性作为软件工程的第七条原理。根据这条原理，不仅要积极采纳新的软件开发技术，还要注意不断总结经验，收集进度和消耗等数据，进行出错类型和问题报告统计。这些数据既可以用来评估新的软件技术的效果，也可以用来指明必须着重注意的问题和应该优先进行研究的工具和技术。

1.3 软件工程产品分类及来源

许多人把软件等同于计算机程序，其实这种理解是很狭隘的。软件工程应该包括：程序和所有使程序正确运行所需要的相关文档和数据信息。一个专业化开发的软件系统通常远不止一个程序。系统通常包含一些单独的程序，用于设置这些程序的配置文件，可能还包括描述系统结构的系统文档和解释如何使用该系统的用户文档。

1.3.1 软件工程产品分类

软件工程人员关心的是软件产品（即能卖给客户的软件）的开发。软件产品有以下两类：

1．通用软件产品

该类软件产品由软件开发机构制作，在市场上公开销售，可以独立使用。软件产品有桌面操作系统、杀毒软件、手机应用软件、数据库软件、字处理软件、绘图软件以及工程管理工具等。还包括用于特定目的的应用产品，如图书馆信息系统、网上电子商务系统、财务系统等。

2．定制软件产品

这些产品受特定的客户委托，由软件承包商专门为这类客户开发。由于市场上的成熟软件系统其功能无法满足企业个性化需求或价格过高，产品存在特殊的行业特性等原因，需要根据企业的具体情况、具体要求而定制开发软件。定制软件相比于通用软件，可以大大提高资金使用率、提高员工的工作效率、降低成本、同现有业务接轨。这类软件的典型代表是企业 ERP 系统。企业资源计划即 ERP（Enterprise Resource Planning），由美国 Gartner Group 公司于 1990 年提出。企业资源计划是 MRP II（企业制造资源计划）下一代的制造业系统和资源计划软件。除了 MRP II 已有的生产资源计划、制造、财务、销售、采购等功能外，还有质量管理，实验室管理，业务流程管理，产品数据管理，存货、分销与运输管理，人力资源管

理和定期报告系统。目前，在我国，ERP 所代表的含义已经被扩大，用于企业的各类软件，已经统统被纳入 ERP 的范畴。它跳出了传统企业边界，从供应链范围去优化企业的资源，是基于网络经济时代的新一代信息系统。它主要用于改善企业业务流程，以提高企业核心竞争力。

这两类产品的一个重要区别在于：在通用软件产品中，软件描述由软件开发者自己完成，而定制软件产品，其软件描述通常是由客户给出，开发者必须按客户要求进行开发。然而随着社会信息化程度不断提高，这两类产品之间的界限也正在变得越来越模糊。现在更多的公司通常从一个通用软件产品开始进行定制处理，以满足特别客户的具体需求。

1.3.2 软件工程项目来源

软件工程项目开发简而言之就是为了满足人们日益增长的生活工作需要，软件开发人员通过一系列的手段获取用户的需求，然后通过分析，遵循一定的开发原理，采取相对应的方法，最终产生用户所想要的软件。在现实生活中，软件工程开发项目的来源主要有以下三种：

1. 新产品研发类项目

软件公司通过市场调研之后，认为某产品将会有巨大的市场空间，而软件公司在人力资源、设备资源、抵抗风险、资金和时间上都具备开发该产品的能力，于是决定立项，这类软件产品被称为"新产品研发类项目"，也可称为"非订单软件"。新产品研发类项目受市场定位、用户迫切需求获取、环境、研发创新能力等因素的影响，如果不了解用户场景、不了解用户的实际困难，往往很难进行。创新性是新产品开发计划的主要特点，也是开发的宗旨。创新，首先要满足用户的需要。它包括：新的市场盈利点、新的用户定位、新的性能、新的功能、新的原理和结构等。一切都是根据用户的新需要，作为创新的宗旨。

2. 合同类项目

该类软件项目来源主要是软件开发公司与固定的用户签订软件开发合同。软件开发合同是指软件企业与用户针对软件开发项目依法进行订立、履行、变更、解除、转让、终止以及审查、监督、控制等一系列行为的总称。其中订立、履行、变更、解除、转让、终止是合同管理的内容；审查、监督、控制是合同管理的手段。这类软件产品被称为"订单软件"。在合同类项目签订过程中，主要有以下环节构成：

（1）招标与投标

招标是一种国际上普遍运用的、有组织的市场交易行为，是贸易中的一种工程、货物、服务的买卖方式。招标是招标人（买方）发出招标公告或投标邀请书，说明招标的工程、货物、服务的范围、标段（标包）划分、数量、投标人（卖方）的资格要求等，邀请特定或不特定的投标人（卖方）在规定的时间、地点按照一定的程序进行投标的行为。

投标是与招标相对应的概念，它是指投标人应招标人特定或不特定的邀请，按照招标文件规定的要求，在规定的时间和地点主动向招标人递交投标文件并以中标为目的的行为。

对于一个小型软件项目的开发或产品实施，一般可由销售人员直接签订合同。对于一个大中型软件项目，在签订合同之前，一般由发标单位进行招标，软件企业的市场销售人员获取招标信息后，立即反馈给企业销售中心，销售中心和软件研发中心人员迅速进行可行性分析。若可行，市场销售人员抓紧公关，技术支持人员马上组织有关的售前工程师，按照投标书的编写参考指南，制定投标书，参加竞标。

（2）投标策略

投标报价竞争的胜负，不仅取决于竞争者的经济实力和技术水平，而且还决定于竞争策略是否正确和投标报价的技巧运用是否得当。投标报价的主要方法有：不平衡报价、计日单价报价、多方案选择报价等。投标书的篇幅较长，少则几十页，多则几百页。由于投标单位很多，一个单位的讲标时间有限，所以讲标的内容只能是投标书的精华部分，所以要突出重点，抓住关键，打动人心。并且要用多媒体等技术手段进行展示。讲标效果直接影响中标概率。讲标人不但要气质高雅，而且要业务精通，口才好，表达能力强，时间与节奏掌握好，最好是本行业领域的业务专家。

（3）中标

中标是指投标人被招标人按照法定流程确定为招标项目合同签订对象，一般情况下，投标人中标的，应当收到招标人发出的中标通知书。中标后，经过技术谈判和商务谈判，才能正式签订合同。合同正文和合同附件都很重要，都具有法律效应。

（4）下达任务的方法

软件企业已与用户签订了项目合同，同时《项目立项建议书》已通过项目评审，作为特殊情况，软件组织的上级下达了某项目的指令性软件开发计划。例如，跨组织跨部门的某个大系统项目，它的系统总体设计组分配给软件的需求。

合同管理必须是全过程的、系统性的、动态性的。全过程就是由洽谈、草拟、签订、生效开始，直至合同失效为止。软件合同签订后，一般由总工程师从研发部门指定专门的技术人员，配合业务人员做好技术方案。

3．产品升级类项目

该类软件项目根据市场及用户的反馈，由研发部经理或总工程师确定是否进行同一个产品的不同版本升级研发。市场及用户反馈一般来源于企业对产品已有用户做的使用情况调查、对本企业产品及同类产品进行的市场调研分析，企业售后服务部门从客户处得到已有产品的使用报告或问题（故障）报告等。

1.4 软件生命周期

1.4.1 软件生命周期的定义

软件生命周期（Systems Development Life Cycle，SDLC）是软件的产生直到报废或停止使用的生命周期。包括软件开发过程中：问题定义、可行性分析、总体描述、系统设计、编码、调试和测试、验收与运行、维护升级到废弃等阶段，这种按时间分程的思想方法是软件工程中的一种思想原则，即按部就班、逐步推进，每个阶段都要有定义、工作、审查、形成文档以供交流或备查，以提高软件的质量。

一项计算机软件，从出现一个构思之日起，经过这项软件开发成功投入使用，在使用中不断增补修订，直到最后决定停止使用，并被另一项软件产品代替之时止，被认为是该软件的一个生命周期。一个软件产品的生命周期可以划分为若干个相互区别而又有联系的阶段，每个阶段中的工作均以上一阶段的结果为依据，并为下一阶段的工作提供了前提。经验表明，失误造成的差别越是发生在生命周期前期，在系统交付使用时造成的影响和损失越大，要纠正它所花费的代价也越高。因而在前一阶段工作没有做好之前，决不要草率地进入下一阶段。软件生命周期阶段的划分，有助于软件研制管理人员借助于传统工程的管理方法（重视工程性文档的编制，采用专业化分工方法，在不同阶段使用不同的人员等），从而有利于明显提高软件质量、降低成本、合理使用人才、进而提高软件开发的劳动生产率。

由于工作的范围和对象不同、经验的不同，对软件生命周期的划分也不尽相同。但是，这些不同划分中有许多相同之处。一般来说，软件的生命周期大体可分为计划、开发和维护三个时期（见图1.1），每一时期有可分为若干更小的阶段。

生命周期具体阶段的划分，要受到软件规模、软件种类、开发方法、开发环境等诸多因素的影响。不同的著作中划分方法都不尽相同。生命周期阶段划分的目的是：

① 利用控制软件开发工作的复杂度。

② 通过有限的步骤，把用户需要解决的问题从抽象的逻辑概念逐步转换为具体的物理实现。

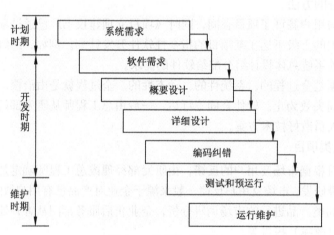

图 1.1　软件生命周期

1.4.2　软件生命周期的阶段

1．问题定义

要求系统分析员与用户进行交流，弄清"用户需要计算机解决什么问题"，然后提出关于"系统目标与范围的说明"，提交用户审查和确认。

2．可行性研究

一方面在于把待开发的系统的目标以明确的语言描述出来，另一方面从经济、技术、法律等多方面进行可行性分析。

3．需求分析

弄清用户对软件系统的全部需求，编写需求规格说明书和初步的用户手册，提交评审。

4．开发阶段

开发阶段由三个阶段组成：

① 设计。

② 实现：根据选定的程序设计语言完成源程序的编码。

③ 测试。

5．维护

维护包括四个方面：

① 改正性维护：在软件交付使用后，由于开发测试时的不彻底、不完全、必然会有一部分隐藏的错误被带到运行阶段，这些隐藏的错误在某些特定的使用环境下就会暴露。

② 适应性维护：是为适应环境的变化而修改软件的活动。

③ 完善性维护：是根据用户在使用过程中提出的一些建设性意见而进行的维护活动。

④ 预防性维护：是为了进一步改善软件系统的可维护性和可靠性，并为以后的改进奠定基础。

在此上述阶段的基础上，对于软件研发机构还包括软件重用和软件再工程阶段。

6．软件重用

软件重用是指在两次或多次不同的软件开发过程中重复使用相同或相似软件元素的过程。软件元素包括程序代码、测试用例、设计文档、设计过程、需要分析文档甚至领域知识。通常，可重用的元素也称作软构件，可重用的软构件越大，重用的粒度越大。

为了能够在软件开发过程中重用现有的软部件，必须在此之前不断地进行软部件的积累，并将它们组织成软部件库。这就是说，软件重用不仅要讨论如何检索所需的软部件以及如何对它们进行必要的修剪，还要解决如何选取软部件、如何组织软部件库等问题。因此，软件重用方法学，通常要求软件开发项目既要考虑重用软部件的机制，又要系统地考虑生产可重用软部件的机制。这类项目通常被称为软件重用项目。

使用软件重用技术可以减少软件开发活动中大量的重复性工作，这样就能提高软件生产率，降低开发成本，缩短开发周期。同时，由于软构件大都经过严格的质量认证，并在实际运行环境中得到校验，因此，重用软构件有助于改善软件质量。此外，大量使用软构件，软件的灵活性和标准化程度也可望得到提高。

7．软件再工程

软件再工程是指对既存对象系统进行调查，并将其重构为新形式代码的开发过程。最大限度地重用既存系统的各种资源是再工程的最重要特点之一。从软件重用方法学来说，如何开发可重用软件和如何构造采用可重用软件的系统体系结构是两个最关键问题。不过对再工程来说前者很大一部分内容是对既存系统中非可重用构件的改造。

软件再工程是以软件工程方法学为指导，对程序全部重新设计、重新编码和测试，为此可以使用 CASE 工具(逆向工程和再工程工具)来帮助理解原有的设计。CASE(Computer Aided Software Engineering) 是指用来支持管理信息系统开发的、由各种计算机辅助软件和工具组成的大型综合性软件开发环境，随着各种工具和软件技术的产生、发展、完善和不断集成，逐步由单纯的辅助开发工具环境转化为一种相对独立的方法论。

软件再工程的各个阶段，软件的可重用程度都将决定软件再工程的工作量。重用是软件工程经济学最重要原则之一，重用得越多，再工程成本越低，所以逆向工程再分析阶段最重要的目的是寻找可重用的对象和重用策略，最终确定的再工程任务和工作量也将依存于可重用对象范围（重用率）和重用策略。

1.5 软件工程方法学

1.5.1 软件工程方法学的定义

软件工程方法为软件开发提供了"如何做"的技术，软件工具为软件工程方法提供了自动的或半自动的软件支撑环境；过程是为了获得高质量的软件所需要完成的一系列任务框架，它规定了完成各项任务的工作步骤。

通常把在软件开发过程中使用的一整套技术方法的集合称为方法学（Methodology）。软件工程方法学包含三个要素：方法、工具和过程。

其中：①方法是完成软件开发各项任务的技术方法，回答"怎样做"的问题。②工具是为运用方法而提供的自动的或半自动的软件工程支撑环境，软件开发工具是用于辅助软件生命周期过程的基于计算机的工具，通常可以设计并实现工具来支持特定的软件工程方法，减少手工方式管理的负担，让软件工程更加系统化，工具的种类包括支持单个任务的工具及囊括整个开发过程的工具。③过程是为了获得高质量的软件所需要完成的一系列任务的框架，它规定了完成各项任务的工作步骤。

1.5.2 软件工程方法学的类型

软件工程方法是软件工程学科的核心内容，从 20 世纪 60 年代末以来，出现了许多软件工程方法，其中最具影响的是结构化设计方法、面向对象方法和形式化方法。

（1）结构化设计方法

结构化设计方法（Structured Design, SD）是一种传统的软件开发方法，它是由结构化分析、结构化设计和结构化程序设计三部分有机组合而成的。它的基本思想：把一个复杂问题的求解过程分阶段进行，而且这种分解是自顶向下，逐层分解，使得每个阶段处理的问题都控制在人们容易理解和处理的范围内。结构化方法将软件开发全过程依次划分为若干个阶段，采用结构化技术来完成每个阶段的任务。特点：①强调自顶向下顺序地完成软件开发的各阶段任务；②结构化方法要么面向行为，要么面向数据，缺乏使两者有机结合的机制。

结构化分析方法是以自顶向下、逐步求精为基点，以一系列经过实践的考验被认为是正确的原理和技术为支撑，以数据流图、数据字典、结构化语言、判定表、判定树等图形表达为主要手段，强调开发方法的结构合理性和系统的结构合理性的软件分析方法。

结构化设计方法是以自顶向下、逐步求精、模块化为基点，以模块化、抽象、逐层分解求精、信息隐蔽化局部化和保持模块独立为准则的设计软件的数据架构和模块架构的方法学。

结构化方法按软件生命周期划分，有结构化分析（SA）、结构化设计（SD）和结构化实现（SP）。其中要强调的结构化方法学是一个思想准则的体系，虽然有明确的阶段和步骤，但是也集成了很多原则性的东西。所以，学会结构化方法，仅从理论知识上去了解是不够的，还要从实践中慢慢理解各准则，并将其变成自己的方法学。

结构化分析的步骤如下：

① 分析当前的情况，做出反映当前物理模型的数据流图。

② 推导出等价的逻辑模型的数据流图。

③ 设计新的逻辑系统，生成数据字典和基元描述。

④ 建立人机接口，提出可供选择的目标系统物理模型的数据流图。

⑤ 确定各种方案的成本和风险等级，据此对各种方案进行分析。

⑥ 选择一种方案。

⑦ 建立完整的需求规约。

结构化设计方法给出一组帮助设计人员在模块层次上区分设计质量的原理与技术。它通常与结构化分析方法衔接起来使用，以数据流图为基础得到软件的模块结构。结构化设计方法尤其适用于变换型结构和事务型结构的目标系统。在设计过程中，它从整个程序的结构出发，利用模块结构图表述程序模块之间的关系。结构化设计的步骤如下：

① 评审和细化数据流图。

② 确定数据流图的类型。

③ 把数据流图映射到软件模块结构，设计出模块结构的上层。

④ 基于数据流图逐步分解高层模块，设计中下层模块。

⑤ 对模块结构进行优化，得到更为合理的软件结构。

⑥ 描述模块接口。

（2）面向对象方法

面向对象方法（Object-Oriented Method）是一种把面向对象的思想应用于软件开发过程中，指导开发活动的系统方法，简称 OO（Object-Oriented）方法，是建立在"对象"概念基础上的方法学。对象是由数据和容许的操作组成的封装体，与客观实体有直接对应关系，一个对象类定义了具有相似性质的一组对象。而继承性是对具有层次关系的类的属性和操作进行共享的一种方式。所谓面向对象就是基于对象概念，以对象为中心，以类和继承为构造机制，来认识、理解、刻画客观世界和设计、构建相应的软件系统。

OO 方法起源于面向对象的编程语言（简称 OOPL）。20 世纪 50 年代后期，在用 FORTRAN 语言编写大型程序时，常出现变量名在程序不同部分发生冲突的问题。鉴于此，ALGOL 语言的设计者在 ALGOL60 中采用了以"Begin…End"为标识的程序块，使块内变量名是局部的，以避免它们与程序中块外的同名变量相冲突。这是编程语言中首次提供封装（保护）的尝试。此后程序块结构广泛用于高级语言如 Pascal、Ada、C 之中。

20 世纪 60 年代中后期，Simula 语言在 ALGOL 基础上研制开发，它将 ALGOL 的块结构概念向前发展一步，提出了对象的概念，并使用了类，也支持类继承。20 世纪 70 年代，Smalltalk 语言诞生，它取 Simula 的类为核心概念，它的很多内容借鉴于 Lisp 语言。由 Xerox 公司经过对 Smautalk72/76 持续不断地研究和改进之后，于 1980 年推出并商品化，它在系统设计中强调对象概念的统一，引入对象、对象类、方法、实例等概念和术语，采用动态联编和单继承机制。

从 20 世纪 80 年代起，人们基于以往已提出的有关信息隐蔽和抽象数据类型等概念，以及由 Modula2、Ada 和 Smalltalk 等语言所奠定的基础，再加上客观需求的推动，进行了大量的理论研究和实践探索，不同类型的面向对象语言（如 Object-c、Eiffel、C++、Java、Object-Pascal 等）逐步发展和建立起来。

面向对象源出于 Simula，真正的 OOP 由 Smalltalk 奠基。Smalltalk 现在被认为是最纯的 OOPL。正是通过 Smalltalk80 的研制与推广应用，使人们注意到 OO 方法所具有的模块化、信息封装与隐蔽、抽象性、继承性、多样性等独特之处，这些优异特性为研制大型软件、提高软件可靠性、可重用性、可扩充性和可维护性提供了有效的手段和途径。

20 世纪 80 年代以来，将面向对象的基本概念和运行机制运用到其他领域，获得了一系列相应领域的面向对象的技术。面向对象方法已被广泛应用于程序设计语言、形式定义、设计方法学、操作系统、分布式系统、人工智能、实时系统、数据库、人机接口、计算机体系结构以及并发工程、综合集成工程等，在许多领域的应用都得到了很大的发展。1986 年在美国举行了首届"面向对象编程、系统、语言和应用（OOPSLA'86）"国际会议，使面向对象受到世人瞩目，其后每年都举行一次，这进一步标志 OO 方法的研究已普及到全世界。

面向对象方法学：OO 方法遵循一般的认知方法学的基本概念（即"有关演绎—从一般到特殊和归纳—从特殊到一般"的完整理论和方法体系）而建立面向对象方法等基础。

面向对象方法学要点之一：认为客观世界是由各种"对象"所组成的，任何事物都是对象，每一个对象都有自己的运动规律和内部状态，每一个对象都属于某个对象"类"，都是该对象类的一个元素。复杂的对象可以是由相对比较简单的各种对象以某种方式而构成。不同对象的组合及相互作用就构成了要研究、分析和构造的客观系统。

面向对象方法学要点之二：是通过类比，发现对象间的相似性，即对象间的共同属性，这就是构成对象类的依据。

面向对象方法学要点之三：认为对已分成类的各个对象，可以通过定义一组"方法"来说明该对象的功能，即允许作用于该对象上的各种操作。对象间的相互联系是通过传递"消息"来完成的，消息就是通知对象去完成一个允许作用于该对象的操作，至于该对象将如何完成这个操作的细节，则是封装在相应的对象类的定义中的，细节对于外界是隐蔽的。

面向对象方法的具体步骤如下：

① 分析确定在问题空间和解空间出现的全部对象及其属性。

② 确定应施加于每个对象的操作，即对象固有的处理能力。

③ 分析对象间的联系，确定对象彼此间传递的消息。

④ 设计对象的消息模式，消息模式和处理能力共同构成对象的外部特性。

⑤ 分析各个对象的外部特性，将具有相同外部特性的对象归为一类，从而确定所需要的类。

⑥ 确定类间的继承关系，将各对象的公共性质放在较上层的类中描述，通过继承来共享对公共性质的描述。

⑦ 设计每个类关于对象外部特性的描述。

⑧ 设计每个类的内部实现（数据结构和方法）。

⑨ 创建所需的对象（类的实例），实现对象间应有的联系（发消息）。

面向对象方法是将数据和对数据的操作紧密地结合起来的方法。软件开发过程是多次反复迭代的演化过程。面向对象方法在概念和表示方法上的一致性，保证了各项开发活动之间的平滑过渡。对于大型、复杂及交互性比较强的系统，使用面向对象方法更有优势。

（3）形式化方法

形式化方法是一种基于形式化数学变换的软件开发方法，它可将系统的规格说明转换为可执行的程序。

在计算机科学和软件工程领域，形式化方法是基于数学的特种技术，适合于软件和硬件系统的描述、开发和验证。将形式化方法用于软件和硬件设计，是期望能够像其他工程学科一样，使用适当的数学分析以提高设计的可靠性和鲁棒性。但是，由于采用形式化方法的成本高，意味着它们通常只用于开发注重安全性的高度整合的系统。

形式化方法在古代就运用了，在现代逻辑中又有了进一步的发展和完善。这种方法特别在数学、计算机科学、人工智能等领域得到广泛运用。它能精确地揭示各种逻辑规律，制定相应的逻辑规则，使各种理论体系更加严密。同时也能正确地训练思维、提高思维的抽象能力。

软件形式化方法最早可追溯到 20 世纪 50 年代后期对于程序设计语言编译技术的研究，即 J.Backus 提出 BNF 描述 Algol60 语言的语法，出现了各种语法分析程序自动生成器以及语法制导的编译方法，使得编译系统的开发从"手工艺制作方式"发展成具有牢固理论基础的系统方法。形式化方法的研究高潮始于 20 世纪 60 年代后期，针对当时所谓的"软件危机"，人们提出种种解决方法，归纳起来有两类：一是采用工程方法来组织、管理软件的开发过程；二是深入探讨程序和程序开发过程的规律，建立严密的理论，以其用来指导软件开发实践。前者导致"软件工程"的出现和发展，后者则推动了形式化方法的深入研究。经过 30 多年的研究和应用，今人们在形式化方法这一领域取得了大量、重要的成果，从早期最简单的形式化方法——阶谓词演算方法到现在的应用于不同领域、不同阶段的基于逻辑、状态机、网络、进程代数、代数等众多形式化方法。形式化方法的发展趋势逐渐融入软件开发过程的各个阶段，从需求分析、功能描述（规约）、（体系结构/算法）设计、编程、测试直至维护。

1.6 软件工程人员的业务素质和职业道德

现在，计算机越来越成为商业、工业、政府、医疗、教育、娱乐、社会事务以及人们日常生活的中心角色。那些直接或通过教学从事设计和开发软件系统的人员，有着极大的机会既可从事善举也可从事恶行，同时还能影响或使得他人做同样的事情。为尽可能保证这种力量用于有益的目的，软件工程师必须要求他们自己所进行的软件设计和开发是有益的，所从事的是受人尊敬的职业。

软件工程从业人员的业务素质和职业道德规范对顺利高效地完成软件开发过程和管理过程有重要的影响。和其他工程人员一样，软件工程人员必须担负许多责任。软件工程人员的工作是在法律和社会认可的框架内完成的。软件工程人员要想受人尊敬，其行为就必须合乎道德，必须有责任感。软件工程人员必须坚持诚实正直的行为准则，这是不言而喻的。他们不能用掌握的知识和技能做不诚实的事情，更不能给软件工程行业抹黑。然而，在有些方面，某些行为没有法律加以规范，只能靠职业道德来约束，这种约束是软弱无力的。包括：

1. 保密

工程人员必须严格保守雇主或客户的机密，而不管是否签署了保密协议。

2. 工作能力

工程人员应该实事求是地表述自己的工作能力，不应有意接受超出自己能力的工作。

3. 知识产权

工程人员应当知晓有关专利权、著作权等知识产权的地方法律，必须谨慎行事，确保雇主和客户的知识产权受到保护。

4. 计算机滥用

软件工程人员不应运用自己的技能滥用计算机，如通过网络窃取别人个人隐私信息等。

1.6.1 软件工程师的业务素质

软件工程师应该具备什么业务素质，才算胜任工作呢？软件工程师的基本业务素质包括如下八条：

(1) 热爱软件工程事业，对软件开发、软件实施、软件管理或软件维护等工作感兴趣。因为喜欢才会产生兴趣，而兴趣就是动力，动力十足就不会疲劳与厌倦。

(2) 至少要熟练掌握两种以上的编程语言，能编写规范的源程序。

(3) 熟悉问题求解的数据结构或数据库，即数据建模。数据结构适合于系统软件、工具软件的建模，数据库应用于管理信息系统软件建模。

(4) 有良好的文档书写习惯，真正理解软件是"知识、程序、数据和文档"的集合，掌握符合国际标准规范的文档撰写方法，以便国际软件工程师之间互通交流。

(5) 在软件工程技术上与时俱进，掌握主流的软件开发工具及环境，如各种 CASE 工具和软件配置管理工具等。

(6) 努力跟踪所在行业领域知识，不断适应客户需求的变化。因为任何软件企业，都不可能面向许多行业，而只能面向一两个行业，所以必须掌握这些行业领域的最新业务知识。

(7) 在技术或管理上不断总结经验，吸取教训，做到每年都有所进步。

(8) 在业务工作中提倡与遵守团队精神，反对个人英雄主义。

以上八条是一个整体，对于不同的人、不同的岗位及不同的软件企业，可能各自有所侧重。

1.6.2 软件工程师的职业道德规范

什么样的人才能成为出色的软件工程师呢？他们要遵守软件开发规范，要有诗人的激情，艺术家的灵感，孩童的好奇心，要有团队合作精神，要能忍耐寂寞，要有很强的自我控制能力，要有温情的性格，要有耐心细腻的作风，要喜欢软件、热爱软件。此外，软件工程师还特别肩负着社会责任，所以更要有良好的职业道德的约束。

软件工程师的职业道德规范有如下八条：

(1) 首先必须做一位遵纪守法的公民。

(2) 做事认真负责，一丝不苟，每一条语句都经过周密思考。

（3）再忙再累也不会走捷径，对自己拿出手的东西绝不马虎。

（4）不会给合作方造成麻烦。

（5）看得见、看不见都会做到更好，自我控制已经形成习惯、成为风格。

（6）永远在学新东西，让自己不断进步。

（7）善于吸取教训，勇于承担责任。

（8）有聪明才智，对软件要有悟性。

如果读者正在从事编程工作，遵守规范、认真负责、耐心细致就是最基本的职业要求。

如果读者正在从事项目管理，就要统一规划，全面考虑，心胸宽广，心地善良，头脑冷静，因为心静才能发现问题。否则，遇到开发和测试问题就会越改越乱，甚至跟测试人员发生冲突。要知道，软件设计是不可轻易改动的，软件代码打补丁是不可取的。

如果读者正在从事高层的系统分析工作，就更要坚定信念，不怕麻烦，从全局到细节都要考虑周全，像法律文件一样滴水不漏，不然软件产品就会漏洞百出，最后要么报废，要么补丁摞补丁。

一大批具有良好职业道德水平的软件工程管理人员、设计人员、编程人员、测试人员、实施人员和维护人员，才是发展和振兴民族软件产业的可靠保障。

1.6.3 软件工程师职业实践的准则

（1）自觉遵守公民道德规范标准和中国软件行业基本公约。

（2）讲诚信，坚决反对各种弄虚作假现象，不承接自己能力尚难以胜任的任务，对已经承诺的事，要保证做到，在情况变化和有特殊原因实在难以做到时，应及早向当事人报告说明。忠实做好各种作业记录，不隐瞒、不虚构，对提交的软件产品功能，在有关文档上不作夸大不实的说明。

（3）讲团结、讲合作，有良好的团队协作精神，善于沟通和交流。在业务讨论上，积极坦率地发表自己的观点和意见，对理解不清楚和有疑问的地方，决不放过。在做同行评审和技术审核时，实事求是地反映和指出问题，对事不对人，要自觉协助项目经理做好项目管理，积极提出工作改进建议。

（4）有良好的知识产权保护观念，自觉抵制各种违反知识产权保护的行为，不购买和使用盗版软件，不参与侵犯知识产权的活动，在自己开发的产品中，不复制/复用未取得使用许可的他方内容。

（5）树立正确的技能观，努力提高自己的技能，为社会和人民造福，绝不利用自己的技能从事危害公众利益的活动，包括构造虚假信息和不良内容、制造计算机病毒、参与盗版活动、非法解密存取、黑客行为和攻击网站等，提倡健康的网络道德准则和交流活动。对于利用自己的计算机知识、积极参与社会科学普及和应用推广活动，应大力鼓励和提倡。

（6）认真履行签订的合同和协议，有良好的责任感。不能以追求个人利益为目的而做出如下行为：不顾协议与合同规定，不顾对原先已承诺的项目开发任务的影响，甚至以携带原企业的资料提高自己的身价。自觉遵守保密规定，不随意向他人泄露工作和客户机密。

（7）软件业是一个不断变化和不断创新的行业，面对飞速发展的技术，能自觉跟踪技术发展动态，积极参与各种技术交流、技术培训和继续教育活动，不断改进和提高自己的技能，自觉参与项目管理和软件过程改进活动，注意对个人软件过程活动的监控和管理，积累工程数据，研究和不断改进自己的软件生产率和质量，并积极参与发展高效的团队软件过程的管理，使各项软件产出都能达到国际和国家标准与规范。

（8）努力提高自己的技术和职业道德素质，力争做到与国际接轨，提交的软件和文档资料，技术上符合国际和国家的有关标准；在职业道德规范上，也符合国际软件工程职业道德规范标准。

（9）有良好的编码能力，软件工程师的一个重要职责，是把用户的需求功能用某种计算机语言加以实现。编码能力直接决定了项目开发的效率，这就要求软件工程师至少精通一两门编程语言，熟悉它们的基本语法、技术特点和 API（应用程序接口）。

（10）信息是以数据为中心的，因此与数据库的交互在所有软件中都是必不可少的，了解数据库操作和编程是软件工程师需要具备的基本素质之一。

（11）程序世界的主导语言是英文，编写程序开发文档和开发工具帮助文件离不开英文，了解业界的最新动向、阅读技术文章也离不开英文，与世界各地编程高手交流、发布帮助请求同样离不开英文。作为软件工程师，具有一定的英语基础对于提升自身的学习和工作能力极有帮助。

1.6.4　软件工程师职业实践的国际标准

软件工程职业道德规范和实践要求 5.2 版

IEEE–CS 和 ACM 软件工程道德和职业实践联合工作组推荐

经 IEEE–CS 和 ACM 批准定为讲授和实践软件工程的标准

简明版

序言

本规范的简明版以更高的摘要形式归纳了规范的主要意向，完整版所包括的条款则给出了范例和细节，说明这些意向会如何改变软件工程专业人员的行为。没有这些意向，细节会变得过于法律化和烦琐；而没有细节补充，意向又会显得高调而空洞，因此意向和细节使规范构成一个整体。

软件工程师应履行其实践承诺，使软件的需求分析、规格说明、设计、开发、测试和维护成为一项有益和受人尊敬的职业。为实现他们对公众健康、安全和利益的承诺目标，软件工程师，应当坚持以下八项原则：

（1）公众——软件工程师应当以公众利益为目标。

（2）客户和雇主——在保持与公众利益一致的原则下，软件工程师应注意满足客户和雇主的最高利益。

（3）产品——软件工程师应当确保他们的产品和相关的改进符合最高的专业标准。

（4）判断——软件工程师应当维护他们职业判断的完整性和独立性。

（5）管理——软件工程的经理和领导人员应赞成和促进对软件开发和维护合乎道德规范的管理。

（6）专业——在与公众利益一致的原则下，软件工程师应当推进其专业的完整性和声誉。

（7）同行——软件工程师对其同行应持平等、互助和支持的态度。

（8）自我——软件工程师应当参与终生职业实践的学习，并促进合乎道德的职业实践方法。

本 章 小 结

　　软件工程采用工程学的概念、原理、技术和方法来开发与维护软件，把经过时间考验而证明正确的管理技术和当前能够得到的最好的技术方法结合起来，研究和应用如何以系统性的、规范化的、可定量的过程化方法开发和维护软件的学科。

　　本节介绍了软件工程基础知识，包括软件危机、软件工程基本概念、软件生命周期、软件工程方法学。此外，对软件工程产品分类及项目来源进行了介绍，最后对软件工程人员的业务素质和职业道德进行了介绍。

习 题

一、选择题

1. 软件是一种（　　）产品。

　　A．有形　　　　　B．逻辑　　　　　　　C．物质　　　　　　　D．消耗

2. 软件工程学的目的应该是最终解决软件生产的（　　）问题。

　　A．提高软件的开发效率　　　　　　　B．使软件生产工程化

　　C．消耗软件的生产危机　　　　　　　D．加强软件的质量保证

3. 与计算机科学的理论研究不同，软件工程是一门（　　）学科。

　　A．理论性　　　　B．工程性　　　　C．原理性　　　　D．心理性

4. 软件危机的主要原因有（　　）。

　　（1）软件本身的特点　　　　　　　　（2）用户使用不当

　　（3）硬件可靠性差　　　　　　　　　（4）对软件的错误认识

　　（5）缺乏好的开发方法和手段

　　A．（3）（4）　　　　　　　　　　　　B．（1）（2）（4）

　　C．（1）（5）　　　　　　　　　　　　D．（1）（3）

5. 在计算机软件开发和维护中所产生的一系列严重的问题通常称为软件危机，这些问题中相对次要的因素是（　　）。

　　A．文档质量　　　B．开发效率　　　　C．软件功能　　　D．软件性能

6. 软件工程与计算机科学性质不同，软件工程着重于（　　）。

　　A．原理探讨　　　　　　　　　　　　B．理论研究

　　C．建造软件系统　　　　　　　　　　D．原理的理论

7. 软件工程学科出现的主要原因是（　　）。

　　A．计算机的发展　　　　　　　　　　B．其他工程科学的影响

　　C．软件危机的出现　　　　　　　　　D．程序设计方法学的影响

8. 软件工程方法学的研究内容包含软件开发技术和软件工程管理两个方面，其期望达到的最终目标是（　　）。

　　A．软件开发工程化　　　　　　　　　B．消除软件危机

　　C．实现软件可重用　　　　　　　　　D．程序设计自动化

9．由于软件生产的复杂性和高成本性，使大型软件的生存出现危机，软件危机的主要表现包括下述（　　）方面。

  A．生产成本过高   B．需求增长难以满足

  C．进度难以控制   D．质量难以保证

10．软件工程方法学中的软件工程管理使其中的一个重要内容，它包括软件管理学和软件工程经济学，它要达到的目标是（　　　）。

  A．管理开发人员，以开发良好的软件

  B．采用先进的软件开发工具，开发优秀的软件

  C．消除软件危机，达到软件生产的规模效益

  D．以基本的社会经济效益为基础，工程化生产软件

二、简述题

1．什么是软件危机？软件危机表现在哪些方面？

2．软件工程是指什么？软件工程的性质是什么？

3．简要叙述软件工程目标和内容。

4．软件产品具有哪些特性？

5．软件生产的发展迄今为止经历了哪几个阶段？各阶段有何特征？

6．软件工程面临的问题有哪些？

7．软件工程师应该具备哪些业务素质？

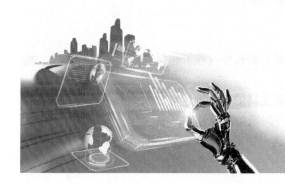

第2章

软件过程与模型

2.1 软 件 过 程

2.1.1 软件过程的定义

软件过程是指一套关于项目的阶段、状态、方法、技术和开发、维护软件的人员以及相关文档（计划、文档、模型、编码、测试、手册等）组成。软件过程是指软件生存周期中的一系列相关过程（见图 2.1），由软件计划、软件开发、软件维护等一系列过程活动构成。过程是活动的集合，活动是任务的集合，任务则起到把输入加工成输出的作用。

软件过程主要针对软件生产和管理进行研究。为了获得满足工程目标的软件，不仅涉及工程开发，而且还涉及工程支持和工程管理。对于一个特定的项目，可以通过剪裁过程定义所需的活动和任务，并可使活动并发执行。与软件有关的单位，根据需要和目标，可采用不同的过程、活动和任务。

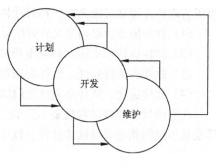

图 2.1　软件过程

2.1.2 软件过程的特点

（1）过程描述了所有的主要活动。软件过程活动通常有：需求分析和定义、系统设计、程序设计、编码、单元测试、集成测试、系统测试、系统支付、维护等。

（2）过程在一定限制下使用资源、产生中间和最终产品。

（3）过程由以某种方式连接的子过程构成，活动以一定的顺序组织。过程是有结构的，表现为过程和活动的组织模式，以适应相应项目的开发。

（4）每个过程活动都有入口和出口准则以便确立活动的开始和结束。

（5）每个过程都有达到活动目标的相关指导原则。

2.1.3　软件过程的分类

（1）基本过程类：是构成软件生存期主要部分的那些过程，包括获取、供应、开发、操作、维护等过程。

（2）支持过程类：可穿插到基本过程中提供支持的一系列过程，包括文档开发、配置管理、质量保证、验证、确认、联合评审、审计、问题解决等过程。

（3）组织过程类：一个组织用来建立、实施一种基础结构，并不断改进该基础结构的过程，包括管理、基础、改进、培训等过程。

2.1.4　软件过程的作用

软件过程是一组引发软件产品的生产活动，采用软件过程管理的主要作用有：

（1）有效的软件过程可以提高组织的生产能力。

（2）可以理解软件开发的基本原则，辅助研发人员做出决策。

（3）可以标准化研发过程工作，提高软件的可重用性和团队之间的协作交流。

（4）有效的软件过程可以提高软件的维护性。

（5）有效地定义如何管理需求变更，在未来的版本中恰当分配变更部分，使之平滑过渡。

（6）可以在不同的软件设计阶段平滑过渡，提高研发系统的可实施性。

2.1.5　软件过程模型化

软件过程是复杂的，且像所有智力和创造性过程一样，依赖于人们的决策和判断。并不存在什么理想的软件过程。大多数机构有自己的软件开发过程。虽然有许多不同的软件过程，但所有软件过程都必须具有四种对软件工程来说是基本的活动，分别是：

（1）软件描述：必须定义软件的功能以及软件操作上的约束。

（2）软件设计和实现：必须生产符合需求描述的软件。

（3）软件有效性验证：软件必须得到有效性验证，即确保软件是客户需要的。

（4）软件进化：软件必须进化以满足不断变化的客户需要。

在实际软件开发过程需要不同的开发模型来实现软件过程的设计思想，每一种开发模型都是从不同的角度表现软件过程。软件开发模型是软件过程具体实现的简化表示。

2.2　瀑　布　模　型

软件生命周期把整个生命周期划分为较小的阶段，给每个阶段赋予明确有限的任务，就能简化每一步的工作，使得软件开发更易控制和管理。采用有效的方法和技术来降低开发活动的复杂性。瀑布模型是一种严格按照生命周期定义进行软件开发的过程模型。

2.2.1　瀑布模型的基本思想

瀑布模型是一个项目开发架构，开发过程是通过设计一系列阶段顺序展开的，从系统需求分析开始直到产品发布和维护，每个阶段都会产生循环反馈，因此，如果有信息未被覆盖或者发现了问题，最好"返回"上一个阶段并进行适当的修改，项目开发进程从一个阶段进入下一个阶段。

瀑布模型是由温斯顿·罗伊斯（Winston Royce）于 1970 年提出的，因为"瀑布模型"是将软件生存周期的各项活动规定为按固定顺序而连接的若干阶段工作，形如瀑布流水，最终得到软件产品，故而形象地称为"瀑布模型"。瀑布模型是一种被广泛采用的软件开发模型。

瀑布模型核心思想是按工序将问题化简，将功能的实现与设计分开，便于分工协作，即采用结构化的分析与设计方法将逻辑实现与物理实现分开。将软件生命周期划分为制订计划、需求分析、软件设计、程序编写、软件测试和运行维护等基本活动，并且规定了它们自上而下、相互衔接的固定次序，如同瀑布流水，逐级下落。典型的瀑布模型如图 2.2 所示。

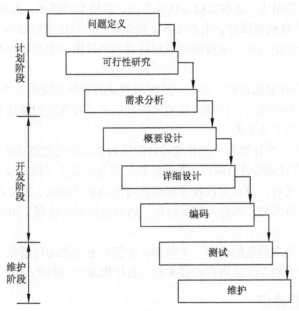

图 2.2　瀑布模型

下面简要说明瀑布模型中各阶段的主要任务：

（1）计划时期

计划时期的主要任务是分析：分析用户要求，分析新系统的主要目标，分析系统开发的可行性。用户和系统分析员的相互理解和配合，是这一时期工作的关键。

① 问题定义。这是计划时期的第一步，也被称为系统规范说明阶段。系统分析员力图明确这些要求并定义满足这些要求的规格说明。这些规格说明概述系统的外部特征——系统应该做什么，但不需要说明怎样做。必须仔细检查这些说明是否相互适应，有无遗漏，前后是否一致，以及是否有二义性。该阶段要请用户对规范说明书评审认可。

② 可行性研究。问题定义明确后，要对系统的可行性进行研究包括技术可行性、经济可行性及社会可行性等方面。

技术可行性研究应弄清现有技术条件能否顺利完成开发工作，对参加开发工作的人员应有哪些技术方面的要求，硬件配置能否满足开发的需要，估计的进度是否适当以及用户的技术方面的要求是否合理等。

经济可行性研究的目的，是希望以最小的开发成本取得最佳经济效益的软件产品。比如，要作投资预算和收益估算。如资金的投入、人员的投入、硬软件的配置、生产率的提高、人工的减少、处理速度的加快等对软件产品最终成本的影响等量化指标。

社会可行性是指所开发的软件项目是否涉及知识产权等法律问题；软件产品投入运行后现有生产、管理或经营体制带来变革的社会影响及社会承受力等。

（2）开发时期

开发时期要完成设计与实现两大任务，其中设计任务包括需求分析、概要设计、详细设计三个阶段，实现任务包括编码和测试两个阶段。

① 需求分析。其任务在于弄清用户对软件系统准确而全面的要求，并用需求规格说明书的形式表达出来。如采用结构化分析方法时，需求规格说明书通常由数据流图、数据字典和加工说明等一整套文档组成。这些文档是软件系统逻辑模型的描述，也是下一步设计的依据。

② 总体设计。亦称概要设计，主要任务是建立软件的整体逻辑结构，画出模块组成的系统结构图。系统结构图是由前一阶段的需求规格说明书导出，它在软件开发中起着承前启后的重要作用。

③ 详细设计。亦称算法设计，对上一阶段所划分的各单元模块，确定其内部过程结构。也就是所谓模块的过程性描述，详细说明模块的功能及其实现它的算法和数据结构。模块描述一般用各种图形表达工具来表示。

④ 编码。选定程序设计语言，把详细设计阶段对模块的过程性描述翻译为源程序。

⑤ 测试。是开发时期的最后阶段，是保证软件质量的必要手段。大型软件的测试一般由专门的人员和部门来进行。测试阶段按不同层次可分为单元测试、综合测试、确认测试和系统测试等步骤。测试阶段的文档称为测试报告，内容包括测试计划、用例与结果等。

（3）维护时期

维护时期是软件生命周期的最后一个时期。主要任务是在运行过程中维护好软件。目的是使软件在整个生命周期内保证用户的需求和延长使用寿命。维护工作中必须做好有关文档。

2.2.2 瀑布模型的特点

应用瀑布模型进行软件开发过程中，瀑布模型的特点如下：

（1）阶段间的顺序性和依赖性

在瀑布模型软件开发过程中只有等前一阶段的工作完成以后，后一阶段的工作才能开始。此外，前一阶段结束的输出文档会作为后一阶段开始的输入文档，因此前一阶段文档的正确性是保证后一阶段工作的前提条件。

（2）阶段性质量保证

优质和高产是软件工程的重要目标。在瀑布模型开发过程中，每个阶段实行阶段性的评审以确保每个阶段软件设计的质量。采用瀑布模型会强制研发人员按照阶段步骤进行软件设计，避免一开始就直接进行详细编码的错误做法。如果坚持阶段性的评审，采用瀑布模型可以避免后期大量返工的现象，还可以减少后期维护工作的人力和费用。

（3）文档驱动推进研发进程

瀑布模型在每阶段要完成规定的文档。软件开发是许多人共同参加、分工合作的工作，完整而合格的文档是开发人员间联系的媒介，同时是维护时期的重要依据。所以没有完成文档，就被认为没有完成该阶段的工作。瀑布模型过程中，各个阶段与文档的关系如图 2.3 所示。

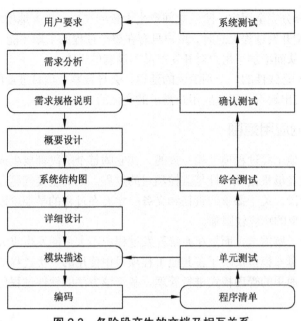

图 2.3　各阶段产生的文档及相互关系

此外，在瀑布模型的每个阶段都要对已完成的文档进行复审，以便及早发现问题、消除隐患。这是保证软件质量、降低开发成本的重要措施。从图 2.4 中可以看出，越是早期潜伏的错误，暴露时间越晚，纠错的代价就越高。

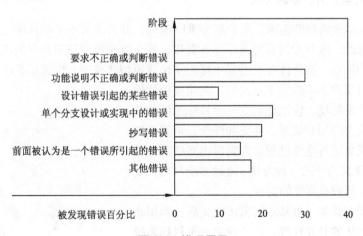

图 2.4　错误原因

综合瀑布模型的开发特点，瀑布模型有以下优点：

① 为项目提供了按阶段划分的过程模型。

② 当前一阶段完成后，才开始要去关注后续阶段，可以实现阶段性质量保证。

③ 瀑布模型提供了一个设计活动模板，这个模板使得软件分析、设计、编码、测试和支持的方法可以在该模板下共同的指导下完成。

④ 严格按照瀑布模型进行软件开发，会得到完整的软件配置文档，便于设计和后期维护。

瀑布模型作为软件工程中的一个重要开发管理模型，在一些大型软件的开发中，在软件工程化道路上起着举足轻重的作用，但是瀑布模型有其固有的缺陷：

① 各个阶段的划分完全固定，阶段之间产生大量的文档，极大地增加了工作量。

② 传统瀑布模型开发过程汇总时，用户只有在整个过程的末期才能见到开发成果，中间沟通交互环节较少，从而增加了用户对开发产品不满意的风险。

③ 由于开发模型是线性的，个别阶段的延迟，会导致整个项目进度的延期。

④ 瀑布模型的突出缺点是不适应用户需求的变化的。

2.2.3 瀑布模型的应用范围

瀑布模型是与其他工程过程模型相一致的，在它的每个阶段都要生成文档。这使得过程是可见的，项目经理能够根据项目计划监控项目的过程。它的主要问题在于它将项目生硬地分解成这些清晰的阶段。关于需求的责任和义务一定要在过程的早期阶段清晰界定，而这又意味它对用户需求变更的响应较困难。

所以只有在充分了解需求，而且在系统开发过程中不太可能发生重大改变时，才适合采用瀑布模型。毕竟，瀑布模型反映了在其他工程项目中使用的一类过程的模型。由于在整个项目中它很容易结合通用的管理模式进行管理，基于该方法的软件过程仍然广泛应用于软件开发。

2.3 快速原型法

2.3.1 快速原型法的基本思想

实际上，大多数系统的需求，用户事先难以说清，开发者又不了解具体业务，其后果就是系统要经常修改，维护费用常常高于开发费用。鉴于瀑布模型与用户交流不足，无法获取用户真实需求的缺点，在软件开发过程中提出了快速原型法模型。快速原型法是指在软件开发者在获取一组用户基本的需求定义后，利用高级软件工具可视化的开发环境，快速地建立一个目标系统的最初版本，并把它交给用户试用、补充和修改，再进行新的版本开发。反复进行这个过程，直到得出系统的"精确解"，即用户满意为止的一种方法。通过多次与用户交互后，可以获取用户最真实的需求。

原型法是指在获取一组基本的需求定义后，利用高级软件工具可视化的开发环境，快速建立一个目标系统的最初版本，并把它交给用户试用、补充和修改，再进行新的版本开发。反复进行这个过程，直到得出系统的"精确解"，即用户满意为止，其基本思想如图 2.5 所示。

原型法的开发过程如下：

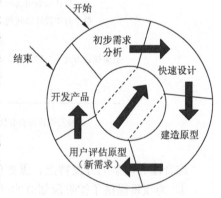

图 2.5　快速原型示意图

1．确定用户的基本需求

由用户提出对新系统的基本要求，如功能、界面的基本形式、所需要的数据、应用范围、运行环境等，开发者根据这些信息估算开发该系统所需的费用，并建立简明的系统模型。

2．构造初始原型

系统开发人员在明确系统基本要求和功能的基础上，依据计算机模型，以尽可能快的速度和尽可能多的开发工具来建造一个结构仿真模型，即快速原型构架。之所以称为原型构架，是因为这样的模型是系统总体结构、子系统以上部分的高层模型。由于要求快速，这一步骤要尽可能使用一些软件工具和原型制造工具，以辅助进行系统开发。

3．运行、评价、修改原型

快速原型框架建造成后，就要交给用户立即投入试运行，各类人员对其进行试用、检查分析效果。由于构造原型中强调的是快速，省略了许多细节，一定存在许多不合理的部分。所以，在试用中要充分进行开发人员和用户之间的沟通，尤其是对用户提出的不满意的地方进行认真细致的反复迭代，并与用户交流、修改、完善，直到用户满意为止。

4．形成最终的软件系统

如果用户和开发者对原型比较满意，则将其作为正式原型。然后可以采用其他软件过程开发方法，如瀑布模型进行后续开发；或者经过双方继续进行细致的工作，在正式原型的基础上对细节问题逐个补充、完善、求精、设计、编码，最后形成一个完整的软件系统。

2.3.2 快速模型的特点

快速原型法通常可分为两类：第一类，原型演示仅是为了获得完整的需求说明，在用户认可后，按生命周期重新开发新产品，这种方法不能直接得到终端的目标系统，它的目的只是和用户交流，它保证了功能暂时牺牲了性能。其主要特点有：实现速度快、可修改性、可测试性、可交流性好；第二类，通过原型的不断增加和扩充，增强式地开发（迭代式），逐步达到产品的要求。总的目的都是为了以后尽量少返工，降低维护费用。

快速原型法突出的特点是一个"快"字。这与瀑布模型的推迟实现观点正好相反。采用瀑布模型时，软件的需求分析也要在用户和开发人员之间往返讨论，前期需求不足，会导致用户设计出来的产品不满意的现象经常发生。快速原型法就是针对上述情况，采用演示原型（亦称模拟原型）的方法来启发和揭示系统的需求。具体来讲，其主要思想就是：首先建立一个能够反映用户主要需求的原型，让用户实际使用未来系统的概貌，以便判断哪些功能是符合需求的，哪些方面还要改进，然后将原型反复修改，最终建立起完全符合用户要求的新系统。而快速原型系统则是开发人员向用户提供"模型样品"，用户向开发人员迅速做出反馈，开发人员根据用户反馈及时做出产品修正、补充，最终减少了维护时期的工作量和费用，这正是快速原型法的优越性存在。

快速原型法符合人们认识事物的规律。在开发过程中，开发者更容易得到用户对已做原型系统的反馈意见。系统开发循序渐进，反复修改，确保较好的用户满意度；开发周期短，费用相对少；由于有用户的直接参与，系统更加贴近实际；易学易用，减少用户的培训时间；应变能力强。

快速原型法不太适合大规模系统的开发；开发过程管理要求高，整个开发过程要经过"修改—评价—再修改"的多次反复；用户过早看到系统原型，误认为系统就是这个模样，易使用户失去信心；开发人员易将原型取代系统分析；此外如果管理不足将会导致缺乏规范化的文档资料。

2.3.3 快速原型法的应用范围

快速原型法作为对传统生命周期法的一种改进，由于在研制过程中的前期就有用户的介入与反馈，使得最终系统能更好地适应用户的要求，因而被认为是一种有前途的新方法。但是，在短时间内研发者快速构成系统并快速响应用户提出的修改，对其研发者技术水平和开发环境和工具都有较高要求，从而在一定程度上影响和制约了快速原型法的迅速推广。

快速原型法适合处理业务过程明确、简单以及涉及面窄的小型软件系统。不适合处理大型、复杂的系统。因为大型复杂的系统难以直接模拟，此外存在大量运算、逻辑性强的处理系统也不便于用原型表示；最后，如果管理基础工作不完善、处理过程不规范也会影响原型法发挥作用。

如果快速原型法用于解决复杂软件系统，则需要采用分解和等价变换的思想，将一个复杂软件系统分解或者等价变换为一系列子系统，然后对子系统采用快速原型法设计。

2.4 增 量 模 型

2.4.1 增量模型的基本思想

采用瀑布模型或快速原型模型开发软件时，目标都是一次就把一个满足所有需求的完整产品提交给用户，从心理学角度来看，用一个全新的庞大的系统势必会对用户带来冲击，影响了用户对新软件的接受性。而增量模型则与之相反，它分批地逐步向用户提交产品，从第一个构件交付之日起，用户就能做一些有用的工作。

增量模型与原型实现模型和其他演化方法一样，本质上是迭代的，但与原型实现不一样的是其强调每一个增量均发布一个可操作产品。使用增量模型开发软件时，把软件产品作为一系列的增量构件来设计、编码、集成和测试，每个构件由多个相互作用的模块构成，并且能够完成特定的功能。使用增量模型时，第一个增量构件往往实现软件的基本要求，提供最核心的功能。早期的增量是最终产品的"可拆卸"版本，但提供了为用户服务的功能，并且为用户提供了评估的平台。增量模型基本思想如图 2.6 所示。

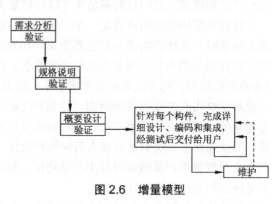

图 2.6 增量模型

2.4.2 增量模型的特点

增量模型的特点是引进了增量包的概念，无须等到所有需求都出现，只要某个需求的增量包出现即可进行开发。虽然某个增量包可能还需要进一步适应客户的需求并且更改，但只要这个增量包足够小，其影响对整个项目来说是可以承受的。

使用增量模型进行软件开发主要的优点有：

（1）由于能够在较短的时间内向用户提交一些有用的工作产品，因此能够解决用户的一些急需功能。

（2）由于每次只提交用户部分功能，用户有较充分的时间学习和适应新的产品，从而提高最终软件产品的用户可接受性。

（3）对系统的可维护性是一个极大的提高，因为整个系统是由一个个构件集成在一起的，当需求变更时只变更部分部件，而不必影响整个系统。

从某种意义上说，增量模型本身是自相矛盾的。它一方面要求开发人员把软件看作一个整体，另一方面又要求开发人员把软件看作构件序列，每个构件本质上都独立于另一构件。除非开发人员有足够的技术能力协调好这一明显的矛盾，否则用增量模型开发出的产品可能并不令人满意。所以，增量模型存在以下缺陷：

（1）由于各个构件是逐渐并入已有的软件体系结构中的，所以采用增量模型设计时构件集成难度较大。

（2）在开发过程中，需求的变化是不可避免的。增量模型的灵活性可以使其适应这种变化的能力大大优于瀑布模型和快速原型模型，但也很容易退化为边做边改模型，从而使软件过程的控制失去整体性。

（3）如果增量构件之间存在相交的情况且未很好处理，则必须做全盘系统分析，这种模型将功能细化后分别开发的方法较适应于需求经常改变的软件开发过程。

2.4.3 增量模型应用范围

使用增量模型时在把每个新的构件集成到现有软件体系结构中时，要求不破坏原来已经开发出的产品。此外，必须设计软件的体系结构更便于按这种方式进行扩充，向现有产品中加入新构件的过程必须简单、方便，也就是说，如果采用增量模型时，软件体系结构必须是开放的。从长远观点看，具有开放结构的软件拥有真正的优势，这样的软件的可维护性明显好于封闭结构的软件。因此，尽管采用增量模型比采用瀑布模型和快速原型模型需要更精心的设计，但在设计阶段多付出的劳动将在维护阶段获得回报。如果设计非常灵活而且足够开放，足以支持增量模型，那么，这样的设计将允许在不破坏产品的情况下进行维护。

2.5 螺 旋 模 型

2.5.1 螺旋模型的基本思想

采用瀑布模型或快速原型模型开发软件时，目标都是一次就把一个满足所有需求的完整产品提交给用户，从心理学角度来讲，软件开发几乎总要冒一定风险。

软件项目的风险是指在软件开发过程中可能出现的不确定因而造成损失或者影响，如资金短缺、项目进度延误、人员变更以及预算和进度等方面的问题。这意味着，软件风险涉及选择及选择本身包含的不确定性，软件开发过程及软件产品都要面临各种决策的选择。风险是介于确定性和不确定性之间的状态。

软件项目风险会影响项目计划的实现，如果项目风险变成现实，就有可能影响项目的进度，增加项目的成本，甚至使软件项目不能实现。因此有必要对软件项目中的风险进行分析并采取相应的措施加以管理，尽可能减少风险造成的损失。风险是在项目开始之后才对项目的执行过程起负面的影响，所以软件项目开始之前分析风险的不足，或者是软件项目实施过程中风险应对措施不得力，都有可能造成软件失败。

软件风险是任何软件开发项目中都普遍存在的实际问题，项目越大，软件越复杂，承担该项目所冒的风险也越大。软件风险可能在不同程度上损害软件开发过程和软件产品质量。因此，在软件开发过程中必须及时识别和风险分析，并采取适当措施以消除或减少风险的危害。

螺旋模型的基本思想是，使用原型及其他方法来尽量降低风险。螺旋模型基本做法是在每一个开发阶段前引入一个非常严格的风险识别、风险分析和风险控制，它把软件项目分解成一个个小项目。每个小项目都标识一个或多个主要风险，直到所有的主要风险因素都被确定。理解这种模型的一个简单方法，是把它看作在每个阶段之前都增加了风险分析过程的快速原型模型，如图 2.7 所示。

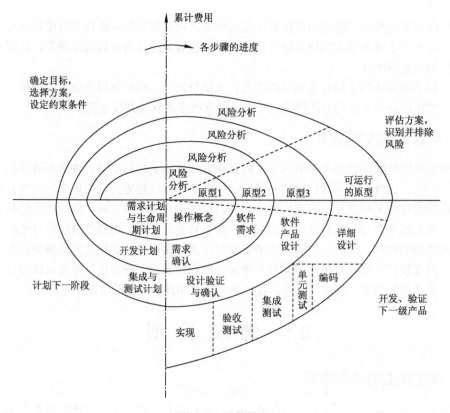

图 2.7　螺旋模型

图中带箭头的点画线的长度代表当前累计的开发费用，螺旋线的角度值代表开发进度。螺旋线每个周期对应于一个开发阶段。每个阶段开始时的任务是，确定该阶段的目标、为完成这些目标选择方案及设定这些方案的约束条件。接下来的任务是，从风险角度分析上一步的工作结果，努力排除各种潜在的风险，通常用建造原型的方法来排除风险。如果风险不能排除，则停止开发工作或大幅度地削减项目规模。如果成功地排除了所有风险，则启动下一个开发步骤，在这个步骤的工作过程相当于纯粹的瀑布模型。最后是评价该阶段的工作成果并计划下一个阶段的工作。

2.5.2　螺旋模型的特点

螺旋模型最大的特点在于引入了其他模型不具备的风险分析，使软件在无法排除重大风险时有机会停止，以减小损失。采用螺旋模型有助于把软件质量作为软件开发的一个重要目标；减少了过多测试或测试不足所带来的风险。螺旋模型的主要优点有：

（1）软件设计过程中进行风险控制，最大程度地规避软件风险。

（2）以小的分段来构建大型系统，使成本计算变得简单容易。

（3）客户始终参与每个阶段的开发，保证了项目不偏离正确方向以及项目的可控性。

（4）客户认可这种公司内部的开发方式带来的良好的沟通和高质量的产品。

采用螺旋模型主要缺点有：采用螺旋模型建设周期长，而软件技术发展比较快，所以经常出现软件开发完毕后，和当前的技术水平有了较大的差距，无法满足当前用户需求。此外，螺旋模型是风险驱动的，但是，这也可能是它的一个弱点。除非软件开发人员具有丰富的风险评估经验和这方面的专门知识，否则将出现真正的风险：当项目实际上正走向灾难时，开发人员可能还认为一切正常。

2.5.3　螺旋模型的应用范围

螺旋模型强调风险分析，使得开发人员和用户对每个演化层出现的风险有所了解，继而做出应有的反应，因此特别适用于庞大、复杂并具有高风险的系统。对于这些系统，风险是软件开发不可忽视且潜在的不利因素，它可能在不同程度上损害软件开发过程，影响软件产品的质量。减小软件风险的目标是在造成危害之前，及时对风险进行识别及分析，决定采取何种对策，进而消除或减少风险的损害。

螺旋模型主要适用于开发的大规模软件项目。如果进行风险分析的费用接近整个项目的经费预算，则风险分析是不可行的。事实上，项目越大，风险也越大，因此，进行风险分析的必要性也越大。此外，只有内部开发的项目，才能在风险过大时方便地终止项目。

2.6　V　模　型

2.6.1　V模型的基本思想

软件测试是保证软件质量的重要手段。采用瀑布模型、快速原型法、增量模型、螺旋模型，都是在详细设计后才开始进行测试工作。由于早期的错误可能要等到开发后期的测试阶段才能发现，所以带来严重的后果。V模型就是在这点改进了瀑布模型，在软件开发的生存期，开发活动和测试活动几乎同时开始，这两个并行的动态的过程就会极大地减少软件设计过程中的错误和漏洞，所以V模型也被称为V测试模型。

V模型（V-Model）是软件开发过程中的一个重要模型，由于其模型构图形似字母V，所以又称软件开发的V模型。它通过开发和测试同时进行的方式来缩短开发周期，提高开发效率。V模型是一种软件生存期模型，由Paul Rook在1980年率先提出，1990年出现在英国国家计算中心的出版物中，旨在提高软件开发的效率和有效性，是对熟知的瀑布模型的一种改进，瀑布模型软件生命周期划分为计划、分析、设计、编码、测试和维护六个阶段，且规定了它们自上而下、相互衔接的固定次序。

V 模型从整体上看起来，就是一个 V 字形的结构，由左右两边组成（见图 2.8）。左边分别代表了需求分析、概要设计、详细设计、编码。右边代表了单元测试、集成测试、系统测试与验收测试。看起来 V 模型就是一个对称的结构，它的重要意义在于，非常明确地表明了测试过程中存在的不同的级别，并且非常清晰地描述了这些测试阶段和开发阶段的对应关系。

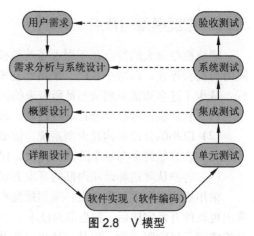

图 2.8 V 模型

2.6.2 V 模型的特点

V 模型是对瀑布模型的改进，将测试分级，并且与开发阶段对应，并行执行。V 模型的优点是：纠正了不重视测试阶段重要性的错误认识，此外将测试分等级，并和前面的开发阶段相对应起来。V 模型相应的缺点是：V 模型仅仅把测试过程作为在需求分析、系统设计及编码之后的一个阶段，忽视了测试对需求分析、系统设计的验证，需求的满足情况一直到后期的验收测试才被验证。

2.6.3 V 模型的应用范围

V 模型是一种传统软件开发模型，一般适用于一些传统信息系统应用的开发，而一些高性能高风险的系统、互联网软件，或一个系统难以被具体模块化时，就比较难做成 V 模型所需的各种构件，需要更强调迭代的开发模型或者敏捷开发模型。

2.7   敏捷软件开发

2.7.1   敏捷开发的基本思想

当前的软件研发所面临的环节是不断快速变化的动态环境，包括新的机遇和市场、不断变化的经济条件、出现的新的竞争产品和服务。软件几乎是所有业务运行中的一部分，所以非常重要的一点是新的软件要迅速开发出来以抓住新的机遇，应对竞争和压力。在这种背景下，研发者许多时候宁愿牺牲一些软件质量、降低某些需求来赢得快速软件的交付。

传统软件研发建立在对需求描述，然后进行设计、构造，最后再进行测试的完整计划上的软件开发过程是不适应快速软件开发的。当需求发生改变，或者是当需求出现问题时，系统设计和实现不得不返工和重新进行测试。其结果是，传统的瀑布模型或基于描述的过程总是拖延，最后的软件交付给客户的时间远远晚于最初的规定。

众多的软件开发人员在 20 世纪 90 年代提出了新的敏捷软件开发方法。敏捷软件开发方法允许开发团队将主要精力集中在软件本身而不是在设计和编制文档上。敏捷方法普遍依赖迭代方法来完成软件研发，其目标是减少开发过程中烦琐多余的部分，通过避免那些从长远看未必有用的工作和减少可能永远都不会被用到的文档的方法达到目的。

敏捷开发以用户的需求进化为核心，采用迭代、循序渐进的方法进行软件开发。在敏捷开发中，软件项目在构建初期被切分成多个子项目，各个子项目的成果都经过测试，具备可视、可集成和可运行使用的特征。换言之，就是把一个大项目分为多个相互联系，但也可独立运行的小项目，并分别完成，在此过程中软件一直处于可使用状态。

2.7.2 敏捷开发的特点

敏捷开发用于软件开发工作时，主张最简单的解决方案就是最好的解决方案，其基本原则是：

1．快速迭代

采用复杂问题分解方法，对于小版本的需求、开发和测试更加简单快速。

2．让测试人员和开发者参与需求讨论

需求讨论以研讨组的形式展开最有效率。研讨组需要包括测试人员和开发者，这样可以更加轻松地定义可测试的需求，将需求分组并确定优先级。同时，该种方式也可充分利用团队成员间的互补特性。如此确定的需求往往比开需求讨论大会的形式效率更高，大家更活跃，参与感更强。

3．编写可测试的需求文档

开始就要用"用户故事"的方法来编写需求文档。这种方法，可以让人们将注意力放在需求上，而不是解决方法和实施技术上。过早地提及技术实施方案，会降低对需求的注意力。

4．多沟通，尽量减少文档

任何项目中，沟通都是一个常见的问题。良好的沟通是敏捷开发的先决条件，强调高效沟通的重要性。团队要确保日常的交流，面对面沟通比邮件更有效。

5．响应变更胜过遵循计划

在敏捷方法开发软件过程中，接收需求变更，预料系统需求的变更，并快速响应变更，设计系统使之适应变更。

6．及早考虑测试

及早考虑测试在敏捷开发中很重要。传统软件开发中，测试用例大多都是最后才开始写，这导致过晚发现需求中存在的问题，使得改进成本过高。若较早地开始编写测试用例，在需求完成时，可以接受的测试用例也基本同时完成。

敏捷方法的成功意味着人们有极大的兴趣要将这些方法应用到其他类型的软件开发中。然而，因为它致力于小的、紧密集合的团队，将它们扩展到大型系统中就会有许多问题。在实践中，敏捷方法实施过程中有时是很难付诸实施的，这是因为：

（1）团队成员可能从性格上不太适应大强度的投入，而这又正是敏捷方法的典型特征。因而可能不能够做到与其他成员的良好沟通。

（2）对变更做出优先级排序可能是极其困难的，经常会发生每个信息持有者会给出一个不同的优先级排序的情形。

（3）维护简单性需要额外的工作。迫于交付时间表的压力，团队成员没有足够的时间执行应该有的系统简化过程。

2.7.3 敏捷开发的应用范围

敏捷开发方法注重市场快速反应能力，即具体应对能力。敏捷开发试图使软件开发工作能够利用人的特点，充分发挥人的创造能力。敏捷开发的目的是建立起一个项目团队全员参与到软件开发中，包括设定软件开发流程的管理人员，只有这样，软件开发流程才有可接受性。同时，敏捷开发要求研发人员在技术上独立自主地进行决策，因为他们最了解什么技术是需要和不需要的。再者，敏捷开发特别重视项目团队中的信息交流。但敏捷开发注重人员的沟通，忽略文档的重要性，若项目人员流动大太，又给维护带来不少难度，在系统维护上，关键文档如系统需求等文档缺失，会严重影响系统的可维护性和用户满意度。

本 章 小 结

软件过程是指一套关于项目的阶段、状态、方法、技术和开发、维护软件的人员以及相关文档（计划、文档、模型、编码、测试、手册等）组成。软件过程是指软件生存周期中的一系列相关过程。

本章重点介绍了软件工程过程与各种软件开发模型，包括瀑布模型、快速原型法、增量模型、螺旋模型、V模型和敏捷开发方法等。

习 题

一、选择题

1. 软件生存周期模型有多种，下列选项中，（　　）不是软件生存周期模型。
   A．螺旋模型　　B．增量模型　　C．功能模型　　D．瀑布模型

2. 结构化方法和原型化方法是软件开发中常用的两种方法，在实际应用中，它们之间的关系表现为（　　）。
   A．相互排斥　　B．相互补充　　C．交替使用　　D．独立使用

3. 软件生存周期包括可行性分析和项目计划、需求分析、概要设计、详细设计、编码、（　　）、维护等活动。
   A．应用　　B．测试　　C．检测　　D．以上答案都不对

4. 软件开发的瀑布模型，一般都将开发过程划分为分析、设计、编码和测试等阶段，一般认为可能占用人员最多的阶段是（　　）。
   A．分析阶段　　B．设计阶段　　C．编码阶段　　D．测试阶段

5. 准确地解决"软件系统必须做什么"是（　　）阶段地任务。
   A．可行性研究　　B．详细设计　　C．需求分析　　D．编码

6. 瀑布模型看，在软件生命周期中的八个阶段中，下面的几个选项中，（　　）出错，对软件的影响最大。
   A．详细设计阶段　　　　　　B．概要设计阶段
   C．需求分析阶段　　　　　　D．测试和运行阶段

7．软件生存期中时间最长的阶段是（　　　）。

　　A．需求分析阶段　B．概要设计阶段　　C．测试阶段　　　　D．维护阶段

8．检查软件产品是否符合需求定义的过程为（　　　）。

　　A．集成测试　　　B．确认测试　　　　C．验证测试　　　　D．验收测试

9．在软件生存期中，用户主要是在（　　　）参与软件开发。

　　A．软件定义期　　B．软件开发期　　　C．软件维护期　　　D．整个软件生存期

10．下面的软件开发方法中，（　　　）对软件设计和开发人员的要求最高。

　　A．控制流方法　　B．原型化方法　　　C．面向对象方法　　D．结构化方法

二、简述题

1．原型的作用是什么？

2．瀑布模型有哪些局限性？

3．增量模型有何特点？

4．敏捷开发的基本思想是什么？

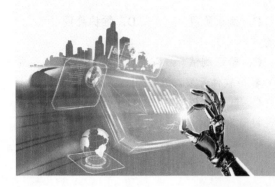

第 3 章

软件计划与可行性研究

在软件项目管理过程中，一个关键的活动是制订软件项目计划。软件项目计划是软件开发工作的第一步。项目计划的目标是为项目负责人提供一个框架，使之能合理地估算软件项目开发所需的资源、经费和开发进度，并控制软件项目开发过程按此计划进行。在做计划时，必须就需要的人力、项目持续时间及成本做出估算。这种估算大多是参考以前的花费做出的。软件项目计划包括两个任务：研究和估算。即通过研究确定该软件项目的主要功能、性能和系统界面。按 B.W.Boehm 的描述，瀑布模型的软件周期可划分为七个阶段：系统需求分析、软件需求分析、概要设计、详细设计、编码纠错、测试和预运行、运行维护。软件可行性分析最根本的是：如果问题不值得解，分析员应该建议，以避免时间、资源、人力和金钱的浪费；如果问题值得解，分析员应该为工程制订一个初步的计划。软件项目计划是一个软件项目进入系统实施的启动阶段，主要进行的工作包括：确定详细的项目实施范围、定义递交的工作成果、评估实施过程中主要的风险、制订项目实施的时间计划、成本和预算计划、人力资源计划等。

3.1 问 题 定 义

软件开发的首要问题是进行问题定义，问题定义必须要回答的问题是"软件要解决的问题是什么？"。如果不知道问题是什么就试图解决这个问题，显然是盲目的，只会白白浪费时间、人力和财力。最终得出的结果很可能是毫无意义的。尽管确切的问题定义的必要性是十分明显的，但在实践中它却可能是最常被忽略的一个步骤。问题是指用户的基本要求，讲得通俗点，问题定义实际上就是了解用户到底要建立什么系统，并确定分析员下一步应该做什么。因此，问题定义的来源是用户。从国内外软件企业的实际情况来看，软件项目问题定义项目的来源大体有以下三种：

（1）直接来自机构外部（即合同甲方），此时，给定需求就是以委托方式或合作方式提交的任务书；或者是通过项目投标最终以合同形式确定的用户需求，其载体就是投标书、合同及其技术附件以及合同签订后编写的软件需求文档，当然还应包括项目开始后几乎难以避免的变更需求。也可以间接地来自外部机构，此时，公司内部不同部门或公司外部的委托方或合作方承接的整个集成项目分配给项目组的软件开发任务就是给定需求。

（2）来自部门内部的新产品开发，此时给定需求及其载体就是新产品可行性研究报告、软件需求文档（初稿）以及相应的软件立项审批表。

（3）来自已发布产品或已提交项目的最终用户，此时，不同的最终用户或同一个最终用户在不同时间、不可预料地提出的产品的每一个缺陷报告或个性化修改要求都是给定需求，其载体可能是用户的传真或电子邮件，也可能是维护部门的电话记录，还可能是市场人员、工程人员的间接反映。

通过问题定义阶段的工作，系统分析员应该提出关于问题性质、工程目标和规模的书面报告。该阶段的分析员尽可能站在较高的角度去抽象、概括所要做的事情，不要拘泥于问题实现的细节。尽管用户可能总是习惯于这样做，但分析员在这一阶段必须超脱出来，居高临下鸟瞰系统的全貌。通过对系统的实际用户和使用部门负责人的访问调查，分析员扼要地写出他们对问题的理解，并在使用部门负责人的会议上认真讨论这份书面报告，澄清含糊不清的地方，改正理解不正确的地方，最后得出一份双方都满意的文档。

当用户的要求不是很多，并且不太复杂时，一两个分析员用上一两天就可以完成这一工作。当系统较大，且复杂时，就需组织一个问题定义小组，花上一两个星期，甚至数月来定义用户的问题。如果分析员和用户及使用部门的负责人对所要解决的问题取得完全一致的看法，而且使用部门的负责人同意开发工程继续进行下去时，开发工程应进入可行性研究阶段。

3.2 软件规模估算

随着软件系统规模的不断扩大和复杂程度的日益增大，从20世纪60年代末期开始，出现了大量软件项目进度延期、预算超支和质量缺陷为典型特征的软件危机。对于庞大的、多变的软件项目来说存在太多的不确定性，诸多软件项目的失败分析后得出：对软件成本估算不足和需求不稳定，是造成软件项目失控最普遍的两个原因。

3.2.1 软件估算的概念

软件估算是指根据软件项目的开发内容、开发工具、开发人员等因素对需求进行调研、程序设计、编码、测试等整个开发过程所花费的时间及工作量的预算。软件估算是软件工程经济学的重要组成部分。

估算不足与估算过多都会对软件企业产生影响，当估算过多时，会使企业的成本增加；当估算不足时，产生的问题更加严重，估算不足会导致工作量增大、研发人员被迫加班、效率低下、不能按时完成任务等后果。

在开发过程中，软件估算包含的内容有：软件工作产品的规模估算；软件项目的工作量估算；软件项目的成本估算；软件项目的进度估算；项目所需要的人员、计算机、工具、设备等资源估算。

3.2.2 软件估算的方法

项目进度估算非常困难。初始的估算可能需要根据高层的用户需求定义做出。软件可能需要运行于某些特殊类型的计算机上，或者需要运行到新的开发技术，而对参与到项目中来的人员的技术水平可能一无所知，如此多的不确定因素意味着，在项目早期阶段对系统开发成本进行精确估算是相当困难的。

评估用于成本和工作量估算的不同方法的精确性有它固有的困难。项目估算是用来确定项目预算，然后通过调整产品以保证预算不被突破。为了让项目开支控制在预算之内，常用的方法有以下几种：

(1) 面向规模的代码行估算技术

代码行（Line Of Code，LOC）指所有的可执行的源代码行数，包括可交付的工作控制语言语句、数据定义、数据类型声明、输入/输出格式声明等。代码行技术把实现待研发系统功能所需要的源程序代码行预估累加起来，得到整个待研发软件项目的规模。

LOC 技术使用简单，但存在以下缺点：

① 使用 LOC 技术，对于实现同一个功能，不同的程序设计语言行数并不相同。

② LOC 不适合于非过程程序设计语言。

③ 源代码仅仅是软件配置的一部分，LOC 方法忽略了文档的软件配置文件，仅用源程序行数来代替软件规模不太合理。

④ 对于算法设计巧妙，但行数较少的程序用 LOC 估计不合理，算法设计需要花费更多的工作量。

⑤ LOC 估算方法中对于人员、设备、资源等因素考虑较少。

(2) 历史项目类比法

历史项目类比法的基本思想是：在功能相似或者复杂度相似的软件项目开发过程中，通过新项目与历史项目的比较可得到规模估计。类比法估算结果的精确度取决于历史项目数据的完整性和准确度。因此好的类比法的前提条件是软件开发企业建立了比较好的项目评价与分析机制，以及对历史项目的数据分析是可靠的。

历史项目类比法的优点是因为有以往类似项目作为参考，因而估算结果比较准确。由于要依赖历史经验，必须有类似的项目作为参考。

(3) 面向功能的估算

功能点估算方法（Function Point，FP）是 1975 年，由 IBM 的工程师 Allan Albrecht 首先提出的。1979 年，IBM 正式向外界公布该方法；1984 年，国际功能点用户组成立。目前，功能点法已成为具有广泛影响的软件测量方法。FP 估算法是在需求分析阶段基于系统功能的一种规模估算方法，即功能点估算法。

基本步骤如下：

① 通过研究系统需求后，确定外部输入（Inp）、外部输出（Out）、查询（Inq）、逻辑文件（Maf）和接口数（Inf）。

② 将这些数据进行加权乘，外部输入为 4；外部输出为 5；外部查询为 4；内部逻辑文件为 10；外部接口文件为 10，得到未调整后的功能点计算值 UFP：UFP=4×Inp+5×Out+4×Inq+10×Maf+10×Inf。

③ 估算者根据对复杂度的判断，总数可用 0.5 到 1 之间来调整，从而得到功能点估算值 FP：FP=a_i×UFP，其中 a_i（$0.5 \leqslant a_i \leqslant 1$）根据对待研发系统的复杂程度进行调整，如果相对简单则取较小的值。

功能点对项目早期的规模估计很有帮助，能保持与需求变化的同步。功能点数与所用的编程语言无关，看起来功能点技术比代码行技术更合理一些。但是，加权调整需要依赖于个人经验，存在相当大的主观因素。

（4）Delphi 估算法

Delphi 估算法是一种专家估算技术，在没有历史数据的情况下，这种方式适用于评价过去和将来新技术与特定程序之间的区别。该方法的步骤如下：

① 协调人向各专家提供项目规格和估算表格。

② 协调人召集小组会议，各专家讨论与规模相关的因素。

③ 各专家匿名填写估算表格。

④ 协调人整理出一个估计总结，并返回专家。

⑤ 协调人召集小组会议，讨论差异较大的估算。

⑥ 专家复查估算，并提交另一个匿名估算。

⑦ 重复以上步骤，直到达到一个最低和最高估算的一致。

该方法的优点是：不需要历史数据；非常适合新的较为特别的项目估算。但是因为涉及专家估算，有时专家的判定因带有一定的主观性，所以估算规模不一定准确，此外自身的技术水平不够时会带来误判。

长期以来，如何度量和评估软件研发项目的成本一直是产业界的难题。除以上方法外还有其他方法，大体分为以下两种类型的估算技术：

（1）基于经验的技术，使用管理者之前的项目和应用领域的经验估算要求的未来工作量，即管理者主观给出所需要的工作量的一个估计值。

（2）算法成本建模：在此方法中，使用一个公式方法计算项目的工作量，它基于对产品属性（比如规模）和过程特点（比如参与员工的经验）的估计。

无论以上哪种技术，都需要使用直接估算工作量或者估算项目和产品特点。在项目的启动阶段，估计的偏差比较大。基于从大量历史项目中收集的数据，Boehm 等（1995）发现启动阶段的估算差异巨大。假如开始的工作量估计是 x 个月，那么系统交付时测量的实际工作量范围可能是 0.25x～4x 之间，如图 3.1 所示。在开发规划中，随着项目的进行估算会越来越准确。

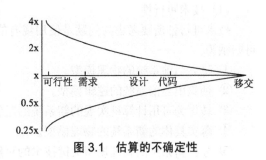

图 3.1　估算的不确定性

3.3　可行性研究

3.3.1　可行性研究的概念

可行性研究是在软件项目研发投资决策前对相关项目实施方案、技术方案或生产经营方案进行的技术经济论证。可行性研究在调查的基础上，通过市场分析、技术分析和经济分析，对各种项目方案的技术可行性与经济合理性进行综合评价。可行性研究的基本任务，是对新研发软件项目的主要问题，从技术经济角度进行全面的分析研究，并对其投产后的经济效果进行预测，在既定的范围内进行方案论证的选择，以便最合理地利用资源，达到预定的社会效益和经济效益。

可行性研究必须从系统总体出发，对技术、经济、商业、法律等多个方面进行分析和论证，以确定建设项目是否可行，为正确进行投资决策提供科学依据。项目的可行性研究是对多因素、多目标系统进行的不断的分析研究、评价和决策的过程。它需要有各方面知识的专业人才通力合作才能完成。因此，可行性研究实质上是要进行一次大大压缩简化了的系统分析和设计过程，也就是在较高层次上以较抽象的方式进行的系统分析和设计过程。

可行性研究的目的就是以最小的代价在尽可能短的时间内确定问题是否能够解决。可行性研究的目的不是解决问题，而是确定问题是否值得去解决。可行性研究分析软件研发方案的利弊，从而判断系统完成后所带来的效益是否大到值得投资开发这个系统的程度。

在可行性研究过程中，首先需要进一步分析和澄清问题定义。在澄清了问题定义之后，从系统逻辑模型出发，探索若干种项目实施的方案，对每种方案都应该研究它的可行性。可行性研究最根本的任务是对以后的运行方针提出建议：如果问题没有可行的解，分析员应该建议停止这项开发工程，以避免时间、资源、人力和财力的浪费；如果问题值得解，分析员应该推荐一个较好的解决方案，并且为工程制订一个初步的计划。一般来讲，至少从下述五个方面研究每种解法的可行性：技术可行性、资金可行性、时间可行性、人员操作和维护可行性、法律可行性。

可行性研究需要的时间长短取决于工程的规模，一般情况下，可行性研究的成本只是预期的工程总成本的 5%～10%。

3.3.2 可行性研究的分类

（1）技术可行性

技术可行性所要考虑的问题是使用现有的技术能否实现这个系统。技术可行性工作一般可归纳为：

① 建立当前系统的物理模型。
② 抽象出当前系统的逻辑模型。
③ 转化为可用计算机实现的新系统的逻辑模型。
④ 落实具体的新系统的物理模型。
⑤ 分析新系统的物理模型关键技术的可解性。

技术可行性已成为可行性研究的重要组成部分，一旦出现漏洞就会造成事故，所以必须重点考虑。

在进行技术可行性分析过程中，一般需要注意以下问题：

① 全面考虑系统开发过程所涉及的所有技术问题。软件开发涉及多方面的技术，包括开发方法、软硬件平台、网络结构、系统布局和结构、输入输出技术、系统相关技术等，应该全面和客观地分析软件开发所涉及的技术，以及这些技术的成熟度和现实性。

② 尽可能采用成熟技术。成熟技术是被多人采用并被反复证明行之有效的技术，因此采用成熟技术一般具有较高的成功率。另外，成熟技术经过长时间、大范围使用、补充和优化，其精细程度、优化程度、可操作性、经济性等方面要比新技术好。鉴于以上原因，软件项目开发过程中，在可以满足系统开发需要、能够适应系统发展、保证开发成本的条件下，应该

尽量采用成熟技术。

③ 慎重引入先进技术。在软件项目开发过程中，有时为了解决系统的特定问题，为了使所开发系统具有更好的适应性，需要采用某些先进或前沿技术。在选用先进技术时，需要全面分析所选技术的成熟程度。有许多报道的先进技术或科研成果实际上仍处在实验室阶段，其实用性和适应性并没有得到完全解决，也没有经过大量实践验证，在选择这种技术时必须慎重。如果不加分析，在项目中盲目采用新技术，应用时肯定会出现许多难以解决的具体问题。

④ 技术可行性评价。技术可行性评价是通过原有系统和欲开发系统的系统流程图和数据流图，对系统进行比较，分析新系统具有的优越性，以及对设备、现有软件、用户、系统运行、开发环境、运行环境和经费支出的影响，然后评价新系统的技术可行性。主要包括以下几个方面：在限制条件下，功能目标是否能达到；利用现有技术，性能目标是否能够达到；对开发人员数量和质量的要求，并说明能否满足；在规定期限内，开发是否能够完成。

（2）经济可行性

经济可行性是指可以使用的资源的可能性（资源包括人力资源、自然资源和资金条件）。资金可行性所要考察的问题是这个经济效益能否超过它的开发成本。在资金的可行性方面，应着重强调的一点是，研究的目的，并不仅仅是完成用户提出的要求，是否有足够的资金支持，而更主要的是要把提高用户选择的每一种方案的投资利益比较清楚。

（3）时间可行性

时间可行性所要考虑的问题是：完成这样一个系统所花的时间是否能够满足用户的要求？若于技术和资金可行性紧密结合考虑之后，发现不能在用户预订的时间内完成系统，则要缩小项目规模，或采用分期实现的办法。时间的可行性与投入的人力密切相关，因此要从分析员和程序员的角度来研究时间可行性。

（4）人员操作与维护的可行性

人员操作与维护的可行性所要考察的问题是当用户所要求的系统建立起来后，用户对它的操作是否感到方便，管理和维护是否容易。如果一个计算机系统的操作比原有的手工系统还麻烦，那么，它是不会受欢迎的。另一方面，如果管理和维护所开发的系统的人员数比原有的手工系统所需的还多，素质要求还高，那么这个系统对用户来说负担太重。

（5）法律可行性

法律可行性确定由于开发软件项目是否会侵犯他人、集体或国家的利益，是否违反国家的法律，并由此承担法律责任。诸如被开发软件的权利归属方面的问题等。例如，要涉及有关软件版权的争议时，就要考虑法律的有关规定以及可能带来的后果。我国先后制定了版权法、专利法、商标法、著作权法、计算机软件保护条例、反不正当竞争法等一系列知识产权保护条规。为与国际公约惯例接轨，我国又对专利法和商标法进行了修改，制定了实施国际著作权等条约的规定。这些法律、条规都不同程度的对计算机软件这一客体实施保护，所以，在软件开发之前，要考察是否存在由于与法律、条规不相符合造成的不良社会后果。

此外还应该从社会效益等更广泛的方面研究每种解法的可行性。

3.3.3　可行性研究的步骤

1. 复查系统规模和目标

分析员应访问关键人员，仔细阅读和分析有关资料，以便进一步复查确认系统的目标和规模，改正含糊不清的叙述，清晰地描述对系统目标的一切限制和约束，确保解决问题的正确性，即保证分析员正在解决的问题确实是要求他解决的问题。

2．研究用户之前使用的旧系统

用户之前使用的旧系统是待研发新系统的重要需求来源。旧系统之前被用户使用，那么这个旧系统肯定有部分功能能够完成用户的工作，此外因为旧系统会存在部分不足，用户才会提出研发新系统的要求，所以新系统肯定要解决旧系统中存在的问题。此外记录和熟悉旧系统与其他系统之间的接口情况也很重要。但是，在此过程中千万不要花费太多时间去了解旧系统的编码实现细节，因为此过程仅仅是获取待研发系统的需求。

3．导出新系统的高层逻辑模型

模型是被研究对象的一种抽象。客观事物或现象，是一个多因素综合体。因素之间存在相互依赖又相互制约的关系，通常是复杂的非线性关系。为了分析其相互作用机制，揭示内部规律，可根据理论推导，或对观测数据的分析，或依据实践经验，设计一种模型来代表所研究的对象。分析模型就是对客观事物或现象的一种描述，将概念、观念可视化或数字化。软件建模即软件分析建模，软件分析建模体现了软件设计的思想，在系统需求和系统实现之间架起了一座桥梁。软件工程师按照设计人员建立的模型，开发出符合设计目标的软件系统，而且软件的维护，改进也基于软件分析模型。

在软件开发前期，常用的高层逻辑模型有以下几种：描述待设计软件系统未来运行物理环境的"系统流程图"；描绘待设计软件系统功能模型的"数据流图"；描述待设计系统数据模型的"实体联系图"及描述行为模型的"状态转换图"等模型。

4．重新定义问题

凭借软件高层逻辑模型，设计者和用户经过反复交流，设计者对用户需求进行进一步梳理，明确之前误解或遗漏的需求，重新定义问题，发现和改正需求分析中的不足。

5．导出和评价供选择的解法

分析员根据重新定义问题的软件逻辑模型，从技术、操作、经济等角度综合导出系统实现的不同方案，对拟建不同方案进行全面技术经济分析论证。

6．推荐行动方针

分析员分析比较不同方案以及预测建成后的社会经济效益。一般情况下，在该步骤需要对不同的方案进行方案评审。

方案评审就是从管理或技术角度审查不同方案，从中找到不符合待建项目整体目标或期望之处，结合财务的盈利性，经济上的合理性，技术上的先进性和适应性以及建设条件的可能性和可行性，从而为待研发软件项目方案的选择提供科学依据。

7．草拟开发计划

开发计划的目的是为软件项目的实施制订一套合理、可行的软件项目（开发）执行计划。开发计划主要包括以下活动：分解软件项目需求；估算开发活动的规模、工作量、成本和所需资源；编制工作进度表；识别和分析软件项目风险；编写项目开发计划。

8. 书写文档提交审查

应把上述可行性研究各个步骤的工作结果整理成相应的文档，请用户、客户组织的负责人及评审组审查。

3.4 软件项目计划

如果可行性阶段确定问题有可行的解，再开始进入软件项目计划。软件项目计划是一个软件项目进入系统实施的启动阶段，主要进行的工作包括：确定详细的项目实施范围、定义递交的工作成果、评估实施过程中主要的风险、制定项目实施的时间计划、成本和预算计划、人力资源计划等。

针对不同的工作目标，软件工程项目需要对各阶段制订出相应的工作计划，其类型包括：

（1）软件开发计划（或称为项目实施计划）：这是软件开发的综合性计划，通常包括任务、进度、人力、环境、资源和组织等多方面。其目的是提供一个框架，使得软件项目的主管人员可以对资源、成本以及进度进行合理的估算。

（2）质量保证计划：把软件开发的质量要求具体规定为每个开发阶段可以检查的质量保证活动。

（3）软件测试计划：规定测试活动的任务、测试方法、进度、资源和人员职责等。

（4）文档编制计划：规定所开发软件项目应编写文件的种类、内容、进度和人员职责等。

（5）用户培养计划：规定对用户进行技术培训的目标、要求、进度和人员职责等。

（6）综合支持计划：规定项目开发过程中所需要的支持条件，以及如何获取和利用这些支持。

（7）软件分发计划：软件项目完成后，如何提供给用户。

3.4.1 软件范围

软件计划的第一个任务是确定软件需求描述，主要包括功能、性能、可靠性和接口等问题。

功能说明给出整个功能的简单描述，在可能的情况下要做进一步分析，以提供更多的子功能描述。性能考虑包括处理时间约束、存储限制以及特殊的及其相关的特点。对功能和性能要同时考虑才能做出正确的估计。

软件将要与计算机系统的其他部分交互使用，计划必须考虑每一接口界面的性质和复杂程度，以确定对开发资源、成本及进度表的影响。

最后，还要考虑软件可靠性的要求，不同性质的软件有不同的要求，特殊性质的软件可能要求特殊考虑以保证可靠性。

应在项目开始初期便制订出项目计划，并随着工程的进展不断加以精化。起初，由于软件需求通常是模糊而又不完整的，工作重点应在于明确该项目需要哪些领域的知识，以及如何获取这些知识。

3.4.2 环境资源

环境资源包括硬件、软件和人，对每一种资源均从资源的描述、对资源要求的日程表时间以及对资源应用的持续时间三个方面来说明。

硬件资源包括开发系统、目标机器和新系统的其他硬部件。软件资源包括两大类:一类是支撑软件,在新的软件开发中起辅助作用;另一类是实用软件,实际上可以成为新软件的一部分。人是主要的软件开发资源。对于相当小的软件工程项目,一个人可以完成所有的软件步骤。而对于大的软件工程项目,在整个生命周期中人员的组成是变动的。

3.4.3 制定进度表

进度安排是软件计划中一项困难的任务。计划要协调可用资源与项目的工程量,考虑各项任务之间的互相依赖,尽可能并行地安排工作,预见潜在的问题或瓶颈,并提供意外事故处理等。特别是,进度表必须把复审作为一个要实施的任务明确加以考虑。

制订软件项目计划的目的在于建立并维护软件项目各项活动的计划,软件项目计划其实就是一个用来协调软件项目中其他所有计划,指导项目组对项目进行执行和监控的文件。

3.5 系统流程图

3.5.1 系统流程图的定义

在进行可行性研究时,需要了解和分析待研发的软件系统未来运行的物理环境,此时就需用到要相应的分析工具,即系统流程图。系统流程图是描绘系统物理模型的传统工具。它的基本思想是用图形符号以黑盒子形式描绘系统里面的每个部件(程序、文件、数据库、表格、人工过程等),表达信息在各个部件之间流动的情况。

系统流程图的作用表现在以下几个方面:

(1)制作系统流程图的过程是系统分析员全面了解系统业务处理概况的过程,及未来所处的物理环境,它是系统分析员做进一步分析的依据。

(2)系统流程图是系统分析员、管理员、业务操作员相互交流的工具。

(3)系统分析员可直接在系统流程图上画出可以由计算机处理的部分。

(4)可利用系统流程图来分析软件运行所需要的硬件资源需求。

系统流程图是一种图形化的设计分析工具,系统流程图不表示对数据进行加工处理的控制过程,此外尽管系统流程图的某些符号和程序流程图的符号形式相同,但是它却是用来描述系统的物理模型。

3.5.2 系统流程图的符号表示

系统流程图中用来描绘一个物理系统的基本符号如表 3.1 所示,其中矩形用来表示能改变数据值或数据位置的加工或部件,例如待研发的软件系统由子程序构成,这些子程序在数据流图中就可以用矩形符号来表示;此外用箭头来连接系统流程图中的不同部件。

表 3.1 系统流程图基本符号

符 号	名 称	说 明
☐	处理	能改变数据值或数据位置的加工或部件,例如,程序模块、处理机等都是处理

续表

符 号	名 称	说 明
▱	输入/输出	表示输入或输出（或既输入又输出），是一个广义的不指明具体设备的符号
←	数据流	用来连接其他符号，指明数据流动方向
○	连接	指出转到图的另一部分或从图的另一部分转来，通常在同一页上
▽	换页连接	指出转到另一页图上或由另一页图转来

当需要描述其他物理部件时还需要用到表 3.2 所示的其他符号，综合使用这些系统符号，就可以黑盒子的形式描绘待研发软件所处的物理系统的每个部件，包括程序、文件、数据库、表格、人工过程等，可表达信息在各个物理部件之间流动的情况。

表 3.2 系统流程图其他符号

符 号	名 称	说 明
▱	文档	通常表示打印输出，如报告、文档等；也可表示用打印终端输入数据
▱	联机存储	表示任何种类的联机存储，包括磁盘、软盘和海量存储器件
▱	数据库	磁盘输入/输出，也可表示存储在磁盘上的文件或数据库；也可表示数据服务器等
▱	显示设备	CRT 终端或类似的显示部件，也可用于带有显示功能的输入或输出的终端设备
○	磁带	表示磁带设备或表示一个磁带存储数据
▱	磁鼓	表示磁鼓设备或表示一个磁鼓存储数据
▱	人工输入	人工输入数据的脱机处理，如填写表格等
▽	人工操作	人工完成的处理，如用户在打印单据上签名
□	辅助操作	使用设备进行的脱机操作
▱	通信链路	通过远程通信线路或链路传送数据

3.5.3 应用实例

通过一个具体的实例来学习系统流程图的使用方法。

某工厂有一座存放设备的仓库，为了维持正常工厂生产运营，仓库中各种设备的数量不能低于正常生产的临界值。仓库管理员之前采用人工的方式每天清点每种设备的数量，若数量小于临界值再人工编制采购报告给采购员进行相应设备采购，规定每天向采购部门送一次订货报告。

现在该工厂提出需要研发一个仓库设备管理系统的需求。该工厂计划使用一台计算机

CRT 终端设备录入、处理更新库存数据库文件和产生订货报告。仓库设备管理系统中的库存管理程序对 CRT 录入信息进行处理，更新存储在数据服务器上的库存数据库文件，并且把必要的订货信息写在联机存储器上。最后，每天由报告生成程序读一次联机存储器，并且打印出订货报告。

根据以上问题的描述，在进行系统流程图设计的过程中，一般采用如下步骤进行设计：

（1）根据问题描述，从问题中找到具体的物理部件。物理部件即包括绝对物理意义的设备，如 CRT 终端、磁盘、数据库、联机存储器、文档等；此外也包括逻辑意义的物理部件，如待开发的程序。

（2）根据物理部件找到相应的图形符号表示。

（3）按照自顶向下或从左向右的方式，逐步进行系统流程图的绘制。

（4）对于较复杂的系统流程图，在绘制时采用分层描绘。首先用一张高层次的系统流程图描绘系统总体概貌，表明系统的关键功能。然后分别把每个关键功能扩展到适当的详细程度，画在单独的一页纸上。这种分层次的描绘方法便于阅读者按从抽象到具体的过程逐步深入地了解一个复杂的系统。

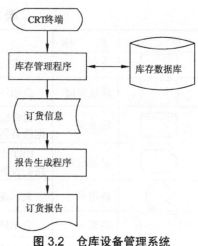

图 3.2　仓库设备管理系统

（5）绘制结束后，进行系统流程图的核对检查。如果在绘制后的系统流程图中，存在绝对意义上的两个物理部件之间的直接连接，这显示该系统流程图设计有问题。这是因为 CRT 终端、磁盘、数据库、联机存储器、磁带、文档等绝对物理部件，如果直接连接在现实中也无法工作，绝对物理部件要依赖于"程序"进行衔接，从而驱动工作。从上述描述也可以看出，系统流程图正是描述待开发软件系统的物理运行环境的工具。

仓库管理系统的系统流程图如图 3.2 所示。图中每个符号用黑盒子形式定义了组成系统的一个部件，图中的箭头确定了信息通过系统的逻辑路径（信息流动路径）。

3.6　其他补充说明

此外数据流图也是软件前期设计的一种图形化分析工具。数据流图（Data Flow Diagram，DFD）是用来描绘软件系统逻辑模型的图形工具，是描绘信息在系统中流动和处理的情况的。即使不是计算机专业技术人员也很容易理解，是软件设计人员和用户之间极好的沟通工具。设计数据流图时，只需考虑软件系统必须完成的基本逻辑功能，完全不需要考虑如何具体地实现这些功能。

数据流图可以在软件生命周期的可行性研究和需求分析阶段进行设计，在软件生命周期的以后几个阶段（概要设计等）不断改进、完善和细化。

因为数据流图是一种描述软件设计过程中的功能模型，而与功能模型关系最紧密的是用户的需求，因此为了更好地理解和掌握数据流图的使用方法，在下一章"软件需求分析"中将进行详细介绍。

本 章 小 结

软件项目计划是一个软件项目进入系统实施的启动阶段，主要进行的工作包括：确定详细的项目实施范围，定义递交的工作成果，评估实施过程中主要的风险，制定项目实施的时间计划、成本和预算计划、人力资源计划等。

本节重点介绍了软件规模估算方法、系统流程图的使用方法。另外介绍了可行性研究的基本概念的实施步骤，对软件项目计划也进行了相关介绍。

习　　题

一、选择题

1. 在软件的可行性研究中，可以从不同的角度对软件进行研究，其中是从软件的功能可行性角度考虑的是（　　）。

    A. 经济可行性　　　　　　　　B. 技术可行性

    C. 操作可行性　　　　　　　　D. 法律可行性

2. 在遵循软件工程原则开发软件过程中，计划阶段应该依次完成（　　）。

    A. 软件计划，需求分析，系统定义

    B. 系统定义，软件计划，需求分析

    C. 需求分析，概要设计，软件计划

    D. 软件计划，需求分析，概要设计

3. 技术可行性要解决（　　）。

    A. 存在侵权否　　　　　　　　B. 成本—效益问题

    C. 运行方式可行　　　　　　　D. 技术风险问题

4. 制订软件项目计划的目的在于尽早对要开发的软件进行合理估价，软件项目计划的任务是（　　）。

    A. 组织与管理　　　　　　　　B. 分析与估算

    C. 设计与测试　　　　　　　　D. 规划与调度

5. 可行性分析中，系统流程图用于描述（　　）。

    A. 当前运行系统　　　　　　　B. 当前逻辑模型

    C. 目标系统　　　　　　　　　D. 新系统

6. 研究软硬件资源的有效性是进行（　　）研究的一方面。

    A. 技术可行性　　　　　　　　B. 经济可行性

    C. 社会可行性　　　　　　　　D. 操作可行性

7. 可行性研究要求进行的需求分析和设计应是（　　）。

    A. 详细的　　　　　　　　　　B. 全面的

    C. 简化的，压缩的　　　　　　D. 彻底的

8. 系统流程图是描述（　　）的工具。

    A. 逻辑系统　　　　　　　　　B. 程序系统

C．体系结构　　　　　　　　D．物理系统

9．系统定义明确之后，应对系统的可行性进行研究．可行性研究包括（　　　）。

A．软件环境可行性，技术可行性，经济可行性，社会可行性

B．经济可行性，技术可行性，社会可行性

C．经济可行性，社会可行性，系统可行性

D．经济可行性，实用性，社会可行性

10．研究开发资源的有效性是进行（　　　）可行性研究的一个方面。

A．技术　　　　B．经济　　　C．社会　　　　　D．操作

二、简述题

1．可行性研究的任务有哪些？

2．研究项目的技术可行性一般要考虑的情况有哪些？

3．可行性研究包括哪些步骤？

4．软件规模估算的方法有哪些？

5．系统流程图的作用是什么？

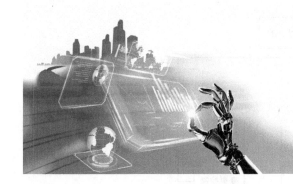

第4章

软件需求分析

软件开发的目标，简而言之，就是满足用户的需要。问题在于，如何将用户提出的需求变成软件需求，并在此基础上成功地开发出软件系统，并能满足用户最终的要求。在计算机发展的初期，软件规模不大，软件设计者大多关注的是软件代码的编写，需求分析很少受到设计者的重视。后来随着软件设计规模和维护难度的增大，在软件开发的过程中引入了软件生命周期的概念，需求分析成为软件定义时期的一个重要环节。随着软件系统规模的扩大，需求分析与定义在整个软件开发与维护过程中变得越来越重要，直接关系到软件项目的成功与否。通过对软件的需求分析，对目标系统提出完整、准确、清晰、具体的要求。

4.1 软件需求的定义

软件需求是：①用户解决问题或达到目标所需条件或权能；②系统或系统部件要满足合同、标准、规范或其他正式规定文档所要具有的条件或权能；③一种反映①或②所述条件或权能的文档说明。它包括功能性需求及非功能性需求，非功能性需求对设计和实现提出了限制，如性能要求、质量标准或者设计限制。

需求错误的代价会随着软件项目的开展而发生变化，如果不能及时发现这些错误，在设计和维护后期修正成本会越来越高。研究结果表明，74%的面向需求的软件缺陷，是在项目的需求阶段发现的，即在客户与系统分析员进行讨论、协商、建档的阶段需求分析错误造成的。20 世纪 80 年代中后期，形成了软件工程的子领域——需求工程。需求工程是指应用已证实有效的技术、方法进行需求分析，确定客户需求，帮助分析人员理解问题并定义目标系统的所有外部特征的一门学科。它通过合适的工具和记号系统描述待开发的系统及其行为特征和相关约束，形成需求文档，并对用户不断变化的需求演进给予支持。

需求分析无疑是软件工程中的关键问题，同时是软件工程中最复杂的过程之一，它是一个不断反复的需求定义、记录和演进的过程。完整的软件需求工程包括需求开发和需求管理两个部分，需求开发的一般过程分为需求获取、需求建模、需求规格说明、需求验证四个阶段，需求管理则主要包括需求基线的建立、需求变更控制以及需求跟踪等活动。需求工程的内容如图 4.1 所示。

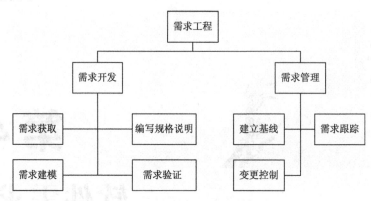

图 4.1　需求工程的内容

在需求分析过程中，需求分析需要各类需求人员的参与（见图 4.2），如领域专家、用户、项目投资人、需求分析员、系统开发人员等，以不同的着眼点和不同的知识背景，获得对软件需求的全面理解。

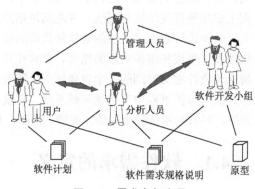

图 4.2　需求参与人员

4.2　需求分析的层次内容

软件需求包括三个不同的层次：业务需求、用户需求和功能需求，也包括非功能需求。

业务需求反映了组织机构或客户对系统、产品高层次的目标要求，它们在项目视图与范围文档中予以说明。业务需求通常来自项目投入、购买软件产品的客户、实际用户的管理者、市营销部门或产品策划部门。业务需求描述了某个特定组织为什么要开发一个系统，即该组织希望达到的目标。

用户需求文档描述了用户使用产品必须要完成的任务，这在使用实例文档或方案脚本说明中予以说明。用户需求描述的是用户的真实目标，或用户要求系统必须能完成的任务。用例、场景描述都是表达用户需求的有效途径。也就是说，用户需求描述了用户能使用系统来做些什么。

功能需求定义了开发人员必须实现的软件功能，使得用户能完成他们的任务，从而满足了业务需求。所谓特性，是指逻辑上相关的功能需求的集合，给用户提供处理能力并满足业务需求。功能需求记录在软件需求规格说明书（Software Requirements Specification，SRS）中。SRS 完整地描述了软件系统的预期特性。SRS 一般以标准的文档形式出现，其实 SRS 还可以是包含需求信息的数据库或电子表格，或者是存储在商业需求管理工具中的信息。开发、测试、质量保证、项目管理和其他相关的项目功能都要用到 SRS。

作为补充，软件需求规格说明还应包括非功能需求，它描述了系统展现给用户的行为和执行的操作等。它包括产品必须遵从的标准、规范和合约；外部界面的具体细节；性能要求；设计或实现的约束条件及质量属性。所谓约束，是指对开发人员在软件产品设计和构造上的限制。质量属性是通过多种角度对产品的特点进行描述，从而反映产品功能。多角度描述产品对用户和开发人员都极为重要。值得注意的一点是，需求并未包括设计细节、实现细节、项目计划信息或测试信息。需求与这些没有关系，它关注的是充分说明你究竟想开发什么。需求是多层次的，包括业务需求、用户需求、功能需求和非功能需求，软件需求各组成部分之间的关系如图 4.3 所示。

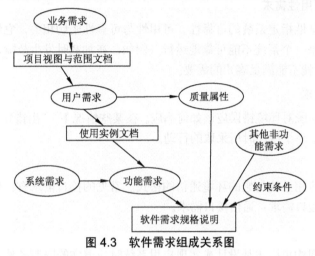

图 4.3　软件需求组成关系图

4.3　需求分析的任务

4.3.1　确定项目的范围

与任何专业的活动一样，为满足应用开发的目标，需要分析在该活动前对项目资源、时间限制和目标做出切合实际的评估。对软件开发来说，这些组件组合在一起就构成了项目的范围。项目范围涉及三个要素：项目所要提交的功能、项目可用的资源、实现项目可用的时间。项目的示意图如图 4.4 所示。

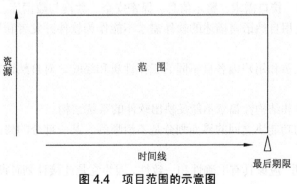

图 4.4　项目范围的示意图

4.3.2 确定具体需求

1．功能需求

这方面的需求指定系统必须提供的服务。通过需求分析应该划分出系统必须完成的所有功能。

2．性能需求

性能需求指定系统必须满足的定时约束或容量约束，通常包括速度（响应时间）、信息量速率、主存容量、磁盘容量、安全性等方面的需求。

3．可靠性和可用性需求

可靠性需求定量地指定系统的可靠性。可用性与可靠性密切相关，它量化了用户可以使用系统的程度。如果一个系统不能可靠地运行（例如，在加载时发生故障，或者在系统故障时不知所措等），它就不能满足客户的需要。

4．出错处理需求

这类需求说明系统对环境错误应该如何响应。在某些情况下，"出错处理"指的是当应用系统发现它自己犯下一个错误时所采取的行动。

5．接口需求

接口需求描述应用系统与它的环境通信的格式。常见的接口需求有：用户接口需求；硬件接口需求；软件接口需求；通信接口需求。

6．约束

设计约束或实现约束描述是设计或实现应用系统时应遵守的限制条件。在需求分析阶段提出这类需求，并不是要取代设计（或实现）过程，只是说明用户或环境强加给项目的限制条件。常见的约束有精度、工具和语言约束、设计约束、应该使用的标准及应该使用的硬件平台。

4.3.3 软件需求文档化

需求分析的任务在于完全弄清用户对软件系统的确切要求后，用推荐格式文档（软件需求规格说明书）书面表达出来。软件需求说明书的编制是为了使用户和软件开发者双方对该软件的初始需求有一个共同的理解，使之成为整个后续软件开发工作的基础，包含硬件、功能、性能、输入输出、接口需求、警示信息、保密安全、数据与数据库、文档和法规的要求。

此外，有时完全用自然语言描述的软件需求不能作为软件开发者和用户之间技术合同的基础，因为：

（1）软件开发人员和用户因各自不同的工作性质和经验，对自然语言描述的术语和内容可能有不同的理解。

（2）自然语言的非结构性篇章不能反映出软件的系统结构。

（3）自然语言的功能块之间的界面划分是不清晰的，某一部分的修改可能导致需求定义的全范围变动。

因此，"需求说明"应该具有准确性和一致性。因为它是连接计划时期和开发时期的桥梁，也是软件设计的依据。任何含混不清、前后矛盾或者一个微小的错漏，都可能导致误解或铸成系统的大错，在纠正时付出巨大的代价。

在这种背景下，对于软件需求可以采用形式化的技术。形式化方法的本质是基于数学的方法来描述目标软件系统属性的一种技术。不同的形式化方法的数学基础是不同的，有的以集合论和一阶谓词演算为基础（如 Z 和 VDM），有的则以时态逻辑为基础。形式化方法需要形式化规约说明语言的支持。

这样的形式化方法提供了一个框架，可以在框架中以系统的而不是特别的方式描述、开发和验证系统。如果一个方法有良好的数学基础，那么它就是形式化的，典型地以形式化规约语言给出。这个基础提供一系列精确定义的概念，如一致性和完整性，以及定义规范的实现和正确性。形式化方法模型的主要活动是生成计算机软件形式化的数学规格说明。形式化方法使软件开发人员可以应用严格的数学符号来说明、开发和验证基于计算机的系统。这种方法的一个变形是净室软件工程，这一软件工程方法目前已应用于一些软件开发机构。

"需求说明"应该具有清晰性：没有二义性。因为它是沟通用户和系统分析员思想的媒介，双方要用它来表达对于需要计算机解决的问题的共同理解。如果在需求说明中使用了用户不易理解的专门术语，或用户与分析员对要求的内容做出了不同的解释，便可能导致系统的失败。"需求说明"应该直观、易读和易于修改。为此应尽量采用标准的图形、表格和简单的符号来表示，使不熟悉计算机的用户也能一目了然。

4.4 需求获取的方法

需求获取是需求分析的主要内容之一。获取需求是一个确定和理解不同涉众的需求和约束的过程。需求获取是在问题及其最终解决方案之间架设桥梁的第一步。获取需求的一个必不可少的结果是对项目中描述的客户需求的普遍理解。一旦理解了需求，分析者、开发者和客户就能探索出描述这些需求的多种解决方案。参与需求获取者只有在他们理解了问题之后才能开始设计系统，否则，对需求定义的任何改进，都会造成设计上的大量返工。把需求获取集中在用户任务上，而不是集中在用户接口上，有助于防止开发组由于草率处理设计问题而造成的失误。

需求获取只有通过客户与开发者的有效的合作才能成功。分析者必须建立一个对问题进行彻底探讨的环境，而这些问题与将要开发的产品有关。要让用户明确了解，对于某些功能的讨论并不意味着即将在产品中实现它。对于想到的需求必须集中处理并设定优先级，消除不必要的需求，以避免项目范围无意义地膨胀。获取涉众的需求是需求工作的重要环节，目前主要的获取方法有用户访谈、调查问卷、数据分析等方法。

4.4.1 用户沟通交流法

（1）用户访谈

访谈是最早开始使用的获取用户需求的技术，也是迄今为止仍然广泛使用的需求分析技术。用户访谈可以帮助开发人员或分析人员理解涉众或用户的目标和问题。理解这一点，开发人员就能够创建适合涉众或用户真正需要的应用程序，并提高他们的满意度。

访谈有两种基本形式，分别是正式的和非正式的访谈。正式访谈时，系统分析员会提出事先准备好的具体问题。在非正式访谈中，分析员将提出一些用户可以自由回答的开放性问题，以鼓励被访问人员说出自己的想法。在访谈中应该避免提问封闭性的问题，因为被访谈者通常会简短地回答这样的问题，然后等待下一个问题。封闭性的问题具有以下特点：

① 限制了被访谈者提供信息的类型、层次和数量。

② 通常提供了二选一的回答。

③ 暗示了较极端或不确定性的回答。

④ 有时只能得到很少的信息。

⑤ 可能导致被访谈者无法自由提供信息。

有效而直接的用户访谈技巧要求访谈者需要准备一个问题列表，目的是了解真实问题和潜在的解决方案。为了尽可能获得没有偏见的答案，需要确保提出的问题与背景无关。与背景无关的问题是可以在项目早期提出的、高层抽象的问题，用来获得有关用户问题和潜在解决方案的整体特征的信息。

与背景无关的问题应该：普遍适合的、明确的阐述，以便帮助开发人员或分析人员理解涉众的看法，不偏向开发人员或分析人员对应该采用的解决方案所持的观点。在进行访谈前，需求分析者应该很好地理解用户的组织结构、行业定位、项目方位和项目目标。需求分析人员应该通过事先学习，理解一般的行业术语（术语表），并且还要熟悉行业上的业务问题。

一般被访谈者认为需求分析者试图找到他们工作中的缺陷，应该尽量使他们摆脱这种观点。可以讨论他们所熟悉的日常工作过程，好的访谈会让被访谈者作为主讲人。因此，需求分析人员应该寻找一些问题让被访谈者对他们开诚布公，例如：

"怎样的变化将使你的工作更简单或更有效？"，这个问题暗示被访谈者提出改进的意见。

当列表中的所有领域都讨论过后，提出下面问题："还有什么问题我们没有讨论吗？或是"我们还需要讨论些别的内容吗？"，这些问题鼓励被访谈者提出所有该被讨论的问题。

结束会谈时，一般会简短地总结讨论过的问题，重点指出会谈的要点，并说出分析人员自己的理解。这使被访谈者知道分析人员认真倾听了谈话，而且有机会澄清误解。在总结会谈以及整个会谈中，需求分析者应采取客观的态度，避免带个人色彩的评论、观察或结论。

（2）调查问卷

当需要调查大量人员的意见时，向被调查人分发调查表是一个十分有效的做法，它采用了统计分析的方法，显得更加科学。准备调查问卷时，注意以下情况：

① 使问卷表尽可能简短。用多个短小的问卷表替代一个长的问卷表。如果在回答了前15~20个问题后，长的问卷表会使用户感到厌烦，他们就不会对其余的问题做出正确的判断。通常，一个问卷表包含的问题不超过10~15个。

② 确保问题是前后一致的，没有让人含混的理解。

③ 为了保证不会理解含混，让与回答者关系密切的人员进行问卷调查，并保证他们对问题的理解是正确的。

④ 在制订问题前，先确定需要得到怎样的答案。

⑤ 分别列出所有可能的答案。

（3）情节串联板

情节串联板通常就是一系列图片，通过这些图片讲故事。在一般情况下，图片的顺序与活动事件的顺序一致，通过一系列图片说明会发生什么。人们发现，通过以图片辅助讲故事的方式叙述需求，有助于有效和准确地沟通。在情节串联板中可以使用的图片类型包括流程图、交互图、报表和记录结构。

简单地说，制作情节串联板就是使用工具向用户（主角）说明（有时是动画演示）系统如何适应组织的需要，并表明系统将如何运转。演示人员将初始的情节串联板展示给讨论小组，小组成员提供意见。情节串联板也可进行"实时"展示，所以，需要一种可以轻松更改情节串联板的画图工具。为了避免分散注意力，一般最好使用简单的工具，如图表、白板或PowerPoint 等。

4.4.2 工具分析法

（1）鱼骨图

鱼骨图由日本管理学者石川馨发明，故又名石川图。鱼骨图是一种发现问题"根本原因"的方法，它也可以称为"Ishikawa"或者"因果图"。其特点是简捷实用，深入直观。它看上去有些像鱼骨，问题或缺陷（即后果）标在"鱼头"外。在鱼骨上长出鱼刺，上面按出现机会多寡列出产生问题的可能原因，有助于说明各个原因之间是如何相互影响的。

问题的特性总是受到一些因素的影响，通过头脑风暴法找出这些因素，并将它们与特性值一起，按相互关联性整理而成，层次分明、条理清楚，并标出重要因素的图形就称为特性要因图、特性原因图。因其形状如鱼骨，所以又叫鱼骨图（见图 4.5），它是一种透过现象看本质的分析方法。

在鱼尾填上问题或现状，鱼头代表了目标，脊椎就是达成过程的所有步骤与影响因素。想到一个因素，就用一根鱼刺表达，把能想到的有关项都用不同的鱼刺标出。之后再细化，对每个因素进行分析，用鱼刺分支表示每个主因相关的元素，还可以继续三级、四级分叉找出相关元素。经过反复推敲后，一张鱼骨图就有了大体框架。针对每个分支、分叉填制解决方案。最后，把所需工作、动

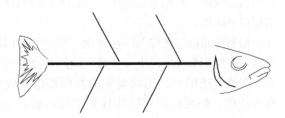

图 4.5 鱼骨图示意图

作以及遗留问题进行归类，这样就很容易发现哪些是困扰当前关心项的要因。

鱼骨图绘图过程如下：

① 填写鱼头（按为什么不好的方式描述），画出主骨。

② 画出大骨，填写大要因。

③ 画出中骨、小骨，填写中小要因。

④ 用特殊符号标识重要因素。

要点：绘图时，应保证大骨与主骨成 60°夹角，中骨与主骨平行。

鱼骨图使用步骤如下：

① 查找要解决的问题。

② 把问题写在鱼骨的头上。

③ 召集同事共同讨论问题出现的可能原因，尽可能多地找出问题。

④ 把相同的问题分组，在鱼骨上标出。

⑤ 根据不同问题征求大家的意见，总结出正确的原因。

⑥ 拿出任何一个问题，研究为什么会产生这样的问题。

⑦ 针对问题的答案再问为什么？这样至少深入五个层次（连续问五个问题）。

⑧ 当深入到第五个层次后，认为无法继续进行时，列出这些问题的原因，而后列出至少 20 个解决方法。

【实例】采用鱼骨图方法，分析学校图书馆学生图书逾期不还的原因。根据鱼骨图绘制方法，结果如图 4.6 所示。

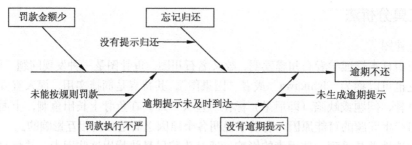

图 4.6　鱼骨图法分析图书馆学生图书逾期不还的原因

（2）帕累托图

帕累托图是以意大利经济学家 V.Pareto 的名字而命名的，帕累托图又叫排列图、主次图。帕累托图是按照发生频率大小顺序绘制的直方图，表示有多少结果是由已确认类型或范畴的原因所造成的。在帕累托图中，不同类别的数据根据其频率降序排列，并在同一张图中画出累积百分比图。

帕累托法则往往称为二八原理，即 80% 的问题是 20% 的原因所造成的。帕累托图在项目管理中主要用来找出产生大多数问题的关键原因，用来解决大多数问题。

在帕累托图中，不同类别的数据根据其频率降序排列的，并在同一张图中画出累积百分比图。帕累托图可以体现帕累托原则：数据的绝大部分存在于很少类别中，极少剩下的数据分散在大部分类别中。这两组经常被称为"至关重要的极少数"和"微不足道的大多数"。

帕累托图能区分"微不足道的大多数"和"至关重要的极少数"，从而方便人们关注重要的类别。帕累托图是进行优化和改进的有效工具，尤其应用在质量检测方面。对于学校图书馆学生图书逾期不还的原因，采用帕累托图表示如图 4.7 所示。

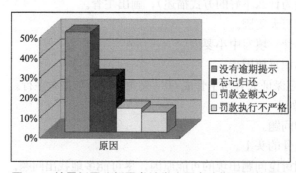

图 4.7　帕累托图分析图书馆学生图书逾期不还的原因

4.4.3 模型及语言描述法

（1）分析建模法

由于软件开发人员和用户之间知识的差距，工作中缺乏共同语言，从而使软件需求描述中的功能和性能要求很难准确表达清楚。为了比较形式地精确定义软件需求，可以建立软件系统的抽象模型，用基于抽象模型的术语来描述软件系统的功能和性能，形成软件需求规格说明。抽象模型是从外部现实世界的问题抽象而来，在高级层次上描述的定义系统服务。因此，在需求分析中的主要任务就是系统模型分析。

对简单的问题可以不必给出抽象系统的模型，即这样的模型存在于系统分析员的头脑中，而直接由系统分析员给出软件需求规格说明。对复杂的问题，问题各部分的关联比较多，仅有脑子中想的模型是不够的，必须建立合适的比较形式的抽象系统模型，才能准确反映问题领域的各种复杂要求。

不同类型的问题有不同的需要认真对待的中心问题，因而需要建立不同类型的系统模型。例如，对于数学计算问题，设计的中心问题是算法，软件开发人员的主要精力集中在数学模型的算法设计上；对于数据通信类的软件，中心问题是数据传输和过程控制，实现算法简洁明了；对于涉及大量数据处理的软件，中心问题是对数据的管理，包括建立、删除、传递、变换等，一旦数据结构以及它们之间的关系明确，与之相关的算法和控制结构也就变得简单，因此，数据模型是要集中精力首先考虑的问题。

对于各种应用软件系统，系统模型是现实世界中存在的有关实际活动的抽象和精化。系统模型的建立过程包括观察分析、模型表示和模型检查三个阶段，它们之间的关系如图4.8所示。

首先，软件人员和用户要从各方面观察现实世界中的有关实体和活动，建立相互理解的共同基准，分清哪些概念是与系统相关的，必须纳入系统模型；哪些是系统模型无须相关的，均应在模型中抽象为概念，而办公室、午餐会等都与系统无关，都应抽象掉。

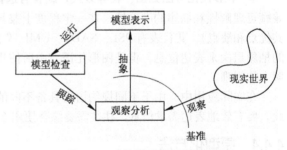

图 4.8　系统模型建立的关系图

软件开发人员和用户在共同理解的基础上建立的系统模型应能反映系统提供的各种系统服务，模型表示应包括系统输入、系统输出、统数据处理和系统控制几个方面的细节。

有两种主要的建立系统模型的方法。一是基于数据流的系统模型，将系统分解为若干功能处理块，各块之间以数据流进行通信；另一是基于对象的系统模型，系统分解为一组相关的对象，每个对象由对象属性和在对象上的容许操作组成。

系统模型的表示密切依赖于模型抽象的方式，不同的模型抽象就会有不同的模型表示。对于数据流模型，用数据流图表示；对于面向对象模型，可用对象的层次结构图或模型描述语言来表示。

实时系统要求考虑什么样的事件输入导致什么样的事件输出，可以抽象为有穷状态机模型。这种模型的基本概念是状态和状态转换，系统输入输出是事件，数据处理是系统内部状态的变换，系统控制是顺序的激发事件，有穷状态机模型可用状态转换图来表示。

对于比较大的软件系统通常要求有数据库的支持，系统通过访问数据库获取和存放信息。软件系统与数据库的关系，通常有两种情况：一是数据库独立于软件系统，库与软件系统是松散的耦合关系；二是数据库在软件系统的开发过程中建立，数据库是作为软件系统不可分割的一部分而存在的。对于后者，在进行系统模型分析时，数据库也应同时给出。

系统模型建立后，还要进行检查。除了静态检查之外，系统模型描述还可部分地模拟执行，将执行情况与对外界系统观察得到的跟踪信息进行对照，检查模型是否符合要求。这种建立系统模型并模拟执行和检查的方法，称为系统原型开发，在后续章节中还要详细说明。系统模型的建立和检查，可以增进对软件需求的进一步理解。基于系统模型所建立的软件需求规格说明具有准确的无二性的表达形式。

（2）语言描述法

定义良好的需求描述是用户、需求工程师和软件开发人员之间进行有效沟通的前提。根据描述语言的类型，可分为三种：非形式化、半形式化和形式化语言。

① 非形式化语言主要是指自然语言和进行了一些结构化的类自然语言，在目前实践中应用的最为广泛。这类描述方式易于理解和涉众的交流，使用灵活，可表达丰富的语义。但因其具有二义性的缺点，因此后来提出了半形式化和形式化的规约语言。

② 形式化语言主要以数学与逻辑的形式对系统需求进行描述，例如 Z、VDM、Statecharts、Petri 网等。形式化语言描述精确，常用其写出的需求规格来进行系统的模拟、测试或一致性检查，但形式化语言不易理解，不利于涉众之间的交流，其表达的语义和所应用的领域都有较大的限制。

③ 半形式化方法如图、表等方式，或者有选择地采用一些数学或逻辑的描述方式，试图兼顾可理解性和描述的准确性，在一定程度上兼具形式化语言和非形式化语言的特征（包括其优点和缺点），其代表有 PSL、SADT、UML 等。其中，图形化语言表达方式直观，可不同的抽象层次来表达信息，但是图形化语言中所使用的符号往往给不熟悉它们的使用者带来理解上的困难。

在实际应用中，由于不同规约语言具备不同的优点，适用于不同的环境、系统成分，因此，要有效地表达需求信息，往往需要综合使用多种需求描述语言。

4.4.4　原型化方法

为了帮助软件开发人员和用户评审和确认软件需求规格说明，系统原型技术是很有用的，就是在需求分析阶段，先开发一个系统原型，软件开发人员和用户可以通过系统原型的运行和测试得到经验和反馈，从而检查和确认需求规格说明。这就好比在建造一艘轮船之前，先造一个轮船模型，通过对模型的直接的理解和认识，加强对要造的真正轮船的理解和认识，模型直观性强，可较容易地发现那些不满意的设计并进行修正。

通过系统原型再确认需求规格说明的过程如图 4.9 所示。

图 4.9　系统原型技术与需求规格说明的关系图

原型化方法要求在获得一组基本需求说明后，就快速的使其"实现"，通过原型反馈加深对系统的理解，并对需求说明进行补充和精化。原型化是确认软件需求规格说明的一种有效策略，具有以下优点：

（1）增进软件开发人员和用户对系统服务需求的理解，使比较含糊的软件需求和功能明确化。

（2）帮助软件开发人员和用户发现和消除不协调的系统服务要求。

（3）表明主要各项系统服务的可应用性。

（4）作为理解和确认软件需求规格说明的工具。

值得指出的是，原型开发与软件系统的渐增开发是不同的两件事。渐增开发是在没有完整的需求规格说明的情况下，从一些不完的系统需求出发进行系统开发，并在开发过程中逐渐使软件功能完善和丰富，直至达到最后满意的系统。与此相反，原型开发的目的是为了建立一个完整的经过确认的需求规格说明，并以此作为进一步的软件开发的基础。两者的区别如图 4.10 所示。

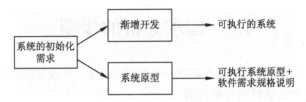

图 4.10 软件开发方法的比较

原型化法的内容包括如下四个方面：

1．功能选择

要恰当选择原型实现的功能。原型和最终的软件系统不同，两者在功能范围上的区别是：最终系统是软件需求全部功能的实现，而原型只实现所选择的部分功能；最终系统对每个软件需求都要求详细的实现，而原型仅仅是为了实验和演示用的，部分功能需求可以忽略，或者模拟实现。

2．构造原型

在构造一个原型时，应当强调着眼于预期的评估，而不是为了正规的长期使用。

3．评价和确认

通过运行原型对软件需求规格说明进行评价的确认。评价要有用户参与，注意来自用户的反馈信息。

4．进一步使用

根据原型实现的特点和环境，可以把原型作为实验的工具，用完就丢弃；也可以使用原型全部或部分成为最终系统的组成部分。

原型化方法的开发过程如图 4.11 所示。其中，原型开发与原型运行评价均需要反复进行多次，才能最后得到经过确认的需求规格说明，并以此作为进一步的软件设计和实现的基础。

值得再次指出，系统原型仅是实现了所要求的系统的服务中最基本的部分，且做了许多简化，而没有考虑其他性能要求，不能将所要求设计的系统简单看作是原型的扩充。实现系统原型的目标是建立确认的软件需求规格说明，在从需求规格说明到最终的系统实现时，建议重新实现，至多可以应用系统原型实现中的一些局部单元和模块。

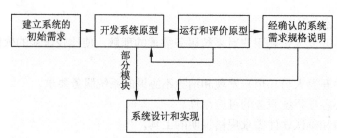

图 4.11　原型化开发过程

系统原型开发必然要占有软件系统开发总开销的一定比例。在软件开发过程中，要不要开发系统原型，这要视软件系统的性质和规模而定。当系统要求复杂、系统服务不清晰时，在需求分析阶段先开发一个系统原型是很值得的，可以大大减少因系统需求的可能性错误而导致的损失。特别是当性能要求较高时，在系统原型上先做一些试验也是很必要的。

4.5　需求分析的步骤

在软件工程中，需求分析指的是在建立一个新的或改变一个现存的软件系统时描写新系统的目的、范围、定义和功能时所要做的所有的工作。需求分析是软件工程中的一个关键过程。在这个过程中，系统分析员和软件工程师确定顾客的需要。只有在确定了这些需要后，他们才能分析和寻求新系统的解决方法。需求分析阶段的任务是确定软件系统功能。需求分析过程如图 4.12 所示。

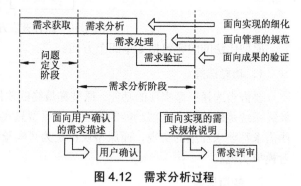

图 4.12　需求分析过程

概括地说，可分为以下四个步骤。

1．调查研究

调查研究是需求分析中掌握资料的基础工作。为了做好调查研究，应从以下几个方面着手：

（1）了解系统需求

软件开发常常是作为系统开发的一个组成部分。系统的需求分析工作自然直接涉及软件的需求。因此，仔细研究系统分析的文档，了解对软件的需求，无疑是必要的一步。

（2）市场调查

了解市场上对要开发软件的需求形势，掌握市场上流通着的相关软件的需求形势，掌握市场上流通着的相关软件产品的技术和价格数据，对于决定开发的方针策略有重要意义。

（3）考察现场

考察现场是直接掌握第一手资料的好方法。对工作现场的考察将有助于对软件所处理的信息流的分析，有助于对相关的硬件及其他接口部件的了解，特别是有助于对用户操作环境和操作要求的理解。

2. 确定需求

确定需求就是要决定被开发的软件能够做什么，做到什么程度。这些需求包括：功能需求、性能需求、开发费用和开发进展的需求等。在这里应注意以下两点：

(1) 人们普遍关注的是功能性需求，但常常忽视对非功能性需求的分析。其实非功能性需求并不是无关紧要的。它的主要特点是涉及的方面多而广，因而容易被忽视。

(2) 并不是用户提出的所有需求都被接受，需求的确定要有一个慎重选择的过程。仔细分析各种需求，充分估计所有的有利条件和不利条件后，从技术可行性、经济可行性、社会可行性等多方面来判断实现软件开发的目标是否可行。

3. 描述需求

上述所做的前两步都是为"描述需求"做好前期基础，经过调查研究和已定下来的需求应该得到清晰、准确的描述。即在书面上写成软件需求规格说明书。

4. 需求分析复审

作为需求分析阶段工作的复查手段，在需求分析的最后一步，应该对功能的正确性、完整性和清晰性以及其他需求给予评价。复审还应注意审查需求分析阶段应完成的主要文档：软件需求规格说明书和初步用户手册是否符合要求。

为了保证软件开发的质量，复审应由专门指定人员负责，并按规范要求严格进行。复审结束应有复审负责人员的结论意见和签字。需要修改的部分，待完成修改后才可进入设计阶段。

在系统模型和软件需求规格说明建立之后，还必须进行评审，确认软件规格说明是否已正确反映了用户的需求。具体做法是，管理部门将需求说明书和有关资料发给有关人员（用户、软件开发人员和管理人员等），请他们仔细阅读有关资料，准备好问题和建议，共同讨论进行审查。建议由未参加本项目的软件开发人员担任复审组长。复审时一般要回答下列问题：

- 对软件系统的重要接口是否已做了充分描述？
- 对问题的数据流和数据结构是否已加以定义？
- 各种图示是否清楚？
- 主要功能是否属于软件作用范围之内？
- 每个功能是否适当加以描述？
- 开发约束是否实现？
- 开发的技术冒险是什么？
- 可能的软件要求是否已经考虑？
- 有效性准则是否已经详细描述？它们对于描述一个成功的系统是否合适？即如何通过有限步测试，证明开发的软件是符合要求的？
- 是否存在不一致性、遗漏和冗余？
- 用户是否已经复审过初步用户手册？

复审结束后，用户和开发人员均应在需求规格说明书上签字，作为软件开发合同的组成内容。签字后再有更改，双方要重新协商，达成协议后再改。

4.6 数 据 流 图

4.6.1 数据流图的定义

数据流图（Data Flow Diagram，DFD）是软件系统逻辑模型的一种图形表示，因为任何软件（或计算机系统）从根本上来说，都是对数据进行加工或变换的工具。所以按照一定的格式约定将对数据进行加工或变换的过程用图形表示出来就是数据流图。

数据流图是系统逻辑功能的图形表示，即使不是专业的计算机技术人员也容易理解它，因此是分析员与用户之间极好的通信工具。数据流图在设计的过程中，使用了较为专业的图形符号表示来设计数据流图，为了使非专业用户能够看懂，设计者在设计数据流图时只有描述出用户的业务流程或功能需求，才可以和用户交流。所以在设计数据流图时只需考虑系统必须完成的基本逻辑功能，完全不需要考虑如何具体地实现这些功能，所以它也是今后进行软件设计很好的出发点。从这个角度来说，数据流图是一种功能模型或者称为用户业务模型。

4.6.2 数据流图的符号表示

数据流图作为软件设计过程中描述软件需求功能模型的图形化工具，其组成有四种基本符号（见图 4.13）：

(1) 正方形（或立方体）表示数据的源点或终点。

(2) 圆角矩形（或圆形）代表数据加工变换的处理。

(3) 开口矩形（或两条平行横线）代表数据存储。

(4) 箭头表示数据流，即特定数据的流动方向。

在数据流图设计分析过程中，数据的源点或数据流的终点一般是：待设计软件系统之外的实体，可以是人、物或其他软件系统。

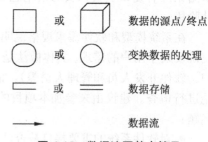

图 4.13　数据流图基本符号

图形符号"箭头"代表数据的流向，数据名称总是标在箭头的边上。由于数据流是加工变换的动态数据，所以必须有流向，数据流的名称应该用名词或名词短语命名。

开口矩形（或两条平行横线）代表数据文件，或其他的静态数据存储（如数据库），表示信息的静态存储，可以代表文件、文件的一部分、数据库的元素等。

利用以上四种基本符号就可以表示数据的加工和处理过程。在使用时，每一个图形符号都必须标上名字，有时还加上编号，以帮助识别。

此外，除了数据流图基本符号外，还要一些数据加工变换的逻辑关系符号，借助这些附加符号，可以表示加工的"与""或""异或"逻辑关系。附加符号如图 4.14 所示。

在数据流图中，一个处理并不一定只表示一个程序。一个处理框可以代表一系列程序、单个程序或者程序的一个模块。一个数据存储也并不等同于一个文件，它可以表示一个文件、文件的一部分、数据库的元素或记录的一部及其他任何介质上。

数据流图与程序流程图中因为都有箭头符号，初学者容易将两种分析工具混淆，在使用时经常会错误使用。其实这两种分析工具有着本质的区别，数据流图表示数据的加工处理变化，数据流图中的箭头表示动态数据信息，流向代表着加工变换处理的输入数据信息和输出数据信息，设计者在需求分析阶段，通过数据流图用来与用户沟通交流获取用户的功能需求。而在程序流程图中，箭头代表着程序的控制流向，即算法的执行流向，在详细设计阶段，设计者通过使用程序流程图，这一过程设计工具，可以对每一个模块做具体的算法实现规划，为后期的编码做好蓝图描述。

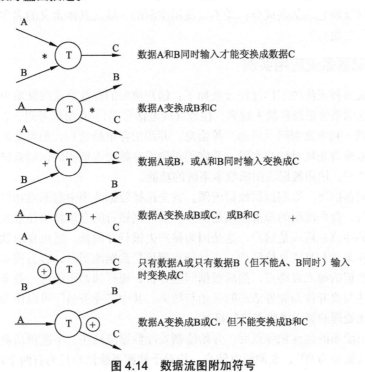

图4.14　数据流图附加符号

4.6.3　数据流图的绘制方法

数据流图是软件系统的逻辑模型，然而任何计算机系统实质上都是信息处理系统，也就是说计算机系统本质上都是把输入数据变换成输出数据。因此，任何系统的基本模型都由若干个数据源点/终点以及一个处理组成，这个处理就代表了系统对数据加工变换的基本功能。

面对复杂系统时，一个比较好的方法采用分层结构来描绘这个系统。首先用一张高层次的数据流图描绘系统总体概貌，表明系统的关键功能。然后按照从抽象到具体的设计思想，逐步细化数据流图，分别把每个关键功能扩展到适当的详细程度。这种分层次的描绘方法便于数据流图阅读者按从抽象到具体的过程逐步深入地了解一个复杂的系统。数据流图在细化或者分解的过程中，一般按照用户需求或用户业务进行分解和细化。所以在数据流图的绘制过程中，按照分层设计的思想，根据用户的业务需求，逐步细化的思想进行数据流图的绘制。

在单张数据流图时，必须注意以下原则：

（1）一个加工的输出数据流不应与输入数据流同名，即使它们的组成成分相同。

（2）保持数据守恒。也就是说，一个加工所有输出数据流中的数据必须能从该加工的输入数据流中直接获得，或者说是通过该加工能产生的数据。

（3）每个加工必须既有输入数据流，又有输出数据流。

（4）所有的数据流必须以一个外部实体开始，并以一个外部实体结束。

（5）外部实体之间不应存在数据流。

为数据流（或数据存储）命名时应注意：①名字应代表整个数据流（或数据存储）的内容，而不是仅仅反映它的某些成分；②不要使用空洞的、缺乏具体含义的名字（如"数据""信息""输入"之类）。

4.6.4 银行储蓄系统应用实例

银行计算机储蓄系统的工作过程大致如下：储户填写的存款单或取款单由业务员输入系统，如果是存款则系统记录存款人姓名、住址（或电话号码）、身份证号码、存款类型、存款日期、到期日期、利率及密码（可选）等信息，并印出存单给储户；如果是取款而且存款时留有密码，则系统首先核对储户密码，若密码正确或存款时未留密码，则系统计算利息并印出利息清单给储户。请用数据流图描绘本系统的功能。

首先根据问题描述，绘制顶层数据流图。首先选择数据流图中的源点和终点，对于银行计算机储蓄系统，数据流图的源点应该是储户，储户到银行的存取款事件触发储蓄系统业务开展，数据流的终点也应该是储户，这是因为储户去银行存取款，结束存取款行为后，系统会打印相应的存单和利息清单给储户。在绘制本题顶层数据流图时，容易将本题中的"业务员"误认为是数据的源点或终点，然后根据问题分析，银行储蓄系统这一业务模型描述，应该是储户的到达与离开作为业务活动的开始与结束，其中"业务员"可以作为本题其他层数数据流数据变化处理的源点或终点进行描述。

选择好数据流图的源点和终点后，开始绘制处理数据流描述。本题顶层数据流图中，中间为储蓄系统（编号为 P0），左侧源点储户，相对于储蓄系统储户行为有两个是存款和取款，所以对应输入数据流有两个，一个是存款单（编号 F1）和取款单（编号 F2）。根据问题描述，对应的输出数据流有存单（编号 F3）和利息清单（编号 F4）。此外还应当绘制静态数据，对于储蓄系统数据流图，静态数据为储蓄账户信息，绘制完整后如图 4.15 所示。

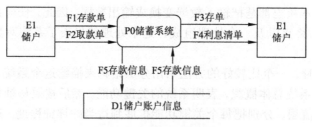

图 4.15 顶层数据流图

从基本系统模型这样顶层开始画数据流图是一个好办法，在这个高层次的数据流图上是否列出了所有给定的数据源点/终点是一目了然的，因此它是很有价值的通信工具。但图 4.15 太过于抽象，从这张图上对银行储蓄系统所能了解到的信息非常有限。下一步应该把顶层数据流图进一步细化，以便描绘系统的主要功能，明确银行需求模型。从问题描述可知，"存款"和"取款"是系统必须完成的两个主要功能，可以按照这两个主要功能对顶层数据流图进行绘制。

（1）存款子数据流图

储户首先填写存款单，如果留有密码则输入密码，然后通过"记录存款信息"处理将存款信息写入静态数据文件储户账户信息中，然后通过"打印存单"处理读存款信息，打印存单给储户，根据以上业务描述得到图4.16所示的存款数据流图。

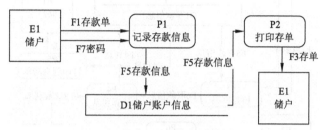

图4.16　存款数据流图

（2）取款子数据流图

根据问题描述，如果是取款而且存款时留有密码，则系统首先核对储户密码，若密码正确或存款时未留密码，则系统计算利息并印出利息清单给储户。在此过程中，业务员主要用来设置银行利率，综合后得到图4.17所示的取款数据流图。

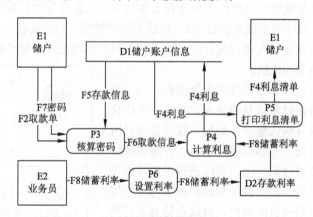

图4.17　取款数据流图

此外为了描述，用户密码多次核对的这一业务过程，用图4.18描述。

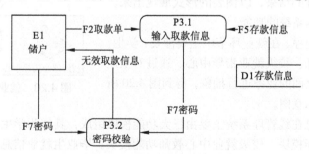

图4.18　取款密码核对数据流图

最后综合上述银行数据流图，形成完成的数据流图如图4.19所示。

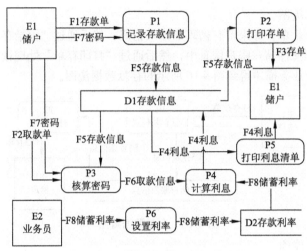

图 4.19　完整银行存取款数据流图

4.6.5　毕业生就业管理系统应用实例

毕业生就业信息在线管理系统的工作流程大体如下：在就业管理过程中，通常由学生签订《全国普通高等学校毕业生就业协议书》；然后上交至学院，由院级就业办公室审核；最后学校就业指导中心对就业情况进行统计分析，以便对就业实现就业质量的跟踪与反馈，为学校的发展规划提供科学的依据。

毕业生就业信息在线管理系统的主要流程分为三部分，首先，毕业生进行就业信息的录入，并将三方协议的照片进行上传，最终确认提交；然后，院级教师对所提交的就业信息，根据三方协议进行审核，并将审核结果反馈给学生，审核通过的学生，可以进行报到证的查看，审核未通过的学生，院级教师根据审核未通过的理由将信息驳回，学生根据驳回原因，对就业信息进行重新修改；最后，校级教师对所有已审核的信息进行分析、统计，并将分析统计的结果，以图表的形式展现出来。请用数据流图描绘本系统的功能。

通过分析就业流程，在就业环节中主要涉及：学生、院级就业办公室教师、校级就业指导中心。通过对上述就业流程各个步骤之间的业务进行抽象，得到图 4.20 所示的就业工作流程示意图。

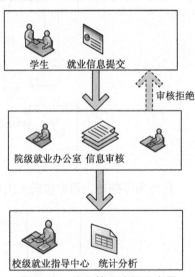

图 4.20　就业管理流程示意图

毕业生就业信息在线管理系统主要由三大功能模块组成：具体为学生功能模块、院级就业指导中心教师功能模块、校级就业中心教师功能模块。毕业生就业信息在线管理系统顶层的数据流图如图 4.21 所示。

（1）学生功能模块数据流图

学生功能模块主要是完成学生基本信息与就业信息的录入，在信息录入过程中，同时完成三方协议图片的上传，以方便后续工作的开展。在就业信息录入成功后，等待审核结果，若通过审核，则可进行报到证的查看，若未通过审核，则需要重新进行就业信息的录入。毕业生就业信息在线管理系统学生用户功能模块数据流图如图 4.22 所示。

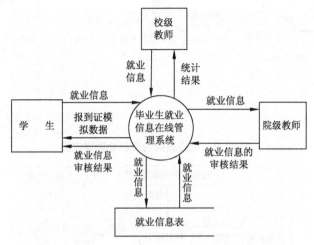

图 4.21 毕业生就业信息在线管理系统顶层数据流图

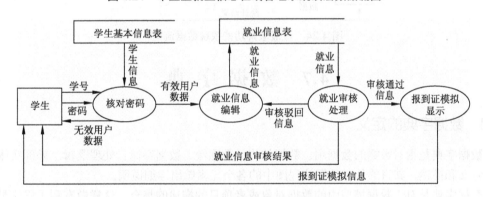

图 4.22 学生功能模块数据流图

（2）院级教师功能模块数据流图

院级教师功能模块主要是院级教师对已提交就业信息的学生的就业信息进行查看与审核。在查看过程中，主要是能够按照不同的类别（如提交时间顺序、按专业查看、按审核情况查看等）进行学生就业信息的查看。在查看过程中，能够单击相应的学生进行审核，通过单击"确认审核"按钮，从而将审核结果提交并存放到数据库中。并且可以将审核结果反馈给学生，从而实现信息的交互性。毕业生就业信息在线管理系统的院级教师功能数据流图如 4.23 所示。

（3）校级教师功能模块数据流图

校级教师功能模块主要功能是完成对所有学生信息的分析、统计。例如，可以对已就业和未就业的学生进行分析并生成图表、对所有学生的就业类型进行分析与统计、对已就业的学生的就业地区进行分析与统计等各种学生信息的分析与统计。毕业生就业信息在线管理系统的校级教师功能模块数据流图如图 4.24 所示。

通过上述就业管理数据流图的分析设计过程，将原本传统就业管理的差异化、无序数据实现了规范化管理，根据该功能模型开发的就业系统可以提高就业数据的规范性和准确性。

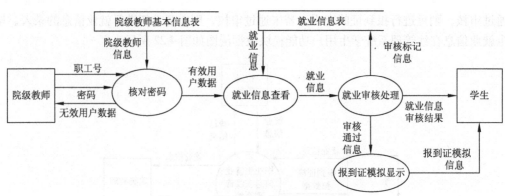

图 4.23　院级教师功能模块数据流图

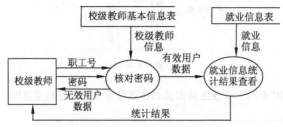

图 4.24　校级教师功能模块数据流图

4.7　数 据 字 典

4.7.1　数据字典的定义

数据字典是指对数据的数据项、数据结构、数据流、数据存储、处理逻辑、外部实体等进行定义和描述，其目的是对数据流程图中的各个元素做出详细说明。

数据字典是对于数据模型中的数据对象或者项目的描述的集合，这样做有利于程序员和其他需要参考的人。分析一个用户交换的对象系统的第一步就是去辨别每一个对象，以及它与其他对象之间的关系。当每个数据对象和项目都给出了一个描述性的名字之后，它的关系再进行描述（或者是成为潜在描述关系的结构中的一部分），然后再描述数据的类型（如文本还是图像，或者是二进制数值），列出所有可能预先定义的数值，以及提供简单的文字性描述。这个集合被组织成书的形式用来参考，就叫数据字典。

数据字典最重要的作用是作为分析阶段的工具。任何字典最重要的用途都是供人查询对不了解的条目的解释，在结构化分析中，数据字典的作用是给数据流图上每个成分加以定义和说明。换句话说，数据流图上所有的成分的定义和解释的文字集合就是数据字典，而且在数据字典中建立的一组严密一致的定义很有助于改进分析员和用户的通信。

4.7.2　基本符号

数据字典要对数据流图中出现的数据进行定义，可分为三种情况：

（1）只含一个数据的数据项（或数据元素）。

（2）由多个相关数据项组成的数据流。

（3）数据文件或数据库。

在这里应注意：在条目内容中有一项叫"别名"，是因为由于个人习惯不同，对同一数据可能存在多种不同的称呼。将它们在字典中载明，以便不同的人进行查阅。但绝不是说允许同一数据在系统中使用不同的名字，恰恰相反，在软件开发中必须以主名称为准，不许另起其他名字。

常用的方法是列出该数据流的各组成数据项。在定义数据流时，通常借助一些简单的符号。如：

=：意思是等价于（或定义为）。

+：表示"与"，意思是和（即连接两个分量）。

[ ]：表示"或"，（即从方括号内列出的若干个分量中选择一个），分量直接用"|"隔开。

{   }：表示重复（即重复花括号内的分量）。

(   )：表示选择（即圆括号里的分量可有可无）。

例如 1{A}6 与 $_6^1${A} 含义相同，即表示最少 1 个大写字母 A，最多可以是 6 个连续的大写字母 A。

如果有的数据项意义不明确，再定义数据项，直至数据项的意义明确为止。例如在学校教学管理系统中，"学生"这个数据流定义为学生=学号+姓名+专业+班级+选修课程。

"选修课程"这个数据项不明确，需要定义它为选修课程=课程名+教师+教材+课程表。

"课程表"和"教师"这两个数据项仍需定义：

课程表= {星期几+第几节+教室}

教师=教工号+教师姓名

通过以上一连串的定义，查"学生"这个数据流条目，就可以确切理解组成"学生"这个数据流各个数据的含义。

4.7.3 互联网+电商销售应用实例

"互联网+"是创新 2.0 下互联网发展的新业态，是知识社会创新 2.0 推动下的互联网形态演进及其催生的经济社会发展新形态。互联网+助力三农经济，以乡村为区域实现聚集，开始出现"淘宝村"这一新事物，大量网商聚集在农村，以农产品在线交易系统为主要交易媒介，形成规模效应和协同效应的电子商务生态现象。

已知某农产品电商销售采用电子标签编码，分为以下几类：水果蔬菜电子标签和畜牧水产电子标签。其中，水果蔬菜电子标签编码由 15 位数字编码组成，第 1 位数字不是 0；畜牧水产电子标签又分为禽畜类电子标签和水产类电子标签两类，畜牧水产电子标签前 4 位销售识别编码由大写字母构成，若是禽畜类电子标签则接着编码 11 位数字（第 1 位不是 0）；若是水产类电子标签则接着编码 3 位产地码（产地码由大写字母构成）再编码 8 位数字（第 1 位不是 0），写到数据字典中，该农产品电商销售采用电子标签编码的数据条目的定义。

针对上述问题描述，在进行数据字典设计的过程中，结合数据字典的基本符号，一般按照问题描述的逻辑，逐句进行数据字典设计，此外在设计的过程中应该逐步设计，避免定义条目时使用复杂的嵌套关系。

本问题设计后的数据字典如下：

农产品电子标签编码=[水果蔬菜电子标签|畜牧水产电子标签]

水果蔬菜电子标签=非零数字+14{数字}14

畜牧水产电子标签=[禽畜类电子标签|水产类电子标签]

禽畜类电子标签=4位销售识别码+非零数字+10{数字}10

水产类电子标签=4位销售识别码+3位产地码+非零数字+7{数字}7

非零数字=[1|2|3|4|5|6|7|8|9]

4位销售识别码=4{大写字母}4

3位产地码=3{大写字母}3

大写字母=[A|B|C|……|Z]

4.8　实体-联系图

4.8.1　实体-联系图的定义

为了把用户的数据要求清楚、准确地描述出来，系统分析员通常建立一个概念性的数据模型（也称信息模型），该模型称为实体-联系图（Entity-Relationship diagram，E-R 图），E-R 图提供了表示实体型、属性和联系的方法，用来描述现实世界的概念模型。

构成 E-R 图的基本要素是实体、属性和联系。概念性数据模型是一种面向问题的数据模型，是按照用户的观点对数据建立的模型。它描述了从用户角度看到的数据，它反映了用户的现实环境，而且与在软件系统中的实现方法无关。

数据模型中包含三种相互关联的信息：实体对象、实体对象的属性及实体对象彼此间相互联系的关系。

（1）实体对象

实体是现实中存在的对象，有具体的，也有抽象的；有物理上存在的，也有概念性的；例如，学生、课程，等等。它们的特征是可以互相区别，否则就会被认为是同一对象。凡是可以互相区别、又可以被人们识别的事、物、概念等都可以被抽象为实体。数据流图中的数据存储就是一种实体。

（2）属性

属性定义了实体对象的性质。必须把一个或多个属性定义为"标识符"，也就是说，当人们希望找到数据对象的一个实例时，用标识符属性作为"关键字"。

应该根据对所要解决的问题的理解，来确定特定数据对象的一组合适的属性。例如，为了开发机动车管理系统，描述汽车的属性应该是生产厂、品牌、型号、发动机号码、车体类型、颜色、车主姓名、住址、驾驶证号码、生产日期及购买日期等。

（3）联系

客观世界中的事物彼此间往往是有联系的，实体之间可能会有各种关系。例如，教师与课程间存在"教"的关系，而学生与课程间存在"学"的关系。

数据对象彼此之间相互联系的方式称为联系，也称关系。联系可分为以下三种类型：

① 一对一联系（1：1）。例如，一个研发部门有一个项目经理，而每个项目经理只在一个研发部门任职，则研发部门与项目经理的联系是一对一的。

② 一对多联系（1：n）。例如，某校教师与课程间存在一对多的联系"教"，即每位教师

可以教多门课，但是每门课只能由一位教师来授课。

③ 多对多联系（n∶m）。例如，在教学管理系统中，所有学生与课程间的联系是多对多的，即一个学生可以学多门课程，而每门课程可以有多个学生来学。

4.8.2　实体-联系图的符号表示

人们通常就是用实体、联系和属性这三个概念来理解现实的问题，因此，E-R 模型比较接近人的思维方式。此外，E-R 模型使用简单的图形符号表达系统分析员对问题域的理解，不熟悉计算机技术的用户也能理解它，因此，E-R 模型可以作为用户与分析员之间有效的交流工具。使用实体—联系图来建立数据模型，把用 E-R 图描绘的数据模型称为 E-R 模型。

E-R 图中包含了实体（即数据对象）、关系和属性三种基本成分，通常用矩形框代表实体，用连接相关实体的菱形框表示关系，用椭圆形或圆角矩形表示实体（或关系）的属性，并用直线把实体（或关系）与其属性连接起来。

4.8.3　应用实例

【实例 1】已知某学校使用教务管理系统进行学校教学信息化管理，该系统记录教师基本信息（姓名、教工号、性别、职称、职务），同时该系统记录选课学生信息（学号、姓名、性别、系、年级）以及课程信息（课程号、课名、学时、学分），教务管理系统工作过程大致如下：①教师课程排课，排课时一位教师可以带多门课程；②学生选课，选课时一个学生可以选多门课程；试画出该教务管理系统的 E-R 图。

针对上述问题描述，对问题进行抽象，抽象出实体有：学生、教师和课程。此外联系也可能有属性。例如学生"学"某门课程所取得的成绩，既不是学生的属性也不是课程的属性。由于"成绩"既依赖于某名特定的学生又依赖于某门特定的课程，所以它是学生与课程之间联系"学"的属性。本问题分析设计的 E-R 图如图 4.25 所示。

【实例 2】对于学校来说，学生宿舍管理是不可缺少的部分。学生宿舍管理系统对于提高宿舍管理效率，实现学生宿舍信息管理标准化和制度化是十分必要的。宿舍由管理人员进行管理，管理人员主要信息包括：工号、姓名、性别、职务、联系电话；学生主要信息包括：学号、姓名、性别、专业、宿舍号、床位号、联系电话。试给出该问题描述的实体联系图（E-R 图）。

针对本问题描述，对问题进行抽象，抽象出实体有：学生、管理人员和宿舍。本问题分析设计的 E-R 图如图 4.26 所示。

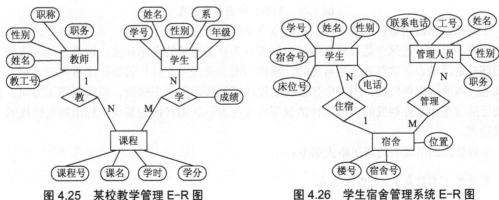

图 4.25　某校教学管理 E-R 图　　　　图 4.26　学生宿舍管理系统 E-R 图

4.9 状态转换图

4.9.1 状态转换图的定义

根据结构化分析的准则，在需求分析阶段应该建立起软件系统的行为模型。状态转换图（State Transition Diagram，STD）通过描绘系统的状态及引起系统状态转换的事件，来表示系统的行为。此外状态转换图还指明了作为特定事件的结果系统将做哪些动作（如处理数据），因此状态转换图提供了行为建模机制。

（1）状态

状态是任何可以被观察到的系统行为模式，一个状态代表系统的一种行为模式。例如，四季交替中的春、夏、秋、冬都是状态。状态规定了系统对事件的响应方式。系统对事件的响应，既可以是做一个（或一系列）动作，也可以是仅仅改变系统本身的状态，还可以是既改变状态又做动作。

在状态图中定义的状态主要有初态、终态和中间状态。在一张状态图中可以没有初态，如果有则只能有一个初态，而终态则可以有 0 至多个。

状态图既可以表示系统循环运行过程，也可以表示系统单程生命周期。当描绘循环运行过程时，通常并不关心循环是如何启动的。当描绘单程生命周期时，需要标明初始状态和最终状态。

（2）事件

事件是在某个特定时刻发生的事情，它是对引起系统做动作或从一个状态转换到另一个状态的外界事件的抽象。事件就是引起系统做动作或转换状态的控制信息。

4.9.2 状态转换图的符号表示

在状态转换图中，初态用实心圆表示，终态用一对同心圆（内圆为实心圆）表示，如图 4.27 所示。

图 4.27 状态转换图基本组成

中间状态用圆角矩形表示，可以用两条水平横线把它分成上、中、下三个部分。上面部分为状态的名称，这部分是必须有的；中间部分为状态变量的名字和值，这部分是可选的；下面部分是活动表，这部分也是可选的。事件用箭头来表示，并且需要标注事件的名称。两个状态之间通过事件转换，图形中带箭头的连线即可表示出状态转换，箭头指明了方向。状态变迁通常是由事件触发的，在这种情况下应该在表示状态转换的箭头上标出触发转换的事件表达式。

中间状态的活动表的语法格式如下：

事件名（参数表）/动作表达式

其中,"事件名"可以是任何事件的名称。在活动表中经常使用下述三种标准事件：entry、exit 和 do。entry 事件指定进入该状态的动作,exit 事件指定退出该状态的动作,而 do 事件则指定在该状态下的动作。需要时可以为事件指定参数表。活动表中的动作表达式描述应该做的具体动作。动作表达式是一个过程表达式,当状态转换开始时执行该表达式。

4.9.3 人体运动捕捉系统应用实例

为了具体说明如何用状态图建立系统的行为模型,下面通过实例说明状态转换图的使用方法。

人体运动捕捉系统通过放置在人体上的微型传感器采集人体运动参数,由 Motion capture 系统捕捉传感器位置,再经过计算机处理后得到三维空间坐标的数据。当数据被计算机识别后,可以应用在动画制作、步态分析、生物力学、人机工程等领域。人体运动捕捉系统工作过程大致如下：未接到传感器数据和捕捉命令时处于待机状态,一旦接到捕捉命令则进入捕捉状态,完成一个捕捉命令规定的工作后又回到待机状态,等待下一个捕捉命令;如果执行捕捉命令时发现在捕捉的运动数据里有大量的噪声和毛刺数据无法恢复,则进入软件故障恢复状态,发出警告,并计时 30 秒后重启恢复,重启后又进入待机状态,等待捕捉命令;如果执行捕捉命令时发现硬件故障,包括加速度传感器、陀螺仪等设备故障,则进入硬件故障状态,发出警告,等待维修人员来排除故障,故障排除后回到待机状态。试用状态转化图描绘人体运动捕捉系统的行为。

解： 根据问题描述和状态转换图符号定义,得到图 4.28。

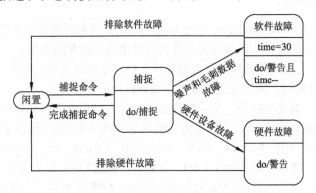

图 4.28 人体运动捕捉系统状态转换图

4.9.4 电话系统行为过程应用实例

试用状态转换图表示电话系统的行为过程。没有人打电话时电话处于闲置状态;有人拿起听筒则进入拨号音状态,到达这个状态后,电话的行为是响起拨号音并计时;这时如果拿起听筒的人改变主意不想打了,他把听筒放下（挂断）,电话重回到闲置状态;如果拿起听筒很长时间不拨号（超时）,则进入超时状态;……

解： 根据问题描述和状态转换图符号定义,得到图 4.29。

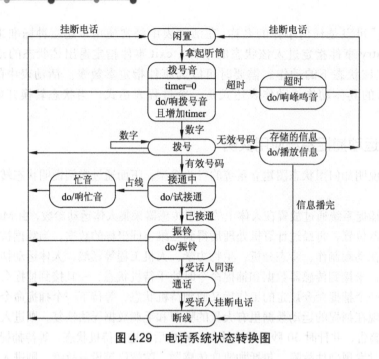

图 4.29 电话系统状态转换图

4.10 UML 用例需求模型

4.10.1 UML 基本概念

统一建模语言（Unified Modeling Language，UML）是面向对象软件的标准化建模语言。UML 因其简单、统一的特点，而且能表达软件设计中的动态和静态信息，目前已成为可视化建模语言的工业标准。在软件系统的开发过程中，统一建模语言可以在整个设计周期中使用，帮助设计者缩短设计时间，减少改进的成本，使软硬件分割最优。

UML 的演化可分为几个阶段：第一阶段是 3 位面向对象（Object-Oriented，OO）方法学家 Booch、Rumbaugh 和 Jacobson 共同努力，形成了 UML0.9；第二阶段是公司的联合行动，由十几家公司（DEC、HP、I-Logix、IBM、Microsoft、Oracle、TI、Rational Software 等）组成了 UML 成员协会，将各自意见加入 UML，以完善和促进 UML 的定义工作，形成了 UML1.0 和 1.1，并向对象管理组织（Object Management Group，OMG）申请成为建模语言规范的提案；第三阶段是在 OMG 控制下对版本的不断修订和改进，其中 UML1.3 是较为重要的修订版。

UML 是一个通用的标准建模语言，可以对任何具有静态结构和动态行为的系统进行建模。UML 的目标是以面向对象图的方式来描述任何类型的系统，具有很宽的应用领域。目前，UML 已成功应用于电信、金融、政府、电子、国防、航天航空、制造与工业自动化、医疗、交通、电子商务等领域中。在这些领域中，UML 的建模包括大型、复杂、实时、分布式、集中式数据或者计算，以及嵌入式系统等，而且还用于软件再生工程、质量管理、过程管理、配置管理的各方面。

4.10.2 UML 主要内容

UML 定义了一系列的图形符号来描述软件系统，它们有严格的语义和清晰的语法。UML

由三个要素构成：UML 的基本构造块、支配这些构造块如何放置在一起的规则和运用于整个语言的公用机制。

UML 有三种基本的构造块：事物、关系和图。

事物是对模型中最具有代表性的成分的抽象，包括结构事物，如类（Class）、接口（Interface）、协作（Collaboration）、用例（UseCase）、主动类（ActiveClass）、组件（Component）和结点（Node）；行为事物，如交互（Interaction）、状态机（Statemachine）、分组事物（包，Package）、注释事物（注解，Note）。关系用来把事物结合在一起，包括依赖、关联、泛化和实现关系。

UML 定义了五类，五种类图定义分别是：

（1）用例图：从用户角度描述系统功能，并指各功能的操作者。

（2）静态图：包括类图、包图和对象图。

类图：描述系统中类的静态结构。

包图：是包和类组成的，表示包与包之间的关系，包图描述系统的分层结构。

对象图：是类图的实例。

（3）行为图：描述系统动态模型和对象组成的交换关系，包括状态图和活动图。

活动图：描述了业务实现用例的工作流程。

状态图：是描述状态到状态控制流，常用于动态特性建模。

（4）交互图：描述对象之间的交互关系。

顺序图：对象之间的动态合作关系，强调对象发送消息的顺序，同时显示对象之间的交互。

合作图：描述对象之间的协助关系。

（5）实现图：定义系统中软硬件的物理体系结构。

UML 标准建模语言适用于以面向对象技术来描述任何类型的系统，而且适用于系统开发的不同阶段，从需求规格描述直至系统完成后的测试和维护。UML 中用例图用来描述软件需求模型，下面对用例图的使用进行介绍。

4.10.3　用例需求功能模型

（1）用例图基本概念

用例图是指由参与者、用例以及它们之间的关系构成的用于描述系统功能的视图。用例图是被称为参与者的外部用户所能观察到的系统功能的模型图，呈现了一些参与者和一些用例，以及它们之间的关系，主要用于对系统、子系统或类的需求功能行为进行建模。

用例图中构成元素基本定义如下：

① 用例是一组动作序列的描述，系统执行这些动作后将产生一个对特定参与者可以观察且有价值的结果。在图形上，用例使用一个通常仅包含其名字的实线椭圆表示。

用例描述用户对系统功能的需求，所有用例合在一起构成用例模型，描述系统的功能，回答"系统应该为每个用户做什么"的问题。

② 参与者代表与系统交互的任何事物或人，它是指代表某一种特定功能的角色，因此参与者是虚拟的概念，它可以是人，也可以是外部系统或设备。

（2）用例图基本符号

用例图由参与者、用例、系统边界、箭头组成，用画图的方法来完成，如图 4.30 所示。

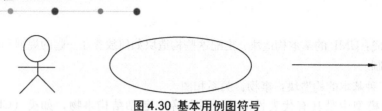

图 4.30 基本用例图符号

(3) 用例图的基本关系

在用例图中，用例和用例之间的关系有以下几种：

① 包含关系：基本用例的行为包含了另一个用例的行为。基本用例描述在多个用例中都有的公共行为。包含关系本质上是比较特殊的依赖关系。它比一般的依赖关系多了一些语义。在包含关系中箭头的方向是从基本用例到包含用例。在 UML1.1 中用例之间是使用和扩展这两种关系，这两种关系都是泛化关系的版型。在 UML1.3 以后的版本中用例之间是包含和扩展这两种关系。在 UML 中，包含关系图形化描述为，虚线箭头加"include"字样，箭头指向被包含的用例。

② 泛化关系：代表一般与特殊的关系。它的意思和面向对象程序设计中的继承的概念是类似的。不同的是继承使用在实施阶段，泛化使用在分析、设计阶段。在泛化关系中子用例继承了父用例的行为和含义，子用例也可以增加新的行为和含义或者覆盖父用例中的行为和含义。

③ 扩展关系的基本含义和泛化关系类似，但在扩展关系中，对于扩展用例有更多的规则限制，基本用例必须声明扩展点，而扩展用例只能在扩展点上增加新的行为和含义。与包含关系一样，扩展关系也是依赖关系的版型。在扩展关系中，箭头的方向是从扩展用例到基本用例，这与包含关系是不同的。在 UML 中，扩充关系表示为虚线箭头加"extend"字样，箭头指向被扩展的用例（基础用例）。

用例的泛化、包含、扩展关系的比较：一般来说可以使用"is a"和"has a"来判断使用哪种关系。泛化和扩展关系表示用例之间是"is a"关系，包含关系表示用例之间是"has a"关系。扩展与泛化相比多了扩展点，扩展用例只能在基本用例的扩展点上进行扩展。在扩展关系中基本用例是独立存在的。在包含关系中执行基本用例时一定会执行包含用例。如果需要重复处理两个或多个用例时可以考虑使用包含关系，实现一个基本用例对另一个的引用。当处理正常行为的变形是偶尔描述时可以考虑只用泛化关系。当描述正常行为的变形希望采用更多的控制方式时，可以在基本用例中设置扩展点，使用扩展关系。

【实例】在线商城系统主要是针对中小型商城，购物系统管理员将商品信息整理归类发布到网上。主要功能有：首先用户要注册为会员才能登录购买商品、用户登录该网站后查看搜索商品、管理购物车、购买商品（包括：填写订单、提交订单、支付订单），此外系统还具有用户登录时如果密码遗忘可以通过手机验证找回密码功能。购物系统管理员登录后可以发布商品信息、删除商品信息、修改商品信息、查看交易情况、发货处理或退货处理功能。试设计出在线商城系统的用例图。

解：首先根据问题描述，抽象出用例图中的参与者有用户和管理员；然后抽象出用例及用例之间的关系，根据问题定义"密码找回"是"登录"用例的特殊情况，满足当描述正常行为的变形希望采用更多的控制方式时，可以在基本用例中使用扩展关系，两者之间是"extend"扩展关系；"购买商品"包括"填写订单""提交订单"和"支付订单"子功能，之间是"include"包含关系。综合分析后得到图 4.31 所示的在线商城系统的用例图。

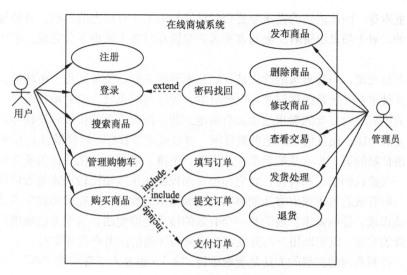

图 4.31 在线商城系统的用例图

4.11 需求变更管理

当项目的某些基准发生变化时，项目的质量、成本和计划从而发生变化，为了达到项目的目标，就必须对项目发生的各种变化采取必要的应变措施，这种行为称为项目变更。而项目变化是指项目的实际情况与项目基准计划发生偏差的状况，项目发生变化并不意味着项目就会发生变更。项目变更和项目变化的基本区别在于项目变更要采取必要的措施，而项目变化可能不必采取措施。

变更控制的目的并不是控制变更的发生，而是对变更进行管理，确保变更有序进行。对于软件开发项目来说，发生变更的环节比较多，因此变更控制显得格外重要。

对于任何项目，变更都无可避免，也无从逃避，只能积极应对，这个应对应该是从项目启动的需求分析阶段就开始了。不被控制的变更是项目陷入混乱、不能按进度执行或软件质量低劣的共同原因。为了使开发组织能够严格控制软件项目应确保以下事项：

（1）应仔细评估已建议的变更。

（2）挑选合适的人选对变更做出决定。

（3）变更应及时通知所有涉及的人员。

（4）项目要按一定的程序来采纳需求变更。

只有项目风险承担者在开发过程中能控制变更，才知道将交付什么，哪一项将会导致与目标的差距。在需求文档中一定要反映项目的变更，需求文档应精确描述要交付的产品。若是需求文档同产品不一致，那它就毫无用处，甚至就像没有一个需求文档来指导开发组开发一样。当不得不做出变更时，应该按从高级到低级的顺序对被影响的需求文档进行处理。改动高层系统需求能够影响多个软件需求。

4.11.1 控制项目范围的扩展

扩展需求是指在软件需求基线已经确定后又要增添新的功能或进行较大改动。问题不仅仅是需求变更本身，而是迟到的需求变更会对已进行的工作有较大的影响。若是每个建议的需求都被采纳，对于项目出资者、参与者和客户来说项目将永远也不会完成。事实上，这是不可能的。

对许多项目来说，一些需求的改进是合理且不可避免的。业务过程、市场机会、竞争性的产品和软件技术在开发系统期间是可以变更的，管理部门也会决定对项目做出一些调整。在项目进度表中应该对必要的需求改动留有余地。若不控制范围的扩展将使软件研发者持续不断地采纳新的功能，而且要不断地调整资源、进度或质量目标，这样做极其有害。

管理范围扩展的第一步就是把新系统的视图、范围、限制文档化并作为业务需求的一部分。评估每一项建议的需求和特性，将它与项目的视图和范围相比较决定是否应该采纳它。强调客户参与的有效的需求获取方法能够减少遗漏需求的数量，只在做出提交承诺和分配资源后才采纳该需求。控制需求扩展的另一个有效的技术是原型法，这个方法能够给用户提供预览所有可能的实现，以帮助用户与开发者沟通从而准确把握用户的真实需求。

事实上，控制范围的扩展的方法是要敢于说"不"。很多人不喜欢说"不"，开发者只好在各种压力下接受每一项建议的需求。"客户总是对的""我们将使客户完全满意"这些话道理上是正确的，一旦按此办事就要付出代价。忽视代价并不能改变"变更不免费"的事实。此外软件研发者与用户沟通时，应该学会说"现在不行"。"现在不行"比简单地拒绝灵活很多，因为他暗含在后续版本中采纳其特色的希望。把客户提出的所有特色都采纳将会导致错过提交日期、质量的下滑、开发人员的疲劳不堪。尽管客户并不总是正确，但他们是上帝，所以应该尽可能在下一版本中满足他们的需求。

在理想的情况下，在开始构造前应该收集到所有新系统的需求，而且在开发中基本不变更。这就是"瀑布"型软件开发生存期模型的前提，但在实践中，它却不太有效。当然，某种程度上，对特定的版本应该冻结需求，不再变更。然而，过早确定需求却忽视了有时候客户并不知道需要什么的现实，开发人员应该对用户这些需求变更做出响应。为了应付这些实际情况，你需要有根据地采纳变更过程。

4.11.2　变更控制过程

一个好的变更控制过程给项目风险承担者提供了正式的建议需求变更机制。通过这些处理过程，项目负责人可以在信息充分的条件下做出决策，这些决策通过控制产品生存期成本来增加客户和业务价值。

（1）变更控制策略

项目管理应该达成一个策略，它描述了如何处理需求变更。策略具有现实可行性，要被加强才有意义。下述需求变更的策略是有用的：

● 所有需求变更必须遵循的过程，按照此过程，如果一个变更需求未被采纳，则其后过程不再予以考虑。

● 对于未获批准的变更，除可行性论证之外，不应再做其他设计和实现工作。

● 简单请求一个变更不能保证能实现变更，要由项目变更控制委员会决定实现哪些变更。

● 项目风险承担者应该能够了解变更数据库的内容。

● 绝不能从数据库中删除或修改变更请求的原始文档。

● 每一个集成的需求变更必须能跟踪到一个经核准的变更请求。

　　当然，大的变更会对项目造成显著的影响，而小的变更则可能不会造成影响。原则上，应该通过变更控制过程来处理所有的变更。但实践中，可以将一些具体的需求决定权交给开发人员来决定。但只要变更涉及两个人或两个人以上时，都应该通过控制过程来处理。有一个项目，它由两大部分组成，一个是用户集成界面应用，另一个是内部知识库，但缺乏变更过程。当知识库开发人员改变了外部界面但没有将此变更通知应用开发人员时，这个项目就遇到了麻烦。还有一个项目，开发人员在测试时才发现有人应用了新的已被修改的功能却没有通知小组中其余人员，导致重做了测试程序和用户文档。采用统一的变更控制方法可以避免这样的问题所带来的错误、开发的返工和耗费时间。

　　(2) 变更遵循原则

　　① 选择影响最小的方案。

　　② 所有的变更在准备变更申请和评估之前，必须与项目经理进行商讨。

　　③ 及时地发布项目的变更信息。

　　(3) 变更控制程序

　　① 明确项目变更的目标。

　　② 对提出的所有变更要求进行审查。

　　③ 分析项目变更对项目绩效所造成的影响。

　　④ 明确产出相同的各替代方案的变化。

　　⑤ 接受或否定变更要求。

　　⑥ 对项目变更的原因进行说明，对所选择的变更方案给予解释。

　　⑦ 与所有相关团体就变更进行交流。

　　⑧ 确保变更合理实施。

　　(4) 变更控制步骤

　　变更控制步骤中由四个基本组件和若干个过程描述组成。

　　① 开始条件（Entry Criteria）：在执行过程或步骤前应该满足的条件。

　　② 过程和步骤中所包含的不同任务及项目中负责完成它们的角色。

　　③ 验证（Verify）任务正确完成的步骤。

　　④ 结束条件（Exit Criteria）：指出过程或步骤完成的条件。

　　变更步骤描述包括：

　　a．绪论。绪论主要说明此步骤的目的，并且确定了步骤能够应用的范围。如果步骤仅仅适合特定产品中的变更，在绪论中应该明确表示。绪论还指明是否忽略特定种类的变更。如对于项目开发过程中产生的过渡或临时产品，可能忽略掉变更，同时为了理解文档的其余部分定义了必要的条款。

　　b．角色和责任。列出（按角色分类，而非姓名顺序）参与变更控制活动的项目组成员并且描述他们的责任。一个人不必只担任一个角色。如项目管理者也可接收提交的变更需求。对于一些小项目，几个角色也可能所有角色均由一个人担任。

　　c．变更请求状态。一个变更请要求有一个生存期，相应地有不同的状态。可以使用状态转换图来表示这些状态的变化。

　　d．开始条件。变更控制步骤的基本开始条件是：通过合适的渠道接受一个合法的变更请求。所有潜在的建议者应该知道如何提交一个变更请求，是通过书面、通过基于 Web 的表单、或者发一个电子邮件，还是使用变更控制工具。将所有变更控制传递到一个联系点，且为每一个变更请求赋予统一的标识标签。

e．任务。接收到一新的变更要求后下一步是评估建议的技术可行性、代价、业务需求和资源限制。变更控制委员会主席要求评估者执行一个系统影响分析、风险分析、危害分析及其他评估。这些分析确保能很好地理解接受变更所带来的潜在影响。评估者和变更控制委员会同样应考虑拒绝变更所带来的对业务和技术的影响。

制定决策的人应进入变更控制委员会，决定是采纳或还是拒绝请求的变更。CCB 给每个采纳的变更需求设定一个优先级或变更实现日期，或将它分配给指定的产品。变更控制委员会通过更新请求状态和通知所有涉及的小组成员来传达变更决定。相关人员可能不得不改变工作，如软件需求规格说明文档、需求数据库、设计模型、用户界面部件、代码、测试文档、用户文档。修改者在必要时应更新涉及的工作产品。

f．验证。验证需求变更的典型方法是通过检查并确保更新后的软件需求规格说明文档、使用实例文档、分析模型均正确地反映变更的各个方面。使用跟踪能力信息找出受变更影响的系统的各个部分，然后验证他们实现了变更。属于多个团组的成员可能会通过对下游产品测试或检查来参与验证变更工作。验证后，修改者安装更新后的部分工作产品并通过调试使之能与其他部分正常工作。

g．结束条件。为了完成变更控制执行过程，下列退出条件应该得到满足：

● 请求的状态为"拒绝""结束"或"取消"。
● 所有修改后的工作产品安装至合适的位置。
● 建议者、变更控制主席、项目管理者和其他相关的项目参与者已经注意到了变更的细节和当前的状态。
● 已经更新需求跟踪能力矩阵。

（5）变更控制状态报告

用报告、图表来总结变更控制数据库的内容和按状态分类的变更请求数量。描述产生报告的步骤。项目管理者通常使用这些报告来跟踪项目状态。

4.11.3　变更控制委员会

软件开发活动中公认变更控制委员会或 CCB（有时也称为配置控制委员会）为最好的策略之一，变更控制委员会可以由一个小组担任，也可由多个不同的组担任，负责做出决定究竟将哪一些已建议需求变更或新产品特性付诸应用。典型的变更控制委员会同样决定在哪些版本中纠正哪些错误。许多项目已经有负责变更决策的人员，而正式组建变更控制委员会、制定操作步骤会使他们更有效地工作。

变更控制委员会的成员应能代表变更涉及的团体。变更控制委员会可能包括如下方面的代表：

● 产品或计划管理部门。
● 项目管理部门。
● 开发部门。
● 测试或质量保证部门。
● 市场部或客户代表。

- 制作用户文档的部门。
- 技术支持部门。
- 帮助桌面或用户支持热线部门。
- 配置管理部门。

对于小项目只须几个人充当其中的一些角色即可，并不一定要面面俱到。组建包含软硬件两方面的项目的变更控制委员会时，也要包括来自硬件工程、系统工程、制造部门或者硬件质量保证和配置管理的代表。建立变更控制委员会在保证权威性的前提下应尽可能精简人员。大团队可能很难碰头和做出决策。确保变更控制委员会成员明确担负的责任。有时为了获得足够的技术和业务信息，也可以邀请其他人员参加会议。

4.11.4　度量变更活动

软件度量是深入项目、产品、处理过程的调查研究，比主观印象或对过去发生事情的模糊回忆要精确得多。测量方法的选择应该由所面临的问题和要达到的目标为依据。测量变更活动是评估需求的稳定性和确定某种过程改进时机的一种方法，这种时机可以减少未来的变更请求。需求变更活动的下列方面值得考虑（CMU、SEI 1995）：

- 接收、未作决定、结束处理的变更请求的数量。
- 已实现需求变更（包括增、删、改）的合计数量（也可以用在基线上占需求总数的百分比来表示）。
- 每个方面发出的变更请求的数量。
- 每一个已应用的需求（是指已划过基线）建议变更和实现变更的数量。
- 投入处理变更的人力、物力。

可以先用简单的测量法在组织中建立氛围，同时收集有效管理项目所需的关键数据。获得经验后即可建立复杂的测量方法来管理项目。

本 章 小 结

随着软件系统规模的扩大，需求分析与定义在整个软件开发与维护过程中变得越来越重要，直接关系到软件项目的成功与否。通过对软件的需求分析，对目标系统提出完整、准确、清晰、具体的要求。

本节主要介绍了软件需求分析相关的内容和方法。介绍了需求分析的任务、获取方法和步骤。重点介绍了需求分析的研究工具：数据流图、数据字典、实体-联系图、状态转换图、UML用例图的使用方法，最后对需求变更管理进行了介绍。

习　　题

一、选择题

1. 需求分析是（　　）。

　　A. 要回答"软件必须做什么？"

B. 可概括为："理解、分解、表达"六个字

C. 要求编写需求规格说明书

D. 以上都对

2. 需求分析阶段研究的对象是软件项目的（　　）。

  A. 用户要求   B. 合理要求

  C. 模糊要求   D. 以上都不对

3. 数据字典的任务是对于数据流图中出现的所有被命名的数据元素，在数据字典中作为一个词条加以定义，使得每一个图形元素的名字都有一个确切的（　　）。

  A. 对象   B. 解释

  C. 符号   D. 描述

4. 在数据流图中，有名字及方向的成分是（　　）。

  A. 控制流   B. 信息流   C. 数据流   D. 信号流

5. 在数据流图中，不能被计算机处理的成分是（　　）。

  A. 控制流   B. 结点   C. 数据流   D. 数据源/终点

6. 用以表达系统内部数据的运行情况工具有（　　）。

  A. 数据流图   B. 数据字典   C. 算法示意图   D. 系统流程图

7. 软件需求分析阶段的工作，可以分成以下四个方面：对问题的识别、分析与综合、制定规格说明以及（　　）。

  A. 总结   B. 实践性报告

  C. 需求分析评审   D. 以上答案都不对

8. 需求规格说明书的作用不应包括（　　）。

  A. 软件设计的依据

  B. 用户与开发人员对软件要做什么的共同理解

  C. 软件验收的依据

  D. 软件可行性研究的依据

9. 通过（　　）可以完成数据流图的细化。

  A. 结构分解   B. 功能分解   C. 数据分解   D. 系统分解

二、简述题

1. 什么是需求分析？需求分析阶段的基本任务是什么？

2. 需求分析阶段的文档是什么？其内容包括哪些部分？

3. 描述需求分析设计有哪些工具？

4. 什么是数据流图？其作用是什么？其中的基本符号各表示什么含义？

5. 需求变化时，如何进行管理？

6. 用例图的基本组成元素有哪些？各自图形符号如何表示？

第 5 章

软件总体设计

工程设计的思想在许多工程学科中早已为人们所熟悉，任何项目在实施之前，总要完成设计。软件开发项目是否也需要进行设计、软件设计的意义是什么？有人对软件设计的习惯说法是"程序设计"或者"编写程序"，至今有许多人认为开发软件就是用某种语言编写出程序的过程。其实这种说法并不全错，有它正确的成分，但若真的这样去理解软件开发工作，便有极大的片面性。应该知道：软件开发与其工程项目一样，也需要先进行总体设计和详细设计，然后再进入真正的"施工"——编写程序代码阶段。本章讨论软件总体设计的有关问题。

5.1 软件总体设计阶段的任务

软件开发工作经过需求分析阶段，完全清楚了用户需求，较好地解决了系统必须"做什么"的问题，并已在软件规格说明书中详尽和充分阐明了这些要求。进入设计阶段，开始着重对软件需求的实施，解决"怎么做"的问题。在软件设计阶段主要解决的是软件的总体结构和一些处理的细节。软件总体设计又称概要设计。

在概要设计阶段应完成的工作有：

（1）软件的总体设计：决定软件的总体设计，包括整个软件系统分为哪些部分，各部件之间有什么联系以及已确定的需求对这些组成部分如何分配等。

（2）数据结构设计：决定文件系统的结构或数据的模式，子模式以及数据完整性、安全性设计。

（3）完成用户手册：对需求分析阶段编写的初步用户需求手册进行重新审订，在概要设计的基础上确定用户使用的要求。

（4）制订初步的测试计划：完成概要设计后，应对测试的策略、方法和步骤等提出明确的要求。尽管这个测试计划是初步的，在此基础上，经过进一步完善和补充后，可作为测试工作的重要依据。

（5）概要设计评审：在以上几项工作完成以后，组织对概要设计工作质量的评审。特别着重以下几个方面：软件的整体结构和各子系统结构、各部分之间的联系、软件的结构如何保证需求的实现、确认用户需求等。

（6）编写概要设计说明书。

5.2 软件总体设计基本思想

概要设计要完成程序结构的总体设计，最主要的任务是解决如何把系统划分成若干部分的问题。在软件开发的过程中，常常要将各部分继续划分，直到最小的基层单位，称之为程序模块。实际上，每个程序模块就是将要实现某种特定功能的程序段。各个模块按一定的形式组织在一起，表示程序的总体结构，称为软件结构。软件结构隐含地指出程序的控制层次体系。它并不表示软件的过程方面，诸如处理的序列、判定的出现次序、操作的重复等，所有这些过程属性，在软件结构中并无反映。好的软件结构体现自顶向下的方式分配控制。软件结构如此分解，不仅可以简化软件的设计和实现，加强可测试性，而且能够以一种更为有效的方式进行维护。

5.2.1 雪球理论

见过雪的孩子大都玩过滚雪球游戏。一个小小的冰块或者一把雪，在雪地上滚几下就会迅速膨胀成一个大雪球，只要你有足够的力气和兴趣，这个雪球会滚成足够惊人的体积。

在进行软件总体设计时，很多基本原理和启发式规则与滚雪球非常相似。总结类比得到如下特点：

（1）从坚实的内核做起：雪球起点不是一堆散雪而是捏了又捏的很紧密的雪核。

（2）从小到大慢慢来：一点一点由小变大，而不是通过一次性组装变大。

（3）边滚边看边调整：不能朝一个方向一直滚下去，而是不断变换方向继续滚。

（4）任何时候都接近圆：任何时候滚出来的都是圆（及早集成，这样在开发中遇到的困难就越小）。

5.2.2 模块化

所谓模块，是指具有相对独立性的，由数据说明，执行语句等程序对象构成的集合。程序中的每个模块都需要单独命名，通过名字可实现对指定模块的访问。在高级语言中，模块具体表现为函数、子程序、过程等，一个模块具有输入/输出（接口）、功能、内部数据和程序代码四个特征。输入/输出用于实现模块与其他模块间的数据传送，即向模块传入所需的原始数据及从模块传出得到结果数据。功能指模块所完成的工作。模块的输入/输出和功能构成了模块的外部特征。内部数据是指仅能在模块内部使用的局部量。

模块化就是把程序划分成相对独立访问的模块，每个模块完成特定的功能，整体集成后形成系统，这些模块组成整体系统以满足用户的要求。模块化的设计理念借鉴了对于复杂问题的求解的方法——分治法的思想。在计算机科学中，分治法是一种很重要的算法。字面上的解释是"分而治之"，就是把一个复杂的问题分成两个或更多的相同或相似的子问题，再把子问题分成更小的子问题……直到最后子问题可以简单地直接求解，原问题的解即子问题的解的合并。这个技巧是很多高效算法的基础。

下面是模块化基本思想的证明过程。设 $C(x)$ 是确定问题 x 的复杂程序的函数，$E(x)$ 是解决问题 x 所需的工作量（可以按时间计算或者其他工作量估算）函数。对于问题 P_1 和 P_2，如果 $C(P_1)>C(P_2)$，根据人类解决实际问题的经验，解决一个困难问题确实需要更多的工作量，可以得到 $E(P_1)>E(P_2)$。

此外，通过人类解决问题的实践揭露一个有趣的特征，即：

$$C(P_1+P_2)>C(P_1)+C(P_2)$$

也就是说，由 P_1 和 P_2 组合而成的问题的复杂性大于当每一个问题分别考虑时的复杂性。

最后，综上所述，可以得到下述不等式：

$$E(P_1+P_2)>E(P_1)+E(P_2)$$

这就是"分而治之"的策略。当把一个问题分成若干个易于处理的部分时，它就比较容易求解。这是模块化优越性的依据。

由以上不等式似乎能得出结论：若将软件系统分得很细，其开发的工作量就可以很小。其实不然，由图 5.1 可见，当模块总数增加时，开发单个模块的代价（工作量）确实下降了，但是不可忽视的另一个因素是：当模块总数增加时，与模块接口有关的工作量也随之增加。这就导致了图 5.1 中虚线所示的总代价曲线。该曲线表明存在一个最少开发代价的模块数目 M。不可能也不必去精确地求出 M 这个数，而是从中给我们一个启示：要模块化，但应避免模块化不足或超模块化。当然，一个模块的大小取决于它的功能和应用。

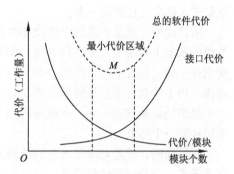

图 5.1 模块数量与软件成本的关系

使用模块化的好处有：

（1）使软件结构清晰，不仅容易设计也容易阅读和理解。

（2）容易测试和调试，提高软件的可靠性。

（3）提高软件的可修改性。

（4）有助于软件开发工程的组织管理。

总之，模块化目的是减少软件程序复杂性。因为单个模块可以分别被理解、编制、调试、查错和修改（维护），复杂的问题就被"分而治之"地解决了。运用模块化技术，还可以防止错误蔓延，从而提高系统的可靠性。有时要新建一个系统，还可以利用以前被证明可靠的模块，这就减少了建立新系统的工作量。这也是模块设计的优点之一。

5.2.3 抽象

抽象是通过分析与综合的途径，运用概念在人脑中再现对象的质和本质的方法，分为质的抽象和本质的抽象。分析形成质的抽象，综合形成本质的抽象。作为科学体系出发点和人对事物完整的认识，只能是本质的抽象。质的抽象只能是本质的抽象中的一个环节，不能作为完整的认识，更不能作为科学体系的出发点。

抽象指的是从纷繁复杂的事物中提炼本质的过程，是一个具体到概念的过程。在软件业，抽象能力的重要性怎么说都不为过，因为软件开发是一个高度复杂的智力活动，程序员经常需要面对、处理异常复杂的业务和逻辑，如果不具备强大的抽象能力，无法把具体变成概念，就很难降低问题的复杂度，从而陷入泥潭，无法自拔。抽象不仅仅是软件开发的独有概念，在很多的领域都可以看到。

在科学研究中，科学抽象的具体程序是千差万别的，绝没有千篇一律的模式，但是一切科学抽象过程都具有以下环节（概括为分离—提纯—简略）：

所谓分离，就是暂时不考虑所要研究的对象与其他各个对象之间各式各样的总体联系。这是科学抽象的第一步，因为任何一种科学研究，都首先需要确定自己所特有的研究对象，而任何一种研究对象就其现实原型而言，它总是处于与其他事物千丝万缕的联系之中，是复杂整体中的一部分。但是任何一项具体的科学研究课题不可能对现象之间各种各样的关系都加以考察，所以必须进行分离，而分离就是一种抽象。把研究对象分离出来；它的实质就是从学科的研究领域出发，从探索某一种规律性出发，撇开研究对象同客观现实的整体联系，这是进入抽象过程的第一步。

所谓提纯，就是在思想中排除那些模糊基本过程、掩盖普遍规律的干扰因素，从而能在纯粹的状态下对研究对象进行考察。实际存在的具体现象总是复杂的，有多方面的因素错综交织在一起，综合地起着作用。如果不进行合理的纯化，就难以揭示事物的基本性质和运动规律。由于物质技术条件的局限性，有时不采用物质手段去排除那些干扰因素，这就需要借助于思想抽象做到这一点。在纯粹状态下对物体的性质及其规律进行考察，这是抽象过程的关键性的一个环节。

所谓简略，就是对纯态研究的结果所必须进行的一种处理，或者说是对研究结果的一种表述方式。它是抽象过程的最后一个环节。在科学研究过程中，对复杂问题做纯态的考察，这本身就是一种简化。另外，对于考察结果的表达也有一个简略的问题。不论是对于考察结果的定性表述还是定量表述，都只能简略地反映客观现实，也就是说，它必然要撇开那些非本质的因素，这样才能把握事物的基本性质和它的规律。所以，简略也是一种抽象，是抽象过程的一个必要环节。

综上所述，分离、提纯、简略是抽象过程的基本环节，也可以说是抽象的方式与方法。

在抽象过程中，经常会借助数学模型的方法。数学模型是一种模拟，是用数学符号、数学式子、程序、图形等对实际课题本质属性的抽象而又简洁的刻画，它或能解释某些客观现象，或能预测未来的发展规律，或能为控制某一现象的发展提供某种意义下的最优策略或较好策略。数学模型一般并非现实问题的直接翻版，它的建立常常既需要人们对现实问题深入细微地观察和分析，又需要人们灵活巧妙地利用各种数学知识。这种应用知识从实际课题中抽象、提炼出数学模型的过程就称为数学建模。

数学是研究现实世界数量关系和空间形式的科学，在它产生和发展的历史长河中，一直是和各种各样的应用问题紧密相关的。数学的特点不仅在于概念的抽象性、逻辑的严密性、结论的明确性和体系的完整性，而且在于它应用的广泛性。在 21 世纪这个知识经济时代，数学科学的地位会发生巨大的变化，它正在从国家经济和科技的后备走到了前沿。经济发展的全球化、计算机的迅猛发展、数学理论与方法的不断扩充，使得数学已成为当代高科技的一个重要组成部分和思想库，数学已经成为一种能够普遍实施的技术。培养学生应用数学的意识和能力已经成为数学教学的一个重要方面。

不论是用数学方法在软件设计和生产领域解决哪类实际问题，还是与其他学科相结合形成交叉学科，首要的和关键的一步是建立研究对象的数学模型，并加以计算求解（通常借助计算机）。

5.2.4 逐步求精

为了能集中精力解决主要问题，应尽量推迟对问题细节的考虑。因为每次面临的因素太多，是不可能做出精确思维的。处理复杂系统的唯一有效的方法是用层次的方法构造和分析它，把精力集中在与当前开发阶段最相关的那些方面上，而忽略那些对整体解决方案来说虽然必要，然而目前还不需要的细节。每一步是对软件解法的抽象层次的一次精化。

逐步求精将现实问题经过几次抽象（细化）处理，最后到求解域中只是一些简单的算法描述和算法实现问题。即将系统功能按层次进行分解，每一层不断将功能细化，到最后一层都是功能单一、简单易实现的模块。求解过程可以划分为若干个阶段，在不同阶段采用不同的工具来描述问题。在每个阶段有不同的规则和标准，产生出不同阶段的文档资料。

米勒（Miller）在1956提出，人脑同时只能处理7 ± 2个信息团，这一发现被称为米勒法则。虽然学者们对于米勒法则所指的魔法数字究竟是多少仍有争议，但人脑具有短期存储与信息处理限制这一事实已被学者们所公认。根据这一法则，软件设计者在进行系统设计时，采用自顶向下、逐步求精不失为很好的软件设计策略。

5.2.5 信息隐藏和局部化

信息隐藏的法则建议，由设计决定所刻画的模块特性应该对其余的模块不可见。换句话说，模块应被设计和指定为：包含在模块内部且其他模块不可访问的内容对其他模块来说是不需要的。信息隐藏意味着软件的模块化可以通过定义一组独立的模块来实现，这些模块相互之间只进行实现软件功能所必须的通信。

局部化与信息隐藏是一对密切相关的概念。局部化就是指将一些使用上密切相关的元素尽可能放在一起。对一个模块来说，局部化是期望模块所使用的数据尽可能是在模块内部定义的。因此，局部化意味着减少模块之间的联系，有助于实现模块之间的信息隐藏。

在软件测试和维护期间经常需要修改一些模块的内容。信息隐藏和局部化降低了模块之间的联系，使得在修改一个模块时对其他模块的影响降到最低。将信息隐藏和局部化作为设计标准，给测试或今后的维护期间需要修改系统时带来了很大的好处。

5.2.6 模块独立内聚和耦合

模块独立是衡量软件设计结果好坏的一个重要标准。模块独立性好意味着对软件系统有规范的功能划分，这种划分使各部分之间接口简单且容易实现。模块独立性好还意味着容易测试和维护。这是因为修改一个模块时对其他模块的影响较小。

模块独立性好坏通常用两个指标来衡量，即模块间的耦合性和模块的内聚性。

1）耦合

耦合性，也称耦合度，是对模块间关联程度的度量。耦合的强弱取决于模块间接口的复杂性、调用模块的方式以及通过界面传送数据的多少。模块间的耦合度是指模块之间的依赖关系，包括控制关系、调用关系、数据传递关系。模块间联系越多，其耦合性越强，同时表明其独立性越差。软件设计中通常用耦合度和内聚度作为衡量模块独立程度的标准。划分模块的一个准则就是高内聚低耦合。

耦合的强弱与模块之间接口的复杂程度以及通过它们的数据的复杂程度有关。依据模块间联系的强度，耦合的种类包括数据耦合、控制耦合、公共耦合和内容耦合。

（1）数据耦合

如果两个模块通过参数交换信息，而且交换的信息仅仅是数据，那么这种耦合就是数据耦合。数据耦合是模块之间影响最小的耦合关系。因此，数据耦合是模块设计中最好的一种结构。这时，模块之间的关系完全由接口来确定。只要接口不变，改变一个模块对另一个模块没有任何影响。

（2）控制耦合

如果两个模块通过参数交换信息，交换的信息有控制信息，那么这种耦合就是控制耦合。如果模块 A 向模块 B 传递的信息控制了模块 B 的内部逻辑，那么这两模块之间的耦合称为控制耦合。

（3）公共耦合

当两个或多个模块通过公共数据环境相互作用时，它们之间的耦合称为公共耦合。公共耦合是一种不良的耦合关系，它给模块的维护和修改带来困难。如公共数据要做修改，很难判定有多少模块应用了该公共数据，故在模块设计时，一般不允许有公共耦合关系的模块存在。

公共的数据环境可以是全局数据结构、共享的通信区、内存的公共覆盖区等。这种耦合会引起下列问题：

① 所有公共耦合模块都与某一个公共数据环境内部各项的物理安排有关，若修改某个数据的大小，将会影响到所有的模块。

② 无法控制各个模块对公共数据的存取，严重影响软件模块的可靠性和适应性。

③ 公共数据名的使用，明显降低了程序的可读性。

④ 公共耦合的复杂程度随耦合模块的个数增加而增加。若只是两个模块之间有公共数据环境，则公共耦合有两种情况：若一个模块只是往公共数据环境中传送数据，而另一个模块只是从公共数据环境中取数据，则这种公共耦合称作松散公共耦合；若两个模块都从公共数据环境中取数据，又都向公共数据环境里送数据，则这种公共耦合称作紧密公共耦合。

只有在模块之间共享的数据很多，且通过参数表传递不方便时，才使用公共耦合。否则，还是使用模块独立性比较高的数据耦合好些。

（4）内容耦合

如果一个模块和另一个模块的内部属性（即运行程序和内部数据）有关，则称为内容耦合。

如果发生下列情形，两个模块之间就发生了内容耦合，分别是：

① 一个模块直接访问另一个模块的内部数据。

② 一个模块不通过正常入口转到另一模块内部。

③ 两个模块有一部分程序代码重叠（只可能出现在汇编语言中）。

④ 一个模块有多个入口。

在内容耦合的情形，所访问模块的任何变更，或者用不同的编译器对它再编译，都会造成程序出错。好在大多数高级程序设计语言已经设计成不允许出现内容耦合。它一般出现在汇编语言程序中。这种耦合是模块独立性最弱的耦合。

在进行软件结构设计时，应该采用的原则是尽量使用数据耦合，少用控制耦合和特征耦合，限制公共耦合的范围，完全不用内容耦合。

2）内聚

内聚是一个模块内部各成分之间相关联程度的度量。

内聚性是对一个模块内部各个组成元素之间相互结合的紧密程度的度量指标。模块中组成元素结合得越紧密，模块的内聚性就越高，模块的独立性也就越高。理想的内聚性要求模块的功能应明确、单一，即一个模块只做一件事情。模块的内聚性和耦合性是两个相互对立且又密切相关的概念。

内聚有七种类型，它们之间的内聚度由弱到强排列如下：

① 偶然内聚：模块中的代码无法定义其不同功能的调用。但它使该模块能执行不同的功能，这种模块称为巧合强度模块。

② 逻辑内聚：这种模块把几种相关的功能组合在一起，每次被调用时，由传送给模块参数来确定该模块应完成哪一种功能。

③ 时间内聚：把需要同时执行的动作组合在一起形成的模块为时间内聚模块。

④ 过程内聚：构件或者操作的组合方式是，允许在调用前面的构件或操作之后，马上调用后面的构件或操作，即使两者之间没有数据进行传递。

⑤ 通信内聚：指模块内所有处理元素都在同一个数据结构上操作（有时称为信息内聚），或者指各处理使用相同的输入数据或者产生相同的输出数据。

⑥ 顺序内聚：指一个模块中各个处理元素都密切相关于同一功能且必须顺序执行，前一功能元素的输出就是下一功能元素的输入。即一个模块完成多个功能，这些模块又必须顺序执行。

⑦ 功能内聚：这是最强的内聚，指模块内所有元素共同完成一个功能，联系紧密，缺一不可。

上述七种类型中，其中属于低内聚的有偶然内聚、逻辑内聚、时间内聚；属于中内聚的有过程内聚、通信内聚；属于高内聚的有顺序内聚、功能内聚。

内聚在软件设计中的要求：设计时力争做到高内聚，并且能够辨认出低内聚的模块，有能力通过修改设计提高模块的内聚程度，降低模块间的耦合程度。

5.2.7　软件结构设计的启发式规则

软件结构是指一种层次表况，由软件组成成分构造软件的过程、方法和表示。软件结构主要包括程序结构和文档结构。程序结构有两层含义：一是指程序的数据结构和控制结构；另一是指由比程序低一级的程序单位（模块）组成程序的过程、方法和表示。在后者含义下，具有代表性的是块结构和嵌套结构两种。块结构比较自然，各个部分之间通过一些公用变量取得联系，嵌套结构是在嵌套分程序的基础上引进局部性和动态性，以减少程序的初始信息量，嵌套结构不如块结构直观，调试不方便。

软件结构设计的启发式规则主要有以下六条：

（1）改进软件结构，提高模块独立性

有些程序是单模块结构，有些是多模块结构。这些模块在程序的逻辑上是不可分离的，可以用不同的程序设计语言编写，可以由相应的编译程序分别编译，可以和其他的程序单位组合并装入计算机内运行。由于编写大程序的需要，且模块可以多次使用，实行模块化是一个很好的手段。由一组模块组成的大型程序可有三种结构，即顺序结构、并发结构和分布结构。顺序结构的程序是最古老的，所采用的程序设计语言是顺序程序设计语言，如 ALGOL、FORTRAN、C 等。并发结构的程序由若干个可以同时执行的模块组成。这些模块可以在多台处理机上并行执行，也可以在同一台处理机上交叉执行，所采用的程序设计语言是并发程序设计语言，如并发 PASCAL、Modula-2 等。分布结构的程序由若干个可独立运行的模块组成，这些模块可以分布于一个分布式系统中，在几台计算机上同时运行，所采用的程序设计语言是分布式程序设计语言。对于大型程序，也可以是这三种结构的混合。

图 5.2 列出了常见的几种软件结构，对于某个具体"问题 P"，究竟选择哪一种结构，则取决于"问题"本身和采用何种设计方法学，一个"问题"可以由许多不同的软件结构来解决，对于同样的一组软件要求，可能会得到不同的软件结构。

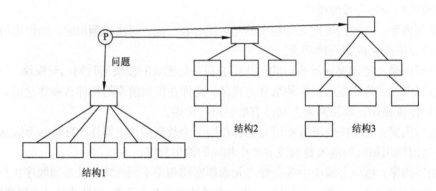

图 5.2 常见的软件结构

（2）模块规模应该适中

模块数量适中是为了降低整个子系统的管理开销和开发开销。此外，模块规模适中，则模块的代码量就相对容易被控制，有利于降低模块的逻辑复杂度，降低模块的开发难度。

（3）深度、宽度、扇出和扇入都应适当

软件结构中"深度""宽度""扇入""扇出""统率"和"从属"等概念如图 5.3 所示。

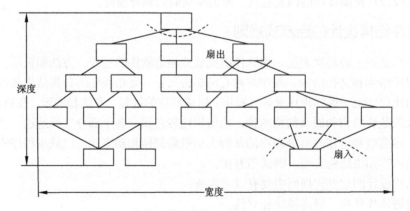

图 5.3 软件结构的深度、宽度、扇出和扇入

① 深度：表示软件结构中控制的层数，它往往能够粗略地标志一个系统的大小和复杂程度。

② 宽度：软件结构在同一层次上的模块总数的最大值。一般来说，宽度越大系统就越复杂。

③ 扇出：指一个模块直接调用的模块的数目，经验表明，一个设计较好的典型系统的平均扇出通常是 3 或 4 个，太多或太少都不好。扇出过大一般是因为缺乏中间层次，应该适当增加中间层次的模块。扇出太小时可以把下级模块进一步分解成若干个子功能模块，或者合并到它的上级模块中去。

④ 扇入：指一个模块被别的多少个模块直接调用。

设计良好的软件结构，通常顶层扇出比较大，中间扇出小，底层模块则有大扇入。

（4）模块的作用域应该在控制域之内

模块的作用域是指模块中判定的作用范围，它是指所有受这个判定影响的模块。如果模块中含有受判定影响的操作，则该模块在这个判定的作用范围之中。如果模块执行与否取决于判定的结果，则该模块及其直接或间接调用的模块均在这个判定的作用范围之中。

模块的控制域是指模块本身及其直接或间接调用的模块。如果模块的作用域不在控制域之内，则会增加模块间数据的传递量，使模块间出现控制耦合。

模块之间的控制表示为"统率"和"从属"的关系。如果一个模块控制另一个模块，便称前一个模块"统率"了后一个模块，或者称后一个模块"从属"于前一个模块。如图 5.4 所示，模块 C"统率"了模块 O、R、S。模块 U"从属"于模块 O，当然，最终"从属"于模块 C。模块图的画法总是统率模块在上，从属模块居下，统率模块和从属模块之间用不带箭头的连线相连。

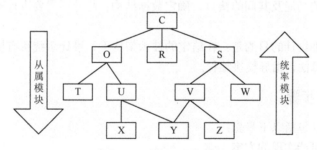

图 5.4 统率和从属模块

（5）力争降低模块接口的复杂程度

模块之间连接成的软件程序结构最普通的形式是树状的和网状的结构，如图 5.5 和图 5.6 所示。

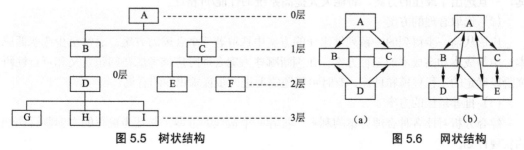

图 5.5 树状结构   图 5.6 网状结构

树状结构中，根部有一个顶层模块，与其联系的有若干个下属模块，各下属模块还可以进一步引出更下一层的下属模块。网状结构中模块与模块之间的联系不加任何限制。

分析两种结构的特点之后，可以看出，由于网状结构中模块间相互关系的任意性，使得整个结构非常复杂，处理起来势必引起许多麻烦。而树状结构的分层式结构则与"自顶向下，逐步求精"的程序设计方法相吻合，所以在软件开发实践中，常采用树状结构而很少采用网状结构。

（6）模块功能应该可以预测

如果一个模块可以当作一个黑盒子，也就是说，只要输入相同的数据就能产生同样的输出，这个模块的功能就是可以预测的。

以上的启发式规则多数是经验规律，对改进设计、提高软件质量，往往有重要的参考价值。但是，上述启发式规则也不能过于教条地使用，在软件设计过程中应该根据实际情况，灵活应用。

5.3 总体设计阶段的工作步骤

5.3.1 总体设计阶段组成

总体设计通常由以下两个阶段组成：

（1）系统设计阶段，即确定系统的具体实现方案。

（2）结构设计阶段，确定软件结构。

概要设计的目的是：分析与设计具有预定功能的软件系统体系结构（即模块结构），确定子系统、功能模块的功能及其间的接口，确定数据结构；此外还需要设计整个系统使用的技术架构。

而程序设计详细设计的目的是：在给定的技术架构下，设计系统所有模块的主要接口与属性、数据结构和算法，指导模块编程。

5.3.2 总体设计步骤

典型的总体设计包括以下步骤：

（1）提供多种可能实现的方案

在总体设计阶段分析员应该考虑各种可能的实现方案，并且力求从中选出最佳方案。在总体设计阶段开始时只有系统的逻辑模型，分析员有充分的自由分析比较不同的物理实现方案，一旦选出了最佳的方案，将能大大提高系统的性能/价格比。

（2）选取合理的方案

应该从前一步得到的一系列供选择的方案中选取若干个合理的方案，通常至少选取低成本、中等成本和高成本的三种方案。在判断哪些方案合理时应该考虑在问题定义和可行性研究阶段确定的工程规模和目标，有时可能还需要进一步征求用户的意见。

（3）推荐最佳的方案

综合分析对比各种合理方案的利弊，推荐一个最佳的方案，并且为推荐的方案制订详细的实现计划。

（4）对软件的结构设计

确定软件由哪些模块组成，模块需要完成哪些适当的子功能，以及模块之间的关系。

（5）设计数据库

对于需要使用数据库的应用系统，软件工程师应该在需求分析阶段所确定的系统数据需求的基础上，进一步设计数据库。

（6）制订测试计划

在软件开发的早期阶段考虑测试问题，能促使软件设计人员在设计时注意提高软件的可测试性。

（7）书写文档

应该用正式的文档记录总体设计的结果（主要包括：系统说明书、用户手册、测试计划、详细的实现计划、数据库设计结果等）。

5.4　系统设计阶段

总体设计的两个主要阶段包括：系统设计阶段和软件结构设计阶段。其中大部分软件工程资料对"软件结构设计阶段"从方法、工具等角度进行了大量的讲解，对"系统设计阶段"相关讲解资料较少，进而造成某种误区，片面地认为：总体设计仅是系统结构设计。造成这一误解的主要原因是因为对于软件项目，系统设计即要确定系统的具体实现方案，然而不同软件的项目，其实现的方案不同，缺乏统一的建模方法，从而忽略了这一部分的讲解。本节以"基于二维码的食品安全追溯系统"为例进行总体设计—系统设计阶段内容讲解。

5.4.1　二维码的食品安全追溯系统问题描述

二维码食品溯源追溯系统是"通过登记的识别码，对商品或行为的历史和使用或位置予以追踪的能力"。二维码食品溯源追溯系统能够为消费者提供准确而详细的有关产品的信息，为减少由信息不对称引起的食品安全问题，可追溯体系在食品工业中应运而生，并已逐步成为安全食品供应的有效保障以及连接消费者和生产者的有效手段。

二维码食品溯源追溯系统具有以下特点：

（1）溯源流程的透明性

二维码食品溯源追溯系统强调每一个食品供应链成员的参与，强调每一个关键环节信息的公开化、透明化，因此，增加了食品溯源的透明度。

（2）溯源层次的多样性

在地域层次上，食品溯源追溯系统可以对一个国家、一个地区、一家企业直至一个具体的生产经营环节进行溯源；从产品层次上，食品溯源系统可以对一种产品、一个批次、一个产品直至一个具体的原材料进行溯源。因此，二维码食品溯源系统的溯源层次灵活多样。

（3）溯源信息的标准性

建立在食品溯源关键技术基础上的食品溯源系统实现了溯源信息采集、加工、传输和应用的标准化，食品供应链成员之间、食品供应链之间实现了信息的共享与交流。

（4）溯源数据的保密性

在食品溯源信息采集、加工、传输和应用过程中，食品溯源系统注重加强对食品供应链成员产品配方、销售统计等商业机密信息的保护，以提高食品溯源数据的保密性。

（5）溯源数据的及时性

基于 Internet 的二维码食品溯源追溯系统，能够借助 Internet 环境快速定位问题食品危及的范围、及时发布风险信息、立即开展食品召回工作，有效地防止问题食品的扩散，保障消费者的健康不受到威胁。

（6）溯源操作的灵活性

二维码食品溯源追溯系统直接应用物种鉴别技术、电子编码技术以及自动识别与数据采集技术等食品溯源关键技术，有助于增强食品溯源信息采集、加工、传输和应用能力，提高食品溯源操作的灵活性。

通过二维码食品溯源追溯系统不仅可以帮助政府监督，使执法部门提高了管理效率和监管水平，企业也规范和提升了它的内部管理水平，保护了企业的品牌，提升了产品的附加值，最终实现了"从农田到餐桌"的食品安全管理体系。同时，通过这种食品溯源追溯系统建立了追溯机制，也保障了消费者的知情权。

5.4.2 二维码的食品安全追溯系统分析

在进行本系统的设计阶段，即要确定如何实现本系统，系统如何设计、如何部署、如何运维等问题。

（1）设计分析

该系统涉及硬件、软件、人、政府、法律，属于典型的"社会技术系统"。社会技术系统是一种关于组织的系统观点。它是由英国塔维斯特克人际关系研究所的特里斯特通过对英国达勒姆煤矿采煤现场的作业组织进行研究后提出的。

该理论认为，组织是由社会系统和技术系统相互作用而形成的社会技术系统，即由包括正式组织、非正式组织、技术系统、成员的素质等多种因素形成的复合系统。它强调组织中的社会系统不能独立于技术系统而存在，技术系统的变化也会引起社会系统发生变化。持这种观点的人认为，组织不仅是由厂房、人力、资金、机器和生产程序综合起来的物质组织，也是调整人的行为的"人的组织"或由人的行为构成的人群关系系统。

因为二维码食品溯源追溯系统涉及的组织人员包括：食品生产企业、食品质量认证监督政府行政部门、工商行政执法部门、批发商、零售商、消费者等，所以在本系统总体设计时需要综合考虑上述组成人员需求功能体现。

（2）追溯原理分析

二维条码/二维码是用某种特定的几何图形按一定规律在平面（二维方向）上分布的黑白相间的图形记录数据符号信息的；在代码编制上巧妙地利用构成计算机内部逻辑基础的"0""1"比特流的概念，使用若干个与二进制相对应的几何形体来表示文字数值信息，通过图像输入设备或光电扫描设备自动识读以实现信息自动处理：它具有条码技术的一些共性：每种码制有其特定的字符集；每个字符占有一定的宽度；具有一定的校验功能等。同时，还具有对不同行的信息自动识别功能以及处理图形旋转变化点。我国对二维码技术的研究开始于1993 年。中国物品编码中心对几种常用的二维码 PDF417、QR Code、Data Matrix、Maxi Code、Code 49、Code 16K、Code One 的技术规范进行了翻译和跟踪研究。随着我国市场经济的不断完善和信息技术的迅速发展，国内对二维码这一新技术的需求与日俱增。中国物品编码中心在原国家质量技术监督局和国家有关部门的大力支持下，对二维码技术的研究不断深入。在消化国外相关技术资料的基础上，制定了两个二维码的国家标准：二维码网格矩阵码（SJ/T 11349—2006）和二维码紧密矩阵码（SJ/T 11350—2006），从而促进了我国具有自主知识产权技术的二维码的研发。

在食品安全追溯系统中，在食品生产源为食品分配条码，在食品生产过程中，食品生产商与质量认证机构分别为采集食品详细信息、认证状况等；并将二维码制成标签，粘贴在食品包装上；稽查人员使用二维码专用设备，可以方便地进行抽样检查。消费者购买产品时，只需手机扫码或编辑码号发短信，即可随时随地查询食品源信息与质量认证等信息等，并可及时举报虚假、错误信息。

5.4.3 二维码的食品安全追溯系统设计

（1）业务流程系统总体设计

通过分析二维码食品生产、认证、销售溯源流程主要有如下过程：

① 提交食品详细信息。
② 将待认证食品送至食品质量监督单位检验。
③ 提交食品质量认证信息。
④ 生产该食品专用溯源二维码。
⑤ 将二维码制成标签贴在产品包装上。
⑥ 将产品送发销售商。
⑦ 提交食品物流销售信息。

根据以上流程，设计形成图 5.7 所示的业务流程图。

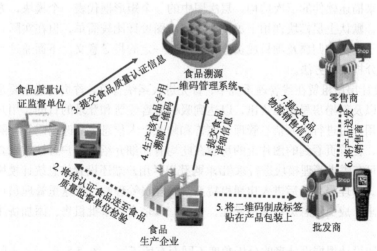

图 5.7 二维码食品安全追溯业务流程图

（2）业务终端用户系统设计

上述二维码食品安全追溯系统的业务终端用户有消费者、政府监督部门、执法人员、生产及流通企业等。其中，消费者可以通过扫描二维码或者短信验证及溯源终端设备进行查询；政府监督部门结合食品生产企业产品送检及产品抽检方式进行食品安全质量监督及二维码的管理；执法部分通过移动终端执法设备进行现场食品安全查询溯源执法；生产企业通过产品送检、获批二维码、印刷包装、销售、提交销售信息；流通企业部分及个人通过溯源系统进行销售系统登记。

（3）系统部署与实施系统设计

此外，在系统总体设计阶段还需要考虑开发出的软件如何部署实施。简单地说，软件部署就是把开发的软件如何交付用户去使用，给用户配置环境（包括硬件、软件的安装、环境变量的设置等）让开发的软件能给用户正常使用的过程。

对于本系统食品安全追溯系统的部署有多种方案：

① 可部署在政府食品质量认证监督单位，但需要专人进行维护，政府食品质量认证监督部门单位相对缺乏软件设计技术及大数据管理维护技术。

② 政府建立的大数据服务中心进行部署。通过政府大数据服务中心的部署，政府可以收集大量有价值的食品安全数据，通过这些数据，可以更好地了解食品流通销售情况，这些将不仅强化政府责任，还可以提升治理管理能力，提供更多更好的服务。

③ 通信企业专业服务机构进行本系统的托管服务部署，优点是合作部署，可以借助于通信企业硬件性能优越的便利条件，避免重复建设，管理维护易实现。

通过上述基于二维码的食品安全追溯系统的系统设计案例，可以看出对软件系统进行系统设计时，需要综合考虑诸多因素，具体问题具体分析，才可以设计出相应的解决方案。

5.5 软件结构设计工具

5.5.1 层次图定义及实例

层次图用来描述软件的层次结构。层次图中的一个矩形框代表一个模块，方框间的连线表示调用关系，默认上层模块调用下层模块。层次图设计比较简单，但在实际软件设计中作用比较大，对于模块的归属及项目成员分工实施有一定的指导意义。下面通过具体的实例，学习层次图的分析使用方法。

【实例】设计房屋租赁在线管理系统中，首先进入系统首页，首页功能主要是浏览房屋图片及基本信息以及新增房屋新闻资讯，以达到吸引游客注册和登录的目的。用户登录后进入用户端，在此用户可进行个人信息管理，完善和修改个人信息、修改密码等；除此之外还有房屋查询功能，在首页看到的图片上的房屋在此均有详细介绍，用户可按需求查询；查询到需求房屋后，可在需求管理模块进行求租/求购登记。用户端还设置信息统计模块，方便了解热门地段房屋。管理员登录后进入房屋租赁系统管理员管理端，在这里管理员可对用户、房主、房源、需求、成交信息进行多种管理，包括修改信息、审批租售、添加备注、统计房屋等一系列操作。

解：层次图设计根据设计者的分析角度不同而有所不同，图 5.8 所示是本问题的其中一种层次图设计结果。最顶层的方框代表房屋租赁系统主要模块，它调用下层模块完成首页展示、用户端模块、后台管理模型的全部功能；第二层的每个模块控制完成相应主要功能，例如"新闻浏览""需求发布"等模块，第三层通过调用它的下属模块可以完成问题描述房屋信息发布、审核、租赁、统计、用户管理等全部功能。

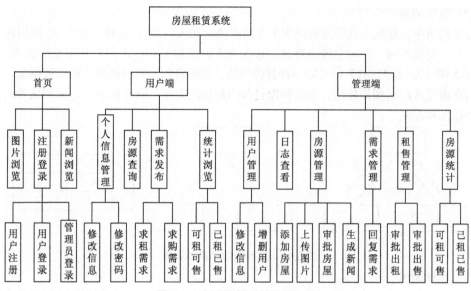

图 5.8 房屋租赁系统的层次图

5.5.2 结构图定义及实例

结构图是指以模块的调用关系为线索，用自上而下的连线表示调用关系并注明参数传递的方向和内容，从宏观上反映软件层次结构的图形。

结构图和层次图类似，也是描绘软件结构的图形工具，它用矩形框来表示模块，图中一个方框代表一个模块，框内注明模块的名字或主要功能；方框之间的箭头（或直线）表示模块的调用关系。因为按照惯例总是图中位于上方的方框代表的模块调用下方的模块，即使不用箭头也不会产生二义性，为了简单起见，可以只用直线而不用箭头表示模块间的调用关系。在调用线的两旁，应标出输入和输出模块的数据流。

在结构图中通常还用带注释的箭头表示模块调用过程中来回传递的信息。如果希望进一步标明传递的信息是数据还是控制信息，则可以利用注释箭头尾部的形状来区分：尾部是空心圆，表示传递的是数据；实心圆表示传递的是控制信息。控制信息一般是指从硬件设备（传感器、信号采集设备、硬件检测设备等）发出的信息，其他软件传递的信息均是数据信息。

（1）模块的表示符号

图 5.9 列出了结构图的部分模块调用关系表示，图中传递的是数据信息。其中输入、输出和变换模块用来组成变换结构中的各个相应部分。源模块是不调用其他模块的输入模块，只用于输入部分的始端。终止模块是不调用其他模块的输出模块，仅用于输出部分的末端。

控制模块是只调用其他模块，不受其他模块调用的模块。

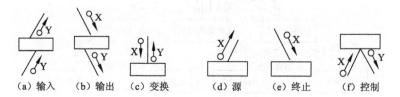

图 5.9 结构图使用的模块符号

（2）简单调用

在结构图中，默认上层的模块调用下方的模块。如图 5.10（a）中，模块 A 调用模块 B 和模块 C。调用 B 时，A 向它传递数据信息 X 和 Y。调用 C 时，A 向 C 传递数据流 Z。

图 5.10（b）是图 5.10（a）的一种替代画法。用附表列出在模块间传递的数据流，以代替直接在调用线的两侧作标注。当结构图包含的数据流太多，画面拥挤时，采用这种画法可以减少错误和漏注。

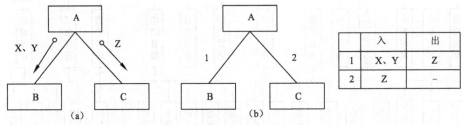

图 5.10　结构图中的简单调用

（3）选择调用

选择调用的画法如图 5.11 所示，图中用菱形符号表示选择，表示当模块 M 根据其内部某个判定为真时调用模块 A，为假时调用模块 B。

（4）循环调用

循环调用叠加用调用线的环形箭头表示。图 5.12 表示模块 A 将根据其内在的循环重复调用 B、C 等模块，直到 A 模块内部出现满足循环终止的条件为止。

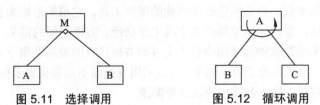

图 5.11　选择调用　　　　图 5.12　循环调用

注意：为了画面简洁，在图 5.11 和图 5.12 中都没有画出数据流，在实际的结构图中是不允许这种省略的。

【实例 1】某计算最佳解软件计算过程如下，首先读入原始输入数据，然后对输入数据进行编辑处理，得到规范输入数据，再通过产生最佳解计算模块计算，最后进行格式控制后输出显示。

解：在结构图中，根据模块调用关系，总是上层模块调用下层模块，所以最顶层的模块一般是要设计的系统即"产生最佳解"模块，然后根据问题描述顺序，得到图 5.13 所示的结构图表示。

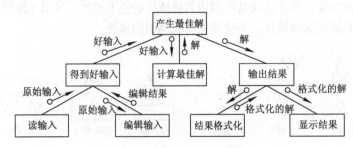

图 5.13　产生最佳解结构图表示

【实例2】心律失常指心脏的不规则跳动，是心脏病的一种常见症状，也是导致心源性猝死的一大诱因。美国约翰·霍普金斯大学科学家开发出一种"虚拟心脏系统"，能对心脏做出高精度的个性化模拟。通过该技术建立的模型，可对心脏病患者的病情进行评估，提前发现问题，防微杜渐，帮助其远离心律失常风险。该"虚拟心脏系统"首先对患者进行了核磁共振成像，然后根据该成像数据对其心电活动和心脏的几何形状做建模分析处理。而后，根据心脏肌肉壁几何形状和心电活动的分析结果进行评估判断处理，如果分析结果为良好数据则打印出相应的评估报告；如果分析结果为失常数据则进行心率失常诊治计划。试给出该"虚拟心脏系统"的软件结构图。

解：该问题中增加了选择性调用模块表示，在输出处理时，根据分析结果数据进行选择调用模块，本问题设计结构图如图 5.14 所示。

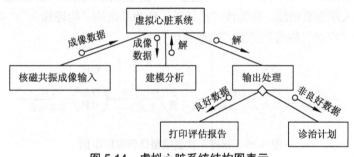

图 5.14　虚拟心脏系统结构图表示

5.6　面向数据流的设计方法

结构化设计方法（Structure Design，SD）给出一组帮助设计人员在模块层次上区分设计质量的原理与技术。它把系统作为一系列数据流的转换，输入数据被转换为期望的输出值，通过模块化来完成自顶而下实现的文档化，并作为一种评价标准在软件设计中起指导性作用，以数据流图为基础得到软件的模块结构。通常所说的结构化设计方法，也就是基于数据流的设计方法。下面给出面向数据流的定义及应用方法。

5.6.1　定义

面向数据流的设计方法的目标是给出设计软件结构的一个系统化的途径，即通过"面向数据流的设计方法"可以将软件需求分析阶段平滑过渡到总体设计阶段。

在软件工程的需求分析阶段，信息流是一个关键考虑，通常用数据流图描绘信息在系统中加工和流动的情况。面向数据流的设计方法定义了一些不同的"映射"，利用这些映射可以把需求分析阶段的产物——"数据流图"变换成总体设计阶段的产物——"软件结构图"。

任何软件系统因为都可以用数据流图表示，所以面向数据流的设计方法理论上可以设计任何软件的结构。

5.6.2　数据流图的类型

面向数据流的设计方法是以数据流图为基础设计系统模块结构。数据流图的类型可以分为以下两种基本类型：变换型和事务型。

（1）变换型

具有明确的输入、变换和输出界面的数据流图称为变换型数据流图。在变换型数据流图中，信息沿输入通路进入系统，同时由外部形式变换成内部形式，进入系统的信息通过变换中心加工，经加工处理以后再沿输出通路变换成外部形式离开软件系统，如图 5.15 所示。

图 5.15　变换型的数据流图

在变换型数据流图中，加工变换是系统的中心工作。图 5.16 所示的数据流"合格的汇款单"是系统的"逻辑输入"；主加工的输出数据流"核准后的汇款单"是系统的"逻辑输出"；相应地，系统输入端的数据流，数据流"汇款单"称为系统的"物理输入"；系统的输出端的数据流，数据流"收据"称为系统的"物理输出"。

图 5.16　银行汇款变换型数据流图示例

（2）事务型

此类数据流的特征是，具有在多种事务中选择执行某类事务的能力，事务型结构由至少一条接收路径、一个事务中心和若干条动作路径组成，其基本系统模型如图 5.17 所示。外部信息沿着接收路径进入系统后，经过事务中心计算（或处理）而得到某一特定值，就能据此启动某一条动作路径的操作。在数据处理系统中，事务型结构是经常遇到的。

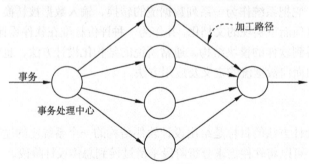

图 5.17　事务型的数据流图

5.6.3　设计步骤

为了有效地实现从数据流图（DFD）到软件结构图（SC）图的映射，面向数据流的设计方法规定了下列七个步骤：

第一步：复查基本系统模型。

复查基本系统模型的目的就是再仔细检查一下是否有遗漏的系统输入和输出。在开始阶段的任何遗漏都可能会给以后带来严重的后果。

第二步：复审 DFD 图，必要时可再次进行一次复查。可以对数据流图进行求精，求精过程中一定要保证数据流图的正确性。

第三步：确定数据流图的类型。

根据 DFD 图所表示的软件系统的结构特征，确定它所代表的软件结构是属于变换型还是事务型。通常一张数据流图是两者的混合体，这一步是从总体上确定数据流图的类型。图 5.18 所示的 DFD 从总体分析是变换型的，但局部如变换加工中心的数据流图是事务型的。

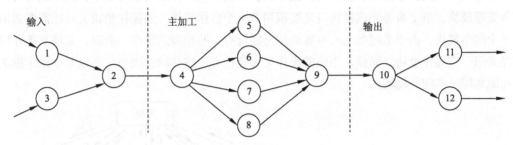

图 5.18 混合型 DFD 示例

第四步：按照转换规则，对数据流图进行剖分，映射为初始的软件结构图。即把数据流图映射到软件模块结构的上层（顶层或第一层）。

（1）变换型 DFD 到 SC 的转换规则

对于变换型 DFD，首先找出变换中心，一般从左到右，及沿物理输入找到逻辑输入，再从右到左，即沿物理输出找到逻辑输出的交换点即为变换中心。为变换中心设计软件结构图的顶层，即主模块，其功能是：

① 对所有模块的控制。

② 设计软件结构的第二层，为每个逻辑输入设计一个输入模块，为每个逻辑输出设计一个输出模块，其功能是分别为主模块提供数据的输入和输出。

③ 要为变换设计一个变换模块，其功能是接受输入，进行变换加工，再输出。

④ 若需要，还可以设计下层模块。

采用上述转换规则，可将图 5.19 中的 DFD 转换成图 5.20 中的软件结构图。

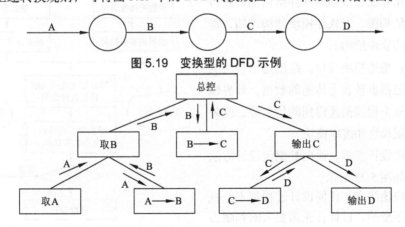

图 5.19 变换型的 DFD 示例

图 5.20 由变换型 DFD 到软件结构图

（2）事务型 DFD 到 SC 的转换规则

对于事务型 DFD，与变换型结构类似，其中有一个明显的事务中心，首先为事务中心建立一个主模块，其功能是对所有模块的控制；然后设计 SC 的第二层，设计一个事务获取模块，为每种类型的事务处理设计一个事务加工模块。若事务加工后要汇总输出，则可只设计一个输出模块。然后为每个事务加工模块设计下属的操作模块，最后为每个操作模块设计细节模块。采用这种转换规则，可将图 5.21 中的 DFD 转换成图 5.22 中的 SC。图 5.21 中的软件结构有三个层次：事务层、操作层、细节层。主模块按所接受的事务类型，选择调用某个事务处理模块。每个事务处理模块可能要调用若干个操作模块，而操作模块又可能需要调用若干个细节模块。由于不同类型的事务处理可能含有一些相同的操作，所以，某些事务处理可能共用一些操作模块。同样，不同的操作又可能含有一些共同的细节，所以某些操作模块又可能共用一些细节模块。

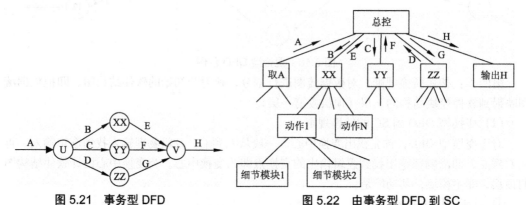

图 5.21　事务型 DFD　　　　图 5.22　由事务型 DFD 到 SC

第五步：基于数据流图逐步分解高层模块结构，设计中下层模块。

第六步：根据之前模块化设计的基本思想，调整模块大小及耦合、内聚等关系，按照设计改进原则优化和改进最初的软件结构图，获得最终的软件结构图。对软件模块结构求精，得到更为合理的软件结构。

第七步：描述模块接口。给出进出模块的数据表格，包括参数表上传递的数据、外界输入输出以及从全程数据区得到的信息等。此外注明它的下属模块和统率模块。

综合上述设计步骤，面向数据流设计方法的设计过程如图 5.23 所示。

最后，应该注意，任何设计过程都不是机械的、一成不变的，设计首先需要人的判断力和创造精神。"映射变换算法"没有统一的方法，只能具体问题具体分析。

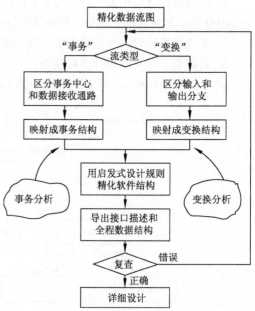

图 5.23　面向数据流方法的设计过程

5.6.4　汽车数字仪表板实例

　　汽车仪表盘指用于安装仪表及有关装置的刚性平板或结构件,反映车辆各系统工作状况的装置。常见的有燃油指示灯、清洗液指示灯、电子油门指示灯、前后雾灯指示灯。

　　不同汽车的仪表不尽相同。但是一般汽车的常规仪表有车速里程表、转速表、机油压力表、水温表、燃油表、充电表等。在汽车仪表盘的面膜下制作了各式各样的指示灯或警报灯,如冷却液液面警报灯、燃油量指示灯、清洗器液面指示灯、远近光变光指示灯、变速器挡位指示灯、制动防抱死系统(ABS)指示灯等。汽车仪表板随时反映出车子内部机器的运行状态,同时它又是部分设备的控制中心。

　　假设某汽车仪表板将完成下述功能:

① 通过模数转换实现传感器和微处理机接口。

② 在发光二极管面板上显示数据。

③ 指示每小时英里数(mph),行驶的里程,每加仑油行驶的英里数(mpg)等。

④ 指示加速或减速。

⑤ 超速警告:如果车速超过 55 英里每小时,则发出超速警告铃声。

(1) 设计数据流图

　　根据上述问题描述,在需求分析阶段,已经得到该汽车数字仪表板的数据流图如图 5.24 所示。

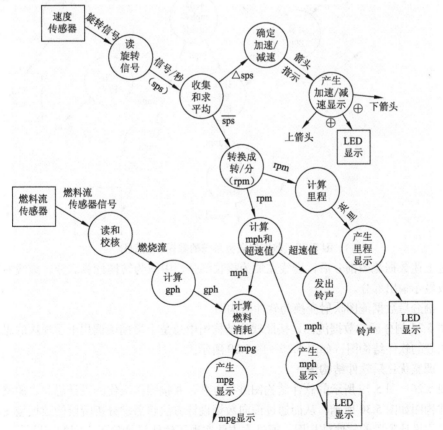

图 5.24　数字仪表板系统的顶层部分数据流图

（2）数据流图剖分映射

根据面向数据流方法的步骤，对图 5.24 进行剖分映射，因为剖分方法不唯一，所以得到的图 5.25 只是其中一种剖分方法。

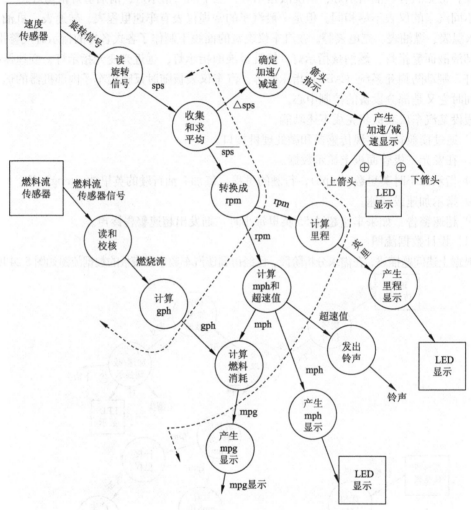

图 5.25　数字仪表板系统的数据流图剖分

通过上述数据流图剖分后，虚线左侧为接收部分，中间为转换计算部分，虚线右侧为驱动仪表板显示输出部分。

（3）剖分后数据流图映射变换为软件结构图

对图 5.25 剖分后的数据流图，按照软件结构图中总是上层模块调用下层模块的思想，映射得到相应的软件结构图，如图 5.26～图 5.29 所示。

（4）调整优化后软件结构图

对图 5.26～图 5.29 所示的软件结构图进行合并，并按照模块化的设计思想，调整归并后的软件结构图如图 5.30 所示，从而通过面向数据设计方法将需求分析阶段的数据流图，映射变换为总体设计阶段的软件结构图，通过本方法实现了软件设计阶段之间的连续性。

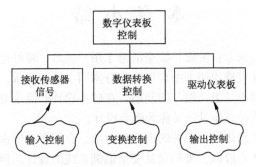

图 5.26 待细化数字仪表板系统软件结构图

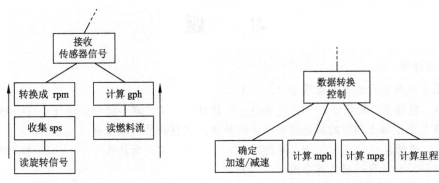

图 5.27 待细化输入控制部分软件结构图   图 5.28 待细化变换控制部分软件结构图

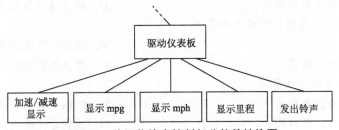

图 5.29 待细化输出控制部分软件结构图

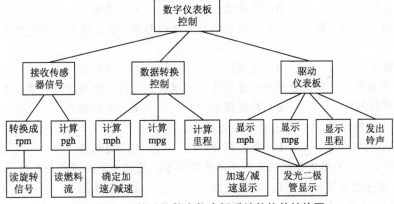

图 5.30 调整后的数字仪表板系统的软件结构图

本 章 小 结

软件开发工作经过需求分析阶段，完全清楚了用户需求，较好地解决了系统必须"做什么"的问题，并已在软件规格说明书中详尽和充分阐明了这些要求。进入设计阶段，开始着重对软件需求的实施，解决"怎么做"的问题。在软件设计阶段主要解决的是软件的总体结构和一些处理的细节。软件总体设计又称为概要设计。

本节主要介绍了软件总体设计相关的内容和方法。介绍了总体设计阶段的任务及主要设计思想，此外对系统分析阶段以二维码食品安全追溯系统的设计为例进行了讲解。重点介绍了总体分析的研究工具：层次图和结构图，以及面向数据流的设计方法。

习 题

一、选择题

1. 属于软件设计的基本原理是（　　）。
    A. 数据流分析设计　　B. 变换流分析设计　　C. 事务流分析设计　　D. 模块化
2. 将几个逻辑上相似的成分放在一个模块中，该模块的内聚度是（　　）的。
    A. 逻辑性　　　　　　B. 瞬时性　　　　　　C. 功能性　　　　　　D. 通信性
3. 软件设计阶段一般又可分为（　　）。
    A. 逻辑设计与功能设计　　　　　　　　　B. 概要设计与详细设计
    C. 概念设计与物理设计　　　　　　　　　D. 模型设计与程序设计
4. 结构图中，不是其主要成分的是（　　）。
    A. 模块　　　　　　　　　　　　　　　　B. 模块间传递的数据
    C. 模块内部数据　　　　　　　　　　　　D. 模块的控制关系
5. 好的软件结构应该是（　　）。
    A. 高耦合，高内聚　　　　　　　　　　　B. 低耦合，高内聚
    C. 高耦合，低内聚　　　　　　　　　　　D. 低耦合，低内聚
6. 结构分析方法就是面向（　　）自顶向下逐步求精进行需求分析的方法。
    A. 目标　　　　　　　B. 数据流　　　　　　C. 功能　　　　　　　D. 对象
7. 程序内部的各个部分之间存在的联系，用结构图表达时，最关心的是模块的内聚性和（　　）。
    A. 独立性　　　　　　B. 有效性　　　　　　C. 耦合性　　　　　　D. 安全性
8. 一个模块把一个数值量作为参数传给另一模块。这两个模块之间的耦合是（　　）。
    A. 逻辑耦合　　　　　B. 数据耦合　　　　　C. 控制耦合　　　　　D. 内容耦合
9. 下列几种耦合中，（　　）的耦合性最强。
    A. 公共耦合　　　　　B. 数据耦合　　　　　C. 控制耦合　　　　　D. 内容耦合
10. 工具（　　）着重反映的是模块间隶属关系，即模块间的调用关系和层次关系。
    A. 程序流程图　　　　B. 数据流图　　　　　C. E-R 图　　　　　　D. 结构图
11. 概要设计与详细设计衔接的图形工具是（　　）。
    A. 数据流图　　　　　B. 结构图　　　　　　C. 程序流程图　　　　D. PDA 图

二、简述题

1. 什么是软件概要设计？软件概要设计的基本任务是什么？
2. 衡量模块独立的两个标准是什么？它们各表示什么含义？
3. 什么是软件结构？结构图的主要内容有哪些？
4. 什么是面向数据流的设计方法？它有哪些策略？
5. 结构图设计的注意事项是什么？

第6章

人机交互设计

人机交互界面设计是软件设计重要的环节。对于目前的软件项目设计，人机界面设计在系统中所占的比例越来越大。在详细设计算法设计之前，应提前对软件系统的人机交互进行设计。本章主要对人机交互相关内容进行介绍。

6.1 人机交互基本概念

6.1.1 人机交互的定义

所谓人机交互（Human-Computer Interaction, HCI），是指关于设计、评价和实现供人们使用的交互式计算机系统，并围绕相关的主要现象进行研究的学科。狭义地讲，人机交互技术主要是研究人与计算机之间的信息交换，它主要包括人到计算机和计算机到人的信息交换两部分。对于前者，人们可以借助键盘、鼠标、操纵杆、数据服装、眼动跟踪器、位置跟踪器、数据手套、压力笔等设备，用手、脚、声音、姿势或身体的动作、视线甚至脑电波等向计算机传递信息；对于后者，计算机通过打印机、绘图仪、显示器、头盔式显示器（HMD）、音箱等输出或显示设备向人们提供可理解的信息。

人机交互是一门综合学科，它与认知心理学、人机工程学、多媒体技术、虚拟现实技术等密切相关。其中，认知心理学与人机工程学是人机交互技术的理论基础，而多媒体技术、虚拟现实技术与人机交互是相互交叉和渗透的。

6.1.2 人机交互的研究内容

人机交互的研究内容十分广泛，涵盖了建模、设计、评估等理论和方法，以及在 Web、移动计算、虚拟现实等方面的应用研究，主要包括以下内容。

（1）人机交互界面表示模型与设计方法

一个交互界面的优劣，直接影响到软件开发的成败。友好的人机交互界面的开发离不开好的交互模型与设计方法。因此，研究人机交互界面的表示模型与设计方法是人机交互的重要研究内容之一。

（2）可用性分析与评估

可用性是人机交互系统的重要内容，它关系到人机交互能否达到用户期待的目标，以及实现这一目标的效率与便捷性。对人机交互系统的可用性分析与评估的研究主要涉及支持可用性的设计原则和可用性的评估方法等。

（3）多通道交互技术

研究视觉、听觉、触觉和力觉等多通道信息的融合理论和方法，使用户可以使用语音、手势、眼神、表情等自然的交互方式与计算机系统进行通信。多通道交互主要研究多通道交互界面的表示模型、多通道交互界面的评估方法以及多通道信息的融合等。其中，多通道融合是多通道用户界面研究的重点和难点。

（4）认知与智能用户界面

智能用户界面（Intelligent User Interface，IUI）的最终目标是使人机交互和人人交互一样自然、方便。上下文感知、三维输入、语音识别、手写识别、自然语言理解等都是认知与智能用户界面解决的重要问题。

（5）群件

群件是指为群组协同工作提供计算机支持的协作环境，主要涉及个人或群组间的信息传递、群组内的信息共享、业务过程自动化与协调以及人和过程之间的交互活动等。目前，与人机交互技术相关的研究内容主要包括群件系统的体系结构、计算机支持的交流与共享信息的方式、交流中的决策支持工具、应用程序共享以及同步实现方法等内容。

（6）Web 设计

重点研究 Web 界面的信息交互模型和结构，Web 界面设计的基本思想和原则，Web 界面设计的工具和技术，以及 Web 界面设计的可用性分析与同步实现方法等内容。

（7）移动界面设计

移动计算（Mobile Computing）、普适计算（Ubiquitous Computing）等技术对人机交互技术提出了更高的要求，面向移动应用的界面设计已成为人机交互技术研究的一个重要内容。由于移动设备的便携性、位置不固定性、计算能力有限性以及无线网络低带宽高延迟的诸多的限制，移动界面的设计方法、移动界面可用性与评估原则、移动界面导航技术以及移动界面的实现技术和开发工具，都是当前人机交互技术的研究热点。

6.2 人机交互感知和认知基础

人的感知来自人的感觉器官。人的感觉器官感受到外界的物理或化学现象，通过神经系统传递到大脑，产生感知。在人与计算机的交流中，用户接收来自计算机输出的信息，通过向计算机输入做出反应。这个交互过程主要是通过视觉、听觉和触觉感知进行的。

6.2.1 视觉感知

人的眼睛有着接收及分析视像的不同能力，从而组成知觉，以辨认物象的外貌和所处的空间（距离）及该物在外形和空间上的改变。脑部将眼睛接收到的物象信息，分析出四类主要资料；就是有关物象的空间、色彩、形状及动态。有了这些数据，我们可辨认外物和对外物做出及时和适当的反应。

当有光线时，人眼睛能辨别物像本体的明暗。物像有了明暗的对比，眼睛便能产生视觉的空间深度，看到对象的立体程度。同时眼睛能识别形状，有助于我们辨认物体的形态。此外，人眼能看到色彩，称为色彩视或色觉。此四种视觉的能力作为探察与辨别外界数据，建立视觉感知的源头。有关研究表明，人类从周围世界获取的信息约有80%是通过视觉得到的，因此，视觉是人类最重要的感觉通道，在进行人机交互系统设计时，必须对其重点考虑。

人眼的基本结构如图6.1所示。其工作机理是眼睛前部的角膜和晶状体首先将光线汇聚到眼睛后部的视网膜上，形成一个清晰的影像。感知外在环境的变化，要靠眼睛及脑部的配合得出来，以获得外界的信息视觉活动始于光。眼睛接收光线，转化为电信号。光能够被物体反射，并在眼睛的后部成像。眼睛的神经末梢将它转化为电信号，再传递给大脑，形成对外部世界的感知。

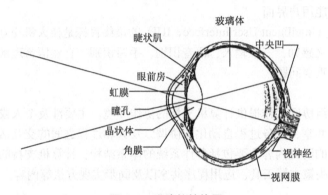

图 6.1　眼睛的结构图

人类视觉系统的感受器官是眼球。眼球的运作有如一部摄影机，过程可分为聚光和感光两个部分。视网膜由视细胞组成，视细胞分为锥状体和杆状体两种。锥状体只有在光线明亮的情况下才起作用，具有辨别光波波长的能力，因此对颜色十分敏感，特别对光谱中黄色部分最敏感，在视网膜中部锥状体最多。而杆状体比锥状体灵敏度高，在暗的光线下就能起作用，没有辨别颜色的能力。因此，人们看到的物体白天有色彩，夜里看不到色彩。

观察一个运动物体，眼球会自动跟随其运动，这种现象叫随从运动，这时眼球和物体的相对速度会降低，我们能更清晰地辨认物体。例如，观看球类比赛（如棒球），尽管棒球的运动速度很快，但由于随从运动，仍能够看得到球的大概样子（但会有运动模糊）。如果我们把眼睛跟着风扇的转动方向转动，会发现对扇叶细节看得较清楚。眼球随从最大速度为4~5度/秒，因此我们不可能看清楚一颗子弹飞行。

视觉感知可分为两个阶段：受到外部刺激接收信息阶段和解释信息阶段。需要注意的是，一方面，眼睛和视觉系统的物理特性决定了人类无法去看到某些事物；另一方面，视觉系统解释处理信息时可对不完全信息发挥一定的想象力。因此，进行人机交互设计时需要清楚这两个阶段及其影响。

下面主要介绍视觉对物体大小、深度和相对距离、亮度和色彩等的感知特点，这对界面设计很有帮助。

（1）大小、深度和相对距离

要了解人的眼睛如何感知物体大小、深度和相对距离，首先需要了解物体是如何在眼睛的视网膜上成像的。物体反射的光线在视网膜上形成一个倒像，像的大小和视角有关（见图6.2）。

视角反映了物体占据人眼视域空间的大小，视角的大小与物体离眼睛的距离、物体的大小这两个要素有着密切的关系：两个与眼睛距离一样远的物体，大者会形成较大的视角，两个同样大小的物体被放在离眼睛不一样远的地方，离眼睛较远者会形成较小的视角。

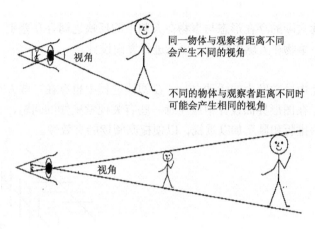

图 6.2　人的视角

（2）视敏度

视敏度又称视力，是评价人的视觉功能的主要指标，它是指人眼对细节的感知能力，通常用被辨别物体最小间距所对应的视角的倒数表示。视力测试统计表明，最佳视力是在 6 m 远处辨认出 20 mm 高的字母，平均视力能够辨认 40 mm 高的字母。多数人能在 2 m 的距离分辨 2 mm 的间距。在进行界面设计时，对较为复杂的图像、图形和文字的分辨十分重要，需要考虑上述感知特点。

（3）色彩明度

色彩明度是指色彩的亮度或明度。颜色有深浅、明暗的变化。例如，深黄、中黄、淡黄、柠檬黄等黄颜色在明度上就不一样，紫红、深红、玫瑰红、大红、朱红、橘红等红颜色在亮度上也不尽相同。这些颜色在明暗、深浅上的不同变化，也就是色彩的又一重要特征——明度变化。亮度是光线明亮程度的主观反映，它是发光物体发射光线能力强弱的体现。非发光体的亮度是由人射到物体表面光的数量和物体反射光线的属性决定的。随着亮度的增加，闪烁感也会增强。在设计交互界面时，要考虑使用者对亮度和闪烁的感知，尽量避免使人疲劳的因素，创造一个舒适的交互环境。

人能感觉到不同的颜色，是眼睛接收不同波长的光的结果。颜色通常用三种属性表示：色度、强度和饱和度。色度是由光的波长决定的，正常可感受到的光谱波长为 400～700 μm。视网膜对不同波长的光敏感度不同，同样强度的光颜色不同，有时看起来会亮一些，有时看起来会暗一些。当眼睛已经适应光强时，最亮的光谱大约为 550 μm，近似黄绿色。当波长接近于光谱的两端，即 400 μm（红色）或 700 μm（紫色）时，亮度就会逐渐减弱。

（4）错觉

错觉是人们观察物体时，由于物体受到形、光、色的干扰，加上人们的生理、心理原因而误认的现象，会产生与实际不符的判断性的视觉误差。错觉是知觉的一种特殊形式，它是人在特定的条件下对客观事物的扭曲的知觉，也就是把实际存在的事物被扭曲地感知为与实际事物完全不相符的事物。

例如，桑德错觉，观看图6.3，会发现左边较大平行四边形的对角线看起来明显比右边小平行四边形的对角线长，但实际上两者等长。

又如，海林错觉，两平行线为多方向的直线所截时，看起来失去了原来平行线的特征，如图6.4所示。

错觉说明了事物实际的存在形态与事物在人脑中的反映之间存在差别。因此，设计人员应该依据通常情况下事物在人脑中的存在形态进行界面设计。

(5) 阅读

阅读是人机交互中经常发生的活动之一，在阅读过程中也存在一些人类视觉感知的特点和规律。因此，除了在图形界面设计中应注意一些有关视觉感知的问题，在进行交互界面设计时，也应对文字的排版和显示加以重视，以便提高阅读的有效性。

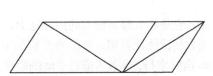

图6.3　桑德错觉平行四边形　　　　　　　　　图6.4　海林错觉平行线

阅读的过程一般为：界面上文字的形状被人眼感知后，被编码成相关的内部语言表示，最后语言在人脑中被解释成有语法和语义的单词或句子。一般地，成年人每分钟平均阅读250个字。这个过程主要是通过字的特征（如字的形状）加以识别的。这意味着改变字的显示方式（如用大写字母，改变字体等），会影响到阅读的速度和准确性。试验表明，9～12号的标准字体（英文）更易于识别，页面的宽度在58～132 mm之间阅读效果最佳；在明亮的背景下显示灰暗的文字比在灰暗的背景下显示明亮的文字更能提高人的视敏度，增强文字的可读性。这些都为交互界面设计中文字的页面显示设计提供了依据。

6.2.2　颜色模型

颜色模型就是指某个三维颜色空间中的一个可见光子集，它包含某个颜色域的所有颜色。例如，RGB颜色模型就是三维直角坐标颜色系统的一个单位正方体。颜色模型的用途是在某个颜色域内方便的指定颜色，由于每一个颜色域都是可见光的子集，所以任何一个颜色模型都无法包含所有的可见光。

在大多数的彩色图形显示设备一般都是使用红、绿、蓝三原色，真实感图形学中的主要的颜色模型也是RGB模型。

(1) RGB颜色模型

RGB（Red, Green, Blue）颜色模型通常使用于彩色阴极射线管等彩色光栅图形显示设备中，彩色光栅图形的显示器都使用R、G、B数值来驱动R、G、B电子枪发射电子，并分别激发荧光屏上的R、G、B三种颜色的荧光粉发出不同亮度的光线，并通过相加混合产生各种颜色;扫描仪也是通过吸收原稿经反射或透射而发送来的光线中的 R、G、B 成分,并用它来表示原稿的颜色。

RGB 颜色模型称为与设备相关的颜色模型,RGB 颜色模型所覆盖的颜色域取决于显示设备荧光点的颜色特性,是与硬件相关的。它是使用最多,最熟悉的颜色模型。它采用三维直角坐标系。红、绿、蓝原色是加性原色,各个原色混合在一起可以产生复合色,如图 6.5 所示。

(2) CMYK 颜色模型

以红、绿、蓝的补色青(Cyan)、品红(Magenta)、黄(Yellow)为原色构成的 CMYK 颜色模型,常用于从白光中滤去某种颜色,又被称为减性原色系统。CMYK (Cyan, Magenta, Yellow) 颜色空间应用于印刷工业。印刷业通过青(C)、品(M)、黄(Y)三原色油墨的不同网点面积率的叠印来表现丰富多彩的颜色和阶调,这便是三原色的 CMY 颜色空间。实际印刷中,一般采用青(C)、品(M)、黄(Y)、黑(BK)四色印刷,在印刷的中间调至暗调增

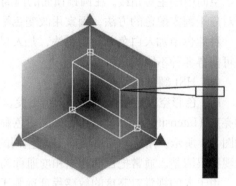

图 6.5 RGB 混色配色

加黑版。当红绿蓝三原色被混合时,会产生白色,但是当混合蓝绿色、紫红色和黄色三原色时会产生黑色。

在印刷过程中,必然要经过一个分色的过程,所谓分色就是将计算机中使用的 RGB 颜色转换成印刷使用的 CMYK 颜色。在转换过程中存在两个复杂的问题,其一是这两个颜色模型在表现颜色的范围上不完全一样,RGB 的色域较大而 CMYK 则较小,因此就要进行色域压缩或者通过一个与设备无关的颜色模型来进行转换,如图 6.6 所示。

了解 CMYK 颜色模型对于认识某些印刷硬拷贝设备的颜色处理很有帮助,因为在印刷行业中,基本上都是使用这种颜色模型。

(3) HSV 颜色模型

每一种颜色都是由色相(Hue,简 H)、饱和度(Saturation,简 S)和色明度(Value,简 V)所表示的。HSV 模型对应于圆柱坐标系中的一个圆锥形子集,圆锥的顶面对应于 V=1。它包含 RGB 模型中的 R=1、G=1、B=1 三个面,所代表的颜色较亮。色彩 H 由绕 V 轴的旋转角确定,如图 6.7 所示。

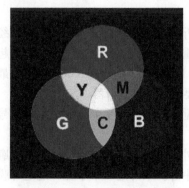

图 6.6 CMYK 与 RGB 的关系

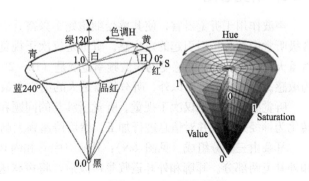

图 6.7 HSV 颜色模型

红色对应于角度 0°，绿色对应于角度 120°，蓝色对应于角度 240°。在 HSV 颜色模型中，每一种颜色和它的补色相差 180°。饱和度 S 取值从 0 到 1，所以圆锥顶面的半径为 1。

HSV 颜色模型中在圆锥的顶点（即原点）处，V=0，H 和 S 无定义，代表黑色。圆锥的顶面中心处 S=0，V=1，H 无定义，代表白色。从该点到原点代表亮度渐暗的灰色，即具有不同灰度的灰色。对于这些点，S=0，H 的值无定义。可以说，HSV 模型中的 V 轴对应于 RGB 颜色空间中的主对角线。在圆锥顶面的圆周上的颜色，V=1，S=1，这种颜色是纯色。HSV 模型对应于画家配色的方法。画家用改变色浓和色深的方法从某种纯色获得不同色调的颜色，在一种纯色中加入白色以改变色浓，加入黑色以改变色深，同时加入不同比例的白色，黑色即可获得各种不同的色调。

(4) HSI 颜色模型

HSI 色彩空间是从人的视觉系统出发，用色调（Hue）、色饱和度（Saturation 或 Chroma）和亮度（Intensity 或 Brightness）来描述色彩。HSI 色彩空间可以用一个圆锥空间模型来描述，如图 6.8 所示。用这种描述 HIS 色彩空间的圆锥模型能把色调、亮度和色饱和度的变化情形表现得很清楚。通常把色调和饱和度通称为色度，用来表示颜色的类别与深浅程度。

由于人的视觉对亮度的敏感程度远强于对颜色浓淡的敏感程度，为了便于色彩处理和识别，人的视觉系统经常采用 HSI 色彩空间，它比 RGB 色彩空间更符合人的视觉特性。在图像处理和计算机视觉中大量算法都可在 HSI 色彩空间中方便地使用，它们可以分开处理而且是相互独立的。因此，在 HSI 色彩空间可以大大简化图像分析和处理的工作量。HSI 色彩空间和 RGB 色彩空间只是同一物理量的不同表示法，因而它们之间存在转换关系。

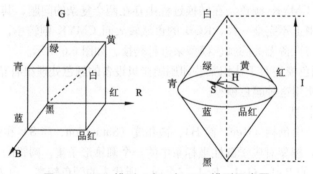

图 6.8　RGB 模型（左）与 HIS 模型示意图

6.2.3　听觉感知

声波作用于听觉器官，使其感受细胞处于兴奋并引起听神经的冲动以至于传入信息，经各级听觉中枢分析后引起的震生感。听觉是仅次于视觉的重要感觉通道。它在人的生活中起着重大的作用。人耳能感受的声波频率范围是（16～20 000 Hz），以（1 000～3 000 Hz）是最为敏感。除了视分析器以外，听分析器是人的第二个最重要的远距离分析器。

听觉感知的信息仅次于视觉。听觉所涉及的问题和视觉一样，即接受刺激，把刺激信号转化为神经兴奋，并对信息进行加工，然后传递到大脑。

耳朵由三部分组成（见图 6.9）：外耳、中耳和内耳。外耳是耳朵的可见部分，包括耳廓和外耳道两部分。耳廓和外耳道收集声波后，将声波送至中耳。中耳是一个小腔，通过耳膜与外耳相连，通过耳蜗与内耳相连。沿外耳道传递的声波，使耳膜振动，耳膜的振动引起中耳内部的小听骨振动，进而引起耳蜗的振动传递到内耳。在内耳，声波进入充满液体的耳蜗，通过耳蜗内大量纤毛的弯曲刺激听觉神经。

外界声波通过介质传到外耳道，声波经外耳道到达鼓膜，引起鼓膜的振动。鼓膜振动又通过听小骨而传达到前庭窗（卵圆窗），使前庭窗膜内移，引起前庭阶中外淋巴振动，从而蜗管中的内淋巴、基底膜、螺旋器等也发生相反的振动。封闭的蜗窗膜也随着上述振动而振动，其方向与前庭膜方向相反，起着缓冲压力的作用。基底膜的振动使螺旋器与盖膜相连的毛细胞发生弯曲变形，产生与声波相应频率的电位变化（称为微音器效应），进而引起听神经产生冲动，经听觉传导道传到中枢引起听觉。

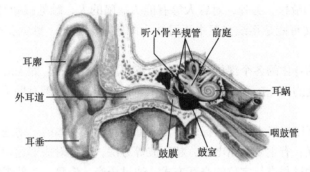

图 6.9 耳朵的结构

空气振动传导的声波作用于人的耳朵产生了听觉。人们所听到的声音具有三个属性。称为感觉特性，即响度、音高和音色。音强指声音的大小，由声波的物理特性振幅，即振动时与平衡位置的最大距离所决定。音强的单位称分贝（dB）。0 dB 指正常听觉下可觉察的最小的声音大小。音高指声音的高低，由声波的物理特性频率，即每秒振动次数决定。频率的单位称赫兹（Hz）。常人听觉的音高范围很广。可以由最低 20 Hz 听到 20 000 Hz。日常所说的长波指频率低的声音，短波指频率高的声音。由单一频率的正弦波引起的声音是纯音，但大多数声音是许多频率与振幅的混合物。混合音的复合程序与组成形式构成声音的质量特征，称音色。音色是人能够区分发自不同声源的同一个音高的主要依据，如男声、女声、钢琴声、提琴声表演同一个曲调，听起来各不相同。音色的不同由发生物体本身决定。

在人机交互与听觉相关内容设计时，应当注意听觉的适应与疲劳和声音的混合与掩蔽性特征。

听觉的适应是指听觉适应所需时间很短，恢复也很快。听觉适应有选择性，即仅对作用于耳的那一频率的声音发生适应，对其他未作用的声音并不产生适应现象。如果声音较长时间（如数小时）连续作用，引起听觉感受性的显著降低，便称作听觉疲劳。听觉疲劳和听觉适应不同，它在声音停止作用后还需要很长一段时间才能恢复。

声音的混合是指两个声音同时到达耳朵相混合时，由于两个声音的频率、振幅不同，混合的结果也不同。如果两个声音强度大致相同，频率相差较大，就产生混合音。但若两个声音强度相差不大，频率也很接近，则会听到以两个声音频率的差数为频率的声音起伏现象，叫做拍音。如果两个声音强度相差较大，则只能感受到其中的一个较强的声音，这种现象叫做声音的掩蔽。声音的掩蔽受频率和强度的影响。如果掩蔽音和被掩蔽音都是纯音，那么两个声音频率越接近，掩蔽作用越大，低频音对高频音的掩蔽作用比高频音对低频音的掩蔽作用大。掩蔽音强度提高，掩蔽作用增加，覆盖的频率范围也增加，掩蔽音强度减小，掩蔽作用覆盖的频率范围也减小。

6.2.4 触觉感知

触觉为生物感受本身特别是体表的机械接触（接触刺激）的感觉，是由压力与牵引力作用于触感受器而引起的。当作为适宜刺激的外力持续作用或强力的和达到了比较深层的情况下，就称为压觉，而非持续性的少量放电就称为触觉。

虽然比起视觉和听觉触觉的作用要弱些，但触觉也可以反馈许多交互环境中的关键信息，如通过触摸感觉东西的冷或热可以作为进一步动作的预警信号，人们通过触觉反馈可以使动作更加精确和敏捷。另外，对盲人等有能力缺陷的人，触觉感知对其是至关重要的。此时，界面中的盲文可能是系统交互中不可缺少的信息。因此，触觉在交互中的作用是不可低估的。

实验表明，人的身体的各个部位对触觉的敏感程度是不同的，如人的手指的触觉敏感度是前臂的触觉敏感度的 10 倍。对人身体各部位触觉敏感程度的了解有助于更好地设计基于触觉的交互设备。

目前，触觉交互以机器人研究目标较多，比如有对手和身体的运动进行跟踪，依靠姿势完成的自然人机交互；有主要利用电磁、超声波等方法，通过对头部运动进行定位交互的技术；还有对眼睛运动过程进行定位的交互方式。通过语音、姿势、头部跟踪、视觉跟踪等人机交互技术在不断的进行相关研究。

6.3 人机交互发展阶段

人机交互的发展历史是从人适应计算机到计算机不断地适应人的发展史。人机交互的发展经历了以下几个阶段：

（1）早期的手工作业阶段

当时交互的特点是由设计者本人（或本部门同事）来使用计算机，采用手工操作和依赖机器（二进制机器代码）的方法去适应现在看来是十分笨拙的计算机。

（2）作业控制语言及交互命令语言阶段

这一阶段的特点是计算机的主要使用者——程序员可采用批处理作业语言或交互命令语言的方式和计算机打交道，虽然要记忆许多命令和熟练地敲键盘，但可用较方便的手段来调试程序、了解计算机执行情况。

（3）图形用户界面（GUI）阶段

图形用户界面（GUI）阶段的主要特点是桌面隐喻、WIMP 技术、直接操纵和"所见即所得"。由于 GUI 简明易学、减少了敲键盘、实现了"事实上的标准化"，因而使不懂计算机的普通用户也可以熟练地使用，开拓了用户人群。它的出现使信息产业得到空前的发展。

（4）网络应用设计阶段

网络用户界面的出现以超文本标记语言 HTML 及超文本传输协议 HTTP 为主要基础的网络浏览器是网络用户界面的代表。由它形成的 WWW 网已经成为当今 Internet 的支柱。这类人机交互技术的特点是发展快，新的技术不断出现，如移动互联网、搜索引擎、网络加速、多媒体动画、聊天工具等。

（5）多通道、多媒体的智能人机交互阶段

多通道、多媒体的智能人机交互阶段，以虚拟现实为代表的计算机系统的拟人化和以手持电脑、智能手机为代表的计算机的微型化、随身化、嵌入化，是当前计算机的两个重要的发展趋势。利用人的多种感觉通道和动作通道（如语音、手写、姿势、视线、表情等输入），以并行、非精确的方式与（可见或不可见的）计算机环境进行交互，可以提高人机交互的自然性和高效性。多通道、多媒体的智能人机交互对人机交互既是一个挑战，也是一个极好的机遇。

6.4　传统交互设备

传统的输入设备是向计算机输入数据和信息的设备，是计算机与用户或其他设备通信的桥梁。输入设备是用户和计算机系统之间进行信息交换的主要装置之一。键盘、鼠标、摄像头、扫描仪、光笔、手写输入板、游戏杆、语音输入装置等都属于输入设备（Input Device），是人或外部与计算机进行交互的一种装置，用于把原始数据和处理这些数据的程序输入到计算机中。计算机能够接收各种各样的数据，既可以是数值型的数据，也可以是各种非数值型的数据，如图形、图像、声音等都可以通过不同类型的输入设备输入到计算机中，进行存储、处理和输出。

输出设备（Output Device）是人与计算机交互的一种部件，用于数据的输出。它把各种计算结果数据或信息以数字、字符、图像、声音等形式表示出来。常见的有显示器、打印机、绘图仪、影像输出系统、语音输出系统、磁记录设备等。

6.5　可穿戴计算技术与设备

可穿戴计算是一种前瞻的计算模式。它是随着电子器件不断向超微型化方向发展，以及新的计算机、微电子和通信理论与技术的不断涌现应运而生的，是计算"以人为本""人机合一"理念的产物。在这种计算模式下，衍生出一类可穿戴、个性化、新形态的个人移动计算系统（或称为可穿戴计算机），可实现对个人的自然、持续的辅助与增强。谷歌推出 Google Glass 后，可穿戴设备才真正成为一个热门话题，并引起众多企业的跟进，目前已有不少公司推出了眼镜、腕表、鞋等各类穿戴计算设备。

作为新的计算模式，可穿戴计算的概念、隐喻、构架、形态和功能都在不断演进，目前尚无较规范、明确和完备的定义。国际上公认的可穿戴式计算机的发明人之一，加拿大的斯蒂夫·曼恩（Steve Mann）教授认为可穿戴计算机是这样一类计算机系统："属于用户的个人空间，由穿戴者控制，同时具有操作和互动的持续性，即 always on and always accessible"。另外，美国卡耐基梅隆大学的丹尼尔·斯沃尔克(Daniel P. Siewiorek)、阿西姆·斯莫拉哲克(Asim Smailagic) 教授和佐治亚理工学院的萨德·斯塔那（Thad Starner）教授认为：可穿戴计算机的核心概念是将个人信息空间融合进个人的工作空间。

可穿戴计算机作为信息工具无缝地存在于工作环境中，尽可能地不分散用户对工作的注意力，提供"hands-free"操作模式的可穿在身上的计算机在许多应用领域显示出独具竞争力的优势。它是用于处理信息而不是编程，在用户环境中作为一个更像铅笔或参考书的工具。他们指出必须从"人—机—用"三维视角来理解可穿戴计算机概念，从"人"的视角强调了可穿戴性；从"机"的角度，系统的构建要具有特殊的尺寸、形态、功耗和用户界面；从"用"的角度，则强调移动应用设计的挑战和问题求解能力对应用需求的有效映射。

可穿戴计算系统或终端有多种形态和类型，如可穿戴网络终端、可穿戴服务器、可穿戴通信终端和可穿戴计算服饰（如嵌入计算功能的智能衣物、航天服和潜水服）等，典型的、可实用化的工业用途可穿戴计算系统构架包括：一套头戴系统（头戴显示、视频和语音装置等）、一个手持键鼠和一件内嵌计算和通信系统的背心。另外，可穿戴计算领域已外延成为可穿戴 IT，除可穿戴计算机或系统外，还包括可穿戴消费电子（如腕式或手表计算终端、眼镜式 MP4、臂式 MP3）、可穿戴传感网络和可穿戴机器人等。

加拿大多伦多大学史蒂夫·曼（Steve Mann）以三个基本运行方式和六个基本特性形式化定义了可穿戴计算，具体如下：基本运行方式：①持续（Constancy）——无需开机、关机，持续与人交互；②增强（Augmentation）——不像其他计算范式把"计算"当作主要任务，可穿戴计算假定人们总是在进行其他活动时使用这种计算来增强感知和智慧；③介入或调介（Mediation）——通过对人的信息包裹（Encapsulation）可实现对信息的过滤、调整和干预。基本特性包括：不会独占人的注意力（Unmonopolizing）；对人的活动和运动不造成约束（Unrestrictive）；随时可以得到用户的注意（Observable）；用户随时可以控制（Controllable）；随时感知环境、具有多模态传感能力（Attentive）；用户可以与其他人随时交互（Communicative）。上述概念揭示了可穿戴计算模式与传统移动计算模式的迥然不同。这种计算模式将催生一系列计算理论和技术，并形成新的应用模式。

可穿戴设备为何会在此时被重视起来，原因是微型处理器、屏显技术、App 等软硬件条件更能够支撑可穿戴设备的发展。同时，智能手机和移动互联网的发展让可穿戴设备的运行环境也发生了变化，让可穿戴设备具备了超强的数据处理能力和传输能力。

根据目前各大公司对穿戴设备的研发，实际上把可穿戴设备分了两大类：一类是一种通用性设备，其应用是对智能手机的替代，它可以满足你的多个需求。比如，谷歌的眼镜、苹果的手表，可穿戴设备至少部分代替智能手机的功能，让用户"换一种方式看世界"。

另一类可穿戴设备是针对人群某个需求的深入渗透。比如手环，它能让你了解自己的睡眠情况、运动情况并给出建议。又比如鞋子，它能记录你的运动情况，甚至为你导航。它们为用户提供的服务更加深入和贴心，它能让用户"更清晰地看清自己和世界"。

现阶段，可穿戴设备的研发处于早期阶段，产业界、研发者和消费者对可穿戴设备的关注，主要集中在实用性较强的健康监控类产品、智能手表、智能眼镜等产品。可穿戴设备功能创新、算法等内容是未来研究的主要问题。此外还需要研究各种算法来改善识别的人机交互精度和速度，眼睛虹膜、掌纹、笔迹、步态、语音、唇读、人脸、DNA、意念控制、眼控系统等人类特征及应用也正受到关注。另外与"无所不在的计算""云计算"等相关技术的融合与促进也需要继续探索。

6.6 人机界面设计基础

6.6.1 人机界面设计的定义

人机界面（Human Machine Interaction，HMI）又称用户界面或使用者界面，是人与计算机之间传递、交换信息的媒介和对话接口；是计算机系统的重要组成部分；是系统和用户之间进行交互和信息交换的媒介，它实现信息的内部形式与人类可以接受形式之间的转换。凡参与人机信息交流的领域都存在人机界面。

根据表现形式，用户界面可分为命令行界面、图形界面和多通道用户界面。

命令行界面可以看作是第一代人机界面，其中人被看成操作员，机器只做出被动的反应，人用手操作键盘、输入数据和命令信息，通过视觉通道获取信息，界面输出只能为静态的文本字符。命令行用户界面因其非常不友好、难于学习，错误处理能力也比较弱，因而交互的自然性很差。

图形界面可看作是第二代人机界面，是基于图形方式的人机界面。由于引入了图标、按钮和滚动条技术，大大减少了键盘输入，提高了交互效率。基于鼠标和图形，用户界面的交互技术极大地推动了计算机技术的普及。

而多通道用户界面则进一步综合采用视觉、语音、手势等新的交互通道、设备和交互技术，使用户利用多个通道以自然、并行、协作的方式进行人机对话，通过整合来自多个通道的、精确的或不精确的输入来捕捉用户的交互，提高人机交互的自然性和高效性。

6.6.2 理解用户

（1）用户的含义

简单地说，用户是使用某种产品的人，其包含两层含义：①用户是人类的一部分；②用户是产品的使用者。产品的设计只有以用户为中心，才能得到更多用户的青睐。国际标准化组织发布的 ISO 13407 标准就是以用户为中心设计方法的体现。概括地说，其要求在进行产品设计时，需要从用户的需求和用户的感受出发，围绕用户为中心设计产品，而不是让用户去适应产品；无论产品的使用流程、产品的信息架构、人机交互方式等，都需要考虑用户的使用习惯、预期的交互方式、视觉感受等方面。

衡量一个以用户为中心的设计的好坏，关键点是强调产品的最终使用者与产品之间的交互质量，它包括三方面特性：产品在特定使用环境下为特定用户用于特定用途时所具有的有效性（Effectiveness）、效率（Efficiency）和用户主观满意度（Satisfaction）。延伸开来，还包括对特定用户而言，产品的易学程度、对用户的吸引程度、用户在体验产品前后时的整体心理感受等。

以用户为中心的设计，其宗旨就是在软件开发过程中紧紧围绕用户，在系统设计和测试过程中，要有用户的参与，以便及时获得用户的反馈信息，根据用户的需求和反馈信息，不断改进设计，直到满足用户的需求，这个过程才终止。

越是在产品的早期设计阶段充分地了解目标用户群的需求，结合市场需求，就能越大程度地降低产品的后期维护甚至回炉返工的成本。以用户为中心的设计理念是贯穿产品的整体设计理念，这需要从早期的设计中就要以用户为中心。遵循这种思想来开发软件，可以使软件产品具有易于理解、便于使用的优点，进而提高用户的满意度。

（2）用户体验

用户体验（User Experience，UX）通常是指用户在使用产品或系统时的全面体验和满意度。该术语经常出现在软件和商业的有关话题中，如网上购物。事实上这些话题中的用户体验，多半与交互设计有关。

用户体验是一种纯主观在用户使用产品过程中建立起来的感受。但是对于一个界定明确的用户群体来讲，其用户体验的共性是能够由良好的设计实验来认识到的。计算机技术和互联网的发展，使技术创新形态正在发生转变，以用户为中心、以人为本越来越得到重视，用户体验也因此被称做创新 2.0 模式的精髓。创新 2.0，简单地说就是，创新 1.0 的升级，1.0 是指工业时代的创新形态，2.0 则是指信息时代、知识社会的创新形态。在我国面向知识社会的创新 2.0——应用创新园区模式探索中，更将用户体验作为"三验"创新机制之首。

ISO 9241—210 标准将用户体验定义为"人们对于针对使用或期望使用的产品、系统或者服务的认知印象和回应"。通俗来讲就是"这个东西好不好用，用起来方不方便"。因此，用户体验是主观的，且其注重实际应用时产生的效果。

ISO 定义的补充说明有着如下解释：用户体验，即用户在使用一个产品或系统之前、使用期间和使用之后的全部感受，包括情感、信仰、喜好、认知印象、生理和心理反应、行为和成就等各个方面。该说明还列出三个影响用户体验的因素：系统、用户和使用环境。ISO 标准的第 3 条说明暗示了可用性也可作为用户体验的一个方面。如"可用性标准可以用来评估用户体验一些方面"。

用户体验主要有下列元素组成：品牌（Branding）、使用性（Usability）、功能性（Functionality）和内容（Content）。这四个元素单独作用都不会带来好的用户体验。把它们综合考虑，一致作用则会带来良好的结果。

目前，计算机技术在移动和图形技术等方面取得的进展已经使得人机交互（HCI）技术渗透到人类活动的几乎所有领域。这导致了一个巨大转变——从单纯的可用性工程，扩展到范围更丰富的用户体验。这使得用户体验（用户的主观感受、动机、价值观等方面）在人机交互技术发展过程中受到了相当的重视，其关注度与传统的三大可用性指标（即效率、效益和基本主观满意度）不相上下，甚至比传统的三大可用性指标的地位更重要。

在网站设计的过程中有一点很重要，那就是，要结合不同利益相关者的利益——市场营销、品牌、视觉设计和可用性等各个方面。市场营销和品牌推广人员必须融入"互动的世界"，在这一世界里，实用性是最重要的。这就需要人们在设计网站时必须同时考虑到市场营销、品牌推广和审美需求三个方面的因素。用户体验就是提供了这样一个平台，以期覆盖所有利益相关者的利益——使网站容易使用、有价值，并且能够使浏览者乐在其中。这就是为什么早期的用户体验都集中于网站用户体验的原因。

用户体验是一个涉及面很宽泛的问题。实际操作中的用户体验建设，更多是一种"迭代"式的开发过程：按照某种原则体系设计功能、版面、操作流程；在系统完成后，还要通过考察各种途径的用户反馈，经历一个相对长时间的修改和细化过程。

用户体验可以分为以下类型：

① 感观体验。呈现给用户视听上的体验，强调舒适性。一般在色彩、声音、图像、文字内容、网站布局等方面呈现。

② 交互用户体验。界面给用户使用、交流过程的体验，强调互动、交互特性。交互体验的过程贯穿浏览、点击、输入、输出等过程给访客产生的体验。

③ 情感用户体验。给用户心理上的体验，强调心理认可度。让用户通过站点能认同、抒发自己的内在情感，那说明用户体验效果较深。情感体验的升华是口碑的传播，形成一种高度的情感认可效应。

影响用户体验的因素很多，包括：

① 现有技术上的限制，使得设计人员必须优先在相对固定的 UI 框架内进行设计。

② 设计的创新，在用户的接受程度上也存在一定的风险。

③ 开发进度表，也会给这样一种具有艺术性的工作带来压力。

④ 设计人员很容易认为他们了解用户需要，但实际情况常常不是这样。

要达到良好的用户体验，理解用户是第一步要做的事情，而用户本身的不同以及用户知识的不同是其中重要的两个方面，需要在系统设计之初进行充分的了解。

（3）用户的区别

从交互水平考察，在人机界面中用户可能有以下四类。

① 偶然型用户。既没有计算机应用领域的专业知识，也缺少计算机系统基本知识的用户。

② 生疏型用户。他们更常使用计算机系统，因而对计算机的性能及操作使用，已经有一定程度的理解和经验。但他们往往对新使用的计算机系统缺乏了解，不太熟悉，因此对新系统而言，他们仍旧是生疏用户。

③ 熟练型用户。这类用户一般是专业技术人员，他们对需要计算机完成的工作任务有清楚的了解，对计算机系统也有相当多的知识和经验，并且能熟练地操作、使用。

④ 专家型用户。对需要计算机完成的工作任务和计算机系统都很精通，通常是计算机专业用户，称为专家型用户。

不同的用户会有不同的经验、能力和要求。例如，偶然型和生疏型用户要求系统给出更多的支持和帮助；熟练型和专家型用户要求系统运行效率高，能灵活使用。

通过系统的用户界面，用户可以了解系统并与系统进行交互。界面中介绍的概念、图像和术语必须适合用户的需要。用户界面还必须至少从两个维度迎合潜在的广泛经验，这两个维度指的是计算机经验和领域经验。计算机经验不仅包括对计算机的一般性了解，还包括对尚待开发的系统的经验。计算机领域和问题领域经验都不足的用户所需界面与专家用户的界面的区别很大。一个成功的交互系统必须能够满足用户的需要。

（4）用户交互分析

随着网络和新技术的发展，各种新产品和交互方式越来越多，人们也越来越重视交互的体验，许多公司、网站、新兴的行业都开始注意到交互设计在品牌的创建、客户回头率、客户满意度等方面影响很大，因此用户交互性也越来越受到重视。在理解用户的基础上，需要针对软件的功能和目标用户，对用户交互特性进行分析。

在与用户交流的基础上，了解目标用户群体的分类情况及比例关系，对用户特性进行不断地细化，根据用户需求的分布情况，可以进行一些交互挖掘，如问卷、投票、采访、直接用户观察等。通过对目标用户群的交互挖掘，得出准确、具体的用户特征，从而可以进行有的放矢的设计。

6.7 界面设计原则

6.7.1 图形用户界面的主要思想

图形用户界面包含三个重要的思想：桌面隐喻（Desktop Metaphor）、所见即所得（What You See Is What You Get，WYSIWYG）及直接操纵（Direct Manipulation）。

（1）桌面隐喻

桌面隐喻是指在用户界面中用人们熟悉的桌面上的图例清楚地表示计算机可以处理的能力。在图形用户界面中，图例可以代表对象、动作、属性或其他概念。对于这些概念，既可以用文字也可以用图例来表示。尽管用文本表示某些抽象概念有时比用图例表示要好，但是用图例表示有许多优点：好的图例比文本更易于辨识；与文本相比图例占据较少的屏幕空间；有的图例还可以独立于语言——因其具有一定的文化和语言独立性，可以提高目标搜索的效率。

隐喻的表现方法很多，可以是静态图标、动画和视频。流行的图形用户操作系统大多采用静态图标的方式，比如用画有一个磁盘的图标表示存盘操作，用打印机的图标表示打印操作等。这样的表示非常直观易懂，用户只需在图标上单击按钮，就可以执行相应的操作。

隐喻可分为三种：一种是隐喻本身就带有操纵的对象，称为直接隐喻，如 Word；工具中的图标，每种图标分别代表不同的图形绘制操作：另一种隐喻是工具隐喻，如用磁盘图标隐喻存盘操作、用打印机图标隐喻打印操作等，这种隐喻设计简单、形象直观，应用也最普遍；还有一种为过程隐喻，通过描述操作的过程来暗示该操作，如 Word 中的撤销和恢复图标。

在图形用户界面设计中，隐喻一直非常流行，如文件夹及垃圾箱。但是晦涩的隐喻不仅不能增加可用性，反而会弄巧成拙。隐喻的主要缺点是需要占用屏幕空间，并且难以表达和支持比较抽象的信息。

（2）所见即所得

在 WYSIWYG 交互界面中，其所显示的用户交互行为与应用程序最终产生的结果是一致的。目前大多数图形编辑软件和文本编辑器都具有 WYSIWYG 界面。

WYSIWYG 也有一些弊端。如果屏幕的空间或颜色的配置方案与硬件设备所提供的配置不一样，在两者之间就很难产生正确的匹配，如一般打印机的颜色域小于显示器的颜色域，在显示器上所显示的真彩色图像的打印质量往往较低。另外，完全的 WYSIWYG 也可能不适合某些用户的需要。

（3）直接操纵

直接操纵是指可以把操作的对象、属性、关系显式地表示出来，用光笔、鼠标、触摸屏或数据手套等指点设备直接从屏幕上获取形象化命令与数据的过程。直接操纵的对象是命令、数据或是对数据的某种操作。直接操纵具有以下几个特性：

① 直接操纵的对象是动作或数据的形象隐喻。这种形象隐喻应该与其实际内容相近，使用户能通过屏幕上的隐喻直接想象或感知其内容。

② 用指点和选择代替键盘输入。用指点和选择代替键盘输入有两个优点：一是操作简便，速度快捷——如果用文字输入则非常烦琐，特别是汉字的输入；二是不必记忆复杂的命令，这对非专业用户尤为重要。

③ 操作结果立即可见。由于用户的操作结果立即可见，用户可及时修正操作，逐步往正确的方向前进。

④ 支持逆向操作。在使用系统的过程中，不可避免地会出现一些操作错误，有了直接操纵之后，会更加容易出现操作错误。因此系统必须提供逆向操作功能。通过逆向操作，用户可以很方便地恢复到出现错误之前的状态。由于系统的初学者往往需要进行各种探索，了解系统的功能与使用方法，所以支持逆向操作非常有助于初学者进行学习。

图形用户界面和人机交互过程极大地依赖于视觉和手动控制的参与，因此具有强烈的直接操作特点。直接操纵用户界面更多地借助物理的、空间的或形象的表示，而不是单纯的文字或数字的表示。心理学研究证明物理的、空间的或形象的表示有利于解决问题和进行学习。视觉的、形象的（艺术的、整体的、直觉的）用户界面对于逻辑的、面向文本的、强迫性的用户界面是一个挑战。直接操纵用户界面的操纵模式与命令界面相反，用户最终关心的是其欲控制和操作的对象，只需关心任务语义，而不用过多地为计算机语义和句法而分心。例如，保存、打印的图标设计分别采用了软盘、打印机，由于尊重用户以往的使用经验，所以很容易理解和使用。

而对于大量物理的、几何空间的以及形象的任务，直接操纵已表现出巨大的优越性，然而在抽象的、复杂的应用中，直接操纵用户界面可能会表现出其局限性，直接操纵用户界面不具备命令语言界面的某些优点。例如，从用户界面设计者角度看，表示复杂语义、抽象语义比较困难，设计图形也比较烦琐，须进行大量的测试和实验。

6.7.2　图形用户界面的一般原则

（1）界面要具有一致性

一致性原则在界面设计中最容易被违反，同时也最容易实现和修改。例如，在菜单和联机帮助中必须使用相同的术语、对话框必须具有相同的风格等。在同一用户界面中，所有的菜单选择、命令输入、数据显示和其他功能应保持风格的一致性。风格一致的人机界面会给人一种简洁、和谐的美感。

（2）常用操作要有快捷方式

常用操作的使用频度大，应该减少操作序列的长度。例如为文件的常用操作如打开、保存、另存等设置快捷键。为常用操作设计快捷方式，不仅会提高用户的工作效率，还使界面在功能实现上简洁而高效。定义的快捷键最好与流行软件的快捷键一致，例如，在 Windows 下新建、打开、保存文件的快捷键分别是 Ctrl+N、Ctrl+O 和 Ctrl+S。

（3）提供必要的错误处理功能

在出现错误时，系统应该能检测出错误，并且提供简单和容易理解的错误处理功能。错误出现后系统的状态不发生变化，或者系统要提供纠正错误的指导。对所有可能造成损害的动作，坚持要求用户确认。

（4）提供信息反馈

操作人员的重要操作要有信息反馈。对常用操作和简单操作的反馈可不作要求，但是对不常用操作和至关重要的操作，系统应该提供详细的信息反馈。用户界面应能对用户的决定做出及时的响应，提高对话的效率，尽量减少击键次数，缩短鼠标移动距离，避免使用户产生无所适从的感觉。

（5）允许操作可逆

操作应该可逆，这对于不具备专业知识的操作人员相当有用。可逆的动作可以是单个的操作，也可以是一个相对独立的操作序列。对大多数动作应允许恢复（UNDO），对用户出错采取比较宽容的态度。

（6）设计良好的联机帮助

虽然对于熟练用户来说，联机帮助并非必需。但是对于不熟练用户，特别是新用户来说，联机帮助具有非常重要的作用。人机界面应该提供上下文敏感的求助系统，让用户及时获得帮助，尽量用简短的动词和动词短语提示命令。

（7）合理划分并高效地使用显示屏幕

只显示与上下文有关的信息，允许用户对可视环境进行维护，如放大、缩小窗口分隔不同种类的信息，只显示有意义的出错信息，避免因数据过多而使用户厌烦；隐藏当前状态下不可用的命令。

上述原则都是进行图形用户界面设计应遵循的最基本的原则。除此之外，针对图形用户界面的不同组成元素，还有许多具体的设计原则。

6.8　Web 界面设计

6.8.1　Web 界面及相关概念

Web 是一个由许多互相链接的超文本（HyperText）文档组成的系统。分布在世界各地的用户能够通过 Internet 对其访问，进行彼此交流与共享信息。在这个系统中，每个有用的事物都被称为一种"资源"，其由一个全局"统一资源标识符"（URI）标识；这些资源通过超文本传输协议（HyperText Transfer Protocol）传送给用户；而用户通过点击链接来获得这些资源。

6.8.2　Web 界面设计原则

一般的 Web 界面设计应该遵循以下几个基本原则：

（1）以用户为中心

以用户为中心是 Web 界面设计必须遵循的一个主要原则。它要求把用户放在第一位。设计时既要考虑用户的共性，同时也要考虑它们之间的差异性。

一方面，不同类别的 Web 网站，面向的访问群体不同；同一类型的 Web 网站，用户群体也有年龄、行业等差别。因此，Web 界面的设计只有了解不同用户的需求，才能在设计中体现用户的核心地位，设计出更合理、能满足用户需求的界面，以吸引用户。

另一方面，设计者也需要考虑目标用户的行为方式。按照人机工程学的观点，行为方式是人们由于年龄、性别、地区、种族、职业、生活习俗、受教育程度等原因形成的动作习惯、办事方法。行为方式直接影响人们对网站的操作使用，是设计者需要加以考虑或利用的因素。

（2）一致性

Web 界面设计还必须考虑内容和形式的一致性。内容指的是 Web 网站显示的信息、数据等，形式指的是 Web 界面设计的版式、构图、布局、色彩以及它们所呈现出的风格特点。Web 界面的形式是为内容服务的，但本身又有自己的独立性和艺术规律，其设计必须形象、直观，易于被浏览者所接受。

其次，Web 界面自身的风格也要一致性，保持统一的整体形象。Web 网站标识以及界面设计标准决定后，应积极地应用到每一页界面上。例如，各个界面要使用相同的页边距、文本、图形之间保持相同的间距；主要图形、标题或符号旁边留下相同的空白；如果在第一页的顶部放置了公司标志，那么在其他各界面都放上这一标志；如果使用图标导航，则各个界面应当使用相同的图标。另外，界面中的每个元素也要与整个界面的色彩和风格上一致，比如文字的颜色要同图像的颜色保持一致并注意色彩搭配的和谐等。

（3）简洁与明确

Web 界面设计属于设计的一种，要求简练、明确。保持简洁的常用做法是使用一个醒目的标题，这个标题常常采用图形来表示，但图形同样要求简洁。另一种保持简洁的做法是限制所用的字体和颜色的数目。另外，界面上所有的元素都应当有明确的含义和用途，不要试图用无关的图片把界面装点起来。

此外，Web 界面设计时需要尽量减少浏览层次。网页的层次越复杂，实际内容的访问率也将越低，信息也就越难传达给浏览者。所以，设计 Web 界面时要尽量把网页的层次简化，力求以最少的点击次数找到具体的内容。

（4）体现特色

设计者应清楚地了解 Web 网站背景、体现主题和服务对象的基本情况，选择合适的表现手法，展示关键信息和特色内容，并形成独特、鲜明的风格。

（5）兼顾不同的浏览器

随着 Internet 的发展，浏览器也在不断更新。不同公司不断推出自己的浏览器，同一种浏览器在不同阶段也有不同的版本。由于产品竞争和开发周期等原因，不同浏览器类别和版本在功能支持上有所区别。以某一个浏览器的某一个版本为依据编写的网页程序，可能在其他浏览器或其他版本上不能正常显示或运行。因此在 Web 界面设计时，应当根据当时用户浏览器的分布情况决定设计所面向的浏览器类别和版本，在设计开发和使用某些功能时要在这些浏览器上进行全面测试，以保证其正常工作。

（6）明确的导航设计

由于网站越来越复杂，导航系统变得十分有必要。导航系统是网站的路径指示系统，可指导浏览者有效地访问网站。只要能够让用户感觉到他们能以一种满意的方式找到所需的信息，这样的导航系统才是合适的。导航系统的设计要从使用者的角度来考虑，力争做到简便、清晰和完整一致。在网站的导航设计中，网站首页导航应尽量展现整个网站的架构和内容；另外导航要能让浏览者确切地知道自己在整个网站中的位置，可以确定下一步的浏览去向。

6.8.3 Web 风格与布局色彩设计

无论是哪种类型的 Web 网站，想要把界面设计得丰富多彩，吸引更多的用户前来访问，Web 界面规划都是至关重要的。

在规划设计 Web 界面时，第一个步骤就是要明确网站的目标和用途。Web 界面的布局、元素的设计都要以这个目标为中心。

（1）内容

Web 界面的内容不仅要遵循简洁明确的原则，还要符合确定的设计目标，面向不同的对象要使用不同的口吻和用词。例如，面对广泛消费者的网站应当用通俗的词汇、引人注目的广告方式、个性化并有趣味性的语言等；但是，面对专业人员设计的网站就应当采用最科学、最准确的词语和表达方式，避免可能造成任何误解，尤其是推销式的语言。

（2）风格

Web 界面的风格是指网站的整体形象给浏览者的综合感受。这个整体形象包括网站的标志、色彩、字体、布局、交互方式、内容价值、存在意义等。

（3）布局

Web 界面布局就是指如何合理地在界面上分布内容。在 Web 界面设计中，应努力做到布局合理化、有序化、整体化。优秀的作品，善于以巧妙、合理的视觉方式使一些语言无法表达的思想得以阐述，做到丰富多彩而又简洁明了。

常用的 Web 界面布局形式有以下几种：

① "同"字形结构布局。该布局就是指界面顶部为主菜单，下方左侧为二级栏目条，右侧为链接栏目条，屏幕中间显示具体的内容。其优点是界面结构清晰、左右对称、主次分明，因而得到广泛的应用。 缺点是太过规矩呆板，需要善于运用细节色彩的变化进行调剂。

② "国"字形结构布局。"国"字形结构布局在"同"字形结构布局的基础上，在界面下方增加一横条菜单或广告，其优点是充分利用版面、信息量大、切换方便。还有的网站将界面设计成镜框的样式，显示出网站设计师的品味。

③ 左右对称布局。采取左右分割屏幕的方法形成对称布局。优点是自由活泼，可显示较多文字和图像。缺点是两者有机结合较为困难。

④ 自由式布局。自由布局结构，常用于文字信息量少的时尚类和设计类网站。其优点是布局随意，外观漂亮，吸引人。缺点是显示速度慢。

(4) 色彩

Web 网站给人的第一印象来自视觉冲击。颜色元素在网站的感知和展示上扮演重要的角色。某个企业或个人的风格、文化和态度可以通过 Web 界面中的色彩混合、调整或者对照的方式体现出来。所以，确定网站的标准色彩是相当重要的一步。一个网站的标准色彩不宜超过三种，太多则让人眼花缭乱。标准色彩主要用于网站的标志、标题、主菜单和主色块，给人以整体统一的感觉。

一般地，Web 界面中的色彩选择可考虑以下原则：

① 鲜明性。网页的色彩要鲜艳，容易引人注目。

② 独特性。要有与众不同的色彩，使得浏览者印象深刻。

③ 合适性。色彩和所表达的内容气氛相适合。

④ 联想性。不同色彩会产生不同的联想，选择色彩要和所设计网页的内涵相关联。

⑤ 和谐性。在设计 Web 界面时，常常遇到的问题就是色彩的搭配问题。不同的色彩搭配会产生不同的效果，并可能影响到访问者的情绪。一般说来，普通的底色应融合、素雅，配上深色文字，读起来自然。而为了追求醒目的视觉效果，可以使用较深的颜色，然后配上对比鲜明的字体，如白色字、黄色字或蓝色字。

6.8.4　Web 文本设计

文本是每一个 Web 界面的必要内容，文本设计应遵循以下几个重要原则：

① 文本不要太多，以免转移浏览者的注意力。

② 要选择合适的颜色，以便使文本和其他界面元素一起产生一个和谐的视觉效果；文本的颜色应该一致，让用户可以容易地确定不同文本和颜色所代表的内容。

③ 选择的字体应和整个界面融为一体；一旦为某些元素选择了字体，应保证其在整个网站中应用的一致性。

④ 网站中可能会使用多种字体，但是同一种字体应该表示相同类型的数据或者信息。

⑤ 通过合理设置页边框、行间距等，使 Web 界面产生丰富变化的外观和感觉。

⑥ 应该重视标题的处理，把标题排版作为界面修饰的主要手段之一。标题一般无分级要求，其字形一般较大，字体的选择一般具有多样性，字形的变化修饰则更为丰富。

本 章 小 结

人机交互活动大量存在于计算机运行的整个过程当中。目前的应用软件都采用图形界面用以交互，人机交互界面的研究也成为许多软件开发机构的课题。

本节主要介绍了人机交互的基本概念、人机交互感知和认知的基础知识、人机交互的发展历史，以及对目前的研究热点"可穿戴计算"进行了介绍。然后对界面设计原则、Web 界面设计原则、布局与风格进行了介绍。

习 题

一、选择题

1. 用户界面设计最重要的目标是（　　）。
   A．灵活性　　　　　B．复杂性　　　　　C．可使用性　　　　D．可靠性
2. 界面方式可由用户动态制定和修改，这样便可以有较高的（　　）。
   A．灵活性　　　　　B．复杂性　　　　　C．交互性　　　　　D．维护性
3. 在传统的人机系统中，（　　）被认为是操作者。
   A．人　　　　　　　B．机器　　　　　　C．人和机器　　　　D．操作系统

二、简述题

1. 什么是人机交互？人机交互研究的主要内容是什么？
2. 人机交互的发展有哪些阶段？
3. 什么是可穿戴计算？举例说明穿戴计算的设备有哪些？
4. 界面设计的基本原则有哪些？
5. 结合实际 Web 设计谈谈布局与风格。

第7章

软件详细设计

　　详细设计是软件工程中软件开发的一个步骤，就是对概要设计的一个细化，就是详细设计每个模块实现算法所需的局部结构。详细设计给出软件模块结构中各个模块的内部过程描述。根据详细设计描述，程序员就能迅速编写出质量较高的程序。

　　模块的内部过程描述就是模块内部的算法设计。详细设计对软件开发人员来说，直接影响到编程效率。详细设计对于软件测试和维护人员也是很重要的，使他们不需要阅读程序代码，就能了解内部的程序结构。

7.1　详细设计阶段的目的和任务

7.1.1　详细设计阶段的目的

　　详细设计阶段的目的是为软件结构图中的每一个模块确定采用的算法和块内的数据结构，用某种选定的表达工具给出清晰的描述。详细设计的目标有两个：实现模块功能的算法要逻辑上正确和算法描述要简明易懂。

7.1.2　详细设计阶段的任务

　　（1）为每个模块进行详细的算法设计。用某种图形、表格、语言等工具将每个模块处理过程的详细算法描述出来。

　　（2）为模块内的数据结构进行设计。对于需求分析、概要设计确定的概念性的数据类型进行确切的定义。

　　（3）为数据结构进行物理设计，即确定数据库的物理结构。物理结构主要指数据库的存储记录格式、存储记录安排和存储方法，这些都依赖于具体所使用的数据库系统。

　　（4）其他设计。根据软件系统的类型，还可能要进行以下设计：

　　① 代码设计。为了提高数据的输入、分类、存储、检索等操作，节约内存空间，对数据库中的某些数据项的值要进行代码设计。

② 输入/输出格式设计。

③ 人机对话设计。对于一个实时系统，用户与计算机频繁对话，因此要进行对话方式、内容、格式的具体设计。

（5）编写详细设计说明书。开发人员应以详细设计说明书的形式记录详细设计的结果，详细设计说明书的编写目的在于尽可能详细地说明软件所包含的程序中各成分的设计考虑，以利于程序员编制程序。

在编制详细设计说明书时应该反映下列一些问题：对程序进行总的描述，包括程序的各项功能和性能。详细说明该程序的运行环境，并指出对软件需求说明和概要设计说明中确定的环境所做出的改变。在对程序的设计细节描述中，应说明程序运行过程。详细描述程序的输入、输出和所使用的数据环境，主要用图表的形式描述程序的逻辑流程，并加以叙述，这些图表是根据概要设计说明或软件需求说明中较高层次的图表绘制而成的。逻辑流程详细描述程序的处理过程，对每个程序功能列出程序运行说明，描述包括算法、逻辑数据操作与逻辑判断处理在内的一切处理，还应详细解释用于转移的测试条件，标明出错条件和由程序进行出错处理的方法。

（6）评审。对处理过程的算法和数据库的物理结构都要评审。

在详细设计结束后，应该把上述的结果写入到详细设计说明书中，并且通过复审形成正式文档，交付下一个阶段（编码）作为工作的依据。

本阶段的另一个任务，是要为每一个模块设计出一组测试用例，以便在编码阶段对模块代码（即程序）进行预定的测试。模块的测试用例是软件测试计划的重要组成部分，通常应包括输入数据、期望输出等内容，其要求和设计方法将在后面章节中描述。

7.2　结构化程序设计与程序设计风格

软件开发从需求分析开始，沿着软件生命周期的顺序，直至产生最终我们所要的能在计算机上运行的程序，称之为"源程序"。将把软件设计经过转换，产生"源程序"的过程称之为"编码"过程，实际上，源程序中体现了前面各个开发阶段软件人员所付出的大量的劳动，即软件开发的过程不仅仅是一个"编码"过程。

为保证编码的质量，程序员必须深刻地理解、熟练地掌握并正确地运用程序设计语言的特性。软件工程项目对代码编写的要求，绝不仅仅是源程序的正确性，它还要求源程序具有良好的结构性和良好的程序设计风格。

为什么程序的正确性不是对源程序的质量的唯一要求？可以从以下几个方面来看：

（1）编写的源程序必须是能被阅读的，这样才便于测试和排除错误，才能减小运行中发生错误的可能性。使得已开发的软件在经过测试和调试以后，消除了大多数隐藏的差错，因而可以做到正常稳定地运行。在指定的时间内不发生故障的概率得到提高，即改善或提高了软件的可靠性。

（2）一个软件开发产品完成开发之后投入运行，若是发现了问题和错误，需比较容易地进行修改，或者在运行环境中，用户最好能根据自己的要求来扩充其功能，改善其性能。

7.2.1　结构化程序设计

结构化程序设计是进行以模块功能和处理过程设计为主的详细设计的基本原则。结构化程序设计是过程式程序设计的一个子集，它对写入的程序使用逻辑结构，使得理解和修改更有效更容易。其概念最早由 E.W.Dijikstra 在 1965 年提出的，是软件发展的一个重要的里程碑。它的主要观点是采用自顶向下、逐步求精及模块化的程序设计方法；使用三种基本控制结构构造程序，任何程序都可由顺序、选择、循环三种基本控制结构构造。结构化程序设计主要强调的是程序的易读性。

自顶向下与逐步细化是结构化程序设计的原则，它把整个设计过程分出层次来，逐步加以解决。每一步是在前一步的基础上进行的，是前一步设计的细化和具体化，逐步地把一个复杂的大问题，划分成多个容易解决的小问题，最后使整个问题得到解决。

按照自顶向下与逐步细化的原则进行设计有许多好处，它使设计有利于分工和组织工作；便于进行测试和检查；而且一个大问题分成几个小问题后，若子问题有了错误，则不会影响和涉及别的子问题，这对调试等工作带来了很大好处。

结构化程序设计方法的要点是：

（1）主张使用顺序、选择、循环三种基本结构来嵌套连结成具有复杂层次的"结构化程序"，严格控制 GOTO 语句的使用。用这样的方法编出的程序在结构上具有以下效果：

① 以控制结构为单位，只有一个入口，一个出口，所以能独立地理解这一部分。

② 能够以控制结构为单位，从上到下顺序地阅读程序文本。

③ 由于程序的静态描述与执行时的控制流程容易对应，所以能方便正确地理解程序的动作。

（2）"自顶而下，逐步求精"的设计思想，其出发点是从问题的总体目标开始，抽象低层的细节，先专心构造高层的结构，然后再一层一层地分解和细化。这使设计者能把握主题，避免一开始就陷入复杂的细节中，使复杂的设计过程变得简单明了，过程的结果也容易做到正确可靠。

（3）"独立功能，单入口单出口"的模块结构，减少了模块的相互联系使模块可作为插件或积木使用，降低程序的复杂性，提高可靠性。程序编写时，所有模块的功能通过相应的子程序（函数或过程）的代码来实现。程序的主体是子程序层次库，它与功能模块的抽象层次相对应，编码原则使得程序流程简洁、清晰，增强可读性。

结构化程序设计的三种基本结构是：顺序结构、选择结构和循环结构。

① 顺序结构：表示程序中的各操作是按照它们出现的先后顺序执行的。

② 选择结构：表示程序的处理步骤出现了分支，它需要根据某一特定的条件选择其中的一个分支执行。

③ 循环结构：表示程序反复执行某个或某些操作，直到某条件为假（或为真）时才可终止循环。

7.2.2　程序设计的风格

前面已经说明提高程序的可读性是保证程序质量的重要方面。程序设计风格所要做的，就是在编写源程序时，尽量提高程序的"透明度"，使得程序对大多数人来说都是易读可懂的，这样最终达到提高可读性的目的。可以从以下几个方面去做工作：

（1）程序算法的选择

在不影响程序正确性和程序的其他性能的前提下，存在有多个算法可以实现时，应该尽量选择最通俗易懂的算法，最符合逻辑和最易被接受的算法。

（2）程序中的注释行

许多程序设计语言允许使用注释行，使用它的目的是让读者更容易理解程序的含义。加了注释可使结构清晰和易于理解。

（3）恰当使用空格、空行和移行

一个程序如果写的密密麻麻，分不出层次来常常是很难看懂的，优秀的程序员在利用空格、空行和移行的技巧上显示出了他们的经验。如模块与模块之间加上一些空行，也会使程序结构显得更加清晰。

（4）每个程序或模块在其可执行部分的前面都集中了一些说明语句。原则上，这些说明语句与语法和语义都是无关的，其次序可以是任意的。出于阅读理解和维护的要求，最好使其规范化，使说明的先后固定。

（5）输入和输出信息

输入和输出的格式应当尽可能与用户的使用习惯一致，一定要避免因设计不当给用户使用带来麻烦。针对不同的用户有不同的设计，有完备的出错检查和出错恢复措施，输入还应该有交互提示信息等；输出则是要求自然、美观、清晰和便于理解等。

7.3　常用的详细设计表达工具

7.3.1　程序流程图

流程图是以特定的图形符号加上说明来表示算法的图。流程图是最古老的设计工具之一，至今它仍然是软件人员最普遍采用的一种工具，并且仍不失为初学者掌握程序流程设计方法的辅助手段。流程图的优点是能把程序执行的控制流程顺序表达得十分清楚，看起来也比较直观，容易看懂。但事实上，也不得不指出流程图确实也存在一些严重缺点，例如它使用的符号不够规范，规定某些符号的使用方法不够严格、明确，常常使用一些习惯性的用法。特别是表示程序控制流程的箭头，使用的灵活性极大，若使用不当会使程序质量受到很大的影响。

标准的流程图应由图7.1所提供的基本控制结构组合或嵌套而成。基本控制结构是：

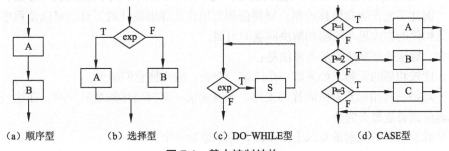

（a）顺序型　　　　（b）选择型　　　　（c）DO-WHILE型　　　　（d）CASE型

图7.1　基本控制结构

（1）顺序型结构：含有多个连续的加工步骤。

（2）选择型结构：由某个逻辑条件式的取值选择两个加工中的一个。

（3）循环结构：在控制条件成立时，重复执行特定的加工。

（4）多选择型结构：列举多种加工的情况，根据某控制变量的取值，逻辑执行其中之一。

其次，需要对流程图所用的符号做出明确的规定。除去按规定使用定义了的符号外，流程图中不允许出现任何其他的符号。流程图中所允许的其他符号如图 7.2 所示。

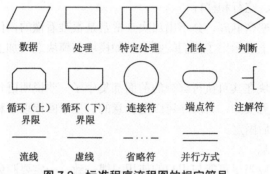

数据　　处理　　特定处理　　准备　　判断

循环（上）　循环（下）　连接符　　端点符　　注解符
界限　　　界限

流线　　虚线　　省略符　　并行方式

图 7.2　标准程序流程图的规定符号

程序流程图的主要缺点如下：

（1）程序流程图本质上不是逐步求精的好工具，它诱使程序员过早地考虑程序的控制流程，而不去考虑程序的全局结构。

（2）程序流程图中用箭头代表控制流，因此程序员不受任何约束，可以完全不顾结构程序设计的精神，随意转移控制。

（3）程序流程图不易表示数据结构。

7.3.2　盒图

在软件工程中，Nassi 和 Shneiderman 提出了一种符合结构化程序设计原则的图形描述工具称为盒图，又称 N-S 图。它有如下特点：

（1）功能域（即一个特点控制结构的作用域）明显，可以从盒图看出来。

（2）不能任意转移控制。

（3）很容易确定局部和全局数据的作用域。

（4）很容易表示嵌套关系，也可以表示模块的层次结构。

图 7.3 给出结构化控制结构的盒图表示，也给出了调用子程序的盒图表示方法。盒图没有箭头，因此不允许随意转移控制。坚持使用盒图作为详细设计的工具，可以使程序员逐步养成用结构化的方式思考问题和解决问题的习惯。

例如，冒泡排序算法的基本算法是：

（1）比较相邻的元素。如果第一个比第二个大，就交换它们两个。

（2）对每一对相邻元素做同样的工作，从开始第一对到结尾的最后一对。在这一点，最后的元素应该会是最大的数。

（3）针对所有的元素重复以上的步骤，除了最后一个。

（4）持续每次对越来越少的元素重复上面的步骤，直到没有任何一对数字需要比较。

冒泡排序用 N-S 图表示如图 7.4 所示。

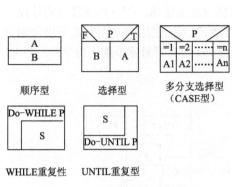

图 7.3 N-S 图的基本控制结构

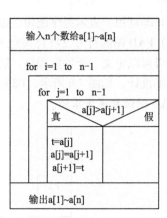

图 7.4 冒泡排序的 N-S 图

7.3.3 PAD 图

PAD 图（Problem Analysis Diagram，问题分析图）是由日本日立公司发明的一种主要用于描述软件详细设计的图形表示工具。与方框图一样，PAD 图也只能描述结构化程序允许使用的几种基本结构。发明以来，已经得到一定程度的推广。它用二维树形结构的图表示程序的控制流，以 PAD 图为基础，能方便地编写出程序，用这种图转换为程序代码比较容易。图 7.5 是 PAD 图的基本符号。

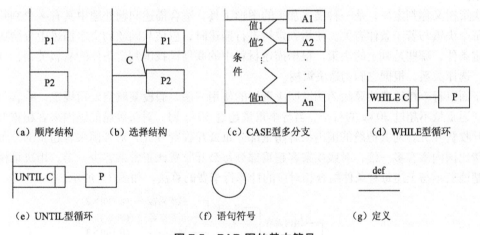

图 7.5 PAD 图的基本符号

PAD 图的主要优点如下：

（1）使用表示结构优化控制结构的 PAD 图符号所设计出来的程序必然是程序化程序。

（2）PAD 图所描述的程序结构十分清晰。图中最左边的竖线是程序的主线，即第一层控制结构。随着程序层次的增加，PAD 图逐渐向右延伸，每增加一个层次，图形向右扩展一条竖线。PAD 图中竖线的总条数就是程序的层次数。

（3）用 PAD 图表现程序逻辑，易读、易懂、易记。PAD 图是二维树形结构的图形，程序从图中最左边上端的结点开始执行，自上而下，从左到右顺序执行。

（4）很容易将 PAD 图转换成高级程序语言源程序，这种转换可由软件工具自动完成，从而可省去人工编码的工作，有利于提高软件可靠性和软件生产率。

（5）既可用于表示程序逻辑，也可用于描述数据结构。

（6）PAD 图的符号支持自顶向下、逐步求精方法的使用。PAD 图在设计的过程中，开始时设计者可以定义一个抽象程序，随着设计工作的深入而使用 def 符号逐步增加细节，直至完成详细设计。如图 7.6 所示，P2 模块可以通过 def 定义符号逐步细化为另外一个 PAD 图，利用 PAD 图做到逐步求精。

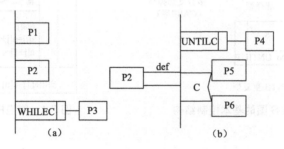

图 7.6　PAD 图逐步求精

7.3.4　决策树

在详细设计过程中，如果算法中包括大量条件选择时，用程序流程图、N–S 图及 PAD 图设计出的结果都不易描述清楚，此时借助决策树或者决策表可以清楚地表示多重复杂条件选择关系。

决策树又称判定树，是一种描述加工的图形工具，适合描述问题处理中具有多个判断，而且每个决策与若干条件有关。使用判定树进行描述时，应该从问题的文字描述中分清哪些是判定条件，哪些是判定的决策，根据描述材料中的联结词找出判定条件的从属关系、并列关系、选择关系，根据它们构造决策树。

下面以行李托运费的算法为例说明决策树的使用方法。假设某航空公司规定，乘客可以免费托运重量不超过 30 kg 的行李。当行李重量超过 30 kg 时，对头等舱的国内乘客超重部分每公斤收费 4 元，对其他舱的国内乘客超重部分每公斤收费 6 元，对外国乘客超重部分每公斤收费比国内乘客多一倍，对残疾乘客超重部分每公斤收费比正常乘客少一半。用决策树可以清楚地表示与上述每种条件组合相对应的计算行李费的算法，如图 7.7 所示。

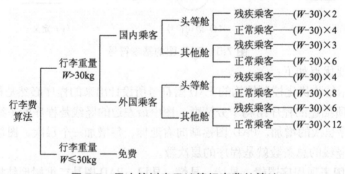

图 7.7　用决策树表示计算行李费的算法

从上图可以看出，使用决策树比使用文字叙述更一目了然，清晰地表达了在什么情况下采取什么策略，不易产生逻辑上的混乱，因而决策树是描述基本处理逻辑功能的有效工具。

决策树可以清楚地描述出复杂条件组合关系，如快递费用区域结算、银行交易费用等问题都可以较清晰地表示。对于复杂条件组合算法描述也可以采用决策表的方法进行描述。

7.3.5 决策表

决策表又称判定表，是一种呈表格状的图形工具，适用于描述处理判断条件较多，各条件又相互组合、有多种决策方案的情况。精确而简洁地描述复杂逻辑的方式，将多个条件与这些条件满足后要执行的动作相对应，但不同于传统程序语言中的控制语句，决策表能将多个独立的条件和多个动作直接的联系清晰地表示出来。

如图 7.8 所示，决策表通常由以下四个部分组成：

（1）条件桩（Condition Stub）：列出了问题的所有条件。通常认为列出的条件的次序无关紧要。

（2）动作桩（Action Stub）：列出了问题规定可能采取的操作。这些操作的排列顺序没有约束。

（3）条件项（Condition Entry）：列出针对它左列条件的取值。在所有可能情况下的真假值。

（4）动作项（Action Entry）：列出在条件项的各种取值情况下应该采取的动作。

条件桩 ……	条件项 ……
动作桩 ……	动作项 ……

图 7.8 决策表组成部分

决策表可以有不同的类型，其中有限决策表（Limited-entry Decision Table）是最简单的一个形式。有限决策表的特点是：条件项取值为布尔类型，动作入口为"X"符号，表示在某一列中哪个动作将被执行。对于上述行李托运费的算法用判定表表示如图 7.9 所示。

	规 则								
	1	2	3	4	5	6	7	8	9
国内乘客		T	T	T	T	F	F	F	F
头等舱		T	F	T	F	T	F	T	F
残疾乘客		F	F	T	T	F	F	T	T
行李重量 $W \leqslant 30\text{kg}$	T	F	F	F	F	F	F	F	F
免费	×								
$(W-30) \times 2$					×				
$(W-30) \times 3$						×			
$(W-30) \times 4$		×						×	
$(W-30) \times 6$				×					×
$(W-30) \times 8$							×		
$(W-30) \times 12$								×	

图 7.9 决策表表示计算行李费

决策表能罗列出所有的可能情况，并清晰地指出相应的处理方式，用户不需要考虑其中的逻辑关系就能一眼看出其中什么样的动作对应什么样的情况。而所有可能情况的平面罗列，也能避免在程序语言编写中，因为逻辑上的层层嵌套而产生遗漏，尤其在 if-then-else 结构中 else 部分是可选的情况下。

7.3.6　PDL 设计语言

PDL 语言（Program Design Language，PDL）又称为打印语言，也可称为伪码或结构化语言。PDL 用于书写软件设计规约，它是软件设计中广泛使用的语言之一。

用 PDL 书写的文档是不可执行的，主要供开发人员使用。

PDL 描述的总体结构和一般的程序很相似，包括数据说明部分和过程部分，也可以带有注释等成分。但它是一种非形式的语言，对于控制结构的描述是确定的，而控制结构内部的描述语法不确定，可以根据不同的应用领域和不同的设计层次 灵活选用描述方式，也可以用自然语言。

PDL 语言书写的模块结构如下：

PROCEDURE<过程名>（<参数表>）<数据说明部分> <语句部分> END<过程名>

数据说明部分形式为<数据说明表>，"数据说明"表由一串说明项构成，每个说明项形如<数据项名>As <类型字或用户定义的类型名>。

PDL 与一般程序模块不同，其语句中除描述控制结构的关键字外，书写格式没有严格定义。自然语言书写的注释可以插入到任意位置。

PDL 设计语言易理解，它虽然不如图形化的设计描述直观，但和可执行的程序具有类似的结构，因此便于实现借助计算机自动转换为可执行的程序代码。

下面举例说明 PDL 设计语言的使用方法。

【实例 1】冒泡排序算法的 PDL 表示。

```
Procedure bubblesort(A)
{
    for i=1 to length[A]
    {
        for j=length[A] to i+1
        {
            if A[j]<A[j-1]
            {
                exchane A[j] and A[j-1];
            }
        }
    }
}End bubblesort
```

【实例 2】选择排序算法的 PDL 表示。

```
Procedure  select-sort(A)
{
    for i=1 to length[A]-1
    {
```

```
        key=A[i];
        k=i;
        for j=i+1 to length[A]
        {
            if A[j]<key
            {
                k=j;
            }
        }
        exchange A[i] and A[k];
    }
} End select-sort
```

PDL 程序的主要特征如下：

(1) 用 PDL 写出的程序是伪代码表示。

(2) PDL 程序中会有一些能够标明程序结构的关键字。

(3) PDL 语言仅有少量的简单语法规则，大量使用人们习惯的自然语言。

(4) 使用 PDL 语言常常按逐步细化的方式写出程序。

(5) PDL 程序的注释行对语句进行解释，起到提高可读性的作用。

PDL 作为一种设计工具有如下优点：

(1) 可以作为注释直接插在源程序中间。这样做能促使维护人员在修改程序代码的同时也相应地修改 PDL 注释，因此有助于保持文档和程序的一致性，提高了文档的质量。

(2) 可以使用普通的正文编辑程序或文字处理系统，很方便地完成 PDL 的书写和编辑工作。

(3) 已经有自动处理程序存在，而且可以自动由 PDL 生成程序代码。

PDL 的缺点是不如图形工具形象直观，描述复杂的条件组合与动作间的对应关系时，不如判定表清晰简单。

7.4　程序复杂度的定量计算

7.4.1　McCabe 方法

程序复杂度的度量计算是很有价值的：把程序的复杂度乘以适当的常数即可估算出软件出故障的数量以及软件开发需要的工作量；人们可以用软件的复杂度和质量进行衡量，来安排工程进度，在成本、进度和性能之间寻求平衡。

McCabe 度量法是由托马斯·麦克凯提出的一种基于程序控制流的复杂性度量方法。McCabe 复杂性度量又称环路度量。它认为程序的复杂性很大程度上取决于程序图的复杂性。单一的顺序结构最为简单，循环和选择所构成的环路越多，程序就越复杂。

这种方法以图论为工具，先画出程序图，然后用该图的环路数作为程序复杂性的度量值。程序图是退化的程序流程图（见图 7.10）。也就是说，把程序流程图的每一个处理符号都退化成一个结点，原来连接不同处理符号的流线变成连接不同结点的有向弧，这样得到的有向图称为流图。

McCabe 方法是一种软件质量度量方法，它是基于对程序拓扑结构复杂度的分析。McCabe 方法分析程序复杂度时，其步骤是先画出程序图，然后根据程序图中的结点数，判断结点的个数和表示程序流程的弧的条数，就可以算出一个程序的量化的复杂度。

环形复杂度定量度量程序的逻辑复杂度。有了描绘程序控制流的流图之后，可以用下述三种方法中的任何一种来计算环形复杂度。

（1）流图中的区域数等于环形复杂度。

（2）流图 G 的环形复杂度 V(G)=E−N+2，其中，E 是流图中边的条数，N 是结点数。

（3）流图 G 的环形复杂度 V(G)=P+1，其中，P 是流图中判定结点的数目。

流图其实可以看作是"退化了的"流程图，图 7.11 所示是图 7.10 这个流程图的程序图表示，它把流程图中的具体的内容都省略了，只剩下一个框架，用小圆点表示结点，用无向弧线表示流程，不必关心它具体是什么结点，也不必关心具体流程的走向。

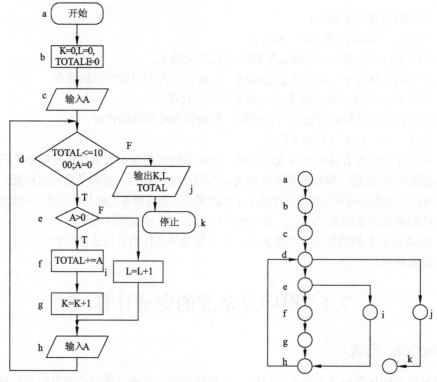

图 7.10　程序流程图　　　　　图 7.11　与程序流程图相对应的流图

根据公式 V(G)=P+1，可以计算出复杂度。因为图 7.11 流图的判定结点有 d 和 e，因此 P=2，所以得到 V(G)=3。

或者根据公式 V(G)=E−N+2 计算，其中，E 是流图中边的条数，N 是结点数，图 7.11 中 E=12，N 结点数为 11，所以得到 V(G)=3。

7.4.2　Halstead 方法

Halstead 方法是一种程序复杂度度量方法。Halstead 度量方法不仅度量了程序长度，还描述了程序的最小实现和实际实现之间的关系，并据此阐释程序语言的等级高低。它以程序中出现的操作符和操作数为计数对象，以它们的出现次数作为计数目标来测算程序容量和工作量。

设 N_1 为程序中运算符出现的总次数，N_2 为操作数出现的总次数，则程序的长度可定义为：

$$N=N_1+N_2$$

在软件详细设计完成以后，可以知道程序中使用的不同运算符（包括关键字）的个数 n_1，以及不同操作数（变量和常量）的个数 n_2。Halstead 定义了预测程序长度的公式为：

$$H = n_1 \log_2 n_1 + n_2 \log_2 n_2$$

通过实践证明，Halstead 预测的程序长度 H 与实际长度 N 非常接近。

Halstead 还给出了预测程序中包含错误的个数的公式如下：

$$E = N \log_2 (n_1 + n_2)/3000$$

该公式实践证明，发现预测的错误数与实际错误数相比误差在 8% 以内。

本 章 小 结

详细设计阶段的目的是为软件结构图中的每一个模块确定采用的算法和块内的数据结构，用某种选定的表达工具给出清晰的描述。详细设计的目标有两个：实现模块功能的算法要逻辑上正确和算法描述要简明易懂。

本节主要介绍了软件详细设计阶段的任务和目的和方法。介绍了结构化程序设计和风格。重点对详细设计工具程序流程图、盒图、PAD 图进行了介绍。最后介绍了程序复杂度定量分析的两种方法。

习　题

一、选择题

1. 在软件开发过程中，以下说法正确的是（　　）。

  A. 程序流程图是逐步求精的好工具

  B. N–S 图不可能任意转移控制，符合结构化原则

  C. 数据流图是一种通用的详细设计工具

  D. 程序流程图和 N–S 图都不易表达模块的层次结构

2. 程序控制一般分为（　　）、分支、循环三种基本结构。

  A. 分块　　　　　　　B. 顺序　　　　　　　C. 循环　　　　　　　D. 分支

3. 以下说法正确的是（　　）。

  A. 程序流程图是一种算法描述工具

  B. PAD 图是一种描述物理逻辑结构的工具

  C. 结构图是一种用于描述算法设计和处理细节的图形分析工具

  D. N–S 图是一种由左往右展开的二维树形结构

4. 详细设计的任务是确定每个模块的（　　）。

  A. 外部特征　　　　　　　　　　　　B. 内部特征

  C. 算法和使用的数据　　　　　　　　D. 功能和输入输出数据

5. 结构化程序设计的一种基本方法是（   ）。

    A．筛选法   B．递归法   C．迭代法   D．逐步求精法

6. 对于详细设计，下面说法错误的是（   ）。

    A．详细设计是具体地编写程序

    B．详细设计是编码实现的前一个阶段

    C．详细设计的结果基本决定了最终程序的质量

    D．详细设计中采用的典型方法是面向数据流的设计方法

二、简述题

1. 详细设计的基本任务包括哪些？
2. 结构化程序设计的基本思想是什么？
3. 程序流程图的优缺点是什么？
4. PAD 图如何做到详细设计的逐步求精？
5. 程序复杂度定量分析的方法有什么？每种方法如何进行复杂度计算？

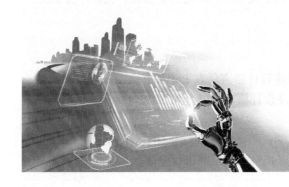

第8章

软件编码

目前，人和计算机通信仍然使用人工设计的语言，即程序设计语言。前面所述的软件工程的各个步骤，都是为了最终的目的——将软件设计的描述翻译成计算机可以"理解"和"接受"的形式——计算机程序设计语言书写的程序，这是编码阶段必须实现的工作。程序的质量主要取决于软件设计的质量，但程序设计语言的特性和编程途径也会对程序的可靠性、可读性、可测试性和可维护性产生深远的影响。

8.1 程序设计语言

8.1.1 程序设计语言的定义

程序设计语言是用于书写计算机程序的语言。语言的基础是一组记号和一组规则。根据规则由记号构成的记号串的总体就是语言。在程序设计语言中，这些记号串就是程序。程序设计语言有三个方面的因素，即语法、语义和语用。语法表示程序的结构或形式，亦即表示构成语言的各个记号之间的组合规律，但不涉及这些记号的特定含义，也不涉及使用者。语义表示程序的含义，亦即表示按照各种方法所表示的各个记号的特定含义，但不涉及使用者。

程序设计语言的种类千差万别。但是，一般说来，基本成分为四种：

（1）数据成分。用以描述程序中所涉及的数据。

（2）运算成分。用以描述程序中所包含的运算。

（3）控制成分。用以表达程序中的控制构造。

（4）传输成分。用以表达程序中数据的传输。

8.1.2 程序设计语言的特性

程序设计语言具有心理工程及技术等特性：

（1）心理特性：歧义性、简洁性、局部性、顺序性、传统性。

（2）工程特性：可移植性，开发工具的可利用性，软件的可重用性、可维护性。

（3）技术特性：支持结构化构造的语言有利于减少程序环路的复杂性，使程序易测试、易维护。

8.1.3 程序设计语言的分类

自 20 世纪 60 年代以来，世界上公布的程序设计语言已有上千种之多，但是只有很小一部分得到了广泛的应用。从发展历程来看，程序设计语言可以分为四代。

1）第一代机器语言

机器语言是由二进制 0、1 代码指令构成的，不同的 CPU 具有不同的指令系统。机器语言程序难编写、难修改、难维护，需要用户直接对存储空间进行分配，编程效率极低。

2）第二代汇编语言

汇编语言指令是机器指令的符号化，与机器指令存在直接的对应关系，所以汇编语言同样存在难学难用、容易出错、维护困难等缺点。但是汇编语言也有自己的优点：可直接访问系统接口，汇编程序翻译成的机器语言程序的效率高。从软件工程角度来看，只有在高级语言不能满足设计要求，或不具备支持某种特定功能的技术性能（如特殊的输入输出）时，汇编语言才被使用。

3）第三代高级语言

高级语言是面向用户的、基本上独立于计算机种类和结构的语言。其最大的优点是：形式上接近于算术语言和自然语言，概念上接近于人们通常使用的概念。高级语言的一个命令可以代替几条、几十条甚至几百条汇编语言的指令。因此，高级语言易学易用，通用性强，应用广泛。高级语言种类繁多，可以从应用特点和对客观系统的描述两个方面对其进一步分类。

从应用角度来看，高级语言可分为基础语言、结构化语言和专用语言。

（1）基础语言

基础语言也称通用语言。它历史悠久，流传很广，有大量的已开发的软件库，拥有众多的用户，为人们所熟悉和接受。属于这类语言的有 FORTRAN、COBOL、BASIC、ALGOL 等。FORTRAN 语言是目前国际上广为流行、也是使用得最早的一种高级语言，从 20 世纪 90 年代起，在工程与科学计算中一直占有重要地位，备受科技人员的欢迎。BASIC 语言是在 20 世纪 60 年代初为适应分时系统而研制的一种交互式语言，可用于一般的数值计算与事务处理。BASIC 语言结构简单，易学易用，并且具有交互能力，成为许多初学者学习程序设计的入门语言。

（2）结构化语言

20 世纪 70 年代以来，结构化程序设计和软件工程的思想日益为人们所接受和欣赏。在它们的影响下，先后出现了一些很有影响的结构化语言，这些结构化语言直接支持结构化的控制结构，具有很强的过程结构和数据结构能力。PASCAL、C、Ada 语言就是它们的突出代表。

PASCAL 语言是第一个系统地体现结构化程序设计概念的现代高级语言，软件开发的最初目标是把它作为结构化程序设计的教学工具。由于它模块清晰、控制结构完备、有丰富的数据类型和数据结构、语言表达能力强、移植容易，不仅被国内外许多高等院校定为教学语言，而且在科学计算、数据处理及系统软件开发中都有较广泛的应用。

C 语言功能丰富，表达能力强，有丰富的运算符和数据类型，使用灵活方便，应用面广，移植能力强，编译质量高，目标程序效率高，具有高级语言的优点。同时，C 语言还具有低级语言的许多特点，如允许直接访问物理地址，能进行位操作，能实现汇编语言的大部分功能，可以直接对硬件进行操作等。用 C 语言编译程序产生的目标程序，其质量可以与汇编语言产生的目标程序相媲美，具有"可移植的汇编语言"的美称，成为编写应用软件、操作系统和编译程序的重要语言之一。

（3）专用语言

专用语言是为某种特殊应用而专门设计的语言，通常具有特殊的语法形式。一般来说，这种语言的应用范围狭窄，移植性和可维护性不如结构化程序设计语言。随着时间的发展，被使用的专业语言已有数百种，应用比较广泛的有 APL 语言、Forth 语言、LISP 语言。

从描述客观系统来看，程序设计语言可以分为面向过程语言和面向对象语言。

（1）面向过程语言

以"数据结构+算法"程序设计范式构成的程序设计语言，称为面向过程语言。前面介绍的程序设计语言大多为面向过程语言。

（2）面向对象语言

以"对象+消息"程序设计范式构成的程序设计语言，称为面向对象语言。比较流行的面向对象语言有 Delphi、Visual Basic、Java、C++等。

Delphi 语言具有可视化开发环境，提供面向对象的编程方法，可以设计各种具有 Windows 风格的应用程序（如数据库应用系统、通信软件和三维虚拟现实等），也可以开发多媒体应用系统。

Visual Basic（VB），是为开发应用程序而提供的开发环境与工具。它具有很好的图形用户界面，采用面向对象和事件驱动的新机制，把过程化和结构化编程集合在一起。它在应用程序开发中的图形化构思，无须编写任何程序即可方便地创建应用程序界面，且与 Windows 界面非常相似，甚至是一致的。

Java 语言是一种面向对象的、不依赖于特定平台的程序设计语言，简单、可靠、可编译、可扩展、多线程、结构中立、类型显示说明、动态存储管理、易于理解，是一种理想的、用于开发 Internet 应用软件的程序设计语言。

4）第四代非过程化语言

4GL 是非过程化语言，编码时只须说明"做什么"，不须描述算法细节。

数据库查询和应用程序生成器是 4GL 的两个典型应用。用户可以用数据库查询语言（SQL）对数据库中的信息进行复杂的操作。用户只需将要查找的内容在什么地方、根据什么条件进行查找等信息告诉 SQL，SQL 将自动完成查找过程。应用程序生成器则是根据用户的需求"自动生成"满足需求的高级语言程序。真正的第四代程序设计语言应该说还没有出现。所谓的第四代语言大多是指基于某种语言环境上具有 4GL 特征的软件工具产品，如 System Z、PowerBuilder、FOCUS 等。第四代程序设计语言是面向应用，为最终用户设计的一类程序设计语言。它具有缩短应用开发过程、降低维护代价、最大限度地减少调试过程中出现的问题以及对用户友好等优点。

8.2 程序设计语言的选择

开发软件系统必须做出的一个重要选择是使用什么样的程序设计语言实现这个系统。适宜的程序设计语言能使根据设计完成编码时困难最少，提高编码质量，减少需要的程序测试量，并且容易得到更容易阅读更容易维护的程序。由于软件系统的绝大部分成本用在软件生命周期的测试和维护阶段，所以程序容易测试和容易维护是极其重要的。

8.2.1 程序设计语言选择标准

为了便于程序测试和维护以减少生命周期的总成本，选用的高级语言应该有理想的模块化机制，以及可读性好的控制结构和数据结构；为了便于调试和提高可靠性，语言特点应该使编译程序能够尽可能多地发现错误并便于调试。此外，在实用中的各种限制，重要的实用标准有下述几条：

（1）系统用户的要求

如果所开发的系统由用户负责维护，用户通常要求用他们熟悉的语言书写程序，如果委托单位将软件项目分配给多个承办单位共同完成，或基于其他考虑，委托单位可能会指定编程语言，对于有经验的程序员，在与其他标准不矛盾的前提下，往往选择一种自己比较熟悉的语言来编程。

（2）可以使用的编程程序

运行目标系统的环境中可以提供的编译程序往往限制了可以选用的语言范围。

（3）可以得到的软件工具

如果某种语言有支持程序开发的软件工具可以利用，则目标系统的实现和验证都变得比较容易。

（4）软件的可移植性

软件可移植性指一种计算机上的软件转置到其他计算机上的能力（也可称作软件自动搬家）。软件移植是实现功能的等价联系，而不是等同联系。软件可移植性的主要标志是：这类软件有个通用的标准文本；它们独立于具体的计算机。

软件相对于具体计算机的独立性，从狭义上讲，是指可移植软件应独立于计算机的硬件环境；从广义上讲，可移植软件还应独立于计算机的软件，即高级的标准化的软件，它的功能与机器系统结构无关，可跨越很多机器界限。从一种计算机向另一种计算机移植软件时，首先要考虑所移植的软件对宿主机硬件及操作系统的接口，然后设法用对目标机的接口代换之。因此，接口的改造容易与否，是衡量一个软件可移植性高低的主要标志之一。如果目标系统将在几台不同的计算机上运行，或者预期的使用寿命长，那么选择一种标准化程度高，可移植性好的语言是很重要的。

（5）软件的可靠性

软件可靠性是软件产品在规定的条件下和规定的时间区间完成规定功能的能力。规定的条件是指直接与软件运行相关的使用该软件的计算机系统的状态和软件的输入条件，或统称为软件运行时的外部输入条件；规定的时间区间是指软件的实际运行时间区间；规定功能是指为提供给定的服务，软件产品所必须具备的功能。软件可靠性不但与软件存在的缺陷和（或）差错有关，而且与系统输入和系统输出有关。软件可靠性的概率度量称软件可靠度。为了便于调试和提高软件可靠性，语言的编译程序应能尽可能多地发现程序中的错误。

（6）软件的可维护性

软件的可维护性是指理解、改正、改动、改进软件的难易程度。为了降低软件开发的维护成本，所选语言应该有良好的独立编译机制，便于实现软件的局部修改与测试。

（7）软件的应用领域

不同的程序设计语言适合不同的应用领域，在软件设计时应该考虑软件将来的应用场合。因此，同软件开发方法的选择一样，语言的选择也应充分考虑目标系统的应用范围。

8.2.2 程序设计风格

源程序代码的逻辑简明清晰，易读易懂是好程序的一个重要标准，为了做到这一点应该遵循下述规则：

（1）代码的可读性至上

代码要能可阅读和可理解，就需要格式化成一致的方式。对函数和变量的命名应有意义，注释的表达应该简洁而准确。并且，准确地记录代码中所有棘手的部分是十分重要的。

（2）遵循正确的命名约定是必须的

当需要给类、函数和变量命名时，需要遵循以下指南：

① 确保特定类名的第一个字母大写。

② 使用大小写分离多个单词的命名。

③ 大写常数名，并使用下画线分离单词。

④ 确保特定功能和变量名的第一个字母小写。

⑤ 正确使用缩写。

（3）必要时可使用空格

虽然空格对编译器是没有意义的，但是可用于提高代码的可读性。可以在函数间留少量的空行，还可以在函数内使用单独的空行用于分离关键的代码段。

（4）确保代码的可维护性

需要确保写出来的代码，换成另一个程序员来调整功能、修复 bug，也是明确易懂的。要将函数中关键值用常量来标记，总而言之，代码必须高内聚低耦合，能够处理任何类型的输入，提供预期结果。

（5）注释必须易于理解

注释应该是有意义的，能够清晰地解释所有关于软件程序的内容。注释中包括数据定义注释、算法注释、处理注释、接口注释、调用关系注释、编写代码的日期，以及简明扼要地说明程序的实际用途等注释。

（6）正确使用函数

每一个函数所包含的代码片段，必须既短又能完成特定的任务，这就需要以最精炼的方式去简化。并且，任何重复性的代码片段都应该被设置为一个单独的函数。上述做法不但可缩短程序的长度，还能大大提高其可读性。

（7）语句构造技巧

① 不要为了节省空间而把多个语句写在一行。

② 尽量避免复杂的条件测试。

③ 尽量减少对"非"条件的测试。

④ 避免大量使用循环嵌套和条件嵌套。

⑤ 利用括号使逻辑表达式或算术表达式的运算次序清晰直观。

（8）整齐的代码缩进

缩进在软件程序的流程控制上起着至关重要的作用。每一个新的 while、for、if 语句，以及 switch 结构，都需要缩进代码。例如，假设有 if 语句，那么相应的 else 语句必须一起缩进。

本 章 小 结

编码就是在前一阶段详细设计的基础上，用一种程序设计语言来将设计转换为程序，得到的结果是源程序代码。本章内容主要包括程序设计语言特性、程序设计语言的选择及程序设计风格等。

习 题

一、选择题

1. 一个程序如果把它作为一个整体，它也是只有一个入口、一个出口的单个顺序结构，这是一种（　　）。

    A. 结构程序　　　　　B. 组合的过程　　　　C. 自顶向下设计　　　　D. 分解过程

2. 下面的叙述（　　）是正确的。

    A. 在软件开发过程中，编码作业的代价最高

    B. 编码越长、数据越多，程序就越复杂

    C. 为了提高程序的运行速度，有时可以采用以存储空间换取运行速度的办法

    D. 对同一算法，用高级语言编写的程序比用低级语言编写的程序运行速度快

3. 在编制程序时，应采纳的原则之一是（　　）。

    A. 不限制 goto 语句的使用　　　　　　　　B. 减少或取消注释行

    C. 程序越短越好　　　　　　　　　　　　D. 程序结构应有助于读者理解

4. 为了提高易读性，源程序内部应加功能性注释，用于说明（　　）。

    A. 模块总的功能　　　　　　　　　　　　B. 程序段或语句的功能

    C. 模块参数的用途　　　　　　　　　　　D. 数据的用途

5. 提高程序效率的根本途径并非在于（　　）。

    A. 选择良好的设计方法　　　　　　　　　B. 选择良好的数据结构

    C. 选择良好的算法　　　　　　　　　　　D. 对程序语句作调整

二、简述题

1. 程序设计风格是什么？

2. 举例说明各种程序设计语言的特点及适用范围。

3. 什么是顺序设计风格？为了具有更好的设计风格，应注意哪些方面的问题？

4. 在项目开发时，选择程序设计语言通常考虑哪些因素？

5. 什么是注释？有哪些内容？

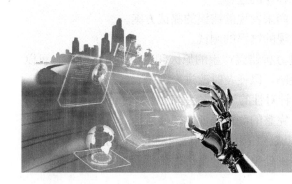

第9章

软件测试

软件的开发，从开发初期的问题定义及规划到各个阶段的有效进行，整个软件项目的开发需做到质量有保证。而软件测试作为软件开发过程中最后也是关键的一步，无论是对软件安全性的保障，还是软件功能性的检验，都有无可替代的地位。软件测试是软件质量保证的主要活动之一。

9.1 软件测试基础

软件测试是提高软件质量的重要手段，近年来，软件测试技术迅速发展并日趋成熟，仅就测试而言，它的目标是发现软件的错误，但是发现软件中的错误并不是我们的最终目的。软件工程的最终目标是开发出高质量的完全符合用户需求的软件，因此，通过测试发现错误之后还必须诊断并改正错误，这就是测试的目的。具体而言，其目标大致可分为三个方面：首先是预防程序中错误的发生；其次是通过系统的方法发现程序中的错误，最后应提供良好的错误诊断信息，以利于改正错误。

显然第一个目标是我们的理想，但是，错误有可能来自软件开发周期的各个阶段的每一个环节，包括人们对测试本身的设计和实现的思考与分析，所以要完全防止程序错误的产生，换句话说，就是要证明程序是完全正确的，这在现有的计算机技术水平下，几乎是不可能的。因此，人们必须侧重第二、第三个目标，发现错误、改正错误。

9.1.1 软件测试的定义

软件测试是描述一种用来鉴定软件的正确性、完整性、安全性和质量的过程。换句话说，软件测试是一种实际输出与预期输出间的审核或者比较的过程。软件测试的经典定义是：在规定的条件下对程序进行操作，以发现程序错误，衡量软件质量，并对其是否能满足设计要求进行评估的过程。

9.1.2 软件测试的目标

Glenford J.Myers 给出了关于测试的一些规则,这些规则也可以看作是测试的目标或定义。

（1）测试是为了发现程序中的错误而执行程序的过程。

（2）好的测试方案是极可能发现至今为止尚未发现的错误的测试方案。

（3）成功的测试是发现了至今为止尚未发现的错误的测试。

（4）测试并不仅仅是为了找出错误。通过分析错误产生的原因和错误的发生趋势，可以帮助项目管理者发现当前软件开发过程中的缺陷，以便及时改进。

（5）这种分析也能帮助测试人员设计出有针对性的测试方法，改善测试的效率和有效性。

（6）没有发现错误的测试也是有价值的，完整的测试是评定软件质量的一种方法。

另外，根据测试目的的不同，还有回归测试、压力测试、性能测试等，分别为了检验修改或优化过程是否引发新的问题、软件所能达到处理能力和是否达到预期的处理能力等。

9.1.3　软件测试的内容

软件测试的主要工作内容是验证和确认。在软件测试中，确认和验证有不同的定义，其中的区别对软件测试很重要。验证是保证软件满足用户要求的过程；确认是保证软件符合产品说明书的过程。

（1）验证

验证是保证软件正确地实现了用户一些特定需求功能的一系列活动，即保证软件以正确的方式来做这个事件。

① 确定软件生命周期中一个给定阶段的产品是否达到前阶段确立的用户需求的过程。

② 程序正确性的形式证明，即采用形式理论证明程序符合设计规约规定的过程。

③ 评审、审查、测试、检查、审计等各类活动，或对某些项处理、服务或文件等是否和规定的用户需求相一致进行判断和提出报告。

（2）确认

确认是一系列的活动和过程，目的是想证实在一个给定的外部环境中软件的逻辑正确性。即保证软件做了你所期望的事情。

① 静态确认，不在计算机上实际执行程序，通过人工或程序分析来证明软件的正确性。

② 动态确认，通过执行程序做分析，测试程序的动态行为，以证实软件是否存在问题。

软件测试的对象不仅仅是程序测试，软件测试应该包括整个软件开发期间各个阶段所产生的文档，如需求规格说明、概要设计文档、详细设计文档。软件测试的主要对象仍是源程序。

9.1.4　软件测试的心理依据

人类行为具有高度目标性，确立一个正确的目标有着重要的心理学影响。软件测试的心理学问题就是如何摆正测试的两个目标的关系，使得测试活动更加富有成效。

（1）程序测试的过程具有破坏性

每当测试一个程序时，人们总希望为程序增加一些价值。利用测试来增加程序的价值是指通过测试，找出并修改尽可能多的程序缺陷，从而提高程序的可靠性或质量。

因此，不要只是为了证明程序能够正确运行而去测试程序。相反，应该一开始就假设程序中隐藏着错误（这种假设几乎对所有的程序都成立），然后测试程序，发现尽可能多的错误。

事实上，如果把测试目标定位于要证明程序中没有缺陷，那么就会在潜意识中倾向于实现这个目标。也就是说，测试人员会倾向于挑选那些使程序失效的可能性较小的测试数据。另一方面，如果把测试目标定位于要证明程序中存在缺陷，那么就会选择一些容易发现程序缺陷的测试数据。而后一种态度会比前者给程序增加更多的价值。

如果在测试某个程序段时发现了可以纠正的缺陷，或者测试最终确定再没有其他缺陷，则应将这次合理设计并得到有效执行的测试称作是"成功的"。而所谓"不成功的"测试，仅指未能适当地对程序进行检查，未能找出程序中潜藏缺陷的测试。"软件测试就是证明软件不存在错误的过程"。对几乎所有的程序而言，甚至是非常小的程序，这个目标实际上是无法达到的。因为即使程序能完全实现预期要求，但仍可能包含有缺陷。也就是说，如果程序不按要求工作，它显然有缺陷；但如果程序做了不需要它做的事，它也是有缺陷的。

心理学研究告诉我们，当人们在干一件已经知道是不合适的或不可能做到的事时，往往他们的表现就相当糟糕。把程序测试定义为在程序中找出错误的过程，就使测试成了可以做到的任务，从而克服了心理上存在的问题。虽然这看起来像是个微妙的文字游戏，但对成功地进行软件测试有很大的影响。

总之，软件测试更适合被视为试图发现程序中错误（假设其存在）的破坏性的过程。一个成功的测试，通过诱发程序发生错误，可以在这个方向上促进软件质量的改进。当然最终人们还是要通过软件测试来建立某种程度的信心：软件做了其应该做的，而没有做其不应该做的。

（2）程序员应避免测试自己的程序

由开发人员来测试自己的代码是一件很不妥当的事情。开发和测试生来就是不同的活动。开发是创造或者建立某种事物的行为，如一个功能模块或整个系统。而测试的重要目的是证实一个模块或者一个系统工作不正常。这两个活动之间有着本质的矛盾。一个人不太可能把两个截然对立的角色都扮演得很好，因此应当限制开发人员在测试中的参与，给他们比较合适的任务是进行最底层的测试——单元测试。

当一个程序员完成了设计与编写程序的建设性工作后，要一夜之间突然改变他的观点，设法对程序形成一个完全否定的态度，那是非常困难的。所以，大部分程序员都由于不能使自己进入必要的精神状态（不是抱着要揭露出自己程序中错误的态度），就不能有效地测试自己的程序。除了这个心理学问题之外，还有一个重要的问题：程序中可能包含由于程序员对问题的叙述或说明的误解而产生了错误。如果是这种情况，当程序员测试自己的程序时，往往还会带着同样的误解致使问题难以发现。

（3）程序设计组织不应测试自己的程序

在宏观意义上，一个程序设计组织或一个工程项目是个有生命的有机体，它同样有心理学问题。在大多数情况下，人们都是以"在给定日期内，以一定代价完成程序编制任务的能力"来衡量程序设计组织和项目管理人员的。这样做的理由是时间和成本指标便于衡量，而程序的质量很难度量。要程序设计组织在测试自己的程序时持客观态度是很困难的，因为如果用正确的定义看待测试，就不大可能按预定计划完成测试，也不大可能把耗费的代价限制在要求的范围以内。

软件生产的三个最重要的因素是质量、进度和费用。由于费用和进度的限制，要开发一种高质量、快速交付和低成本的软件产品并不容易。也就是说，要同时达到三个目标是困难的。因此在软件产品的开发中要权衡它们之间的关系，使软件的特性能满足用户的要求，这意味着软件产品的特性的度量和预计是必要的。

软件测试由独立测试机构承担有很多好处。独立测试是指软件测试工作由在经济上和管理上独立于开发机构的组织进行。独立测试可以避免软件开发者测试自己开发的软件，由于心理学上的问题，软件开发者难以客观、有效地测试自己的软件，要找出那些因为对问题的误解而产生的错误就更加困难。

① 独立测试客观性。对软件测试和软件中的错误抱着客观的态度，这种客观的态度可以解决测试中的心理学问题，既能以揭露软件中错误的态度工作，也能不受发现的错误的影响。经济上的独立性使测试有更充分的条件按测试要求去完成。

② 独立测试专业性。独立测试作为一种专业工作，在长期的工作过程中势必能够积累大量实践经验，形成自己的专业知识。同时软件测试也是技术含量很高的工作，需要有专业队伍加以研究，并进行工程实践。专业化分工是提高测试水平、保证测试质量、充分发挥测试效应的必然途径。

③ 独立测试权威性。由于专业优势，独立测试工作形成的测试结果更具信服力，而测试结果常常和对软件的质量评价联系在一起，专业化的独立测试机构的评价更客观、公正和具有权威性。

④ 独立测试资源有保证。独立测试机构的主要任务是进行独立测试工作，这使得测试工作在经费、人力和计划方面更有保证，不会因为开发的压力减少对测试的投入，降低测试的有效性可以避免开发单位侧重软件开发而对测试工作产生不利的影响。

9.1.5　软件测试的发展史

软件测试是伴随着软件的产生而产生的。软件测试的理论和技术与软件工程的其他领域一样，也经历了一个不断发展完善的过程。

早期的软件开发过程中软件规模都很小、复杂程度低，软件开发的过程混乱无序，相当随意，测试的含义比较狭窄，开发人员将测试等同于"调试"，目的是纠正软件中已经知道的故障，常常由开发人员自己完成这部分的工作。对测试的投入极少，测试介入也晚，常常是等到形成代码，产品已经基本完成时才进行测试。

20 世纪 80 年代初期，软件和 IT 行业进入了大发展时期，软件趋向大型化、高复杂度，软件的质量越来越高。这个时候，一些软件测试的基础理论和实用技术开始形成，并且人们开始为软件开发设计了各种流程和管理方法，软件开发的方式也逐渐由混乱无序的开发过程过渡到结构化的开发过程，以结构化分析与设计、结构化评审、结构化程序设计以及结构化测试为特征。人们还将"质量"的概念融入其中，软件测试定义发生了改变，测试不单纯是一个发现错误的过程，而且将测试作为软件质量保证（SQA）的主要职能，包含软件质量评价的内容，Bill Hetzel 在《软件测试完全指南》（*Complete Guide of Software Testing*）一书中指出："测试是以评价一个程序或者系统属性为目标的任何一种活动。测试是对软件质量的度量。"这个定义至今仍被引用，软件开发人员和测试人员开始坐在一起探讨软件工程和测试问题。

软件测试已有了行业标准（IEEE/ANSI），1983 年 IEEE 提出的软件工程术语中给软件测试下的定义是："使用人工或自动的手段来运行或测定某个软件系统的过程，其目的在于检验它是否满足规定的需求或弄清预期结果与实际结果之间的差别"。这个定义明确指出：软件测试的目的是为了检验软件系统是否满足需求。它再也不是一个一次性的，只是开发后期的活动，而是与整个开发流程融合成一体。软件测试已成为一个专业，需要运用专门的方法和手段，需要专门人才和专家来承担。

进入 20 世纪 90 年代，软件行业开始迅猛发展，软件的规模变得非常大，在一些大型软件开发过程中，测试活动需要花费大量的时间和成本，而当时测试的手段几乎完全都是手工测试，测试的效率非常低；并且随着软件复杂度的提高，出现了很多通过手工方式无法完成测试的情况，尽管在一些大型软件的开发过程中，人们尝试编写了一些小程序来辅助测试，但是这仍不能满足大多数软件项目的统一需要。于是，很多测试实践者开始尝试开发商业的测试工具来支持测试，辅助测试人员完成某一类型或某一领域内的测试工作，而测试工具逐渐盛行起来。人们普遍意识到，工具不仅仅是有用的，而且要对今天的软件系统进行充分的测试，工具是必不可少的。测试工具可以进行部分程序的测试设计、实现、执行和比较的工作。通过运用测试工具，可以达到提高测试效率的目的。测试工具的发展，大大提高了软件测试的自动化程度，让测试人员从烦琐和重复的测试活动中解脱出来，专心从事有意义的测试设计等活动。

采用自动比较技术，还可以自动完成测试用例执行结果的判断，从而避免人工比对存在的疏漏问题。设计良好的自动化测试，在某些情况下可以实现 "夜间测试"和"无人测试"。在大多数情况下，软件测试自动化可以减少开支，增加有限时间内可执行的测试，在执行相同数量测试时节约测试时间。而测试工具的选择和推广也越来越受到重视。在软件测试工具平台方面，商业化的软件测试工具已经很多，如捕获/回放工具、Web 测试工具、性能测试工具、测试管理工具、代码测试工具等，这些都有严格的版权限制且价格较为昂贵，但由于价格和版权的限制无法自由使用。当然，一些软件测试工具开发商对于某些测试工具提供了 Beta 测试版本以供用户有限次数使用。幸运的是，在开放源码社区中也出现了许多软件测试工具，已得到广泛应用且相当成熟和完善。

但是，软件测试方法和技术无论多么先进，它都回避不了"不可穷举性"这一事实，因而它也就不可能从根本上解决程序正确性问题。所以近年来，对程序逻辑的研究，对自动程序设计理论的探索，形式化对程序正确性终止性证明方法的讨论方兴未艾，其根本目的就是要解决测试的不可穷举性带来的软件最终产品的不完全可靠性，使对软件的研制开发建立在对程序正确性证明过程之上，以保证最终程序是完全正确并一定终止的。

9.1.6　软件测试典型案例

（1）迪斯尼的狮子王（1994—1995 年）

1994 年秋天，迪斯尼公司发布了第一个面向儿童的多媒体光盘游戏——狮子王动画故事书（*The Lion King Animated Storybook*）。已经有许多其他公司在儿童游戏市场上运作多年，而且这次是迪斯尼公司首次进军这个市场，所以进行了大量促销宣传。结果销售额非常可观，该游戏成为孩子们那年节假日的"必买游戏"。然而后来却飞来横祸。12 月 26 日，圣诞节的后一天，迪斯尼公司的客户支持电话开始响个不停。很快，电话支持技术员们就被淹没在来自于愤怒的家长并伴随着玩不成游戏的孩子们哭叫的电话之中。报纸和电视新闻进行了大量的报道。

后来证实，迪斯尼公司未能对市面上投入使用的许多不同类型的 PC 机型进行广泛的测试。软件在极少数系统中工作正常——例如在迪斯尼程序员用来开发游戏的系统中——但在大多数公众使用的系统中却不能运行。

（2）美国航天局火星极地登陆者号探测器（1999 年）

1999 年 12 月 3 日，美国航天局的火星极地登陆者号探测器试图在火星表面着陆时失踪。一个故障评估委员会（Failure Review Board，FRB）调查了故障，认定出现故障的原因极可能是一个数据位被意外置位。最令人警醒的问题是为什么没有在内部测试时发现呢！

从理论上看，着陆的计划是这样的：当探测器向火星表面降落时，它将打开降落伞减缓探测器的下降速度。降落伞打开几秒后，探测器的三条腿将迅速撑开，并锁定位置，准备着陆。当探测器离地面 1 800 m 时，它将丢弃降落伞，点燃着陆推进器，缓缓地降落到地面。

美国航天局为了省钱，简化了确定何时关闭着陆推进器的装置。为了替代在其他太空船上使用的贵重雷达，他们在探测器的脚部装了一个廉价的触点开关，在计算机中设置一个数据位来控制触点开启关闭燃料。很简单，探测器的发动机需要一直点火工作，直到脚"着地"为止。

遗憾的是，故障评估委员会在测试中发现，许多情况下，当探测器的脚迅速撑开准备着陆时，机械震动也会触发着陆触点开关，设置致命的错误数据位。设想探测器开始着陆时，计算机极有可能关闭着陆推进器，这样火星极地登陆者号探测器飞船下坠 1 800 m 之后冲向地面，撞成碎片。

结果是灾难性的，但背后的原因却很简单。登陆探测器经过了多个小组测试。其中一个小组测试飞船的脚折叠过程，另一个小组测试此后的着陆过程。前一个小组不去注意着地数据位是否置位——这不是他们负责的范围；后一个小组总是在开始测试之前复位计算机、清除数据位。双方独立工作都做得很好，但组合在一起就出现了意想不到的错误。

（3）爱国者导弹防御系统（1991 年）

美国爱国者导弹防御系统是里根总统提出的战略防御计划，即星球大战计划（Strategic Defense Initiative，SDI）的缩略版本，它首次应用在海湾战争中对抗伊拉克飞毛腿导弹的防御 战中。尽管对此系统赞誉的报道不绝于耳，但是它确实在对抗几枚导弹中失利，包括一次在沙特阿拉伯的多哈击毙了 28 名美国士兵。分析发现症结在于一个软件缺陷，系统时钟的一个很小的计时错误积累起来达 14 小时后，跟踪系统便不再准确。在多哈的这次袭击中，系统已经运行了 100 多个小时。

（4）千年虫问题（约 1974 年）

20 世纪 70 年代早期的某个时间，某位程序员正在为本公司设计开发工资系统。他使用的计算机存储空间很小，迫使他尽量节省每一个字节。该程序员将自己的程序压缩得比其他任何人都紧凑。他使用的其中一个方法是把 4 位数年份，例如 1973，缩减为 2 位数，73。因为工资系统相当依赖于日期的处理，所以需要节省大量昂贵的存储空间。该程序员简单地认为只有在到达 2000 年，那时他的程序开始计算 00 或 01 这样的年份时问题才会发生。虽然他知道会出这样的问题，但是他认定在 25 年之内程序肯定会升级或替换，而且眼前的任务比计划遥不可及的未来更加重要。然而这一天毕竟是要到来的。1995 年，该程序员的程序仍然在使用，而 Dave 退休了，谁也不会想到如何深入到程序中检查 2000 年兼容问题，更不用说去修改了。

估计全球各地更换或升级类似的程序以解决潜在的 2000 年问题的费用已经达数千亿美元。

（5）危险的预见（2004 年）

1994 年 4 月 1 日，在一些互联网用户组上贴出了一条消息：在互联网上发现了一封将病毒嵌入在几张 JPEG 格式图片中的邮件。消息很快就传播开了。消息警告说只要简单地打开或查看受病毒感染的图片，病毒就会感染 PC，甚至还有警告说该病毒会破坏显示器。

警告受到了广泛的关注，并且很多人把自己机器上的 JPEG 文件都清除掉了。有些系统管理员甚至阻止系统通过 E-mail 接收 JPEG 图片。

后来人们终于知道这个最初的消息发布在"愚人节"，整个事件就是一个玩笑。专家们这时发表意见说，不可能在查看一幅 JPEG 图片时，病毒会感染 PC。不管怎样，图片只是一些数据，它不是可执行的程序代码。

十年后，2004 年的秋天，一个原形（proof-of-concept）病毒被制造出来，证明了 JPEG 图片可以带病毒并且在查看时感染系统。软件更新补丁也很快发布以防止病毒的扩散。不管怎样，像这种原本正常的图片通过某种传播手段，造成互联网的灾难性破坏，可能只是一个时间问题。

9.2 软件测试的原理与特点

9.2.1 软件测试的原理

软件测试的基本方法就是按程序功能说明书或程序的逻辑结构，设计一组测试用例，在给定环境下把测试用例作为输入执行程序，然后对程序行为进行检验，确定其是否与预期结果一致，以发现程序是否有错。

为保证测试结果的有效性和正确性，必须坚持以下原则：

（1）不应把软件测试仅看作软件开发过程的一个独立阶段，而应当把它贯穿于软件开发过程的各个环节中，不断地进行测试，以尽可能早地发现和预防错误，减少开发费用，提高软件质量。

（2）测试用例必须包括测试输入数据和对输入的预期程序产生结果两部分。这样才能有效地进行实测结果与预期之间一致性的比较。

（3）程序错误有可能来自编写者编程水平不高或疏忽，还有可能来自其对需求说明书的错误理解。所以程序的错误检查应尽量由他人来完成，这样会更有效，正所谓"当局者迷，旁观者清"。但程序的调试纠错过程，则应由编写者本人进行。

（4）应对一个测试结果做全面检查，以防止虽已测出错误，但因对测试结果检查不仔细和不全面，而被漏掉的情况发生。

（5）测试用例设计时，不仅要有有效的和期望的输入条件，还应包括无效的和不期望的输入条件。人们因其思维方式，常常忽略后者，但实践证明无效的和不期望的输入条件比有效的和期望的输入条件在测试工作中往往能发现更多的错误。这就需要设计、测试人员养成逆向思维的习惯。

（6）与前一原理同，测试程序时，不但要检查程序应该做事情的完成情况，还必须检查程序是否做了多余的、不该做的事情。这样的测试才是完整的。

（7）在测试实践中有一种现象已被证实，且必须引起设计和测试人员的足够重视，即一个程序中尚未发现的错误数量与在该程序中已发现的错误数量成正比，如图 9.1 所示。

（8）不应该把测试工作看成是按部就班的工作，而是一项大的程序测试中所需做的创造性，往往超过设计阶段所做的工作。

此外，软件测试的过程中还有一些准则：

（1）测试应该尽早进行，最好在需求阶段就开始介入，因为最严重的错误不外乎是系统不能满足用户的需求。

（2）程序员应该避免检查自己的程序，软件测试应该由第三方来负责。

（3）设计测试用例时应考虑到合法的输入和不合法的输入以及各种边界条件，特殊情况下还要制造极端状态和意外状态，如网络异常中断、电源断电等。

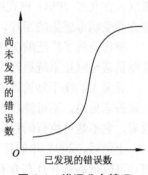

图 9.1　错误分布情况

（4）应该充分注意测试中的群集现象。

（5）对错误结果要进行一个确认过程。一般由 A 测试出来的错误，一定要由 B 来确认。严重的错误可以召开评审会议进行讨论和分析，对测试结果要进行严格地确认是否真的存在这个问题及其严重程度等。

（6）制订严格的测试计划。一定要制订测试计划，并且要有指导性。测试时间安排尽量宽松，不要希望在极短的时间内完成一个高水平的测试。

（7）妥善保存测试计划、测试用例、出错统计和最终分析报告，为维护提供方便。

9.2.2　软件测试的特点

软件测试是按程序功能说明书或逻辑结构，设计一组测试用例作为输入，在给定环境下，执行程序并对其行为进行检验，比较其是否与预期结果一致，以发现程序中存在的错误的过程。

归纳起来软件测试有以下特点：

（1）测试能证明错误的存在，但不能证明错误不存在。

（2）测试是从已知条件出发，使用预先定义的方法，得到期望的测试结果。但测试是否成功是不可测的。

（3）测试能够而且应该事先安排，事先设计和制定测试日程表。

（4）测试方法类似于正确性证明而非演绎、归纳过程。

（5）测试是指出程序员的过失。

（6）测试应该是可预测的、机械的、强制的、严格的。

（7）测试的设计和实现在很大程度上可以忽视被测对象的细节设计。

（8）测试既可由程序员来做，亦可由非程序员来做。

（9）测试工作已建立了相应的理论基础。

9.3　软件测试的基本方法

9.3.1　人工测试和机器测试

软件测试从广义上讲，应该包括人工测试和机器测试两个方面。

人工测试又称人工方式的代码复审，它在程序编译后、提交机器测试前进行。其目的在于检查程序的静态结构，找出编译不能发现的错误。大量实践证明，人工测试可以发现程序30%的编译错误和 70%的逻辑设计错误，并且对某些类型的错误，人工测试较之机器测试有更高的效率，由此可见，人工测试并非可有可无，而是整个软件测试中不可缺少的环节。必须引起测试人员的重视，但是人工测试由于受到测试人员知识水平和心理素质的限制，以及人工测试方法的规律性差的制约，它不能完全替代机器测试，它只能是机器测试的准备，以加快机器动态测试的过程，提高整个测试工作的效率。

9.3.2 白盒测试、黑盒测试和灰盒测试

白盒测试又称结构测试、透明盒测试、逻辑驱动测试或基于代码的测试。白盒测试是一种测试用例设计方法，盒子指的是被测试的软件，白盒指的是盒子是可视的，清楚盒子内部的东西以及里面是如何运作的。白盒法全面了解程序内部逻辑结构、对所有逻辑路径进行测试，测试者必须检查程序的内部结构，从检查程序的逻辑着手，得出测试数据。

黑盒测试也称功能测试，它是通过测试来检测每个功能是否都能正常使用。在测试中，把程序看作一个不能打开的黑盒子，在完全不考虑程序内部结构和内部特性的情况下，在程序接口进行测试，它只检查程序功能是否按照需求规格说明书的规定正常使用，程序是否能适当地接收输入数据而产生正确的输出信息。黑盒测试着眼于程序外部结构，不考虑内部逻辑结构，主要针对软件界面和软件功能进行测试。

黑盒测试是以用户的角度，从输入数据与输出数据的对应关系出发进行测试。很明显，如果外部特性本身设计有问题或规格说明的规定有误，用黑盒测试方法是发现不了的。

灰盒测试是介于白盒测试与黑盒测试之间的一种测试，灰盒测试多用于集成测试阶段，不仅关注输出、输入的正确性，同时也关注程序内部的情况。灰盒测试不像白盒那样详细、完整，但又比黑盒测试更关注程序的内部逻辑，常常是通过一些表征性的现象、事件、标志来判断内部的运行状态。

灰盒测试通常与 Web 服务应用一起使用，因为尽管应用程序复杂多变，并不断发展进步，因特网仍可以提供相对稳定的接口。灰盒测试结合了白盒测试和黑盒测试的要素。它考虑了用户端、特定的系统知识和操作环境。它在系统组件的协同性环境中评价应用软件的设计。灰盒测试由方法和工具组成，这些方法和工具取材于应用程序的内部知识和与之交互的环境，能够用于黑盒测试以增强测试效率、错误发现和错误分析的效率。灰盒测试涉及输入和输出，但使用关于代码和程序操作等通常在测试人员视野之外的信息设计测试。

9.3.3 Alpha 测试和 Beta 测试

如果软件是专为某个用户开发的，可以进行一系列验收测试，以便用户确认所有需求都得到了满足。验收测试是由最终用户而不是系统的开发者进行的。事实上，验收测试可以持续几个星期甚至几个月，因此能够发现随着时间流逝可能会降低系统质量的累积错误。

如果一个软件是为许多用户开发的（例如，向大众公开出售的盒装软件产品），那么，让每个用户都进行正式的验收测试是不现实的。在这种情况下，绝大多数软件开发商都使用被称为 Alpha 测试和 Beta 测试的过程，来发现那些看起来只有最终用户才能发现的错误。

Alpha 测试由用户在开发者的场所进行，并且在开发者对用户的"指导"下进行测试。开发者负责记录发现的错误和使用中遇到的问题。总之，Alpha 测试是在受控的环境中进行的。

Beta 测试由软件的最终用户们在一个或多个客户场所进行。与 Alpha 测试不同,开发者通常不在 Beta 测试的现场,因此,Beta 测试是软件在开发者不能控制的环境中的"真实"应用。用户记录在 Beta 测试过程中遇到的一切问题(真实的或想象的),并且定期把这些问题报告给开发者。接收到在 Beta 测试期间报告的问题之后,开发者对软件产品进行必要的修改,并准备向全体客户发布最终的软件产品。

9.4 软件测试的过程和步骤

9.4.1 软件测试的过程

软件测试阶段的过程如图 9.2 所示。每个圆圈代表一种复杂的变换。这个阶段输入的信息有两种类型:

(1)软件配置文件集:指要测试的软件,包括需求说明书、设计规格说明书和源程序清单等。

(2)测试配置:包括测试计划、测试过程、测试用例以及预期的结果。实际上测试配置是软件配置的一个子集,最终交出的软件配置应该包括上述测试配置以及测试的实际结果和测试的记录。

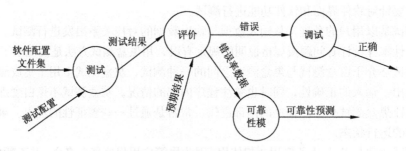

图 9.2 软件测试过程模型

测试得出的结果和预期的结果进行比较,若不一致则很可能是程序中有错误,设法确定错误的位置并且改正它,这就是测试的任务。通常由程序的编写者负责和调试。由于测试本身的不确定性,常常难以准确安排测试日期表。

对测试结果进行收集和评价后,软件可靠性所能达到的质量指标也就清楚了。如果经常出现要求修改设计的严重错误,那么软件的质量和可靠性则是值得怀疑的,应该做进一步的仔细测试。另一种情况是软件功能看起来完成得很好,遇到问题也容易修正,但仍应该考虑以下两种可能:

(1)软件的可靠性是可以接受的。

(2)所进行的测试尚不足以发现严重的错误。

如果经过测试,一个错误也没有被发现,则很可能是由于测试配置思考不充分,以致不能暴露软件中潜藏的错误。

9.4.2 软件测试的步骤

软件测试大体可以分为四步:单元测试、集成测试、确认测试和系统测试。它们依次被实现，测试步骤的模式如图 9.3 所示。

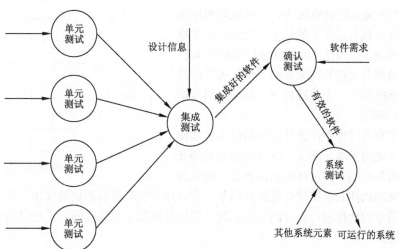

图 9.3　软件测试步骤模型

软件测试阶段的全面计划以及对特定测试的描述，都要写成测试报告，作为软件文档的一个重要部分。下面对具体测试步骤进行介绍。

（1）单元测试

单元测试集中检查软件设计的最小单元——模块，即对各个模块进行测试，通常称为"分调"，它以详细设计描述为指南。对重要的控制路径进行测试，用以发现错误。单元测试总是使用白盒测试法，可以同时对多个模块并行进行测试。

单元测试是指对软件中的最小可测试单元进行检查和验证。对于单元测试中单元的含义，一般来说，要根据实际情况去判定其具体含义，如 C 语言中单元指一个函数，Java 中单元指一个类，图形化的软件中可以指一个窗口或一个菜单等。总的来说，单元就是人为规定的最小的被测功能模块。单元测试是在软件开发过程中要进行的最低级别的测试活动，软件的独立单元将在与程序的其他部分相隔离的情况下进行测试。

在单元测试过程中，与单元测试联系起来的另外一些开发活动包括代码走读（Code review）、静态分析（Static analysis）和动态分析（Dynamic analysis）。静态分析就是对软件的源代码进行研读，查找错误或收集一些度量数据，并不需要对代码进行编译和执行。动态分析就是通过观察软件运行时的动作来提供执行跟踪、时间分析以及测试覆盖度方面的信息。

单元测试在开发和复审源程序代码，并检查语法正确性之后，应根据软件设计信息，设计单元测试用例，使得测试用例有可能发现上述各类错误，另外，每个测试用例还应有一个预期的结果。

单元测试对象是模块，模块不是一个独立的程序，因此模块自己不能运行，要靠其他部分来调用和驱动，这样就要为每个单元测试开发两个软件：驱动程序和连接程序。

① 驱动程序。驱动程序实际上相当于一个主程序，它接收不同测试用例的数据，并把这些数据传送给测试的模块，最后打印结果。

② 连接程序。连接程序用来代替由被测试模块所调用的模块。

例如，某个程序有五个模块，如图 9.4 所示。要测试模块 B，就需要设计一个驱动程序，把测试用例当做输入送给模块 B，同时驱动程序还必须显示模块 B 执行后产生的结果。此外，由于模块 B 要调用模块 E，用什么方法能够证明模块 E 已被 B 调用？这就是连接程序要做的工作。所以应模拟模块 E 的功能编写一个连接程序，保证返回模块 B 的信息是正确的。

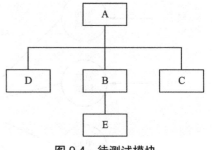

图 9.4　待测试模块

驱动程序和连接程序在软件运行后就不再被使用了，也就是说为了单元测试，这两者都是必须开发的软件，但是它们不与最终的软件产品一起交付用户。如果驱动软件和连接软件设计得简单，那么这种测试所需的费用就少，实际上，许多模块不能用简单的软件进行充分的单元测试，在这种情况下，完全的测试可以放到集成测试步骤后再进行。

当设计的模块具有高聚合时，单元测试就变得简单了。若一个模块只实现一种功能，测试项目就会减少，还可能更容易地发现和预测错误。

（2）集成测试

在所有模块都通过了单元测试后，各个模块工作都很正常，那么为什么把它们装配在一起以后，仍会怀疑它们能否正常地工作？这里有一个接口问题。如数据穿过接口时可能会丢失，这个模块可能会破坏另一个模块的功能，把子功能组装起来可能不产生所要求的主功能，全程数据结构可能出现问题等。还有一个误差积累问题，单个可以接受的误差，装配以后可能会放大（或积累）到不可接受的程度。这类问题经常出现，所以必须进行集成测试。

集成测试（也称组装测试、联合测试）是单元测试的逻辑扩展。它最简单的形式是：把两个已经过测试过的单元组合成一个组件，测试它们之间的接口。从这一层意义上讲，组件是指多个单元的集成聚合。在现实方案中，许多单元组合成组件，而这些组件又聚合为程序的更大部分。方法是测试片段的组合，并最终扩展成进程，将模块与其他组的模块一起测试。最后，将构成进程的所有模块一起测试。此外，如果程序由多个进程组成，应该成对测试它们，而不是同时测试所有进程。

集成测试是在单元测试的基础上，测试在将所有的软件单元按照概要设计规格说明的要求组装成模块、子系统或系统的过程中各部分工作是否达到或实现相应技术指标及要求的活动。也就是说，在集成测试之前，单元测试应该已经完成，集成测试中所使用的对象应该是已经经过单元测试的软件单元。这一点很重要，因为如果不经过单元测试，那么集成测试的效果将会受到很大影响，并且会大幅增加软件单元代码纠错的代价。

集成测试是单元测试的逻辑扩展。在现实方案中，集成是指多个单元的聚合，许多单元组合成模块，而这些模块又聚合成程序的更大部分，如子系统或系统。集成测试采用的方法是测试软件单元的组合能否正常工作，以及与其他组的模块能否集成起来工作。最后，还要测试构成系统的所有模块组合能否正常工作。集成测试所持的主要标准是总体设计的输出文档《软件概要设计规格说明》，任何不符合该说明的程序模块行为都应该加以记载并上报。

集成测试是用于装配软件的一种系统化的技术，要在软件装配的同时进行测试，用以发现与接口相联系的问题，目的是将经过单元测试的模块构成一个符合设计要求的软件结构。

集成测试技术有自顶向下和自底向上结合两种测试方法。

集成测试方法的选择决定于软件的特点，有时也取决于任务的进度。一般来说，工程上采用组装的方法，即对软件结构的较上层使用自顶向下的结合方法，对下层使用自底向上的结合方法。

(3) 确认测试

在集成测试之后，软件已经装配完成，接口错误也已经发现并纠正，这时可以开始对软件进行确认测试。确认测试运用黑盒测试的方法，验证被测软件是否满足用户需求。对软件的功能和性能要求在软件需求规格说明书中已经明确规定，它包含的信息就是软件确认测试的基础。

在确认测试过程中还有一项重要的工作，就是对软件配置进行审查，如图9.5所示。

审查的目的在于保证软件配置的所有程序和文档正确、完整而且两者要一致。

在所有确认测试全部完成之后，可能出现两种情况：

① 功能和性能与规格说明一致，可以接受。

② 发现与规格说明不一致，这时需要列出一张缺陷表。如果要在此时进行修改，工作量就大了，通常需要和用户协商，以确定解决在这个阶段发现的问题和错误的办法。

(4) 系统测试

软件仅是计算机系统中的一个元素，最终总是要把软件与其他系统元素结合在一起，进行一系列系统组装测试和系统确认测试。系统测试时软件设计和测试期间所采取的步骤，使软件结合到其他系统中成功的可能性增加，如果在系统测试时发现错误，将很难修改。

从软件测试来看，软件开发有分析、开发和编码等几个阶段，每个阶段都可能产生错误，多数错误是由于人员之间的交流不充分或存在误解等原因在接口上产生的，如图9.6所示。

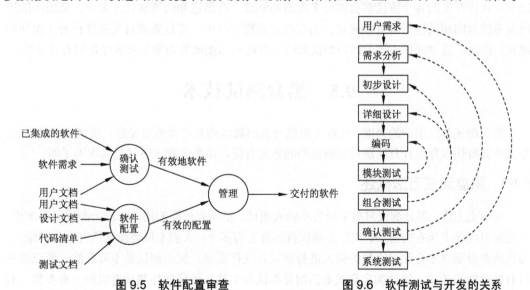

图 9.5　软件配置审查　　　　　图 9.6　软件测试与开发的关系

单元测试发现的错误主要是在编码阶段产生的错误；集成测试发现的错误主要是软件设计中的错误，也有可能发现需求说明书中的错误；确认测试主要发现分析阶段产生的错误。如果发现了错误之后，常常需要回到编码、开发和分析等阶段，进行再编码、再开发和再分析。从这里可以看出一个严重的问题，即最早犯下的错误要到确认测试才能发现。如分析阶段的错误要到确认测试才能发现。因此在大多数情况下，要纠正系统测试发现的错误，涉及面将非常大。如果此时发现对用户的需求理解错误，要改动就需要付出极大的代价。

系统测试的最后一步通常为交付测试，其目的与系统测试一样。不同的是交付测试要由用户完成，用户常常要有计划地进行一系列测试，可能需要几个星期，甚至几个月。

9.4.3 回归测试

在软件测试过程中，在上述基本软件测试步骤的基础上，还有软件回归测试。软件回归测试是指修改了旧代码后，重新进行测试以确认修改没有引入新的错误或导致其他代码产生错误。自动回归测试将大幅降低系统测试、维护升级等阶段的成本。

回归测试可遵循下述基本过程进行：

（1）识别出软件中被修改的部分。

（2）从原基线测试用例库中，排除所有不再适用的测试用例，确定那些对新的软件版本依然有效的测试用例，其结果是建立一个新的基线测试用例库。

（3）依据一定的策略从原基线测试用例库中选择测试用例测试被修改的软件。

（4）如果必要，生成新的测试用例集，用于测试原基线测试用例库中无法充分测试的软件部分。

（5）用新的测试用例集执行修改后的软件。

第（2）和第（3）步测试验证修改是否破坏了现有的功能，第（4）和第（5）步测试验证修改工作本身。

回归测试作为软件生命周期的一个组成部分，在整个软件测试过程中占有很大的工作量比重，软件开发的各个阶段都会进行多次回归测试。在渐进和快速迭代开发中，新版本的连续发布使回归测试进行得更加频繁，而在极端编程方法中，更是要求每天都进行若干次回归测试。因此，通过选择正确的回归测试策略来改进回归测试的效率和有效性是很有意义的。

9.5 黑盒测试技术

黑盒测试是以用户的角度，从输入数据与输出数据的对应关系出发进行测试的。很明显，如果外部特性本身设计有问题或规格说明的规定有误，用黑盒测试方法是发现不了的。

9.5.1 黑盒测试方法概述

从理论上讲，黑盒测试只有采用穷举输入测试，把所有可能的输入都作为测试情况考虑，才能查出程序中所有的错误。实际上测试情况有无穷多个，人们不仅要测试所有合法的输入，而且还要对那些不合法但可能的输入进行测试。这样看来，完全测试是不可能的，所以要进行有针对性的测试，通过制定测试案例指导测试的实施，保证软件测试有组织、有步骤、有计划地进行。

黑盒测试行为必须能够加以量化，才能真正保证软件质量，而测试用例就是将测试行为具体量化的方法之一。具体的黑盒测试用例设计方法包括等价类划分法、边界值分析法、错误推测法、因果图法、判定表驱动法、功能图法、场景法等。

9.5.2 划分等价类

等价类划分的办法是把程序的输入域划分成若干部分（子集），然后从每个部分中选取少数代表性数据作为测试用例。每一类的代表性数据在测试中的作用等价于这一类中的其他值。该方法是一种重要的、常用的黑盒测试用例设计方法。

等价类是指某个输入域的子集合。在该子集合中，各个输入数据对于揭露程序中的错误都是等效的，并合理地假定测试某等价类的代表值就等于对这一类其他值的测试。因此，可以把全部输入数据合理划分为若干等价类，在每一个等价类中取一个数据作为测试的输入条件，就可以用少量代表性的测试数据取得较好的测试结果。

等价类划分可有两种不同的情况：有效等价类和无效等价类。

（1）有效等价类：是指对于程序的规格说明来说是合理的，有意义地输入数据构成的集合。利用有效等价类可检验程序是否实现了规格说明中所规定的功能和性能。

（2）无效等价类：与有效等价类的定义恰巧相反。

设计测试用例时，要同时考虑这两种等价类。因为，软件不仅要能接收合理的数据，也要能经受意外的考验。这样的测试才能确保软件具有更高的可靠性。

划分等价类的方法：下面给出六条确定等价类的原则：

（1）在输入条件规定了取值范围或值的个数的情况下，则可以确立一个有效等价类和两个无效等价类。

（2）在输入条件规定了输入值的集合或者规定了"必须如何"的条件的情况下，可确立一个有效等价类和一个无效等价类.

（3）在输入条件是一个布尔量的情况下，可确定一个有效等价类和一个无效等价类。

（4）在规定了输入数据的一组值（假定 n 个），并且程序要对每一个输入值分别处理的情况下，可确立 n 个有效等价类和一个无效等价类。

（5）在规定了输入数据必须遵守规则的情况下，可确立一个有效等价类（符合规则）和若干个无效等价类（从不同角度违反规则）。

（6）在确知已划分的等价类中各元素在程序处理中的方式不同的情况下，则应再将该等价类进一步划分为更小的等价类。

通过设计等价划分类的方法，设计测试用例，进行黑盒测试，从而实现用户需求功能的测试。

9.5.3 边界值分析法

边界值分析是通过选择等价类边界的测试用例。边界值分析法不仅重视输入条件边界，而且也必须考虑输出域边界。它是对等价类划分方法的补充。

边界值分析方法是基于大量测试工作经验的统计，即大量的错误是发生在输入或输出范围的边界上，而不是发生在输入输出范围的内部。因此针对各种边界情况设计测试用例，可以查出更多的错误。

使用边界值分析方法设计测试用例，首先应确定边界情况。通常输入和输出等价类的边界，就是应着重测试的边界情况。应当选取正好等于、刚刚大于或刚刚小于边界的值作为测试数据，而不是选取等价类中的典型值或任意值作为测试数据。

9.5.4　错误推测法

错误推测法是基于经验和直觉推测程序中所有可能存在的各种错误，从而有针对性地设计测试用例的方法。

错误推测方法的基本思想是列举出程序中所有可能有的错误和容易发生错误的特殊情况，根据它们选择测试用例。例如，在单元测试时曾列出的许多在模块中常见的错误、以前产品测试中曾经发现的错误等，这些就是经验的总结。还有输入数据和输出数据为0的情况、输入表格为空格或输入表格只有一行，这些都是容易发生错误的情况。可选择这些情况下的例子作为测试用例。

9.6　白盒测试技术

白盒测试法称为结构测试或逻辑驱动测试。测试人员是从程序的逻辑结构入手，按照一定的原则来设计测试用例，测试数据。可见白盒法与程序的内部结构密切相关，它涉及程序设计风格、控制方法、源程序、数据库设计、编码细节等多方面的内容。

白盒测试法按其程序不同观点可分为：

（1）语句测试。它要求把程序的每个语句都最少检查一次。它是最简单的结构测试，大部分的程序错误是语句测试发现不了的，所以，通常认为语句测试用处不大。

（2）分支测试。它要求把程序的每条分支路径最少检查一次。即要求对程序中每个断点的各种可能的分支至少被执行一次。显然语句测试通常是分支测试的特别情况。

（3）路径测试。亦称为路由测试，它要求程序中每条路径最少被检查一次，它较上述两种测试更强，能检查出大部分与程序有关的错误。这是人们所希望实现的一种测试。但在实际应用中，特别是对大型软件（程序）的测试中几乎是不可能的。

9.6.1　白盒测试的方法

白盒测试的方法有代码检查法、静态结构分析法、静态质量度量法、逻辑覆盖法、基本路径测试法、域测试、符号测试、路径覆盖和程序变异。

白盒测试法的覆盖标准有逻辑覆盖、循环覆盖和基本路径测试。其中逻辑覆盖包括语句覆盖、判定覆盖、条件覆盖、判定/条件覆盖、条件组合覆盖和路径覆盖。六种覆盖标准发现错误的能力呈由弱到强的变化：

（1）语句覆盖。每条语句至少执行一次。语句覆盖选择足够多的测试数据，使被测程序中每条语句至少执行一次。语句覆盖是很弱的逻辑覆盖。

（2）判定覆盖。每个判定的每个分支至少执行一次。判定覆盖设计足够的测试用例，使得程序中的每个判定至少都获得一次"真值"或"假值"，或者说使得程序中的每一个取"真"分支和取"假"分支至少经历一次，因此判定覆盖又称为分支覆盖。

（3）条件覆盖。每个判定的每个条件应取到各种可能的值。为了更彻底地实现逻辑覆盖，可以采用条件覆盖的标准。条件覆盖构造一组测试用例，使得每一判定语句中每个逻辑条件的可能值至少满足一次。

（4）判定/条件覆盖同时满足判定覆盖条件覆盖。判定/条件的含义是，选取足够多的测试数据,使得判定表达式中的每个条件都能取到各种可能的值,而且每个判定表达式也能取到各种可能的值。

(5)条件组合覆盖每个判定中各条件的每一种组合至少出现一次。它的含义是:设计足够多的测试用例,使得每个判定中条件的各种可能组合都至少出现一次。显然满足多条件覆盖的测试用例是一定满足判定覆盖、条件覆盖和条件判定组合覆盖的。

(6)路径覆盖使程序中每一条可能的路径至少执行一次。

9.6.2 白盒测试的优缺点

白盒测试有很多优点,例如:

(1)迫使测试人员去仔细思考软件的实现。

(2)可以检测代码中的每条分支和路径。

(3)揭示隐藏在代码中的错误。

(4)对代码的测试比较彻底。

(5)最优化。

但是,白盒测试因为属于逻辑测试或称为过程测试,所以存在以下缺点:

(1)测试成本昂贵。

(2)无法检测代码中遗漏的路径和数据敏感性错误。

(3)不验证规格的正确性。

9.7 软件可靠性与可用性

软件可靠性是软件产品在规定的条件下和规定的时间区间完成规定功能的能力。规定的条件是指直接与软件运行相关的使用该软件的计算机系统的状态和软件的输入条件,或统称为软件运行时的外部输入条件;规定的时间区间是指软件的实际运行时间区间;规定功能是指为用户提供给定的服务,软件产品所必须具备的功能。软件可靠性不但与软件存在的缺陷和(或)差错有关,而且与系统输入和系统使用有关。软件可靠性的概率度量称软件可靠度。

软件可用性是指软件产品在给定的时间点,按照规格说明书的规定成功运行的概率。

从上述定义可以看出,软件可靠性指的是一段时间间隔,而软件可用性是指某个特殊的时间点。

因为软件系统规模越做越大越复杂,其可靠性越来越难保证。应用本身对系统运行的可靠性要求越来越高,在一些关键的应用领域,如航空、航天等,其可靠性要求尤为重要,在银行等服务性行业,其软件系统的可靠性也直接关系到自身的声誉和生存发展竞争能力。特别是软件可靠性比硬件可靠性更难保证,会严重影响整个系统的可靠性。在许多项目开发过程中,对可靠性没有提出明确的要求,开发商(部门)也不在可靠性方面花更多的精力,往往只注重速度、结果的正确性和用户界面的友好性等,而忽略了可靠性。在投入使用后才发现大量可靠性问题,增加了工作量,严重时无法投入实际使用。

软件可靠性通常用平均无故障时间(Mean Time to Failure,MTTF)来衡量。MTBF 是衡量一个产品(尤其是电器产品)的可靠性指标,单位为"小时"。它反映了产品的时间质量,是体现产品在规定时间内保持功能的一种能力。具体来说，是指相邻两次故障之间的平均工作时间，也称为平均故障间隔。平均维修时间（Mean Time to Repair，MTTR）是修复一个故障时间平均需要的时间。

平均无故障时间就是指在规定的条件下和规定的时间内，产品的寿命单位总数与故障总数之比；或者说，平均无故障工作时间是可修复产品在相邻两次故障之间工作时间的数学期望值，即在每两次相邻故障之间的工作时间的平均值，用 MTTF 表示，它相当于产品的工作时间与这段时间内产品故障数之比。

如果在一段时间内，软件系统故障停机时间分别为 td_1，td_2，td_3，…，正常运行时间分别为 tu_1，tu_2，tu_3，…，则系统的稳态可用性为：

$$A_{ss} = \frac{T_{up}}{T_{up} + T_{down}}$$

其中，$T_{up} = \sum tu_i$，$T_{down} = \sum td_i$。

对于软件系统引入平均无故障时间（MTTF）和平均维修时间（MTTR），则软件系统的可用性 A_{ss} 为：

$$A_{ss} = \frac{\text{MTTP}}{\text{MTTF+MTTR}}$$

平均无故障时间（MTTF）是系统按规格说明书规定成功运行的平均时间，它主要取决于系统中潜伏的故障的数目，因此和测试的关系十分密切。

9.8　软件压力测试

软件编码结束后，不仅仅要进行白盒结构测试和黑盒测试，还需要进行软件实际运行环境测试，如压力测试、容量测试。压力测试、容量测试的目的虽然有所不同，但其手段和方法在一定程度上相似，通常会使用特定的方法来模拟超常的数据量、负载等，监测系统的各项性能指标，如 CPU 和内存的使用情况、响应时间、数据传输量等。

软件压力测试是一种基本的质量保证行为，它是每个重要软件测试工作的一部分。软件压力测试的基本思路很简单：不是在常规条件下运行手动或自动测试，而是在计算机数量较少或系统资源匮乏的条件下运行测试。通常要进行软件压力测试的资源包括内部内存、CPU 可用性、磁盘空间和网络带宽。

压力测试是在一种需要反常数量、频率或资源的方式下，执行可重复的负载测试，以检查程序对异常情况的抵抗能力，找出性能的瓶颈。异常情况主要是峰值（瞬间使用高峰）、大量数据的处理能力、长时间运行等情况。压力测试总是迫使系统在异常的资源配置下运行。

在进行压力测试时，测试步骤如下：

（1）测试压力估算。估算时，根据产品说明书的设计要求或以往版本的实际运行经验对测试压力进行估算，给出合理的估算结果。例如，单台服务器实际使用时一般用户只要 1 000 个，但在某一时间段的用户峰值可以达到 5 000 个。那么事先预测要求的压力值为 5 000 个用户的 1.5～2 倍。而且要考虑到每个用户的实际操作所产生的事务处理和数据量。如果产品说明书已说明最大设计容量，则最大设计量为最大压力值。

（2）准备测试环境。压力测试环境准备包括硬件环境（服务器、客户机等）、网络环境（网络通信协议、带宽等）、测试程序（能正确模拟客户端的操作）、数据准备等。分析压力测试中系统容易出问题的瓶颈的地方，从而有目的地调整测试策略或测试环境，使压力测试结果真实地反映出软件的性能。

（3）压力测试执行和分析。在压力测试中通常使用测试软件进行黑盒测试。在测试过程中适当地分析和详细的测试记录文档是十分重要的，查看服务器上的进程及相应的日志文件可能立刻找到问题的关键。此外在压力测试过程中还需要检查测试运行参数，适当调整参数重新测试，看看是否能够再现问题。

9.9　软件容量测试

容量测试的目的是通过测试预先分析出反映软件系统应用特征的某项指标的极限值（如最大并发用户数、数据库记录数等），系统在其极限状态下没有出现任何软件故障或还能保持主要功能正常运行。

容量测试还将确定测试对象在给定时间内能够持续处理的最大负载或工作量。软件容量的测试能让软件开发商或用户了解该软件系统的承载能力或提供服务的能力，如某个电子商务网站所能承受的、同时进行交易或结算的在线用户数。知道了系统的实际容量，如果不能满足设计要求，就应该寻求新的技术解决方案，以提高系统的容量。有了对软件负载的准确预测，不仅能对软件系统在实际使用中的性能状况充满信心，同时也可以帮助用户经济地规划应用系统，优化系统的部署。

容量测试有时要进行一些组合条件下的测试，如核实测试对象在以下高性能条件下能否正常运行：

（1）连接或模拟了最大（实际或实际允许）数量的客户机。

（2）所有客户机在长时间内执行相同的、可能性能不能稳定的重要业务性能。

（3）已达到最大的数据库大小（实际的或按比例缩放的），而且同时执行多个查询或报表事务等。

容量测试的完成标准可以定义为：所计划的测试已全部执行，而且达到或超出指定的系统限制时没有出现任何软件故障。

本 章 小 结

软件测试是为了发现错误而执行程序的过程。一个好的测试用例能够发现至今尚未发现的错误。一个成功的测试是发现了至今尚未发现的错误的测试。因此，测试段的基本任务应该是根据软件开发阶段的文档资料和程序的内部结构，精心设计一组测试用例，他们能够系统地揭示不同类型的错误，并且耗费的时间和工作量最小。

本章内容主要包括：软件测试基础、软件测试原理和特点，以及软件测试的基本方法。重点介绍了白盒测试和黑盒测试方法。最后对软件压力测试和容量测试进行了介绍。

习　题

一、选择题

1. 黑盒测试是从（　　）观点出发的测试，白盒测试是从（　　）观点出发的测试。

    A．开发人员、管理人员　　　　　　　　B．用户、管理人员

    C．用户、开发人员　　　　　　　　　　D．开发人员、用户

2. 在结构测试用例数据中，有语句覆盖，条件覆盖，判定覆盖，路径覆盖等，其中（　　）是最强的覆盖准则。

    A．语句覆盖　　　　　B．条件覆盖　　　　　C．判定覆盖　　　　D．路径覆盖

3. 软件测试可能发现软件中的（　　），但不能证明软件的（　　）。

    A．所有错误，没有错误　　　　　　　　B．错误，没有错误

    C．逻辑错误，没有错误　　　　　　　　D．设计错误，没有错误

4. 软件测试的目的是（　　）。

    A．证明软件的正确性　　　　　　　　　B．找出软件系统中存在的所有错误

    C．证明软件系统中存在错误　　　　　　D．尽可能多的发现软件系统中的错误

5. 软件测试是软件开发过程中重要和不可缺少的阶段，其包含的内容和步骤甚多，而测试过程的多种环节中基础的是（　　）。

    A．集成测试　　　　　B．单元测试　　　　　C．系统测试　　　　D．验收测试

6. 软件测试方法中，黑盒测试方法和白盒测试方法，其中黑盒测试方法主要用于测试（　　）。

    A．编码逻辑　　　　　B．软件功能　　　　　C．程序结构　　　　D．程序内部逻辑

7. 为了提高测试效率，应该（　　）。

    A．随机地选取测试数据

    B．取所有的数据作为测试数据

    C．在完成编码以后制定软件的测试计划

    D．选择能够证明软件是正确的数据作为测试数据

8. 对软件是否能达到用户所期望的要求的测试称为（　　）。

    A．集成测试　　　　　B．有效性测试　　　　C．系统测试　　　　D．验收测试

二、简述题

1. 什么是软件测试？

2. 什么是测试用例？

3. 软件测试的目的是什么？

4. 软件测试要经过哪些步骤？这些测试与软件开发各阶段之间有什么关系？

5. 应该用谁来进行确认测试？是软件开发者还是软件用户，为什么？

6. 什么是压力测试？为什么在软件测试过程中要进行压力测试？

7. 通过资料查找，举例说明压力测试和容量测试。

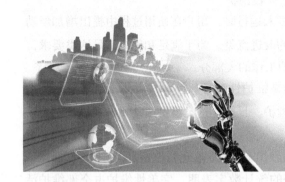

第10章
软件维护与再工程

软件维护是软件生命周期的最后一个阶段，它是软件开发工作完成以后，软件交付用户使用期间对软件所做的补充、修改、完善和增加工作。随着更多的软件被开发出来和软件使用寿命的延长，软件维护工作量日益增加。

为什么需要这样大量的维护，而维护又为什么消耗这么多精力呢？其主要原因有：为了改正程序的错误和缺点；为了改进设计；为了能适应不同的硬件、软件环境；为了改变文件或数据库；为了增加新的应用范围。

本书前面各章讲述的软件工程的主要目的就是提高软件的可维护性，减少软件维护所需的工作量，降低软件系统的总成本。

10.1 软 件 维 护

10.1.1 软件维护的定义

软件维护是一个软件工程名词，是指在软件产品发布后，因修正错误、提升性能或其他属性而进行的软件修改。

软件维护主要是指根据需求变化或硬件环境的变化对应用程序进行部分或全部的修改，修改时应充分利用源程序。软件维护的内容非常广泛，可分为改正性维护、适应性维护、完善性维护和预防性维护。

（1）改正性维护。因为软件测试不可能找出一个大型软件系统中所有潜伏的错误，所以在任何大型软件使用期间，用户必然会发现程序错误，并将遇到的问题报告给维护人员。我们把诊断和改正这个错误的过程称为改正性维护。

（2）适应性维护。随着新的计算机硬件系统的不断更新，新的操作系统或者操作系统的新版本就会经常出现，同时，外围设备和其他系统部件也要经常修改和改进。另一方面，应用软件的使用寿命一般都超过最初开发这个软件时系统软件的寿命。所以为了与变化了的环境适当地配合而进行的修改软件活动，称之为适应性维护。

（3）完善性维护。当一个软件系统顺利地投入运行时，用户在使用过程中提出增加新功能或修改已有功能的建议，还可能提出一般性的改进意见。为了满足和部分满足这类要求，就要进行完善性维护。这类维护占据了软件维护工作的大部分。

（4）预防性维护。为了进一步改进软件的易维护性和可靠性，或者为了给未来的改进奠定更好的基础而进行的修改，称之为预防性维护。目前，这类维护活动相对来说是比较稀少的。

从上述关于软件维护的定义可以看出，软件维护不仅仅是在运行过程中纠正软件的错误。软件维护工作中一半以上是完善性维护。国外的统计数字表明，完善性维护占全部维护活动的 50%～66%，改正性维护占 17%～21%，适应性维护占 18%～25%，其他维护活动只占 4% 左右。

上述四类维护活动都必须应用于整个软件配置，同时，维护软件文档和维护软件的可执行代码是同样重要的。

10.1.2　结构化维护与非结构化维护

在软件维护的过程中，如果软件配置仅有代码，其他开发设计文档缺失、则维护只能从晦涩的代码评价开始，而这种维护就是非结构化维护。与非结构化维护相反的是结构化维护，是指在软件维护的过程中，软件各阶段的文档齐全，这对于理解和掌握软件功能、性能、系统结构、数据结构、系统接口和设计约束有很大作用。这种结构化维护在对减少精力、减少花费、提高软件维护效率等方面有很大的作用。

在软件开发中，结构化软件维护和非结构化软件维护会对软件维护工作带来很大的影响。图 10.1 描述了结构化维护和非结构化维护的事件流，图中左侧分支为结构化维护，右侧分支为非结构化维护。

如果软件配置的唯一成分是程序代码，那么维护活动就必须从代码评价开始，常常由于程序内容文档不足而使评价很困难。要理解别人的程序通常是特别困难的。难度随着资料的缺乏而增加，若对只有源程序代码的软件进行维护时问题就会更严重。诸如软件结构、全程数据结构、系统接口、性能和设计约束等很难明确其真实含义，最终对程序代码所做的改动的后果是难以估计的。例如，没有测试方面的文档，就不可能进行相关测试，因而对代码的最终变化细节就难于确定。现在，对于一些非结构化程序的维护工作就是这样，不仅浪费了人力和物力，还使维护人员的积极性受到打击。这种维护方式是没有软件工程方法开发软件的必然结果。

如果采用前面几章讲过的软件工程的方法来开发软件系统，并且软件系统的配置较齐全，维护工作则从评价设计文档开始，确定软件重要的结构特点、性能特点以及接口特点。估计要求的修改或校正将带来的影响，并计划实施途径。然后修改设计并对所做的修改进行仔细复查。接下来编写相应的源程序代码，使用在测试说明书中包含的信息进行回归测试，最后把修改后的软件再次交付使用。这种维护方法会大大减少工作量。

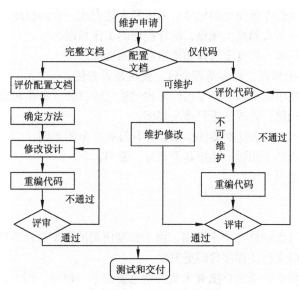

图 10.1 结构化维护与非结构化维护的比较

10.1.3 软件可维护性因素

软件可维护性可以定义为：软件能够被维护人员理解、校正、适应及增强功能的容易程度。提高软件的可维护性是支配软件工程方法论所有步骤的关键目标。

软件最终的可维护性受许多因素的影响。设计、编码及调试中的疏忽和低劣的软件配置，如缺少文档，对软件的可维护性均会产生不良影响。

巴利·玻姆（Barry Boehm）提出了软件质量模型（Boehm 质量模型）。该模型试图通过一系列属性的指标来量化软件质量。Boehm 质量模型描述了软件可维护因素的各个方面。Boehm 的质量模型采用层级的质量模型结构，包括高层属性、中层属性和原始属性。如图 10.2 所示，图中因素的含义是：

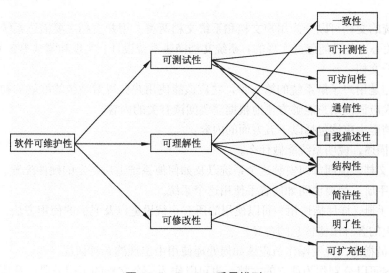

图 10.2 Boehm 质量模型

173

一致性：程序和文档中所使用的记号、术语和表达方式一致的程度。

可计测性：能够在多大程度上观察、统计程序的工作状况。

可访问性：能够在多大程度上选择和使用程序的功能。

通信性：输入/输出形式、内容是否一致、使用是否方便。

自我描述性：程序中是否以一目了然的形式记述它的目的、条件和输入输出。

结构性：是否结构化，修改是否只涉及局部。

简洁性：以紧凑的方式表达必要的信息，并且没有多余的东西。

明了性：程序是否便于阅读，注解是否充分、妥当。

可扩充性：扩充是否方便。

10.1.4 软件文档

文档是影响软件可维护性的决定因素。由于长期使用的大型软件系统在使用过程中必然会经受多次修改，所以文档比程序代码更重要。

在软件的生产过程中，总是伴随着大量的信息要记录、使用。因此，软件文档在产品的开发生产过程中起着重要作用，具体体现在以下几个方面：

① 提高软件开发过程的能见度。把开发过程中发生的事件以某种可阅读的形式记录在文档中。管理人员可把这些记载下来的材料作为检查软件开发进度和开发质量的依据，实现对软件开发的工程管理。

② 提高开发效率。软件文档的编制，使得开发人员对各个阶段的工作都进行周密思考、全盘权衡、从而减少返工。并且可在开发早期发现错误和不一致性，便于及时加以纠正。

③ 作为开发人员在一定阶段的工作成果和结束标志。

④ 记录开发过程中的有关信息，便于协调以后软件的开发、使用和维护。

⑤ 提供对软件的运行、维护和培训的有关信息，便于管理人员、开发人员、操作人员、用户之间的协作、交流和了解。使软件开发活动更科学、更有成效。

⑥ 便于潜在用户了解软件的功能、性能等各项指标，为他们选购符合自己需要的软件提供依据。

软件系统的文档可以分为用户文档和系统文档两类。用户文档主要描述系统功能和使用方法，并不关心这些功能怎样实现的；系统文档描述系统设计、实现和测试等各方面的内容。

（1）用户文档

用户文档是用户了解系统的第一步，它应该能使用户获得对系统的准确的初步印象。文档的结构方式应该使用户能够方便地根据需要阅读有关的内容。

用户文档至少应该包括以下五方面的内容：

① 功能描述，说明系统能做什么。

② 安装文档，说明如何安装这个系统以及如何使系统适应特定的硬件配置。

③ 使用手册，简要说明如何着手使用这个系统。

④ 参考手册，详尽描述用户可以使用的所有系统设施以及它们的使用方法，还应该解释系统可能产生的各种出错信息的含义。

⑤ 操作员指南，说明操作员应该如何处理使用中出现的各种情况。

上述内容可以分别作为独立的文档，也可以作为一个文档的不同分册，具体做法应该由系统规模决定。

（2）系统文档

所谓系统文档，是指从软件开发每个阶段如问题定义、需求说明直至验收测试这样一系列和系统实现有关的文档。系统文档对于理解程序和维护程序以及新的软件产品的研发来说是极其重要的。

10.2　软件再工程

10.2.1　软件再工程概念

软件再工程是指对既存对象系统进行调查，并将其重构为新形式代码的开发过程。最大限度地重用既存系统的各种资源是再工程的最重要特点之一。从软件重用方法学来说，如何开发可重用软件和如何构造采用可重用软件的系统体系结构是两个最关键问题。不过对再工程来说前者很大一部分内容是对既存系统中非可重用构件的改造。软件再工程是以软件工程方法学为指导，对程序全部重新设计、重新编码和测试，为此可以使用 CASE 工具（逆向工程和再工程工具）来帮助理解原有的设计。在软件再工程的各个阶段，软件的可重用程度都将决定软件再工程的工作量。

10.2.2　软件再工程方法

（1）再分析

再分析阶段的主要任务是对既存系统的规模、体系结构、外部功能、内部算法、复杂度等进行调查分析。这一阶段早期分析最直接的目的就是调查和预测再工程涉及的范围。重用是软件工程经济学最重要原则之一，重用得越多，再工程成本越低，所以逆向工程再分析阶段最重要的目的是寻找可重用的对象和重用策略，最终确定的再工程任务和工作量也将依存于可重用对象范围（重用率）和重用策略。

与一次工程不同，再工程分析者最终提出的重用范围和重用策略将成为决定再工程成败以及再工程产品系统可维护性高低的关键因素。如果重用对象都是既存代码级的，这种情况当然理想，然而可能性有限，但是再工程分析者如果因此而放弃重用，以为"改他人的代码不如自己重新编写"，便犯了再工程的大忌。因为一个运行良久的既存系统，最基本的价值是在操作方法和正确性上已被用户接受。而再高明的程序员在软件没有经过用户一段时间的使用验证之前是不敢保证自己的程序正确无误的，更何况越是有经验的程序员越是知道对一个处于局部变更地位的程序进行重新编写远比一次工程的原始编程复杂得多，所以，应该从一次工程中的文档阅读开始，从中筛出可重用对象。

（2）再编码

根据再分析阶段做成的再工程设计书，再编码过程将在系统整体再分析基础上对代码做进一步分析。如果说再分析阶段产品是再工程的基本设计书，那么再编码阶段如同一次工程一样，先要产生的是类似详细设计书的编码设计书。

（3）再测试

一般来说，再测试是再工程过程中工作量最大的一项工作。如果能够重用原有的测试用例及运行结果，可大大降低再工程成本。对于重用的部分，特别是可重用的（独立性较强的）

局部系统，还可以免除测试，这也正是重用技术被再工程高度评价的关键原因之一。

实施软件再工程有如下优点：

① 再工程可帮助软件机构降低软件演化的风险。

② 再工程可帮助机构补偿软件投资。

③ 再工程可使得软件易于进一步变革。

④ 再工程是推动自动软件维护发展的动力。

10.3 逆 向 工 程

逆向工程是一种产品设计技术再现过程，即对一项目标产品进行逆向分析及研究，从而演绎并得出该产品的处理流程、组织结构、功能特性及技术规格等设计要素，以制作出功能相近，但又不完全一样的产品。

逆向工程源于商业及军事领域中的硬件分析。其主要目的是在不能轻易获得必要的生产信息的情况下，直接从成品分析推导出产品的设计原理。

逆向软件工程作为软件工程的一部分，占据一定的比重。在软件维护方面具有一定的作用。特别是对旧的软件，由于在设计时没有遵循规范或者在使用过程中文档丢失，在维护阶段产生很多麻烦。使得程序员在维护阶段只能从源代码入手，对相应的部分进行分析。

10.4 软 件 复 用

软件复用是将已有软件的各种有关知识用于建立新的软件，以缩减软件开发和维护的花费。软件复用是提高软件生产力和质量的一种重要技术。早期的软件复用主要是代码级复用，被复用的知识专指程序，后来扩大到包括领域知识、开发经验、设计决定、体系结构、需求、设计、代码和文档等一切有关方面。

软件复用是一种计算机软件工程方法和理论。20 世纪 60 年代的"软件危机"使程序设计人员明白难于维护的软件成本是极其高昂的，当软件的规模不断扩大时，这种软件的综合成本可以说是没有人能负担的，并且即使投入了高昂的资金也难以得到可靠的产品，而软件重用的思想正是在这种背景下提出的。软件复用利用某些已开发的、对建立新软件系统有用的软件元素来生成新的系统，其目的是要使软件开发工作进行得更快、更好、更省。"更快"是指开发时间短，"更省"是指开发和维护成本低。

软件复用可分为横向复用和纵向复用两种。横向复用是不同应用领域中软件元素的复用，如数据结构、排序算法、人—机界面构件的复用等。标准函数库是一种典型的横向复用机制。纵向复用是指在一类具有较多共性的应用领域之间软件构件的复用。由于在两个截然不同的应用领域之间进行软件复用的潜力不大，所以，纵向复用受到广泛关注。

（1）软件复用的类型

Caper Jones 定义了十种软件复用类型，它们分别是项目计划、成本估算、体系结构、需求模型和规格说明、软件设计、源代码、用户文档和技术文档、用户界面、数据结构以及测试用例。软件复用可包含软件工程过程中的任何元素，如特定的分析建模方法、检查技术、测试用例检查技术、质量保证过程以及很多其他软件工程实践。

① 项目计划。软件项目计划的基本结构和许多内容都可以跨项目复用，这样可以减少制订计划的时间，也可降低因建立进度表、风险分析及其他特征而产生的不确定性。

② 成本估算。由于不同项目中常包含类似的功能，所以可在少修改或不修改的情况下，复用对该功能的成本估算。

③ 体系结构。可以创建若干程序和数据的体系结构模块，在开发新的软件系统时从中选择合适的模板作为可复用的框架。

④ 需求模型和规格说明。类的模型、对象的模型和规格说明显然都可以复用。此外，用传统软件工程方法开发的分析模型（如数据流图等）也可以复用。

⑤ 软件设计。用传统方法开发的体系结构、数据、接口以及过程化设计方法都可以复用。

⑥ 源代码。用兼容的程序设计语言书写并经验证过的程序构件可以被复用。

⑦ 用户文档和技术文档。一般情况下，用户文档和技术文档中的大部分内容都可以复用。

⑧ 用户界面。用户界面是最广泛被复用的内容，其复用效果最明显。

⑨ 数据结构。内部表、列表和记录结构以及文件和完整的数据库都可作为经常复用的数据结构。

⑩ 测试用例。若将某种设计或代码构件定义成可复用构件，则相关的测试用例也应当成为这些构件的附件进行复用。

（2）复用级别

目前及未来最有可能产生显著效益的复用是对软件生命周期中一些主要开发阶段的软件制品的复用，按抽象程度的高低，可划分为如下复用级别：

① 代码的复用。包括目标代码和源代码的复用。其中目标代码的复用级别最低，历史也最久，当前大部分编程语言的运行支持系统都提供了链接（Link）、绑定（Binding）等功能来支持这种复用。源代码的复用级别略高于目标代码的复用，程序员在编程时把一些想复用的代码段复制到自己的程序中，但这样往往会产生一些新旧代码不匹配的错误。想大规模地实现源程序的复用只有依靠含有大量可复用构件的构件库。如"对象链接及嵌入"（OLE）技术，既支持在源程序级定义构件并用以构造新的系统，又使这些构件在目标代码的级别上仍然是一些独立的可复用构件，能够在运行时被灵活的重新组合为各种不同的应用。

② 设计的复用。设计结果比源程序的抽象级别更高，因此它的复用受实现环境的影响较少，从而使可复用构件被复用的机会更多，并且所需的修改更少。这种复用有三种途径，第一种途径是从现有系统的设计结果中提取一些可复用的设计构件，并把这些构件应用于新系统的设计；第二种途径是把一个现有系统的全部设计文档在新的软硬件平台上重新实现，也就是把一个设计运用于多个具体的实现；第三种途径是独立于任何具体的应用，有计划地开发一些可复用的设计构件。

③ 分析的复用。这是比设计结果更高级别的复用，可复用的分析构件是针对问题域的某些事物或某些问题的抽象程度更高的解法，受设计技术及实现条件的影响很少，所以可复用的机会更大。复用的途径也有三种：即从现有系统的分析结果中提取可复用构件用于新系统的分析；用一份完整的分析文档作为输入产生针对不同软硬件平台和其他实现条件的多项设计；独立于具体应用，专门开发一些可复用的分析构件。

④ 测试信息的复用。主要包括测试用例的复用和测试过程信息的复用。前者是把一个软件的测试用例在新的软件测试中使用，或者在软件做出修改时在新的一轮测试中使用。后者

是在测试过程中通过软件工具自动地记录测试的过程信息，包括测试员的每一个操作、输入参数、测试用例及运行环境等一切信息。这种复用的级别，不便和分析、设计、编程的复用级别做准确的比较，因为被复用的不是同一事物的不同抽象层次，而是另一种信息，但从这些信息的形态来看，大体处于与程序代码相当的级别。

面向对象的软件复用技术是重要的一种软件复用技术。由于封装和继承的特性，面向对象方法比其他软件开发方法更适于支持软件复用。封装意味着可以将表示构件的类看作黑盒子。用户只须了解类的外部接口，即了解它能够响应哪些消息，相应的对象行为是什么。继承是指在定义新的子类时，可以利用可复用构件库中已有的父类的属性和操作。当然，子类也可以修改父类的属性和操作，或者引进新的属性与操作。构件的用户不需要了解构件实现的细节。

由于软件生产过程主要是正向过程，即大部分软件的生产过程是使软件产品从抽象级别较高的形态向抽象级别较低的形态演化，所以较高级别的复用容易带动较低级别的复用，因而复用的级别越高，可得到的回报也越大，因此分析结果和设计结果在目前很受重视。用户可购买生产商的分析件和设计件，自己设计或编程，掌握系统的剪裁、扩充、维护、演化等活动。

10.5 领域工程

领域工程是在构造一个特定领域内的系统或者系统的某些部分时，以可重用方面的形式（也就是说，可重用的工作产物），收集、组织并保存过去的经验的活动，以及在构造新系统时，提供一种充分的方法来重用这些资源（也就是说，获取、限定、改造、装配等）。

领域工程包括领域分析、领域设计和领域实现。其中：①领域分析主要是找到领域中不同应用的共同点和差异点并得到领域模型；②领域设计主要是开发领域体系结构和符合领域体系结构的可重用构件；③领域实现，以找到的领域模型和可重用构件为基础对可重用构件进行组织，以便于构件的查询和重用。领域工程与应用工程是相互联系的，一方面，在进行应用工程时，通过将当前系统与领域需求进行比较，系统分析员就可以很快地建立当前系统的需求模型；另一方面，领域工程与应用工程需要解决一些相似的问题，领域工程的步骤、行为和产品等很多方面都可以和应用工程进行类比。在应用工程中重用领域工程的结果，就是利用在领域工程中开发的可重用资源制作具体系统的过程。领域工程和应用工程是两个并行的过程。面对日益复杂的软件系统，软件复用被认为是解决"软件危机"、提高软件开发效率和质量、实现软件产业工业化生产方式的重要途径。

软件复用的研究和实践表明，特定领域的软件复用活动相对容易取得成功。这里的领域是指一组具有相似和相近软件需求的应用系统所覆盖的功能区域，如工业控制、教育、电子商务等。领域的内聚性（领域知识逻辑上的紧密相关性）和稳定性（在一定时间内，领域知识不会发生剧烈的变化）为软件复用活动提供了可供复用的软件资产和潜在的经济利益，使得特定领域的软件复用相对容易获得成功。

软件复用包含两个重要阶段：可复用软件资产的生产和基于可复用软件资产的应用系统开发。可复用资产的获取是成功实施软件复用计划的关键因素。只有拥有了足够的可复用资产，才有可能基于这些资产进行新应用系统的开发。

领域工程是目前可复用资产基础设施建设的主要技术手段，包含领域分析、领域设计、领域实现三个重要的活动。领域分析在对领域中若干典型成员系统的需求进行分析的基础上，考虑预期的需求变化、技术演化、限制条件等因素，确定恰当的领域范围，识别领域的共性特征和变化特征，获取一组具有足够可复用性的领域需求，并对其抽象形成领域模型；领域设计以领域需求模型为基础，考虑成员系统可能具有的质量属性要求和外部环境约束，建立符合领域需求、适应领域变化性的软件体系结构；领域实现则以领域模型和软件体系结构为基础，进行可复用构件的识别、生产和管理。这样，基于领域工程的成果，新应用系统的开发不再是从零开始，而是建立在对分析、设计、实现等阶段的软件资产大量复用的基础上。

针对复用的过程模型如图 10.3 所示，这种过程模型强调并行的工作方式，基于这种方式，领域工程和基于构件的应用开发同时进行。领域工程的目的是标识、构造、分类和传播一组软件要素，向应用软件提供应用对所需求的问题和背景知识。领域工程的主要任务是针对单个或一族相似的领域，以软件复用为目标，探寻并挖掘领域或领域族中能够被多个应用软件系统共用的软件要素，并对它们进行结构化组织，放入可复用构件库，以备使用。

领域分析是发现和记录某个领域共性和差异的过程，它是系统化、形式化和有效重用的关键，将知识转换成为一般性规格说明、设计和体系结构就是通过领域分析实现的。在领域工程中，开发人员的基本任务是对一个领域中的所有系统都进行抽象，而不是局限于个别系统，较之应用工程，领域工程具有较高的抽象性。

为了实现领域工程，有必要定义一组领域特征，它们被领域中所有的软件共享。领域特征定义了存在于领域中的所有产品的某种类属属性，例如，类属属性可能包括安全/可靠性的重要性、程序设计语言、处理中的并发性以及很多其他内容。

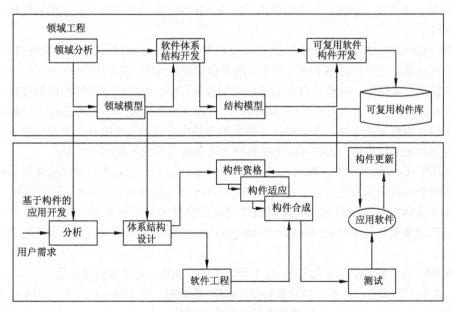

图 10.3　针对复用的过程模型

10.6　构件技术

构件技术是指通过组装一系列可复用的软件构件来构造软件系统的软件技术。通过运用构件技术，开发人员可以有效地进行软件复用，减少重复开发，缩短软件的开发时间，降低软件的开发成本。

构件应具有以下特征：

（1）通用性

构件的可复用性体现在能否在开发其他软件时得到使用，构件的使用率越高说明其可复用度越高，而构件必须具有通用性，才能为大多数软件开发过程所接受。因此，建造构件时，应尽量使构件泛化，提高构件的通用性。

（2）可变性

尽管构件通常具有较高的通用性，但在使用时，构件是运用在一个具体的开发环境中的，构件的某些部分可能要修改，使原本泛化的构件特化。因此在建造构件时，应该提供构件的特化和调整机制。

（3）易组装性

在开发一个软件系统时，首先从构件库中检索到若干合适的构件，然后将它们经过特化进行组装。组装包括同构件的组装（即具有相同软、硬件运行平台的构件之间的组装）和异构件的组装（即具有不同软硬件运行平台的构件之间的组装）。为了使构件易于组装，构件应具有良好的封装性和良好定义的接口，构件间应具有松散的耦合度，同时还应提供便于组装的机制，这些就是构件易组装性的特征要求。

为了便于构件相互之间的集成和装配，必须有一个统一的标准。一些较有影响的构件技术有：微软公司的 COM/OLE、对象管理组织（OMG）的跨平台的开放标准 CORBA 以及 OpenDoc 等。这些技术的流行为构件提供了实现的标准，也为构件的集成和组装提供了很好的技术支持。

COM（Component Object Model，组件对象模型）是 Microsoft 开发的一种构件对象模型。它提供了对在单个应用中使用不同厂商生产的对象的规约。OLE 是 COM 的一部分，由于 OLE 已成为微软操作系统的一部分，因此它目前应用最为广泛。它给出了软件构件的接口标准。任何人都可以按此标准独立开发组件和增值组件（指在组件上添加一些功能构成的新组件），或由若干组件组建集成软件。在这种软件开发的方法中，应用系统的开发人员可在组件市场上购买所需的大部分组件，因而可以把主要精力放在应用系统本身的研究上。

CORBA（Common Object Request Broker Architecture，公共对象请求代理体系结构）是面向对象的分布式中间件技术，它是由 OMG（Object Management Group）推出来的。OMG 是以美国为主体的非国际组织，其成员包括很多信息技术公司和机构，其主要任务是接纳广泛认可的对象管理体系结构（Object Management Architecture, OMA）或其语境中的规程和规范。

CORBA 3.0 主要包括以下几个部分：CORBA 消息服务、通过值传递对象、CORBA 的构件技术、实时 CORBA、嵌埋式 CORBA、Java/IDL 的映射、防火墙、DCE/CORBA 之间的协作。CORBA 定义了一个带有开放软件总线的分布式结构，在这种结构中，来自不同厂商的、运行在不同操作系统上的对象都能进行相互操作。CORBA 可以用任何一种 CORBA 软件开发商所支持的语言（如 C、C++、Java、Ada 和 smalltalk 等）来编写。

OpenDoc 是由 IBM、Apple 和 Novell 等公司组成的联盟推出的一个关于复合文档和构件软件的标准。该标准定义了为使得某开发者提供的构件能够和另一个开发者提供的构件相互操作而必须实现的服务、控制基础设施和体系结构。由于如 OpenDoc 的编程接口比 OLE 小，因此 OpenDoc 的应用程序能与 OLE 兼容。

多数情况下，需要对构件做或多或少的修改以适应新的需求。为了减少修改的工作量，要求构件的开发人员尽量使构件的功能、行为和接口抽象化、通用化、参数化。这样，构件的用户就可以通过对实际参数的选择来调整构件的功能和行为。

面向构件技术对一组类的组合进行封装，并代表完成一个或多个功能的特定服务，也为用户提供了多个接口。整个构件隐藏了具体的实现，只用接口提供服务。这样，在不同层次上，构件均可以将底层的多个逻辑组合成高层次上的粒度更大的新构件，甚至直接封装到一个系统，使模块的重用从代码级、对象级、架构级到系统级都可能实现，从而使软件像硬件一样，能任人装配定制而得以实现。

本 章 小 结

在软件的生命周期中，维护阶段是持续时间最长的一个阶段，所花费的精力和费用也是最多的一个阶段。所以如何提高可维护性、减少维护的工作量和费用，是软件工程的一个重要任务。

本章内容主要包括：软件维护的内容、软件维护的特点、结构化维护和非结构化维护等。最后对软件再工程、逆向工程、软件复用、领域工程、构件技术等相关技术进行了介绍。

习 题

一、选择题

1. 在软件生存周期中，工作量所占的比例最大的阶段是（　　）阶段。
   A. 需求分析　　　　B. 设计　　　　　　C. 测试　　　　　　D. 维护
2. 一个软件产品开发完成投入使用后，常常由于各种原因需要对它做适当的变更，通常把软件交付使用后所做变更称为（　　）。
   A. 维护　　　　　　　　　　　　B. 设计
   C. 软件再工程　　　　　　　　　D. 逆向工程
3. 在整个软件维护阶段所花费的全部工作中，（　　）所占的比例最大。
   A. 校正性维护　　B. 适应性维护　　C. 完善性维护　　D. 预防性维护
4. 软件工程对维护工作的主要目标是提高（　　），降低维护的代价。
   A. 软件的生产率　　　　　　　　B. 软件的可维护性
   C. 软件的可维护性　　　　　　　D. 维护的效率
5. 在软件维护工作中进行得最少的部分是（　　）。
   A. 校正性维护　　B. 适应性维护　　C. 完善性维护　　D. 预防性维护
6. 软件维护的困难主要原应是（　　）。
   A. 费用低　　　　B. 人员少　　　　C. 开发方法的缺陷　　D. 时间短
7. 软件系统的可理解性的提高，会导致软件系统（　　）的提高。
   A. 可维护性　　　B. 可靠性　　　　C. 可理解性　　　　D. 可使用性

二、简述题

1. 什么是软件可维护性？可维护性度量的特性是什么？
2. 提高可维护性的方法有哪些？
3. 软件维护有哪些内容？
4. 软件维护困难的原因是什么？
5. 维护软件的流程是什么？
6. 软件再工程的基本思想是什么？

高级篇

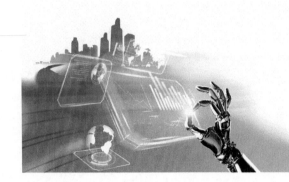

第11章
软件形式化方法

在软件开发的过程中，建模方法、数学知识和软件开发是紧密结合的。本章主要从软件形式化方法在软件开发中的作用进行相关介绍。软件形式化方法是指建立在严格数学基础上的软件开发方法。形式化方法模型的主要活动是生成计算机软件形式化的数学规格说明。形式化方法使软件开发人员可以应用严格的数学符号来说明、开发和验证基于计算机的系统。

11.1 形式化方法

11.1.1 形式化方法的概念

所谓形式化方法，是描述系统性质的基于数学的技术，也就是说，如果一种方法有坚实的数学基础，那么它就是形式化的。

按照形式化的程度，可以把软件工程使用的方法划分成非形式化、半形式化和形式化三类。用自然语言描述需求规格说明，是典型的非形式化方法。用数据流图等图形符号建立模型，是典型的半形式化方法。

形式化方法基于严格的数学基础，在系统开发过程中使用数学能够对系统状态、行为动作、时序等进行简洁、准确的描述。从某种角度来看，形式化软件开发实际上就是采用数学的方法把现实世界的需求转化为软件模型化的过程。在系统模型化的过程中主要涉及三方面的系统模型：现实世界、模型表示和计算机系统，如图 11.1 所示。形式化建模时，主要研究实际系统、模型、计算机系统表示之间的关系，它通过对实际系统的观测和检测，在忽略次要因素及不可检测变量的基础上，用数学的方法进行描述，从而获得实际系统的简化近似模型。仿真关系主要研究计算机的程序实现与模型之间的关系，其程序能为计算机所接受并在计算机上能够运行。

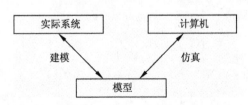

图 11.1　建模与仿真的基本组成和相互关系

11.1.2 形式化方法的分类

软件开发形式化方法的过程就是从模型建立、模型验证、模型变换这些步骤对系统进行系统描述和映射转换的。从广义角度讲，形式化方法是指软件开发过程中基于数学的方法规划、实施、设计系统工程的方法。从狭义角度讲，形式化方法是软件规格化和验证的方法。

形式化规格化是通过明确数学定义的文法和语义的方法或语言对系统特性或者行为进行精确、简洁的描述。形式化规格化验证的系统特性主要包括功能特性、时间特性、执行特性和内部结构特性。由于自然语言等非形式化方法存在矛盾、二义性、含糊性以及描述规格时的不完整性、抽象层次混乱等情况，导致所得到的规格说明不能准确地刻画系统模型，甚至会为后来的软件开发埋下出错的隐患。而对于形式化方法来说，由于其基于严格的数学理论，具有严格的语法和语义定义，从而可以准确地描述系统的模型，从某种程度上排除了矛盾性、二义性、含糊性等情况。在模型建立过程中，通过形式化模型来描述系统，所建立的形式化模型本身可以采用静态分析和动态执行对模型进行验证，从而可以实现对系统的性能的分析。这类形式化方法包括有限状态机、Statecharts、Petri 网、模型驱动 MDE 等；也可以通过逻辑或代数给出系统的状态空间，便于通过自动工具进行验证，如 B、Z、VDM 等。

形式化验证是基于已建立的形式化规格基础上，对系统的特性进行评价的数学分析和证明。在软件工程过程中的绝大部分错误是在需求分析和规格说明的早期阶段引入的，这些错误随着开发的深入而逐渐放大，并且，这些错误发现的越晚，对其修改所需付出的代价也将会越大。在形式化方法中，在已经建立的形式化规格说明的基础上进行形式验证，实际上是使得验证工作得以提前进行，即可以提前发现错误，同时在修改所发现错误时需要付出的代价也最小。形式化验证又可分为模型结构检查和定理证明。模型结构检查是一种基于有限状态分析检验建立的系统形式化模型是否满足用户期望需求特性的技术。模型检验是按照某种搜索策略对模型的状态空间进行解搜索，确认系统模型是否具有某些性质，如系统状态的可达性、活性等。定理证明是采用逻辑公式或某种形式化语言来描述系统规格及其性质，其中的逻辑由一个具有公理和推理规则的形式化系统给出，在建模过程中，应用分层或者逐步求精的方法进行定理证明，应用这些公理或推理规则来证明所建立模型逻辑的正确性，从而验证系统的性质。系统性质的分析可以分为：定量分析与定性分析，其中定量分析法是对系统现象的数量特征、数量关系与数量变化进行分析的方法。而定性分析法是以主观的判断和分析，推断出系统的性质和发展趋势的分析方法，属于预测分析的一种基本方法。

11.2 Petri 网形式化理论

11.2.1 Petri 网形式化介绍

Petri 网是一种用来描述复杂系统行为的形式化建模理论，并以图形化形式表示系统，不同于其他的图形化系统描述工具（如流程图、逻辑树），Petri 网适合描述系统行为的自然逻辑交互部分，可以表示系统中的并行、同步、冲突和因果依赖等关系。

Petri 网理论是由德国学者 Carl A.Petri 于 1962 年在他的博士论文中提出的，从那以后这种形式化描述语言在许多领域得到了广泛的应用。Petri 网有严格而准确定义的数学对象，可以借助数学工具，得到 Petri 网的分析方法和技术，并可以对 Petri 网系统进行静态的结构分析和动态的行为分析。基本 Petri 网不包含任何时间的概念，后来为了更好地分析复杂系统的执行效率和可靠性分析引入了时间的概念即时间 Petri 网（Timed Petri Nets），在时间 Petri 网中时间变量有两种，一种是确定性的时间，这种时间 Petri 网称为确定性 Petri 网，还有一种时间变量是随机变化的，这种时间 Petri 网称为随机 Petri 网。常见的 Petri 网有以下类型：

（1）基本 Petri 网。规定网中每一个库所的容量和权重均为 1，库所也可以称为条件，变迁称为事件，所以基本 Petri 网又称条件事件系统，简称 C/E 系统。

（2）低级 Petri 网。网中每一个库所容量和弧权权重均为大于等于 1 的整数，这样的 Petri 网称为库所/变迁网，简称 P/T 网。

（3）时间 Petri 网。将时间的概念引入到 Petri 网中，给变迁分配一定的延迟时间，根据时间变量的变化与否又分为确定性 Petri 网和随机 Petri 网（Stochastic Petri nets，SPN）。

（4）着色 Petri 网。在基本 Petri 网中库所中的标记是不加以区分的，在着色 Petri 网（Colored Petri nets，CPN）中可以给每个库所设定不同的数据类型，即给每个库所分配不同的着色集合（Colored Sets），在系统模型构建中可以采用标准建模语言（Standard Modeling Language，SML）和其他语言对着色集进行相关操作。

（5）面向对象的 Petri 网。将面向对象技术与 Petri 网结合起来，形成面向对象的 Petri 网（Object-Oriented Petri Nets，OOPN），允许发送消息，等待和接受响应，创建新的对象和执行基本操作，其基本组成部分有常量、变量，网元素，类元素、对象定义、方法引用，面向对象的 Petri 网有初始化类和初始化对象定义。

（6）网中网。网中网是面向对象 Petri 网的一种特例，即在面向对象 Petri 网的基础上将 Petri 网中的一个标记用 Petri 网来表示（Petri nets as Tokens），这样便形成了网中网（Nets-within-Nets），子网与系统网之间通过同步通道实现通信。

（7）开放网。子网与网系统之间进行信息交互时，往往只是各个子系统与整个控制系统的交互，子系统之间往往缺乏合作交互，即子系统与环境信息缺乏交互，在这种情况下开放网的提出很好地解决了这个问题，在开放网中提出了开放库所的概念，开放库所专门用于和外界信息发生交互。

上述只是目前应用比较多的几种 Petri 网类型，在实际应用中往往不是孤立地使用一种 Petri 网类型，横向方面往往是多种类型结合应用，这样可针对不同的情况具体解决；在纵向方面层次 Petri 网的设计技术可以结合其他的复杂系统建模方法，更加有利于系统的模型构建。

Petri 网有丰富的数学知识作为基础，另外采用图形化的建模方式，Petri 网有以下基本特点：

（1）可以很好地描述和表达离散时间动态系统建模中经常遇到的并行、同步、冲突和因果关系。

（2）为形式化分析提供了良好的条件，因为 Petri 网具有良好的数学基础和语义清晰的语法。

（3）使用图形来描述系统，使系统形象化，易于理解，降低了建模的难度，提高了模型的可读性。

（4）对于分布式层次结构系统，可以采用层次 Petri 网建模技术进行仿真分析。

11.2.2 Petri 网数学定义

Petri 网是一个有向二分图，其中结点包含两种不同的元素（库所和变迁），边用来连接库所和变迁。在实际应用中还有多样弧（Multiple Arcs）用来表示状态元素变化时多输入和多输出关系。对于 Petri 网图形化描述形式，通常库所用来表示系统的状态，图形符号用圆圈"○"表示；变迁表示状态之间过渡的事件，图形符号用矩形框"□"表示、库所中的资源称为"标记"，用小黑点"●"表示；变迁的输入和输出关系用有向箭头来表示。Petri 网图形表示如 11.2 所示。

（1）资源：资源指的是与系统状态发生变化有关的因素。

（2）状态元素：资源按照在系统中的作用分类，具有相同属性的元素抽象为一个对应的状态元素。

（3）库所：系统状态元素称为库所，库所表示复杂系统的状态。

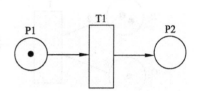

图 11.2　Petri 符号表示

（4）变迁：变迁是指资源的消耗、使用以及对应状态元素的变化，即表示系统不同状态的变化的事件。

（5）容量：库所所能够存储资源的最大数量称为库所的容量。

定义：一个基本 Petri 网是一个三元组 $N=(P, T, F)$ ，其中满足下面条件，

① P 为库所有限集合，T 为变迁有限集合，满足 $P \cap T = \varnothing$ 和 $P \cup T \neq \varnothing$ ，其中 $\varnothing$ 表示空集，库所中的资源称为标记（Token）。

② F 为库所和变迁元素组成的有序偶的集合，称为流关系，满足 $F \subseteq P \times T \cup T \times P$（"×"为笛卡儿积）。

③ 令 F 弧集中有序偶的第一个元素和第二个元素所组成的集合分别为 $\text{dom}(F)$ 和 $\text{cod}(F)$ ，满足 $\text{dom}(F) \cup \text{cod}(F) = P \cup T$ 。在 Petri 网中所有库所标记的集合称为标识（Marking），其中可达集是 Petri 网中从初始标识所能到达其他标识的一个集合。

一个基本 Petri 网如图 11.3 所示，在这个基本 Petri 网中有三个库所和一个变迁，其中库所 P1 为一个输入库所，含有一个标记，P2、P3 为输出库所。

对于一个基本 Petri，变迁事件的发生称为"激活"，基本变迁激活的条件是，输入库所中的标记数大于等于输入弧的权值。如图 11.3 中，变迁 T1 的输入库所是 P1，P1 中含有一个标记，变迁 T1 的输入弧未标注权值，默认为 1，此时满足变迁激活条件，变迁事件可以发生。激活后如图 11.4 所示，因为变迁 T1 的输出弧有 2 个分别与输出库所 P2 和输出库所 P3 连接，每个输出弧权值默认为 1，所以得到图 11.4 所示的 T1 激活后的状态。

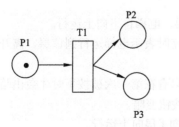

图 11.3　一个基本 Petri 网示意图

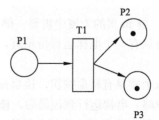

图 11.4　变迁 T1 激活后

为了说明基本 Petri 变迁事件的激活规则，下面以氢气在氧气中燃烧化学反应为例说明。化学反应方程式如下：$H_2+O_2 \rightarrow 2H_2O$（反应条件，点燃）。化学反应前如图 11.5 所示。库所 H^2 表示氢气含有 2 个标记，库所 O_2 表示氧气含有 1 个标记，变迁 T 表示点燃事件。

此时变迁 T 满足激活条件，H_2 库所需要 2 个资源满足条件，同时 O_2 需要 1 个资源也满足条件，此时变迁 T 激活，生成 2 分子的 H_2O，如图 11.6 所示。从而使用 Petri 网表示出氢气在氧气中燃烧化学反应。

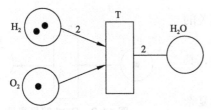
图 11.5　氢气和氧气化学反应前

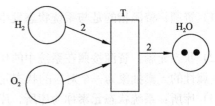
图 11.6　氢气和氧气化学反应后

上述的规则是基本 Petri 网的变迁激活规则。随着 Petri 网理论的发展，出现了禁止弧，禁止弧作为一种特殊控制的弧，当输入库所与变迁通过禁止弧连接时，当输入库所中所含标记数小于禁止弧权值时，该变迁可以激活，在这种情况下变迁激活已经不再受限制于上面的激活规则，禁止弧的出现丰富了 Petri 网方法对于复杂系统的建模描述能力。图 11.7 所示就是带有禁止弧的 Petri 网。变迁 T1 有两个输入库所，一个是 P1 通过尾部是空心圆的禁止弧连接，一个是普通库所 P2 通过箭头连接。此时 P2 连接库所，标记数等于输入弧权值 1；库所 P1 不含标记数即为 0，也满足禁止弧激活的条件，此时变迁 T1 激活，激活后如图 11.8 所示，此时与 T1 连接的禁止弧输入库所 P1 仍然满足激活条件，但是另外一个输入弧连接的输入库所 P2 因为没有标记，不满足激活条件，此时变迁 T1 无法被激活。

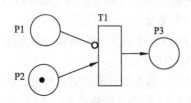
图 11.7　带有禁止弧的 Petri 网

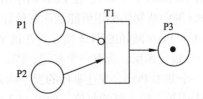
图 11.8　带有禁止弧的 Petri 网激活后

11.3　电梯问题 Petri 网求解

【实例】在一幢 m 层的大厦中需要一部电梯，电梯自下向上运行。

（1）电梯每层有一个电梯运行指示灯。灯亮时表示电梯运行到该层，离开该层后，运行指示灯熄灭。

（2）此外每个楼层有楼层按钮，楼层按钮只有在第一次被按下时才会由暗变亮，以后再按它则只会被忽略；电梯运行到该层后，楼层按钮变暗。

问题描述如图 11.9 所示，此时电梯从 g 层向 f 层向上运行。

解：结合 Petri 网的变迁激活规则和禁止弧变迁激活规则，设计后的 Petri 网表示如图 11.8 所示。此时库所 EB_f 含有 1 个标记，表示 f 层的电梯按钮被人按下，已经点亮，EB_f 作为输入库所通过禁止弧与变迁 EB_f 被按下连接，此时不满足禁止弧变迁激活条件，即 EB_f 还是还有一个标记。这一设计结果满足楼层按钮只有在第一次被按下时才会由暗变亮，以后再按它则只会被忽略问题要求。

图 11.10 右侧变迁"电梯在运行"有两个输入库所 EB_f 和 F_g，此时 EB_f 含有 1 个标记表示 f 层电梯按钮被人按下，有人等待乘坐电梯；而且此时库所 F_g 也含有 1 个标记，表示电梯此时在 f 层的下方 g 层，所以此时变迁"电梯在运行"事件能够发生，该变迁激活后如图 11.11 所示。

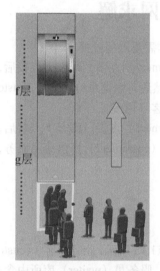

图 11.9　电梯问题示意图

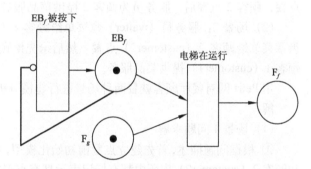

图 11.10　电梯问题 Petri 网形式化表示

图 11.11 表示，此时电梯正在楼层 f 停靠，等待乘坐电梯，此时 f 层的电梯按钮 EB_f 也已经熄灭。然后电梯会继续向上运行，此时若 f 层有人按下 f 层电梯按钮，EB_f 被按下变迁会被激活，输出库所 EB_f 中会输出 1 个标记，如图 11.12 所示，但是此时因为电梯是单向向上运行，所以变迁"电梯在运行"事件不会被激活。

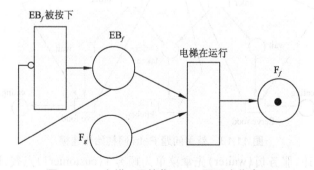

图 11.11　电梯 f 层停靠 Petri 网形式化表示

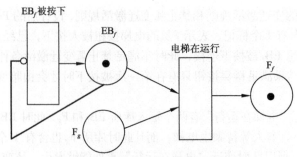

图 11.12　电梯问题 Petri 网形式化表示

11.4　就餐问题 Petri 网求解

【实例】在某餐厅中，有一个服务员，此时有 2 名顾客需要点餐就餐。

（1）场景 1：服务员（waiter）拿菜单给顾客 1（customer1）点餐，顾客 1 点餐后，服务员向厨房下单然后为顾客 1 提供菜品服务，顾客 1 用餐；然后再拿菜单给顾客 2（customer2）点餐，顾客 2 点餐后，服务员为顾客 2 提供菜品服务，顾客 2 用餐。

（2）场景 2：服务员（waiter）拿菜单给顾客 1（customer1）点餐，顾客 1 点餐后，服务员拿菜单给顾客 2（customer2）点餐；然后给先给顾客 2（customer2）提供菜品服务，再给顾客 1（customer1）提供菜品服务。

用 Petri 网对餐厅顾客就餐两种场景进行建模分析。

解：

（1）场景 1 问题求解

① 根据问题描述，首先建立点餐前初始化模型，如图 11.13 所示，此时顾客 1（customer1）和顾客 2（customer2）库所中都有标记表示都有点餐需求，服务员（waiter）库所中含有标记表示此时服务员可以提供服务。

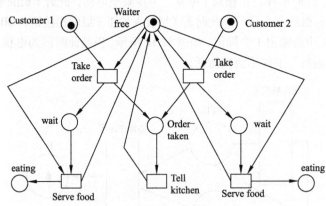

图 11.13　就餐问题 Petri 网初始化建模

② 根据问题描述，服务员（waiter）先拿菜单为顾客 1（customer1）点餐，顾客 2（customer2）等待服务，该描述建模后如图 11.14 所示。图中左侧变迁 Take order 满足激活条件，黑色变迁表示此时顾客 1（customer1）正在进行点餐。此时服务员（waiter）库所中的标记被消耗，此时顾客 2 无法进行点餐。

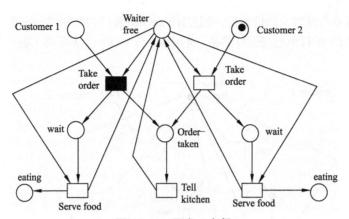

图 11.14　顾客 1 点餐

③ 顾客 1（customer1）点餐后，进入等待状态，库所 wait 中含有 1 个标记表示顾客 1（customer1）已经点餐结束，正在进行等待菜品服务，如图 11.15 所示。图中库所 Order taken 含有一个标记表示服务员（waiter）准备下后堂厨房下单。

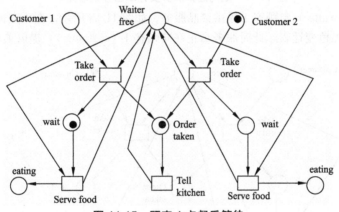

图 11.15　顾客 1 点餐后等待

④ 服务员（waiter）向后堂厨房下单后，此时图中黑色变迁 Tell kitchen 激活，表示服务员（waiter）已经将顾客 1 的点餐下单，厨房开始为执行顾客 1 的订单。此时，顾客 1（customer1）继续等待菜品服务，如图 11.16 所示。

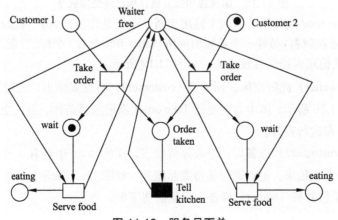

图 11.16　服务员下单

⑤ 厨房开始执行顾客 1 的订单后，变迁 Tell kitchen 激活向库所 Waiter free 输出 1 个标记，表示厨房按照顾客 1 的订单已经做好菜品，通知服务员（waiter）为顾客 1 提供菜品，如图 11.17 所示。

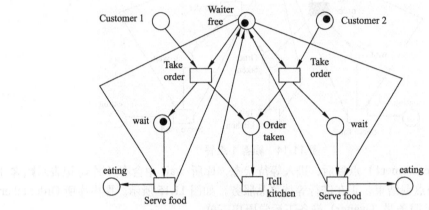

图 11.17　厨房通知服务员订单已经处理完毕

⑥ 服务员（waiter）向顾客 1 提供菜品服务，如图 11.18 所示。图中左侧变迁 Serve food 满足激活条件，黑色变迁表示此时服务员正在向顾客 1（customer1）提供菜品服务。

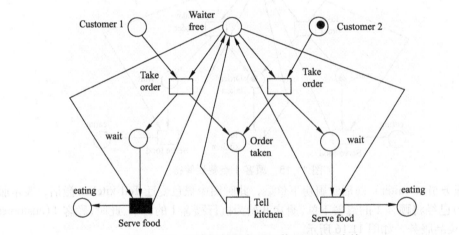

图 11.18　厨房通知服务员订单已经处理完毕

⑦ 变迁 Serve food 激活后，有两个输出库所，一个是库所 eating，此时 eating 含有 1 个标记，表示顾客 1 正在就餐；另外一个是输出库所 Waiter free 含有 1 个标记，表示服务员（waiter）此时空闲可以为其他顾客提供点餐服务，如图 11.19 所示。

⑧ 服务员（waiter）此时空闲，顾客 2（customer2）有点餐需求，此时顾客 2 点餐事件可以发生，如图 11.20 所示。图中右侧变迁 Take order 满足激活条件，黑色变迁表示此时顾客 2（customer2）正在进行点餐。

⑨ 顾客 2（customer2）点餐后，进入等待状态，库所 wait 中含有 1 个标记表示顾客 2（customer2）已经点餐结束，正在进行等待菜品服务，如图 11.21 所示。图中库所 Order taken 含有一个标记表示服务员（waiter）准备下后堂厨房下单。

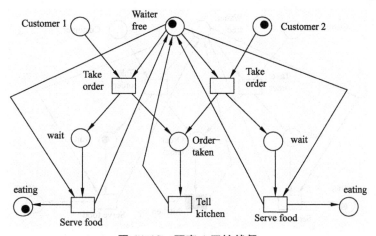

图 11.19　顾客 1 开始就餐

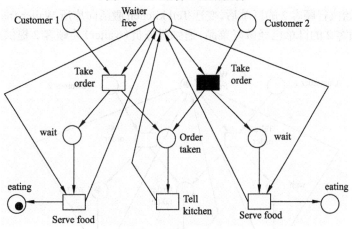

图 11.20　顾客 2 开始就餐

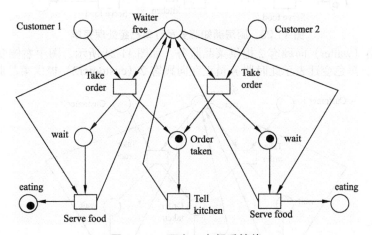

图 11.21　顾客 2 点餐后等待

⑩ 服务员（waiter）向后堂厨房下单后，此时图中黑色变迁 Tell kitchen 激活，表示服务员（waiter）已经将顾客 2 的点餐下单，厨房开始为执行顾客 2 的订单，如图 11.22 所示。

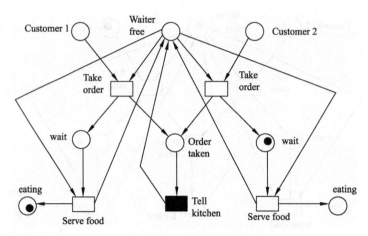

图 11.22　服务员下单

⑪ 厨房开始执行顾客 2 的订单后，变迁 Tell kitchen 激活向库所 Waiter free 输出 1 个标记，表示厨房按照顾客 2 的订单已经做好菜品，通知服务员（waiter）为顾客 2 提供菜品，如图 11.23 所示。

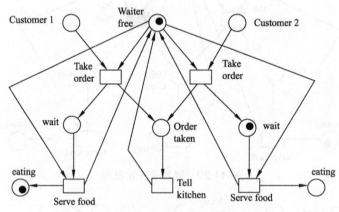

图 11.23　厨房通知服务员订单已经处理完毕

⑫ 服务员（waiter）向顾客 2 提供菜品服务，如图 11.24 所示。图中右侧变迁 Serve food 满足激活条件，黑色变迁表示此时服务员正在向顾客 2（customer2）提供菜品服务。

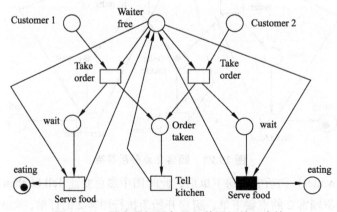

图 11.24　厨房通知服务员订单已经处理完毕

⑬ 变迁 Serve food 激活后如图 11.25 所示。变迁 Serve food 激活后有两个输出库所，一个是图中右侧库所 eating，此时 eating 含有 1 个标记，表示顾客 2 正在就餐；另外一个是输出库所 Waiter free 含有 1 个标记，表示服务员（waiter）此时空闲可以为其他顾客提供点餐服务。

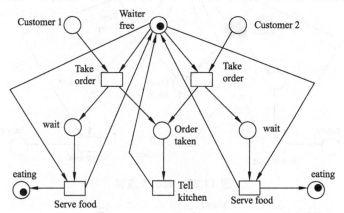

图 11.25　顾客 2 开始就餐

通过以上 Petri 网建模过程，描述出餐厅点餐的场景 1 的所有细节描述。下面进行点餐场景 2 的 Petri 网建模。

（2）场景 2 问题求解

① 根据问题描述，首先建立点餐前初始化模型，如图 11.26 所示，顾客 1（customer1）和顾客 2（customer2）库所中都有标记表示都有点餐需求，服务员（waiter）库所中含有标记表示此时服务员可以提供服务。

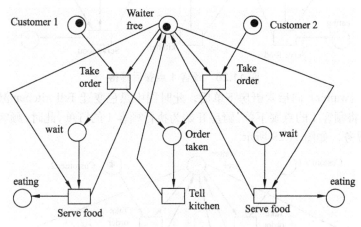

图 11.26　就餐问题 Petri 网初始化建模

② 服务员（waiter）先拿菜单为顾客 1（customer1）点餐，顾客 2（customer2）等待服务，该描述建模后如图 11.27 所示。图中左侧变迁 Take order 满足激活条件，黑色变迁表示此时顾客 1（customer1）正在进行点餐。此时服务员（waiter）库所中的标记被消耗，此时顾客 2 无法点餐。

③ 顾客 1（customer1）点餐后，进入等待状态，库所 wait 中含有 1 个标记表示顾客 1（customer1）已经点餐结束，正在进行等待菜品服务，如图 11.28 所示。图中库所 Order taken 含有一个标记表示服务员（waiter）准备下后堂厨房下单。

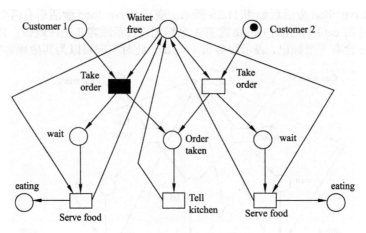

图 11.27　顾客 1 点餐

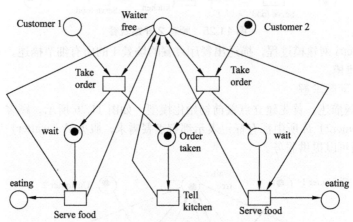

图 11.28　顾客 1 点餐后等待

④ 服务员（waiter）向后堂厨房下单后，此时图中黑色变迁 Tell kitchen 激活，表示服务员（waiter）已经将顾客 1 的点餐下单，厨房开始为执行顾客 1 的订单。此时，顾客 1（customer1）继续等待菜品服务，如图 11.29 所示。

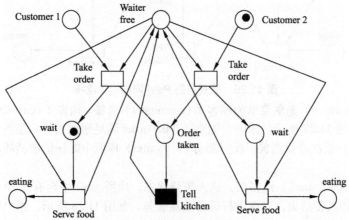

图 11.29　服务员下单

⑤ 厨房开始执行顾客 1 的订单后，变迁 Tell kitchen 激活向库所 Waiter free 输出 1 个标记，表示服务员（waiter）此时空闲可以为其他顾客提供点餐服务，如图 11.30 所示。

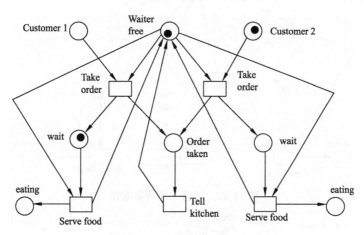

图 11.30　服务员空闲状态

⑥ 服务员（waiter）此时空闲，顾客 2（customer2）有点餐需求，此时顾客 2 点餐事件可以发生，如图 11.31 所示。图中右侧变迁 Take order 满足激活条件，黑色变迁表示此时顾客 2（customer2）正在进行点餐。

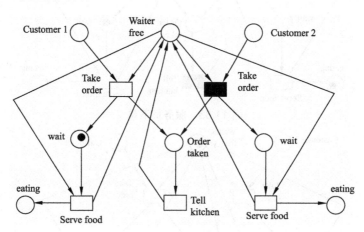

图 11.31　顾客 2 点餐

⑦ 顾客 2（customer2）点餐后，进入等待状态，如图 11.32 所示。图中右侧库所 wait 中含有 1 个标记，表示顾客 2（customer2）已经点餐结束，正在进行等待菜品服务，此时两个顾客都在等待菜品服务。图中库所 Order taken 含有 1 个标记，表示服务员（waiter）准备下后堂厨房下单。

⑧ 服务员（waiter）向后堂厨房下单后，此时图中黑色变迁 Tell kitchen 激活，表示服务员（waiter）已经将顾客 2 的点餐下单，如图 11.33 所示。

⑨ 服务员下单后又回到空闲状态，如图 11.34 所示，图中库所 Waiter free 含有 1 个标记，表示此时服务员处于空闲状态，等待菜品为顾客 1 和顾客 2 提供菜品服务。

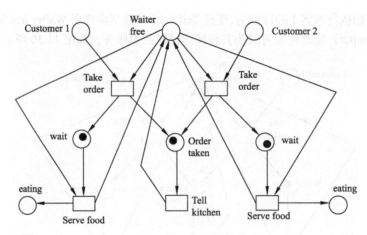

图 11.32　顾客 2 点餐后等待

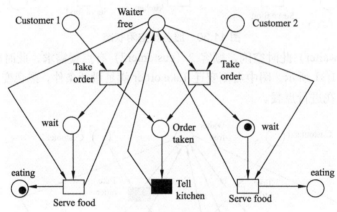

图 11.33　服务员下单

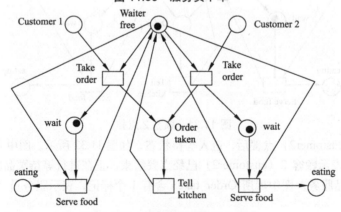

图 11.34　服务员下单后等待菜品

⑩ 根据问题描述，厨房将顾客 2 的菜品先做好，如图 11.35 所示，图中右侧变迁黑色 Serve food 先激活，表示此时服务员为顾客 2 提供菜品服务。

⑪ 变迁 Serve food 激活后，有两个输出库所，一个是库所 eating，此时 eating 含有 1 个标记，表示顾客 2 正在就餐；另外一个是输出库所 Waiter free 含有 1 个标记，表示服务员（waiter）

此时空闲可以为其他顾客提供点餐服务，如图 11.36 所示。

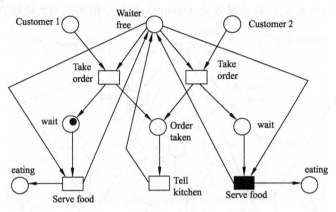

图 11.35　服务员为顾客 2 提供菜品

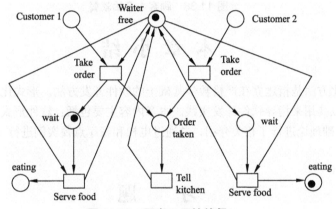

图 11.36　顾客 2 开始就餐

⑫ 左侧变迁 Serve food 也满足激活条件，消耗掉两个输入库所中的标记，一个是库所 wait 中的 1 个标记，表示服务员即将为顾客 1 提供菜品服务；另外一个是输入库所 Waiter free 中的 1 个标记，表示服务员（waiter）此时空闲可以为顾客 1 提供菜品服务，如图 11.37 所示。

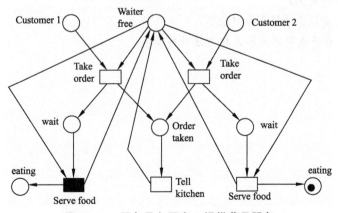

图 11.37　服务员向顾客 1 提供菜品服务

⑬ 左侧变迁 Serve food 激活后如图 11.38 所示。变迁 Serve food 激活后有两个输出库所，一

个是图中左侧库所 eating，此时 eating 含有 1 个标记，表示顾客 1 正在就餐；另外一个是输出库所 Waiter free 含有 1 个标记，表示服务员（waiter）此时空闲可以为其他顾客提供点餐服务。

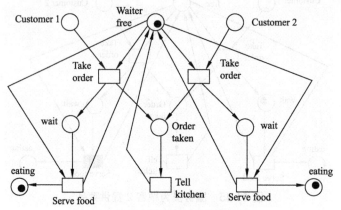

图 11.38　顾客 1 开始就餐

本 章 小 结

软件形式化方法是指建立在严格数学基础上的软件开发方法。形式化方法基于严密的数学理论基础，以其用来指导软件开发实践。本章内容主要包括：软件形式化方法基本概念，重点 Petri 网基础理论进行了相关介绍，并通过电梯和餐厅点餐实例进行了 Petri 网建模方法介绍。

习　题

简述题

1．什么是软件形式化？什么是非形式化？

2．Petri 网如何定义？

3．Petri 网的变迁激活规则是什么？

4．查找文献资料说明其他形式化方法还有哪些？

第12章

软件设计模式

软件设计模式来源于 Christopher Alexander 的建筑学模式和对象运动。根据 Alexander 的观点，模式就是一个对于特定的系统的通用解决方案本身的重复。对象运动关注于将现实世界模化为软件内部的关系。基于这两个原因，软件设计模式对于真实世界的物体而言，同样应当是可以重复的。

根据 Alexander 的说法，现实世界中模式总是重复自己，因为在一个特定的环境下，它们总是很好地适应现有的环境因素。使用软件设计模式，可以复用现有的、高质量的、针对常见重复问题的解决方案。

12.1   设计模式概述

12.1.1   设计模式的基本概念

设计模式/软件设计模式是一套被反复使用、多数人知晓的、经过分类编目的、代码设计经验的总结。使用设计模式是为了可重用代码、让代码更容易被他人理解、保证代码可靠性、程序的重用性。

设计模式是对面向对象设计中反复出现的问题的解决方案。这个术语是在 20 世纪 90 年代由 Erich Gamma 等人从建筑设计领域引入到计算机科学中来的。设计模式不同于算法，算法不是设计模式，因为算法致力于解决问题而非设计问题。设计模式通常描述了一组相互紧密作用的类与对象。它提供一种讨论软件设计的公共语言，使得熟练设计者的设计经验可以被初学者和其他设计者掌握。设计模式还为软件重构提供了目标。

12.1.2   设计模式要素

设计模式使人们可以更加简单方便地复用成功的设计和体系结构。主要要素有以下四种：

（1）模式名称：是一个助记名，用一两个词来描述模式的问题、解决方案和效果。命名一个新的模式增加了设计词汇。设计模式允许在较高的抽象层次上进行设计。模式名可以帮助设计者思考，便于与其他人交流设计思想及设计结果。

（2）问题：描述问题存在的前因后果，它可能描述了特定的设计问题，如怎样用对象表示算法等。也可能描述了导致不灵活设计的类或对象结构。有时候，问题部分会包括使用模式必须满足的一系列先决条件。

（3）解决方案：描述了设计的组成成分，它们之间的相互关系及各自的职责和协作方式。因为模式就像一个模板，可应用于多种不同场合，所以解决方案并不描述一个特定而具体的设计或实现，而是提供设计问题的抽象描述和怎样用一个具有一般意义的元素组合（类或对象组合）来解决这个问题。

（4）效果：描述了模式应用的效果及使用模式应权衡的问题。软件效果大多关注对时间和空间的衡量，它们也表述了语言和实现问题。因为复用是面向对象设计的要素之一，所以模式效果包括它对系统的灵活性、扩充性或可移植性的影响，显式地列出这些效果对理解和评价这些模式很有帮助。

12.2　设计模式的原则和策略

设计模式为了代码复用，增加可维护性。如何才能实现代码复用呢？面向对象有几个原则：开闭原则（Open Closed Principle，OCP）、里氏代换原则（Liskov Substitution Principle，LSP）、依赖倒置原则（Dependency Inversion Principle，DIP）、接口隔离原则（Interface Segregation Principle, ISP）、合成/聚合复用原则（Composite/Aggregate Reuse Principle，CARP）、最小知识原则（Principle of Least Knowledge，PLK）。

开闭原则具有理想主义色彩，它是面向对象设计的终极目标。其他几条，则可以看作是开闭原则的实现方法。设计模式就是实现了这些原则，从而达到了代码复用、增加可维护性的目的。

（1）开闭原则。此原则是由 Bertrand Meyer 提出的。原文是"Software entities should be open for extension,but closed for modification"，就是说模块应对扩展开放，而对修改关闭。模块应尽量在不修改源代码的情况下进行扩展。

（2）里氏代换原则。里氏代换原则是由 Barbara Liskov 提出的。如果调用的是父类，那么换成子类也完全可以运行。可以说：里氏代换原则是继承复用的一个基础。

（3）依赖倒置原则。抽象不应该依赖于细节，细节应当依赖于抽象。要针对接口编程，而不是针对实现编程。传递参数，或者在组合聚合关系中，尽量引用层次高的类。

（4）合成/聚合复用原则。合成/聚合复用原则（Composite/Aggregate Reuse Principle，CARP）又称合成复用原则，就是在一个新的对象里面使用一些已有的对象，使之成为新对象的一部分；新的对象通过向这些对象的委派达到复用已有功能的目的。它的设计原则是：要尽量使用合成/聚合，尽量不要使用继承。就是说要少用继承，多用合成关系来实现。

（5）接口隔离原则。定制服务的例子，每一个接口应该是一种角色。

（6）最少知识原则。又称迪米特法则，即一个对象应对其他对象有尽可能少的了解。

12.3　设计模式的类型

设计模式分为三种类型，共 23 种。

（1）创建型模式：单例模式、抽象工厂模式、建造者模式、工厂模式、原型模式。

（2）结构型模式：适配器模式、桥接模式、装饰模式、组合模式、外观模式、享元模式、代理模式。

（3）行为型模式：模板方法模式、命令模式、迭代器模式、观察者模式、中介者模式、备忘录模式、解释器模式、状态模式、策略模式、职责链模式、访问者模式。

① Abstract Factory（抽象工厂模式）：提供一个创建一系列相关或相互依赖对象的接口，而无须指定它们具体的类。

② Adapter（适配器模式）：将一个类的接口转换成客户希望的另外一个接口。Adapter模式使得原本由于接口不兼容而不能一起工作的那些类可以一起工作。

③ Bridge（桥接模式）：将抽象部分与它的实现部分分离，使它们都可以独立地变化。

④ Builder（建造者模式）：将一个复杂对象的构建与它的表示分离，使得同样的构建过程可以创建不同的表示。

⑤ Chain of Responsibility（职责链模式）：为解除请求的发送者和接收者之间的耦合，而使多个对象都有机会处理这个请求。将这些对象连成一条链，并沿着这条链传递该请求，直到有一个对象处理它。

⑥ Command（命令模式）：将一个请求封装为一个对象，从而可用不同的请求对客户进行参数化；对请求排队或记录请求日志，以及支持可取消的操作。

⑦ Composite（组合模式）：将对象组合成树形结构以表示"部分-整体"的层次结构。它使得客户对单个对象和复合对象的使用具有一致性。

⑧ Decorator（装饰模式）：动态地给一个对象添加一些额外的职责。就扩展功能而言，它比生成子类方式更为灵活。

⑨ Facade（外观模式）：为子系统中的一组接口提供一个一致的界面，该模式定义了一个高层接口，这个接口使得这一子系统更加容易使用。

⑩ Factory Method（工厂模式）：定义一个用于创建对象的接口，让子类决定将哪一个类实例化。Factory Method 使一个类的实例化延迟到其子类。

⑪ Flyweight（享元模式）：运用共享技术有效地支持大量细粒度的对象。

⑫ Interpreter（解析器模式）：给定一个语言，定义它的文法的一种表示，并定义一个解释器，该解释器使用该表示来解释语言中的句子。

⑬ Iterator（迭代器模式）：提供一种方法顺序访问一个聚合对象中的各个元素，而又不需暴露该对象的内部表示。

⑭ Mediator（中介模式）：用一个中介对象来封装一系列的对象交互。中介者使各对象不需要显式地相互引用，从而使其耦合松散，而且可以独立地改变它们之间的交互。

⑮ Memento（备忘录模式）：在不破坏封装性的前提下，捕获一个对象的内部状态，并在该对象之外保存这个状态。这样就可将该对象恢复到保存的状态。

⑯ Observer（观察者模式）：定义对象间的一种一对多的依赖关系，以便当一个对象的状态发生改变时，所有依赖于它的对象都得到通知并自动刷新。

⑰ Prototype（原型模式）：用原型实例指定创建对象的种类，并通过复制这个原型来创建新的对象。

⑱ Proxy（代理模式）：为其他对象提供一个代理以控制对这个对象的访问。

⑲ Singleton（单例模式）：保证一个类仅有一个实例，并提供一个访问它的全局访问点。

单例模式是最简单的设计模式之一。

⑳ State（状态模式）：允许一个对象在其内部状态改变时改变它的行为。对象看起来似乎修改了它所属的类。

㉑ Strategy（策略模式）：定义一系列的算法，把它们一个个封装起来，并使它们可相互替换。本模式使得算法的变化可独立于使用它的客户。

㉒ Template Method（模板方法模式）：定义一个操作中的算法的骨架，而将一些步骤延迟到子类中。Template Method 使得子类可以不改变一个算法的结构即可重定义该算法的某些特定步骤。

㉓ Visitor（访问者模式）：表示一个作用于某对象结构中的各元素的操作。它使你可以在不改变各元素的类的前提下定义作用于这些元素的新操作。

12.4 设计模式的优点

在软件设计过程中，使用设计模式具有以下优点：

(1) 复用现有的、高质量的、针对常见的重复问题的解决方案。

(2) 建立通用的术语以改善团队内部的沟通。

(3) 将思考转移到更高的视角。

(4) 判断是否拥有正确的设计，而不仅仅是一个可以运行的设计。

(5) 改善个人学习和团队学习。

(6) 改善代码的可修改性。

(7) 促进对改良设计的选用。

(8) 发现"庞大的继承体系"的替代方案。

本 章 小 结

在现代软件开发中，设计模式起至关重要的作用。尤其是自从面向对象的语言普遍使用以后，促成了团队合作设计的热潮，而在此时，如果没有一个好的设计模式，软件设计几乎是不可能完成的任务。本章内容主要包括：软件设计模式的基本概念，设计模式的原则、类型和优点进行了介绍。

习 题

简述题

1. 软件设计的模式是什么？

2. 设计模式的四要素是什么？如何定义？

3. 设计模式的原则有哪些？

4. 常用的设计模式有哪些类型？

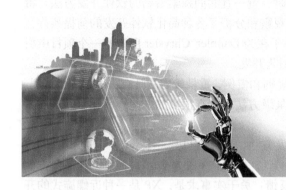

第13章

极限编程

业界软件开发的过程一直在被传统的软件工程方法主导着。传统的软件工程方法按照瀑布模型或其变型从系统的问题定义、可行性分析、需求定义等一路下来，每一步的开始都要以上一步的完成作为前提，例如对系统的需求分析就要求完全分析结束后再进到下一阶段。如果其中一步没有完成，或者虽然完成，但是存在问题，那对以后的开发过程会产生不可估量的影响。

在业界对软件质量越来越关注的情况下，一些新的软件开发思想如雨后春笋般地涌现出来，极限编程就是其中一种影响很大的新思想。极限编程是 1998 年 由 Smalltalk 社群中的大师级人物 Kent Beck 首先倡导的一种新型软件开发方法，它是一个周密而严谨的软件开发流程。它基于简单、交流、反馈、勇气的原则，在充分考虑到人的因素的前提下进行，达到客户的最大满意度。这种方法适用于中、小型系统的开发。这种轻量级的软件开发方法在软件质量上提出了极高的要求。

13.1　极限编程基础

极限编程诞生于一种加强开发者与用户的沟通需求，让客户全面参与软件的开发设计，保证变化的需求及时得到修正。要让客户能方便地与开发人员沟通，一定要用客户理解的语言，先测试再编码就是先给客户软件的外部轮廓、客户使用的功能展现，让客户感觉到未来软件的样子，先测试再编码与瀑布模型显然是背道而驰的。同时，极限编程注重用户反馈与让客户加入开发是一致的，让客户参与就是随时反馈软件是否符合客户的要求。有了反馈，开发子过程变短，迭代也就很自然地出现，快速迭代，小版本发布都让开发过程变成更多的自反馈过程。极限编程作为一种新式的软件过程方法论，它强调的是人与人合作进行的过程，因此成功的软件开发过程应该充分利用人的优势，而弱化人的缺点，突出了人在软件开发过程中的作用。

13.1.1　极限编程的定义

极限编程（Extreme Programming，XP）是由 Kent Beck 在 1996 年提出的。Kent Beck 在

20 世纪 90 年代初期与 Ward Cunningham 共事时，就一直共同探索着新的软件开发方法，希望能使软件开发更加简单而有效。Kent 仔细地观察和分析了各种简化软件开发的前提条件、可能性以及面临的困难。1996 年 3 月，Kent 终于在为 Daimler Chrysler 所做的一个项目中引入了新的软件开发观念——XP。XP 适用于小团队开发。

软件方法就是用来编写计算机程序的一套规则和惯例。重量级方法具有很多规则、惯例、和文档。正确地遵循它们需要训练及时间。轻量级方法仅具有很少的一些规则和惯例，或者说，这些规则和惯例遵守起来很容易。

极限编程是一个轻量级的、灵巧的软件开发方法，同时它也是一个非常严谨和周密的方法。它的基础和价值观是交流、朴素、反馈和勇气，即任何一个软件项目都可以从四个方面入手进行改善：加强交流；从简单做起；寻求反馈；勇于实事求是。XP 是一种近螺旋式的开发方法，它将复杂的开发过程分解为一个个相对比较简单的小周期；通过积极的交流、反馈以及其他一系列的方法，开发人员和客户可以非常清楚开发进度、变化、待解决的问题和潜在的困难等，并根据实际情况及时调整开发过程。

13.1.2　极限编程核心价值

极限编程中有四个核心价值是在开发中必须注意的：沟通（Communication）、简单（Simplicity）、反馈（Feedback）、勇气（Courage）、此外还扩展了第五个价值观：谦逊（Modesty）。XP 用"沟通、简单、反馈、勇气和谦逊"来减轻开发压力和包袱；无论是术语命名、专著叙述内容和方式、过程要求，都可以从中感受到轻松愉快和主动奋发的态度和气氛。这是一种帮助理解和更容易激发人的潜力的手段。XP 用自己的实践，在一定范围内成功地打破了软件工程"必须重量"才能成功的传统观念。

XP 精神可以启发我们如何学习和对待快速变化、多样的开发技术。成功学习 XP 的关键，是用"沟通、简单、反馈、勇气和谦逊"的态度来对待 XP；轻松愉快地感受 XP 的实践思想；自己认真实践后，通过对真实反馈的分析，来决定 XP 对自己的价值；有勇气接受它，或改进它。

13.2　极限编程设计原则

极限编程是一种开发纪律，以简单性、交流、反馈和勇气为基本宗旨。它的做法是以有效的实践规则将整个团队紧密联系起来，通过充分的反馈使团队能随时知道自己目前的状况和恰当的调节规则以适应自己的特殊情况。在极限设计过程中基本原则有：

（1）简单是关键

简单的设计总是花较少的时间完成复杂的任务。如果发现一个事情很复杂，用简单的事情替换它。与其在复杂的代码上消耗更多的时间，还不如用简单的代码替换，这样更快，而且更省事。尽可能使事情简单化，在执行计划期间，尽可能不增加新的功能。保持简单的设计是长期坚持的工作。

（2）选择系统比喻

选择系统比喻是为了通过对类和方法的一致命名，为团队提供一致的画面。你的对象名称对于系统整体设计的理解和代码重用是非常重要的。

（3）CRC 卡片

CRC 卡片即类—职责—伙伴卡片，是一种辅助设计的工具，但不是一个完整的设计方法。它最初提出来是作为教学辅助的手段，用以帮助理解面向对象的概念。由于它的简单有效，以后逐渐成为职责驱动方法的一部分，并结合到其他的面向对象方法中去。CRC 卡片主要用于软件开发中的设计阶段。它的特点是用人格化的方法，将软件系统中的每个部件，即类，看成一个独立的个体，在探索如何与其他个体携手合作完成某一系统功能中逐步完成自身的定位。为了便于分组、查找以及修改，每个类的定义记录在检索卡片上。每张卡片分为三个部分，分别记录一个类的名称、主要职责和协作伙伴，CRC 卡片由此得名。

CRC 卡的最大价值在于允许人们从思考过程模式中脱离出来，更充分的专注于对象技术。CRC 卡允许整个项目组对设计做出贡献。参与系统设计的人越多，能够收集到的好主意也就越多。

（4）测试驱动

在软件开发中，只有通过充分的测试才能获得充分的反馈。XP 中提出的测试，在其他软件开发方法中都可以见到，如功能测试、单元测试、系统测试和负荷测试等；与众不同的是，XP 将测试结合到它独特的螺旋式增量型开发过程中，测试随着项目的进展而不断积累。另外，由于强调整个开发小组拥有代码，测试也是由大家共同维护的。即任何人在往代码库中放入程序前，都应该运行一遍所有的测试；任何人如果发现了一个 BUG，都应该立即为这个 BUG 增加一个测试，而不是等待写那个程序的人来完成；任何人接手其他人的任务，或者修改其他人的代码和设计，改动完以后如果能通过所有测试，就证明他的工作没有破坏原系统。这样，测试才能真正起到帮助获得反馈的作用；而且，通过不断地优先编写和累积，测试应该可以基本覆盖全部的客户和开发需求，因此开发人员和客户可以得到尽可能充足的反馈。

（5）重构

XP 强调简单的设计，但简单的设计并不是没有设计的流水账式的程序，也不是没有结构、缺乏重用性的程序设计。开发人员虽然对每个 UserStory 都进行简单设计，但同时也在不断地对设计进行改进，这个过程叫设计的重构。重构主要是努力减少程序和设计中重复出现的部分，增强程序和设计的可重用性。XP 强调，把重构做到极致，应该随时随地、尽可能地进行重构，每次改动后，程序员都应该运行测试程序，保证新系统仍然符合预定的要求。

XP 开发小组经常整合不同的模块。为了提高软件质量，除了测试驱动开发和 PairProgramming 以外，XP 要求每个人的代码都要遵守编程规范，任何人都可以修改其他人写的代码，而且所有人都应该主动检查其他人写的代码。

（6）集体拥有代码

在很多项目开发过程中，开发人员只维护自己的代码，而且很多人不喜欢其他人随意修改自己的代码。因此，即使可能有相应的比较详细的开发文档，但一个程序员却很少、也不太愿意去读其他程序员的代码；而且，因为不清楚其他人的程序到底实现了什么功能，一个程序员一般也不敢随便改动其他人的代码。同时，因为是自己维护自己的代码，可能因为时间紧张或技术水平的局限性，某些问题一直不能被发现或得到比较好的解决。针对这一点，XP 提倡大家共同拥有代码，每个人都有权利和义务阅读其他代码，发现和纠正错误，重整和优化代码。这样，这些代码就不仅仅是一两个人写的，而是由整个项目开发队伍共同完成的，错误会减少很多，重用性会尽可能地得到提高，代码质量是非常好。

为了防止修改其他人的代码而引起系统崩溃，每个人在修改后都应该运行测试程序。

13.3　极限设计开发环节

（1）工作环境

为了在软件开发过程中最大程度地实现和满足客户和开发人员的基本权利和义务，XP 要求把工作环境也做到最好。每个参加项目开发的人都将担任一个角色（项目经理、项目监督人等）并履行相应的权利和义务。所有的人都在同一个开放的开发环境中工作，最好是所有人在同一个大房子中工作，还有茶点供应；每周 40 小时，不提倡加班；每天早晨，所有人一起站着开个短会；墙上有一些大白板，所有的 Story 卡、CRC 卡等都贴在上面，讨论问题时可以在上面写写画画。

（2）需求

客户应该是项目开发队伍中的一员，而不是和开发人员分开的；因为从项目的计划到最后验收，客户一直起着很重要的作用。开发人员和客户一起，把各种需求变成一个个小的用户故事（User Story），这些模块又会根据实际情况被组合在一起或者被分解成更小的模块。它们都被记录在一些故事卡（Story Card）上，之后分别被程序员们在各个小的迭代中，通常不超过 3 个星期即可实现。客户根据每个模块的商业价值来指定它们的优先级，开发人员要做的是确定每个需求模块的开发风险，风险高的（通常是因为缺乏类似的经验）需求模块将被优先研究、探索和开发。经过开发人员和客户分别从不同的角度评估每个模块后，它们被安排在不同的开发周期里，客户将得到一个尽可能准确的开发计划，客户为每个需求模块指定验收测试（功能测试）。

每发布一次开发的软件（经过一个开发周期），用户都能得到一个可以开始使用的系统，这个系统全面实现了相应的计划中的所有需求。而在一些传统的开发模式中，无论什么功能，用户都要等到所有开发完成后才能开始使用。

（3）设计

从具体开发的角度来看，XP 内层的过程是一个个基于测试驱动开发（Test Driven Development）周期，诸如计划和设计等外层的过程都是围绕这些展开的。每个开发周期都有很多相应的单元测试（Unit Test）。在初期，因为什么都没有实现，所以所有的单元测试都是失败的；随着一个个小的需求模块的完成，通过的单元测试也越来越多。通过这种方式，客户和开发人员都很容易检验是否履行了对客户的承诺。XP 提倡对于简单的设计（Simple Design），就是用最简单的方式，使得为每个简单的需求写出来的程序可以通过所有相关的单元测试。XP 还大力提倡设计走查、代码走查以及重构，所有的这些过程其实也是优化设计的过程。在这些过程中不断运行单元测试和功能测试，可以保证经过重整和优化后的系统仍然符合所有需求。

（4）编程

既然编程很重要，XP 就提倡结对编程，而且代码所有权是归于整个开发队伍。程序员在写程序和重构程序时，都要严格遵守编程规范。任何人都可以修改其他人写的程序，修改后要确定新程序能通过单元测试。结对编程的好处是，一个人编写代码时另一个人在思考。思考者的头脑中保持总体概念，不仅包括手头问题，而且还有 XP 指导方针。例如，如果两个人都在工作，就不太可能会有其中一个说"我不想首先写测试"而离开。如果编码者遇到障碍，他们就交换位置。如果两个人都遇到障碍，他们的讨论可能被在这个区域工作的其他人听到，可能给出帮助。这种结对方式，使事情顺畅、有章可循。也许更重要的是，它能使程序设计更具有社交性和娱乐性。

（5）测试

既然测试很重要，XP 就提倡在开始写程序之前先写单元测试。开发人员应该经常把开发好的模块整合到一起，每次整合后都要运行单元测试。做任何的代码走查和修改，都要运行单元测试。发现了 BUG，就要增加相应的测试（因此 XP 方法不需要 BUG 数据库）。除了单元测试之外，还有集成测试、功能测试、压力测试和系统测试等。所有这些测试，是 XP 开发过程中最重要的文档之一，也是最终交付给用户的内容之一。

极限编程的一个成功因素是重视客户的反馈——开发的目的就是为了满足客户的需要。极限编程方法使开发人员始终都能自信地面对客户需求的变化。

本 章 小 结

极限编程是一种灵巧的轻量级软件开发方法。极限编程方法强调团队合作，经理、客户和开发人员都是开发团队中的一员。团队通过相互之间的充分交流和合作，使用 XP 这种简单但有效的方式，努力开发出高质量的软件。XP 的设计简单而高效；程序员们通过测试获得客户反馈，并根据变化修改代码和设计，总是争取尽可能早地将软件交付给客户。XP 程序员能够勇于面对需求和技术上的变化。本章内容主要包括极限编程基本概念、核心价值、设计原则和开发环节。

习 题

简述题

1．什么是极限编程？极限编程与传统的软件开发方法有何不同？

2．极限编程的核心价值有哪些？

3．极限编程的设计原则是什么？

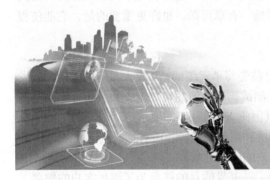

第14章

大数据与面向服务的软件

随着信息处理技术的不断发展，软件的作用越来越广泛。大数据时代是现代信息技术发展的必然途径，是在人们适应和改造世界过程中的产物，是人们生产生活在网络上的投影。因此，在进行软件设计时，必须要考虑到大数据时代的整体背景。软件的发展是一个不断进步的过程，对信息处理的要求越来越高。

14.1 大数据基础

现在的社会是一个高速发展的社会，科技发达，信息流通，人们之间的交流越来越密切，生活也越来越方便，大数据就是这个高科技时代的产物。有人把数据比喻为蕴藏能量的煤矿。煤炭按照性质有焦煤、无烟煤、肥煤、贫煤等分类，而露天煤矿、深山煤矿的挖掘成本又不一样。与此类似，大数据并不在"大"，而在于"有用"。价值含量、挖掘成本比数量更为重要。对于很多行业而言，如何利用这些大规模数据是赢得竞争的关键。

14.1.1 大数据的定义

大数据是指无法在一定时间范围内用常规软件工具进行捕捉、管理和处理的数据集合，是需要新处理模式才能具有更强的决策力、洞察发现力和流程优化能力的海量、高增长率和多样化的信息资产。

在维克托·迈尔-舍恩伯格及肯尼斯·库克耶编写的《大数据时代》中，大数据是指不用随机分析法（抽样调查）这样的捷径，而是采用所有数据进行分析处理。IBM 提出大数据的5V 特点：Volume（大量）、Velocity（高速）、Variety（多样）、Value（低价值密度）、Veracity（真实性）。

对于"大数据"研究机构 Gartner 给出了这样的定义："大数据"是需要新处理模式才能具有更强的决策力、洞察发现力和流程优化能力来适应海量、高增长率和多样化的信息资产。

麦肯锡全球研究所给出的定义是：一种规模大到在获取、存储、管理、分析方面大大超出了传统数据库软件工具能力范围的数据集合，具有海量的数据规模、快速的数据流转、多样的数据类型和价值密度低四大特征。

数据存储最小的基本单位是 bit，按顺序给出所有单位：bit、Byte、KB、MB、GB、TB、PB、EB、ZB、YB、BB、NB、DB，它们按照进率 1024（2^{10}）来计算。

大数据技术的战略意义不在于掌握庞大的数据信息，而在于对这些含有意义的数据进行专业化处理。换而言之，如果把大数据比作一种产业，那么这种产业实现盈利的关键在于提高对数据的"加工能力"，通过"加工"实现数据的"增值"。

14.1.2　大数据与云计算

从技术上看，大数据与云计算的关系就像一枚硬币的正反面一样密不可分。大数据必然无法用单台的计算机进行处理，必须采用分布式架构。它的特色在于对海量数据进行分布式数据挖掘。但它必须依托云计算的分布式处理、分布式数据库和云存储、虚拟化技术。

随着云时代的来临，大数据也吸引了越来越多的关注。分析师团队认为，大数据通常用来形容一个公司创造的大量非结构化数据和半结构化数据，这些数据在下载到关系型数据库用于分析时会花费过多时间和金钱。大数据分析常和云计算联系到一起，因为实时的大型数据集分析需要像 MapReduce 一样的框架来向数十、数百甚至数千的计算机分配工作。

大数据需要特殊的技术，以有效地处理大量的容忍经过时间内的数据。适用于大数据的技术，包括大规模并行处理（MPP）数据库、数据挖掘、分布式文件系统、分布式数据库、云计算平台、互联网和可扩展的存储系统。

14.2　云　计　算

14.2.1　云计算的定义

云计算（Cloud Computing）是基于互联网的相关服务的增加、使用和交付模式，通常涉及通过互联网来提供动态易扩展且经常是虚拟化的资源。

云是网络、互联网的一种比喻说法。对云计算的定义有多种说法。现阶段广为接受的是美国国家标准与技术研究院（NIST）的定义：云计算是一种按使用量付费的模式，这种模式提供可用的、便捷的、按需的网络访问，进入可配置的计算资源共享池（资源包括网络、服务器、存储、应用软件、服务），这些资源能够被快速提供，只需投入很少的管理工作，或与服务供应商进行很少的交互。

14.2.2　云计算的特点

云计算是通过使计算分布在大量的分布式计算机上，而非本地计算机或远程服务器中，企业数据中心的运行将与互联网更相似。这使得企业能够将资源切换到需要的应用上，根据需求访问计算机和存储系统。

好比是从古老的单台发电机模式转向了电厂集中供电的模式。它意味着计算能力也可以作为一种商品进行流通，就像煤气、水电一样，取用方便，费用低廉。最大的不同在于，它是通过互联网进行传输的。

被普遍接受的云计算特点如下：

（1）超大规模

"云"具有相当的规模，Google 云计算已经拥有 100 多万台服务器，Amazon、IBM、微软、Yahoo 等的"云"均拥有几十万台服务器。企业私有云一般拥有数百上千台服务器。"云"能赋予用户前所未有的计算能力。

（2）虚拟化

云计算支持用户在任意位置、使用各种终端获取应用服务。所请求的资源来自"云"，而不是固定的有形的实体。应用在"云"中某处运行，但实际上用户无需了解，也不用担心应用运行的具体位置。只需要一台笔记本或者一个手机，就可以通过网络服务来实现需要的一切，甚至包括超级计算这样的任务。

（3）高可靠性

"云"使用了数据多副本容错、计算结点同构可互换等措施来保障服务的高可靠性，使用云计算比使用本地计算机可靠。

（4）通用性

云计算不针对特定的应用，在"云"的支撑下可以构造出千变万化的应用，同一个"云"可以同时支撑不同的应用运行。

（5）高可扩展性

"云"的规模可以动态伸缩，满足应用和用户规模增长的需要。

（6）按需服务

"云"是一个庞大的资源池，可按需购买；云可以像自来水、电、煤气那样计费。

（7）极其廉价

由于"云"的特殊容错措施可以采用极其廉价的结点来构成云，"云"的自动化集中式管理使大量企业无需负担日益高昂的数据中心管理成本，"云"的通用性使资源的利用率较之传统系统大幅提升，因此用户可以充分享受"云"的低成本优势，只要花费几百美元、几天时间就能完成以前需要数万美元、数月时间才能完成的任务。

云计算可以彻底改变人们未来的生活，但同时也要重视环境问题，这样才能真正为人类进步做贡献，而不是简单的技术提升。

（8）潜在的危险性

云计算服务除了提供计算服务外，还必然提供了存储服务。对于信息社会而言，"信息"是至关重要的。另一方面，云计算中的数据对于数据所有者以外的其他用户，云计算用户是保密的，但是对于提供云计算的商业机构而言确实毫无秘密可言。所有这些潜在的危险，是商业机构和政府机构选择云计算服务、特别是国外机构提供的
云计算服务时，不得不考虑的一个重要的前提。

14.2.3　云计算的服务形式

云计算可认为包括以下几个层次的服务：基础设施即服务（IaaS）、平台即服务（PaaS）和软件即服务（SaaS），如图 14.1 所示。

（1）IaaS

IaaS（Infrastructure-as-a-Service，基础设施即服务）是消费

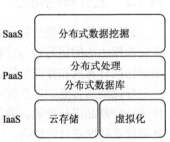

图 14.1　云计算服务形式

者通过 Internet 可以从完善的计算机基础设施获得服务，例如，硬件服务器租用。

（2）PaaS

PaaS（Platform-as-a-Service，平台即服务）实际上是指将软件研发的平台作为一种服务，以 SaaS 的模式提交给用户。因此，PaaS 也是 SaaS 模式的一种应用。但是，PaaS 的出现可以加快 SaaS 的发展，尤其是加快 SaaS 应用的开发速度。例如，软件的个性化定制开发。

（3）SaaS

SaaS（Software-as-a-Service，软件即服务）是一种通过 Internet 提供软件的模式，用户无需购买软件，而是向提供商租用基于 Web 的软件，来管理企业经营活动。

对于许多小型企业来说，SaaS 是采用先进技术的最好途径，它消除了企业购买、构建和维护基础设施和应用程序的需要。云计算服务通常提供通用的通过浏览器访问的在线商业应用，软件和数据可存储在数据中心。传统模式下，企业建立一套 IT 系统不仅仅需要购买硬件等基础设施，还要买软件的许可证，需要专门的人员维护。当企业的规模扩大时还要继续升级各种软硬件设施以满足需求。对于企业来说，计算机等硬件和软件本身并非他们真正需要的，它们仅仅是完成工作、提供效率的工具而已。

综上可以看出：云是一种为提供自助服务而开发的虚拟环境。云计算是一种计算方法，它可以将按需提供的自助管理虚拟基础架构汇集，以服务的形式交付使用。云提供了三个层面的服务：基础架构即服务、平台即服务、软件即服务。一般情况所说的云服务就是指三个层面中的某类服务。

14.3　面向服务的 SOA 架构

面向服务架构又称"面向服务的体系结构"，是 Gartner 于 20 世纪 90 年代中期提出的面向服务架构的概念。现代社会，正在享受着面向服务架构给软件带来的好处。如计算机网络各层的服务协议像 http、ftp 等就是基于面向服务思想的设计和开发的。各层协议间提供透明的服务和接口，使各层协议间最大程度地降低耦合性。减小外界对各层的影响，面向服务架构是未来软件开发与设计的标准，使未来开发的软件也像网络的各层协议一样提供给客户完美的服务接口，减小因企业服务的改变而引起软件的改写，降低开发成本与开发人员的劳动强度。

14.3.1　SOA 定义

面向服务的体系结构（Service-Oriented Architecture，SOA）是一个组件模型，它将应用程序的不同功能单元（称为服务）通过这些服务之间定义良好的接口和契约联系起来。接口是采用中立的方式进行定义的，它应该独立于实现服务的硬件平台、操作系统和编程语言。这使得构建在各种这样的系统中的服务可以以一种统一和通用的方式进行交互。

顾名思义，SOA 就是以"服务"为基本元素来组建企业 IT 架构。在技术层面上，SOA 是一种"抽象的、松散耦合的粗粒度软件架构"；在业务层面上，SOA 的核心概念是"重用"和"互操作"，它将企业的 IT 资源整合成可操作的、基于标准的服务，使其能被重新组合和应用。

面向服务 SOA 架构，从语义上说，它与面向过程、面向对象、面向组件一样，是一种软件组建及开发的方式。与以往的软件开发、架构模式一样，SOA 只是一种体系、一种思想，而不是某种具体的软件产品。SOA 要解决的主要问题是：快速构建与应用集成。SOA 能够在实际应用中获得成功基于两个重要的因素：灵活性和业务相关性。这使得它成为解决企业业务发展需求与企业 IT 支持能力之间矛盾的最佳方案。

14.3.2　SOA 的特点

SOA 的目标在于让 IT 系统变得更有弹性，以便更灵活、更快地响应不断改变的企业业务需求，解决软件领域一直以来存在的"如何重用软件功能"问题。采用 SOA 来构建信息平台，无疑是未来的发展方向。

SOA 的五大基本特征为软件功能重用提供了解决的办法。

（1）服务之间通过简单、精确定义的接口进行通信，不涉及底层编程接口和通信模型。

（2）粗粒度性。粗粒度服务提供一项特定的业务功能，采用粗粒度服务接口的优点在于使用者和服务层之间不必再进行多次的往复，一次往复就足够。

（3）松耦合性。松耦合性要求 SOA 架构中的不同服务之间应该保持一种松耦合的关系，也就是应该保持一种相对独立无依赖的关系。这样的好处有两点，首先是具有灵活性，其次当组成整个应用程序的服务内部结构和实现逐步发生变化时，系统可以继续独立存在。而紧耦合意味着应用程序的不同组件之间的接口与其功能和结构是紧密相连的，因而当需要对部分或整个应用程序进行某种形式的更改时这种结构就显得非常脆弱。

（4）位置透明性。位置透明性要求 SOA 系统中的所有服务对于其调用者来说都是位置透明的，也就是说，每个服务的调用者只需要知道想要调用的是哪一个服务，但并不需要知道所调用服务的物理位置在哪。

（5）协议无关性。协议无关性要求每一个服务都可以通过不同的协议来调用。

另外，在许多传统的 IT 系统的内在部分采用的是硬连接，这种结构很难让企业快速响应市场的变化，而 SOA 能够重复利用企业现有的资源，可以减轻企业运营成本，提升资源的使用效率，并且减轻企业维护人员的工作量，减少潜在的风险以及管理费用。

传统的架构，软件包是被编写为独立的软件，即在一个完整的软件包中将许多应用程序功能整合在一起。实现整合应用程序功能的代码通常与功能本身的代码混合在一起，将这种传统架构称为软件设计"单一应用程序"。与此密切相关的是，更改一部分代码将对使用该代码的系统有重大影响，这会造成系统的复杂性，并增加维护系统的成本。

SOA 旨在将单个应用程序功能彼此分开，以便这些功能可以单独用作单个应用程序功能或"组件"。这些组件可以用于在企业内部创建各种其他的应用程序，或者如有需要，对外向合作伙伴公开，以便用于合作伙伴的应用程序。

14.4　面向服务的软件工程

14.4.1　面向服务计算

面向服务计算（Service-Oriented Computing，SOC）是一种新型的计算模式，它把服务作为基本的组件来支持快速、低成本和简单的分布式甚至异构环境的应用组合。

软件工程的一个核心的问题就是如何应对变化。在软件的整个生命周期中，变化是经常的，是不可避免的，"唯一不变的就是变化本身"。但是软件系统的改变通常是非常困难的。30多年前，软件工程就提出了"为变化而设计"的思想，接下来发明了很多方法，如"封装""数据抽象""设计与实现相分离"都是将软件变化的部分进行隔离和封装。使软件设计能够灵活应对各种变化，这也是SOA的基本思想。服务化就是指将各种软件工程封装编程一种服务的过程。一个服务化的系统有很大的好处，因为它可以在很短时间内，自动重新组装或是配置系统，使其成为另外一个系统，这样可以使系统更好地适应变化，满足顾客的需求。

面向服务和面向对象有很大的不同。SOA在设计时，设计者主要考虑服务、运行时服务的发现与集成、运行时系统重新集成、运行时系统保障和有效性等方面的问题。这些概念是和面向对象有很大不同的。

在软件的提供方式上发生了变化。服务是在线的，并且可以通过在线搜索来发现新的服务。消费者不需要购买或者安装软件，取而代之的是，可以访问远程的服务，并且可以采用租用方式，为使用的服务付费。在这种模式下，软件升级将变得更加简单。因为服务是通过在线提供的，服务端直接可升级，在客户端不再需要卸载和重新安装软件，节约了大量成本。软件会基于使用的范围收费，因此用户不必为不需要的软件付费。换句话说，SOA提供了"使用—付费"这样一种新的软件应用的模式，而不是"购买—安装—使用"。

14.4.2　面向服务的软件工程

从软件工程学科发展来看，近年来出现的面向服务的软件工程（Service-Oriented Software Engineering, SOSE），简称软件服务工程，是以服务为基本单位，支撑服务的共享与快速构建（协作组合建模）、随需而变、分布式应用、互操作性虚拟化管理、维护及废弃的软件工程。其特点是，将互联网中的软件虚拟化（隐藏软件的具体实现细节），强调松耦合、互操作，解决分布、动态变化的情境和异构环境下数据、应用、系统集成与协作的难题。

在网络化、服务化的环境下，软件开发从封闭走向开放，开发人员从精英走向大众，通过分享、交互和群体智慧，进行协同开发、合作创新、同行评审和用户评价，生产低价高质的软件。中国科学院院士李未认为，面对超量的信息系统，采用群体开发、群体竞争的研发方式，可称之为"群体软件工程"。

14.4.3　大数据时代下的软件服务工程

近几年来面向服务的软件工程越来越多。以服务为建设的基本原则，根据实际需要进行变化，通过分布式的应用和互操作性虚拟化管理对软件工程进行维护。通过这种方式，能够有效将网络中的软件虚拟化，强调互操作性，解决分布、动态变化情境下和异构环境下数据解决的系统集成和协作的问题。在多个新兴领域中得到广泛的应用，如云计算、移动互联网、大数据等。

随着网络化、服务化的大环境，软件开发也逐渐变得开放，开源软件是目前较为成功的软件习作模式。因此，开源社区中的合作模式、结构等也是研究重点。基于开源社区的全球协作模式一直被认为是开源软件获得成功的重要因素之一。因此，开源社区中开发者的参与动机、组织结构、合作模式等一直是研究人员关注的焦点。对于规模较大的项目，其开发组的交互结构从最初的星形逐渐向"核心成员—外围开发者"模式转变，并展现出更多的模块化特征。

除了上述开源软件的典型开发方式，群体软件工程更强调基于众包的开发方式。由于众包是一种分布式的解决问题的方式和生产模式，不管是开源软件还是商业软件都可以利用互联网分配工作、发现创意或解决技术问题。因此，在软件生命周期的各个阶段，研究人员都尝试使用众包的方式来解决传统软件工程方法无法解决的问题。

众包软件指的是一个公司或机构把过去由员工执行的工作软件任务，以自由自愿的形式外包给非特定的（而且通常是大型的）大众网络的做法。以众包软件服务工程为例，国际上已经开始高度关注众包软件服务工程中的密集型数据与流式数据，特别是在线服务产生的密集型数据与流式数据。如何将这些密集型数据的分析作为服务（AaaS）、密集型数据的价值作为服务（VaaS）、密集型数据平台作为服务（PaaS）以及密集型数据的基础设施作为服务（IaaS），已成为大数据时代软件服务工程研究的难题。数据制造者、传播者、消费者、群体用户、管理与运营者等众包、网聚的群体智慧，从而形成面向领域与主体的知识。以知识为核心，推送软件服务生命期。

软件是不断演化的，就像生物进化一样，在时间和环境的影响下总是不断地改变着、发展着以满足新的需求。如何管理应用程序的演化，以保持服务和应用程序模板的同步演化，并且在演化过程中保持应用程序的持续可用性，这是面向服务的软件工程需要解决的问题，所以就需要采用"为变化而设计"的思想进行软件的开发。

本 章 小 结

大数据和云计算是未来信息社会发展的趋势。面向服务计算是一种新型的计算模式，它把服务作为基本的组件来支持快速、低成本和简单的分布式甚至异构环境的应用组合。软件工程如何适应大数据、云服务的趋势是亟待解决的问题，本章对此问题进行了介绍。本章内容主要包括：大数据、云计算、面向服务计算得基本概念、特点、服务形式等内容。重点对大数据下面向服务的软件工程主要思想进行了介绍。

习 题

简述题

1．什么是大数据？大数据有什么特点？
2．云计算如何定义，以及云计算有哪些特点？
3．云计算的服务类型有哪些？
4．SOA 的定义和特点是什么？
5．面向服务的软件工程如何定义，以及如何适应大数据、云服务环境？

第15章

软件项目管理

软件工程管理就是对软件项目的开发管理。即对软件生命周期的一切活动进行管理，其任务是有效地组织人、技术和工具来完成预定的软件项目。

15.1 软件项目管理基础

15.1.1 软件管理的定义

软件项目管理的对象是软件工程项目。它所涉及的范围覆盖了整个软件工程过程。为使软件项目开发获得成功，关键问题是必须对软件项目的工作范围、可能风险、需要资源（人、硬件/软件）、要实现的任务、经历的里程碑、花费工作量（成本）、进度安排等做到心中有数。这种管理在技术工作开始之前就应开始，在软件从概念到实现的过程中继续进行，当软件工程过程最后结束时才终止。

软件项目管理是为了使软件项目能够按照预定的成本、进度、质量顺利完成，而对人员（People）、产品（Product）、过程（Process）和项目（Project）进行分析和管理的活动。

软件项目管理的根本目的是为了让软件项目尤其是大型项目的整个软件生命周期（从分析、设计、编码到测试、维护全过程）都能在管理者的控制之下，以预定成本按期，按质地完成软件交付用户使用。而研究软件项目管理为了从已有的成功或失败的案例中总结出能够指导今后开发的通用原则和方法，同时避免前人的失误。

软件管理的主要职能包括：

（1）人员管理

为实施计划，保证任务的完成，需要建立起分工明确的责任制机构，并按项目的需要，在各个阶段任用适量的各种层次的技术人员和管理人员。

（2）计划管理

规定要完成的软件项目的目标和任务，以及所需的人员、资源以及进度等。

（3）标准化管理

对软件生命周期中所有各个阶段的工作（包括技术性和管理性工作）做出合理的、统一的规定，并对软件工程的对象、特性、配置、动作、过程、方法、责任、义务、权限等都作出具体的规定。

（4）配置管理

对软件在其生命周期的各个阶段产生的一些文件、报告、表格和数据等软件配置，进行标识、控制、审查和解释软件配置的一组活动，它也是软件维护的一个重要方面。

此外，还有软件的产权保护和软件开发的指导与检验等。

15.1.2　软件管理的内容

项目管理就是协调人们在某种软件开发过程中的共同劳动，保证在有限的资金、有限的人力和给定的环境等条件下，在预定的时间内，有效地组织人力，合理地使用物力、财力，完成预定的软件项目。

目前软件生产自动化程度很低，在开发的过程中人起决定性的因素，因此，软件工程管理很大程度上是对人的管理。本节将讨论软件工程管理的具体内容，它包括对开发人员、组织机构、用户、文档资料等方面的管理。

1）人员管理

软件开发人员一般分为项目负责人、系统分析员、高级程序员、中等程序员、初级程序员、资料员和其他辅助人员。根据项目的规模大小，有可能一人身兼数职，但职责必须明确。

不同职责的人，要求的素质不同。如项目负责人需要有组织能力、判断能力和重大问题做出决策的能力；系统分析员需要有概括能力、分析能力和社交活动能力；程序员需要有熟练的编程能力等。

人员要少而精，选人要慎重。软件生命周期各个阶段的活动既有分工又相互联系。因此，要求选择各类人员既能胜任工作，又要能相互很好的配合，没有一个和谐的工作氛围很难完成一个复杂的软件项目。

2）开发计划

软件项目计划是一个软件项目进入系统实施的启动阶段，主要进行的工作包括：确定详细的项目实施范围、定义提交的工作成果、评估实施过程中主要的风险、制定项目实施的时间计划、成本和预算计划、人力资源计划等。

软件项目管理过程从项目计划活动开始，而第一项计划活动就是估算：需要多长时间、需要多少工作量以及需要多少人员。此外，我们还必须估算所需要的资源（硬件及软件）和可能涉及的风险。

3）项目控制

对于软件开发项目而言，控制是十分重要的管理活动。下面介绍软件工程控制活动中的质量保证和配置管理。其实上面所提到的风险分析也可以算是软件工程控制活动的一类。而进度跟踪则起到连接软件项目计划和控制的作用。

软件质量保证（Software Quality Assurance，SQA）是在软件过程中的每一步都进行的"保护性活动"。SQA主要有基于非执行的测试（也称评审）、基于执行的测试（即通常所说的测试）和程序正确性证明。

软件评审是最为重要的 SQA 活动之一。它的作用是，在发现及改正错误的成本相对较小时就及时发现并排除错误。审查和走查是进行正式技术评审的两类具体方法。审查过程不仅步数比走查多，而且每个步骤都是正规的。由于在开发大型软件过程中所犯的错误绝大数是规格说明错误或设计错误，而正式的技术评审发现这两类错误的有效性高达 75%，因此是非常有效的软件质量保证方法。

软件配置管理（Software Configuration Management，SCM）是应用于整个软件过程中的保护性活动，它是在软件整个生命周期内管理变化的一组活动。软件配置由一组相互关联的对象组成，这些对象也称为软件配置项，它们是作为某些软件工程活动的结果而产生的。除了文档、程序和数据这些软件配置项之外，用于开发软件的开发环境也可置于配置控制之下。一旦一个配置对象已被开发出来并且通过了评审，它就变成了基线。对基线对象的修改导致建立该对象的版本。版本控制是用于管理这些对象而使用的一组规程和工具。

变更控制是一种规程活动，它能够在对配置对象进行修改时保证质量和一致性。配置审计是一项软件质量保证活动，它有助于确保在进行修改时仍然保持质量。状态报告向需要知道关于变化的信息的人，提供有关每项变化的信息。

4）组织模式

软件项目可以是一个单独的开发项目，也可以与产品项目组成一个完整的软件产品项目。如果是订单开发，则成立软件项目组即可；如果是产品开发，需成立软件项目组和产品项目（负责市场调研和销售），组成软件产品项目组。公司实行项目管理时，首先要成立项目管理委员会，项目管理委员会下设项目管理小组、项目评审小组和软件产品项目组。

（1）项目管理委员会：是公司项目管理的最高决策机构，一般由公司总经理、副总经理组成。主要职责如下：

① 依照项目管理相关制度管理项目。

② 监督项目管理相关制度的执行。

③ 对项目立项、项目撤销进行决策。

④ 任命项目管理小组组长、项目评审委员会主任、项目组组长。

（2）项目管理小组：对项目管理委员会负责，一般由公司管理人员组成。主要职责如下：

① 草拟项目管理的各项制度。

② 组织项目阶段评审。

③ 保存项目过程中的相关文件和数据。

④ 为优化项目管理提出建议。

（3）项目评审小组：项目评审小组对项目管理委员会负责，可下设开发评审小组和产品评审小组，一般由公司技术专家和市场专家组成。主要职责如下：

① 对项目可行性报告进行评审。

② 对市场计划和阶段报告进行评审。

③ 对开发计划和阶段报告进行评审。

④ 项目结束时，对项目总结报告进行评审。

（4）软件产品项目组：对项目管理委员会负责，可下设软件项目组和产品项目组。软件项目组和产品项目组分别设开发经理和产品经理。成员一般由公司技术人员和市场人员构成。主要职责是：根据项目管理委员会的安排具体负责项目的软件开发和市场调研及销售工作。

5）项目管理

从软件工程的角度讲，软件开发主要分为六个阶段：需求分析阶段、概要设计阶段、详细设计阶段、编码阶段、测试阶段、安装及维护阶段。不论是作坊式开发，还是团队协作开发，这六个阶段都是不可缺少的。根据公司实际情况，公司在进行软件项目管理时，重点将软件配置管理、项目跟踪和控制管理、软件风险管理及项目策划活动管理四方面内容导入软件开发的整个阶段。

15.1.3 组织机构

软件开发时，一个项目往往有几个人，甚至几十人，几百人参加。人多了就有一个组织问题。这里的组织机构要求：

好的组织结构、合理的人员分工和有效的通信。

软件开发的组织机构没有统一的模式，下面简述两种组织机构。

（1）民主组织

民主组织又称无我程序设计组，这种组织形式是成员地位平等，共同编程序、互相检查、测试，从事各方面工作的人员轮流担任组长。显然，这种组织结构有利于调动积极性和个人的创造性，但由于过多地进行组长信息"转移"，不符合软件工程化的方向。若要对外联系，上级管理也不方便。

（2）主程序员组

主程序组织机构为了克服民主组织的"群龙无首"的缺点，如图 15.1 所示。这种组织形式严密，是软件系统结构化思想在组织上的体现。其目的在于保证全组的协调和统一。

主程序员是该组织的技术领导和项目负责人，负责需求规格说明书的编写、软件总体设计、关键部分的编码和调试等。此人必须有多年软件工作经验和相当的软件开发水平，在小组中有一定的权威性。技术人员负责分析和开发活动，一位后援工程师支持高级工程师的工作，并且在该项目继续进行时，可以代替高级工程师的工作，以减少可能的损失。

协助软件开发机构工作的可以有一位或几位专家及支持工作人员和一位资料员。专家可按项目不同而不同。支持工作人员可以是技术文书或抄写员。资料员非常重要，负责保管和维护所有的软件文档资料，帮助收集软

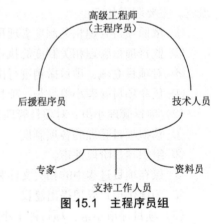

图 15.1　主程序员组

件生产率方面的数据，对"可修改"的模块进行编目，并且在研究、分析、评价文档资料的准备方面进行协调工作。

主程序员组织形式的优点便于集中指挥，步调一致，容易按规范办事，有约束，守纪律，可以促进更充分的复审，通过共同工作，相互学习，不仅能提高软件质量，同时还能增加彼此的学识。

15.1.4 项目管理沟通原则

在项目管理过程中沟通是必不可少的。沟通不仅是信息的简单传递和使用，还有很多软技巧。下面提供一些改善沟通的建议，主要是确定项目沟通原则、了解自己和他人的沟通风

格，确定团队的思考方式，召开高效会议和使用沟通模板。其中的一些方面更像是常规沟通技巧，但掌握这些沟通技巧对于项目沟通无疑会有促进作用。

项目沟通的原则有以下几条：

（1）沟通内外有别

对内有分歧，对外要一致，一个团队要用一种声音说话。面对不同的对象甚至可以选用特定的发言人。

（2）非正式的沟通有利于关系的融洽

像语言环境一样，人们的语言风格往往和他意识里扮演的角色有关，在正式场合，说话正规、书面，自我保护的意识也强烈一些。而在私下的场合，人们的语言风格可能是非正规和随意的，反倒能获得更多的信息。

（3）采用对方能接受的沟通风格

注意肢体语言、语态给对方的感受。无论在语言和肢体表达上，都需要传递一种合作和双赢的态度，使双方无论在问题的解决上还是在气氛上都达到"双赢"。

（4）沟通的升级原则

横向沟通有平等的感觉，但合理使用纵向沟通，有助于问题的快速解决。借用联想的"沟通四步骤"说：第一步，和对方沟通；第二步，和对方的上级沟通；第三步，和自己的上级沟通；第四步，自己的上级和对方的上级沟通。这反映了沟通的升级原则。

（5）扫清沟通的障碍

职责定义不清、目标不明确、文档制度不健全、过多使用行话等都是沟通的障碍。要进行良好的沟通管理，逐步扫清这些障碍。

15.2　软件项目风险管理

15.2.1　风险管理基础知识

风险是项目执行全过程中可能发生、一旦发生就会影响目标的实现并进而造成损失的事件或问题。其具有以下两个明显的特征：

（1）不确定性，事件可能发生也可能不发生（必然发生的事件应列入项目的约束条件）。

（2）损失，事件一旦发生，就会造成（成本、进度和质量等方面的）损失甚至出现严重的恶性后果。

对于风险，还应认识到：风险与机会共存，收益和风险相伴。审时度势，权衡取舍；敢于进取，有备无患。

如果对项目进行风险管理，就可以最大限度地减少风险的发生。但是，目前国内的软件企业不太关心软件项目的风险管理，结果造成软件项目经常性的延期、超过预算，甚至失败。成功的项目管理一般都对项目风险进行了良好的管理。因此任何一个系统开发项目都应将风险管理作为软件项目管理的重要内容。

15.2.2　软件风险管理

在项目风险管理中，存在多种风险管理方法与工具，软件项目管理只有找出最适合自己的方法与工具并应用到风险管理中，才能尽量减少软件项目风险，促进项目的成功。

软件项目的风险管理是软件项目管理的重要内容。在进行软件项目风险管理时，要辨识风险，评估它们出现的概率及产生的影响，然后建立一个规划来管理风险。风险管理的主要目标是预防风险。本文探讨了风险管理的主要内容和方法，介绍了风险管理的经典理论，比较了几种主流的风险管理策略和模型。

在企业里无论是软件产品的开发，还是企业日常运营管理，均应当重视风险的管理，建立行之有效的风险管理及内控体系，有助于在市场经济中取得长远的发展。

通常风险管理的目的有如下两点：

（1）规范企业风险管理过程，有效地进行项目风险的识别、制定管理策略并进行跟踪控制工作，确保项目顺利完成。

（2）主要内容包括风险识别及分析；制定风险应对策略；风险跟踪及控制；作为项目计划的一部分或者单独编写风险管理计划，并经评审和控制。

15.2.3　软件风险类型

软件项目的风险无非体现在以下四个方面：需求、技术、成本和进度。IT 项目开发中常见的风险有如下几类：

（1）需求风险。①需求已经成为项目基准，但需求还在继续变化；②需求定义欠佳，而进一步的定义会扩展项目范畴；③添加额外的需求；④产品定义含混的部分比预期需要更多的时间；⑤在做需求中客户参与不够；⑥缺少有效的需求变化管理过程。

（2）计划编制风险。①计划、资源和产品定义全凭客户或上层领导口头指令，并且不完全一致；②计划是优化的，是"最佳状态"，但计划不现实，只能算是"期望状态"；③计划基于使用特定的小组成员，而那个特定的小组成员其实指望不上；④产品规模（代码行数、功能点、与前一产品规模的百分比）比估计的要大；⑤完成目标日期提前，但没有相应地调整产品范围或可用资源；⑥涉足不熟悉的产品领域，花费在设计和实现上的时间比预期的要多。

（3）组织和管理风险。①仅由管理层或市场人员进行技术决策，导致计划进度缓慢，计划时间延长；②低效的项目组结构降低生产率；③管理层审查决策的周期比预期的时间长；④预算削减，打乱项目计划；⑤管理层做出了打击项目组织积极性的决定；⑥缺乏必要的规范，导致工作失误与重复工作；⑦非技术的第三方的工作（预算批准、设备采购批准、法律方面的审查、安全保证等）时间比预期的延长。

（4）人员风险。①作为先决条件的任务（如培训及其他项目）不能按时完成；②开发人员和管理层之间关系不佳，导致决策缓慢，影响全局；③缺乏激励措施，士气低下，降低了生产能力；④某些人员需要更多的时间适应还不熟悉的软件工具和环境；⑤项目后期加入新的开发人员，需进行培训并逐渐与现有成员沟通，从而使现有成员的工作效率降低；⑥由于项目组成员之间发生冲突，导致沟通不畅、设计欠佳、接口出现错误和额外的重复工作；⑦不适应工作的成员没有调离项目组，影响了项目组其他成员的积极性；⑧没有找到项目急需的具有特定技能的人。

（5）开发环境风险。①设施未及时到位；②设施虽到位，但不配套，如没有电话、网线、办公用品等；③设施拥挤、杂乱或者破损；④开发工具未及时到位；⑤开发工具不如期望的那样有效，开发人员需要时间创建工作环境或者切换新的工具；⑥新的开发工具的学习期比预期的长，内容繁多。

（6）客户风险。①客户对于最后交付的产品不满意，要求重新设计和重做；②客户的意见未被采纳，造成产品最终无法满足用户要求，因而必须重做；③客户对规划、原型和规格的审核决策周期比预期的要长；④客户没有或不能参与规划、原型和规格阶段的审核，导致需求不稳定和产品生产周期的变更；⑤客户答复的时间（如回答或澄清与需求相关问题的时间）比预期长；⑥客户提供的组件质量欠佳，导致额外的测试、设计和集成工作，以及额外的客户关系管理工作。

（7）产品风险。①矫正质量低下的不可接受的产品，需要比预期更多的测试、设计和实现工作；②开发额外的不需要的功能（镀金），延长了计划进度；③严格要求与现有系统兼容，需要进行比预期更多的测试、设计和实现工作；④要求与其他系统或不受本项目组控制的系统相连，导致无法预料的设计、实现和测试工作；⑤在不熟悉或未经检验的软件和硬件环境中运行所产生的未预料到的问题；⑥开发一种全新的模块将比预期花费更长的时间；⑦依赖正在开发中的技术将延长计划进度。

（8）设计和实现风险。①设计质量低下，导致重复设计；②一些必要的功能无法使用现有的代码和库实现，开发人员必须使用新的库或者自行开发新的功能；③代码和库质量低下，导致需要进行额外的测试，修正错误，或重新制作；④过高估计了增强型工具对计划进度的节省量；⑤分别开发的模块无法有效集成，需要重新设计或制作。

（9）过程风险。①大量的纸面工作导致进程比预期的慢；②前期的质量保证行为不真实，导致后期的重复工作；③太不正规（缺乏对软件开发策略和标准的遵循），导致沟通不足，质量欠佳，甚至需重新开发；④过于正规（教条地坚持软件开发策略和标准），导致过多耗时于无用的工作；⑤向管理层撰写进程报告占用开发人员的时间比预期的多；⑥风险管理粗心，导致未能发现重大的项目风险。

15.3 文 档 管 理

15.3.1 文档管理概述

文档管理者应准备一份文档计划，此计划规定在文档创建中要执行的工作。此文档计划应经需方正式同意，以预示它完全覆盖了需方的要求。

在软件开发的过程中，不同的软件开发阶段有不同的工作内容和相应的输出文档，如表 15.1 所示。

表 15.1 软件开发阶段工作产品文档输出

阶 段	工 作 内 容	工 作 产 品
立项	1. 可行性研究/合同评审、签订 2. 立项评审	1. 立项可行性分析报告 2. 用户需求说明书（初稿） 3. 立项报告 4. 需求和项目计划阶段工作计划 5. 立项通知书 6. 项目任务书

阶　段	工作内容	工作产品
需求	1．编制并完善《用户需求说明书》 2．软件需求规格说明书编写 3．工作产品评审 4．需求跟踪及管理	1．用户需求说明书 2．软件需求规格说明书 3．用户需求跟踪矩阵 4．需求变更申请表
计划	1．项目范围分析、工作分解 2．估计规模、工作量等 3．编制进度表 4．评估项目风险 5．编写配置管理计划 6．编写《项目开发计划》 7．计划评审、批准	1．项目开发计划（含：质量保证计划、CM计划、风险管理计划和培训计划） 2．评审记录设计
设计	1．概要设计 2．模块设计 3．数据库设计 4．工作产品评审	1．《概要设计说明书》 2．《模块设计》 3．《数据库设计说明书》 4．评审记录
实现与测试	1．编码 2．单元测试 3．编制各类用户手册	1．单元代码 2．单元测试用例列表 3．单元缺陷管理列表 4．单元测试报告
集成测试	1．《集成测试计划》编制、评审 2．《集成测试用例》编制、评审 3．集成测试 4．《集成测试报告》编制、确认	1．集成测试计划 2．《集成测试用例》 3．缺陷管理列表 4．《集成测试报告》 5．评审记录
系统测试	1．《系统测试计划》编制、评审 2．《系统测试用例》编制、评审 3．系统测试 4．《系统测试报告》编制和确认	1．系统测试计划 2．《系统测试用例》 3．测试记录、缺陷记录 4．《系统测试报告》
项目总结	1．代码复用总结 2．各类手册评审和批准 3．《项目总结报告》编制和评审 4．产品/项目归档 5．项目总结会议 6．项目结项/产品发布	1．产品及各类手册 2．项目总结报告 3．产品基线建立和审计 4．评审记录

　　文档计划应正式地描述计划的文档的范围和限制，以及重要的文档分析和设计决定。也应规定在文档开发期间实现的过程和控制。

　　文档计划应包括（但不限于）以下内容：

　　（1）计划的文档的工作名称、目的、范围和限制。

　　（2）文档的预定的读者和使用的目的。

　　（3）文档内容的草案表，带有估计的页数和其他媒体的等效细节。

　　（4）交付：打印副本数，是否提供电子副本，磁盘和文件格式（包括软件版本）和在何处交付。

（5）版权的拥有者和任何其他所有权（注：这是复杂的问题，应在合同中规定。）

（6）适当处，包括每个文档的安全或机密级。

（7）管理文档开发过程的步骤和控制，包括存储、检索、后备、处理和质量保证（若要求）。

（8）所用的生产方法、工具和工具版本。

（9）文档开发人员所在的队伍的结构，可包括队伍选择计划。

（10）项目依赖。

（11）所要求的人时和成本。

（12）项目资源需求，包括需方提供的信息和其他资源。

（13）在软件开发期间，软件变更传送信息给文档管理者的方法。

（14）文档的变更控制和维护的计划（任选）。

（15）实现后评审的计划（任选）。

（16）显示适当的里程碑的时间表，包括：

① 文档计划批准。

② 每个草案的准备、评审和改正。

③ 可用性测试。

④ 打印、装订和发布。

若适当，这些活动的每一个对于文档的每一项应重复。

15.3.2　文档管理控制方法

（1）文档计划控制

在正式批准后，文档管理者应控制文档计划和它的发布。文档管理者应保持一份文档计划副本的分发的清单。若以后文档计划变更了（得到文档管理者和需方的同意），文档管理者应保证所有获得文档计划副本的人员得到变更通知。

注意：过时的计划副本可能引起问题。文档管理者应杜绝计划副本的失控，并制订计划的所有副本已经更新的审核过程。

（2）文档开发

按文档计划规定进行文档开发。通常，在进行文档开发前，要规定文档的格式（风格）。在软件的开发和管理过程中需要哪些文档，每种文档的规范在下面进行说明。

（3）文档评审

对于开发文档的评审，由供方组织和实施。而批准由开发组织的上级技术机构实施。更要着重经常性的、非正式的注重实效的评审。

用户文档的评审应由需方实现，包括当需要时与文档管理者讨论。

评审应由合适的有资格的人员执行，这些人员被授权请求变更和批准文档的内容。

需方在批准每个用户文档草案之前，应保证文档的安全和合法。

为评审交付的文档应包括文档管理者的说明书，说明评审的目的和评审员的职责。

注意：

① 需方和文档管理者之间在整个开发过程期间维持良好的沟通会提高文档的质量并利

于评审成功。这应包括非正式的讨论和尽早地提供样板或初始材料给需方。

② 在要求的变更超出了合同和文档计划的范围时，需要变更合同。

③ 评审过程不排除文档管理者，他们的责任是试图尽可能保证文档的精确和完整。

④ 应采用作为评审结果的需方的评论，或在草案上加上标记，或写有适当的参考的评论。需方应保持变更的副本便于与下一草案相比较。评论应使文档开发人员能实现所要求变更而不需要评审人员进一步解释。

⑤ 对于大的、复杂的系统或正在写文档时系统仍在开发，可能需要多于两次草案和一次校样。在这种情况下，最多的草案数应在需方和文档管理者之间同意并在文档计划中规定。

15.4 软件质量管理

15.4.1 ISO 与 ISO 9000 标准族

国际标准化组织（International Organization for Standardization，ISO）是一个全球性的非政府组织，是国际标准化领域中一个十分重要的组织。ISO 国际标准组织成立于 1946 年，中国是 ISO 的正式成员，代表中国参加 ISO 的国家机构是中国国家技术监督局（CSBTS）。

ISO 负责目前绝大部分领域（包括军工、石油、船舶等垄断行业）的标准化活动。ISO 现有 117 个成员，包括 117 个国家和地区。ISO 的最高权利机构是每年一次的"全体大会"，其日常办事机构是中央秘书处，设在瑞士日内瓦。中央秘书处现有 170 名职员，由秘书长领导。ISO 的宗旨是"在世界上促进标准化及其相关活动的发展，以便于商品和服务的国际交换，在智力、科学、技术和经济领域开展合作。"ISO 通过它的 2 856 个技术结构开展技术活动，其中技术委员会（SC）共 611 个，工作组（WG）2 022 个，特别工作组 38 个。中国于 1978 年加入 ISO，在 2008 年 10 月的第 31 届国际化标准组织大会上，中国正式成为 ISO 的常任理事国。

国际标准化组织总部设于瑞士日内瓦，成员包括 162 个会员国。该组织自我定义为非政府组织，官方语言是英语、法语和俄语。参加者包括各会员国的国家标准机构和主要公司。它是世界上最大的非政府性标准化专门机构，是国际标准化领域中一个十分重要的组织。

ISO 的宗旨是：在世界范围内促进标准化工作的发展，以利于国际物资交流和互助，并扩大知识、科学、技术和经济方面的合作。其主要任务是：制定国际标准，协调世界范围内的标准化工作，与其他国际性组织合作研究有关标准化问题。

目前，应用范围最广的标准是国际标准化组织 ISO 制定的 ISO 9000 标准族。ISO 9000 质量管理体系是企业发展与成长之根本，ISO 9000 不是指一个标准，而是一类标准的统称。是由 TC176（TC176 指质量管理体系技术委员会）制定的所有国际标准，是 ISO 12000 多个标准中最畅销、最普遍的产品。它是衡量各类产品质量的主要依据，至今已有 100 多个国家的企业采用和实施了这一系列的标准。通过推行 ISO 9000 可以全面提升组织的管理水准并与国际接轨，全方位提升组织的产品质量和企业形象并减少企业各种浪费，从而降低组织的生产成本。2000 年，ISO 新发布了 ISO 9000: 2000 标准，它不仅继承并优化了 ISO 9000: 1994 标准关于质量机构、质量规程以及质量管理过程等的经典内容，还补充和强调了以顾客为关注点、持续改进、全员参与以及过程测量与监控等内容。这些变化使 ISO 9000 标准族可以更好地与全面质量管理结合在一起，既保证质量管理体系的有效性，又提高了管理的效率，从而发挥出了质量标准在质量管理和质量保障方面的作用。ISO 9000 标准族可以为软件度量指标体系提供重要的参考和依据，而 ISO 9000 标准认证所需要确定的指标又可以通过软件质量度量和控制方法来量化和分析。

建立 ISO 9000 质量保证体系可使企业和组织体会到以下的一些益处：

（1）一个结构完善的质量管理体系，使组织的运行产生更大的效益及更高的效率。

（2）更好的培训和更高的生产力。

（3）减少顾客拒收和申诉，可以节省大量的开支，最终享有一个更大的市场份额。

（4）顾客对企业和企业的产品/服务有了更大的信任。

（5）能够在要求在 ISO 9000 认证的市场中畅通无阻。

15.4.2　ISO 9001 质量管理体系

质量管理体系（Quality Management System，QMS）是组织内部建立的、为实现质量目标所必须的、系统的质量管理模式，是组织的一项战略决策。它将资源与过程结合，以过程管理方法进行的系统管理，根据企业特点选用若干体系要素加以组合，一般包括与管理活动、资源提供、产品实现以及测量、分析与改进活动相关的过程组成，可以理解为涵盖了从确定顾客需求、设计研制、生产、检验、销售、交付之前全过程的策划、实施、监控、纠正与改进活动的要求，一般以文件化的方式，成为组织内部质量管理工作的要求。

ISO 9001 不是指一个标准，而是一类标准的统称。是由 TC176（TC176 指质量管理体系技术委员会）制定的所有国际标准，是 ISO 12000 多个标准中最畅销、最普遍的产品。ISO 9001 是由全球第一个质量管理体系标准 BS 5750（BSI 撰写）转化而来的，ISO 9001 是迄今为止世界上最成熟的质量框架，全球有 161 个国家/地区的超过 75 万家组织正在使用这一框架。ISO 9001 不仅为质量管理体系，也为总体管理体系设立了标准。它帮助各类组织通过客户满意度的改进、员工积极性的提升以及持续改进来获得成功。

ISO 9001 与 ISO 9000 的关系如下：

① ISO9000 不是指一个标准，而是一族标准的统称。ISO 9000 是国际标准化组织质量管理和质量保证国际标准，是一套出色的指导文件。其本质是一套阐述质量体系的管理标准。

② 其中 ISO 9001 属于 ISO 9000 系列标准。ISO 9001 是 ISO 9000 族标准所包括的一组质量管理体系核心标准之一。所谓系列标准或标准族，是指这个标准里包含了很多条文，每个条文可以取个名字，如 ISO 9002、ISO 9003、ISO 9004 等。

③ 具体来说，ISO 9000 系列包括：第一，ISO 9000 是一个总的概括、说明以及使用向导；第二，ISO 9001 指产品的研发设计、生产、检验等标准，老版的 ISO 9002、ISO 9003、ISO 9004 等都归入新版的 ISO 9001 中；第三，其他 ISO 标准。

ISO 9001 规定了企业质量管理体系的基本要求，它是通用的，适用于所有行业或经济领域，不论其提供何种类别的产品。

（1）ISO 9001 质量管理原则

ISO 9001 质量管理体系有八条基本原则，分别是：

① 以顾客为中心。组织依存于顾客。因此，组织应当理解顾客当前和未来的需求，满足顾客要求，并争取超越顾客期望。

② 高层管理者推动。领导者确立组织统一的宗旨及方向。他们应当创造并保持使员工能

充分参与实现组织目标的内部环境。

③ 全员参与。各级人员是组织之本，只有他们的充分参与，才能使他们的才干为组织带来收益。

④ 采用过程方法。将活动或过程作为过程加以管理，可以更高效地得到期望的结果。

⑤ 系统的管理。将质量管理体系作为系统加以识别、理解和管理，有助于组织提供实现目标的有效性和效率。

⑥ 持续改进。持续改进总体业绩应当是组织的一个永恒目标。

⑦ 基于事实的决策。有效的决策是建立在数据和信息分析的基础上。

⑧ 互利的供方关系。组织与供方是相互依存的，互利的关系可增强双方创造价值的能力。

以上基本原则的实施，以保障企业能持续稳定地向顾客提供预期和满意的合格产品。站在消费者的角度，公司以顾客为中心，能满足顾客需求，达到顾客满意。

（2）建立和实施质量管理体系的步骤

ISO 9001 为了能够满足顾客要求，为提高产品的质量、减少重复检验、削弱和消除贸易技术壁垒，在日常的组织和产品管理过程中，按照如下步骤进行 ISO 9001 管理体系的建立和实施：

① 确定顾客的需求和期望。

② 建立企业的质量方针和质量目标。

③ 确定实现质量目标所必需的过程和职责。

④ 对每个过程实现质量目标的有效性确定测量方法。

⑤ 通过测量，确定每个过程的现行有效性。

⑥ 确定防止不合格项并消除产生原因的措施。

⑦ 寻找提高过程有效性和效率的机会。

⑧ 确定并优先考虑那些能提供最佳结果的改进。

⑨ 为实施已确定的改进，对战略、过程和资源进行策划。

⑩ 实施改进计划。

⑪ 监控改进效果。

⑫ 对照预期效果，评价实际结果。

⑬ 评审改进活动，确定必要的纠正、跟踪措施。

然而，ISO 9000 标准族主要强调的是各个行业如何建立完整的质量管理体系，而没有充分地针对软件行业、IT 项目管理设计出比较完整的质量体系。

15.4.3　CMM 与 CMMI 概述

为了解决软件危机的问题，国内外学术界、企业界在软件工程、技术和工具方面投入了大量的人力、物力和财力，希望能找到一种提高软件质量的有效方法。

从 20 世纪 80 年代中期开始，由美国国防部资助，卡内基·梅隆大学软件工程研究所（CMU/SEI）最先提出的"软件能力成熟度模型"理论，在 20 世纪 90 年代正式发表为研究成果。这一成果已经得到了众多国家软件产业界的认可，并且在北美、欧洲和日本等国家及地区得到了广泛应用，成为事实上的软件过程改进的工业标准。一种新技术的出现，必然有其发展思想的来源及其历史背景。

软件能力成熟度模型（Software Capability Maturity Model，CMM）是美国卡内基·梅隆

大学软件工程研究所（SEI）推出的评估软件能力与成熟度的一套标准。该标准基于众多软件专家的实践经验，侧重于软件开发过程的管理及工程能力的提高与评估，是国际上流行的软件生产过程标准和软件企业成熟度等级认证标准。1999 年，在 CMM 的基础上打造了软件能力成熟度模型集成（Capability Maturity Model Integration, CMMI）。

15.4.4　CMM 等级概述

CMM 提供了一个软件过程改进的框架，这个框架与软件生命周期无关，也与所采用的开发技术无关，而是与软件过程有关，根据这个框架开发企业内部具体的软件过程，可以极大程度地提高按计划的时间和成本提交有质量保证的软件产品的能力。CMM 为软件企业的过程能力提供了一个阶梯式的进化框架，它采用分层的方式来安排它的组成部分，目的是适应不同机构使用的需要。

阶梯共有五级：第 1 级，初始级；第 2 级，可重复级；第 3 级，已定义级；第 4 级，定量管理级；第 5 级，优化级。这种分层结构的一个重要特点是：那些与判定成熟度等级有关的组成部分处于模型的顶层，它们是成熟度等级（Maturity Levels）、关键过程域（Key Process Areas, KPA）、各个关键过程域的目标（Goals）。

（1）初始级

初始级的软件过程是未加定义的随意过程，项目的执行是无序的甚至是混乱的，没有为软件开发、维护工作提供一个稳定的环境。当工作过程中遇到困难时，就可能会放弃原有过程中的计划。而且，初始级企业开发产品要想获得成功，完全要依靠一个有才能的管理者和他所领导的项目小组的能力。所以初始级的能力是指个人的能力，而不是企业的能力。也许，有些企业制定了一些软件工程规范，但若这些规范未能覆盖基本的关键过程要求，且执行没有政策、资源等方面的保证时，那么它仍然被视为初始级。

（2）可重复级

根据多年的经验和教训，人们总结出软件开发的首要问题不是技术问题而是管理问题。因此，第 2 级的焦点集中在软件管理过程上。一个可管理的过程是一个可重复的过程，一个可重复的过程能逐渐进化和成熟。第 2 级的管理过程包括了需求管理、项目管理、质量管理、配置管理和子合同管理五个方面。其中项目管理分为计划过程和跟踪与监控过程两个过程。在可重复级，基于以往管理类似项目的经验计划和管理新项目，建立管理软件项目的策略和执行这些策略的过程。通过已经建立基本的过程管理规则来增强过程能力，实施这些过程，可以看到一个按计划执行的且阶段可控的软件开发过程。

在第 2 级的企业中，软件过程能力可总结为规则化的。因为计划软件过程、跟踪软件过程的活动都是平稳的，而且过去的成功可以再次出现。由于遵循一个基于先前项目性能所制订的切实可行的计划，项目过程得到了项目管理系统的有效控制。

（3）已定义级

在已定义级中，全组织的开发和维护软件的标准过程已文档化，包括软件工程和软件管理过程，而且这些过程被集成为一个有机的整体。在 CMM 中的所有地方，均称此标准过程为组织的标准软件过程。等级 3 中所建立的过程，被用来帮助软件经理和技术人员，使其工作得更有效。通过项目裁剪软件组织的标准软件过程来建立他们自己定义的软件过程，说明项目独有的特征。

在第 3 级的企业中，软件过程能力可总结为标准的、一致的、文档化的。因为不论是软件工程，还是管理行为都是平稳的、可重复的。在所建立的生产线内，成本、进度和功能都是受控制的，软件质量也是可跟踪的。这种过程能力是建立在整个组织范围内对已定义的软件过程中的活动、角色和职责的共同理解之上的。

（4）定量管理级

在已管理级，企业为软件产品和软件过程指定了量化的质量目标；评价所有项目的重要软件过程的产品质量，作为企业评价的一部分。利用企业级的软件过程数据库收集、分析来自项目定义的软件过程的有用数据。在第 4 级中，软件过程是具有精确定义的、连贯的评价方法，这些评价方法为评估项目的软件产品的质量提供了一个量化的标准。量化控制将使软件开发真正变成为一种工业生产活动。

在第 4 级的企业中，软件过程能力可总结为可预测的。因为过程是可评价的，而且执行过程的活动也是在可评价限度之内进行的。这一级别使得企业可以在定量限度范围内，预测过程和产品质量的发展趋势。因为过程是稳定的、可评价的，所以一有意外情况出现，就可发现并确定导致这些变化的"特定的原因"。一旦过程超过了已知的限度，就可以及时采取适当的措施来矫正这种情况。可想而知，在第 4 级的企业中软件产品是高质量的。

（5）优化级

在优化级，企业的工作重点是软件过程的不断改进。企业以防止错误的出现为目标，在过程实施之前就有办法发现过程的缺点和优点。利用软件过程有效的数据来对企业软件过程中引进的新技术和变化进行成本收益分析，提出关于开发最优的软件工程实践的革新思想，并推广到全企业范围内。在第 5 级的企业中软件项目组负责分析错误，找出错误发生的原因，并对软件过程进行评估，阻止已知的错误再次发生，从中吸取教训，并应用到其他的项目中去。第 5 级的目标是达到一个持续改善的过程。所谓持续改善，是指可根据过程执行的反馈信息来改善下一步的执行过程，即优化执行步骤。如果企业达到了这一级，那么表明该企业能够根据实际的项目性质、技术等因素，不断调整软件生产过程以求达到最佳。

在第 5 级的企业中，软件过程能力可总结为不断地改进。因为第 5 级的企业会不断地努力提高其过程能力，从而改善其项目的过程性能。提高工作不仅要对现有的过程不断地改进，还要改革，引进新技术、新方法，进行不断地改进。

在 CMM 的实践中，企业的软件过程能力被作为一项关键因素来考虑。CMM 认为保障软件质量的根本途径就是提升企业的软件生产能力，而企业的软件生产能力又取决于企业的软件过程能力，特别是在软件开发和生产中的成熟度。企业的软件过程能力越是成熟，它的软件生产能力就越有保证。所谓软件过程能力，是指把企业从事软件开发和生产过程中可能会反映出原定过程的某些缺陷，企业可根据反映出的问题来改善这个过程。周而复始，这个过程逐渐完善、成熟。这样一来，项目的执行不再是一个黑箱，企业清楚地知道项目是否按照规定的过程进行。软件开发及生产过程中成功或失败的经验教训也就能够成为今后软件开发及生产的借鉴，从而大大加快软件生产的成熟程度的提高。

CMM 以具体实践为基础，以逐步演进的框架形式不断地完善软件开发和维护过程，成为软件企业变革的内在原动力，与静态的质量管理系统标准（如 ISO 9001）形成鲜明对比。ISO 9001 在提供一个良好的体系结构与实施基础方面是很有效的；而 CMM 是一个演进、有动态尺度的标准，以驱使着一个组织在当前的软件实践中不断地改进完善。

CMM 是在原有的软件工程基础上提出来的。人们认识到在开发的过程中，某些可以被识别为关键过程域（KPA）的才是软件开发的重点，要想建立一个有效的软件过程，就必须以此作为衡量的基准。CMM 描述了一个有效的软件过程的各个关键元素，指出了一个软件企业如何摆脱杂乱无章的、不成熟的软件过程，形成一个成熟的、有纪律的软件过程所必经的进化、提高的途径——判断企业当前的过程成熟状况，找出在改进过程中急需解决的若干问题，然后依据 CMM 选择过程改进策略，提升企业的软件过程能力。基于 CMM 模型的软件成熟度实践要求尽量采用更加规范的开发标准和方法，使用更加科学和精确的度量方法，选择便于管理和使用的开发工具。所有这些，都构成了整个工程的可重构性、可分解性和最优化，从而进一步明确了整个项目中必要和不必要的工作，明确了整个项目的风险，以及各个阶段进行评估的指标与应急措施。

CMM 作为一个指南能够帮助软件企业选择、采纳和合理使用一些先进的管理方法，并在实践活动中不断提高和完善软件成熟度的能力。围绕这些实践活动逐步形成一套制度，即在指定的成本、指定的时间内，交付高质量的软件产品。CMM 所列举的实践几乎覆盖了软件企业计划、软件开发和维护工作管理的所有活动，并规划出了五个成熟级别，企业只要把精力放在这些实践活动上，就能保证平稳地提高自身的软件过程和产品质量，保证交付客户满意的软件产品。

CMM 模型取得成功之后，人们扩展了 CMM 的应用范围，开发出许多适合于不同学科领域的 CMM 规范集，如 EIA731、System Engineering CMM、People CMM、IPDCMM、Software Acquire CMM 及 System Security Engineering CMM。它们具有不同的结构和格式，使用不同的术语和度量方式；模型之间存在冲突，尤其是在同时使用多个模型时，这种冲突就更加明显；在进行过程改进时，很难将这些模型集成在一起；对供应商选择的实践活动也不适用。因此，在 CMM 基础上扩充和发展而来的 CMMI 应运而生。

本 章 小 结

软件项目管理的对象是软件工程项目。它所涉及的范围覆盖了整个软件工程过程。为使软件项目开发获得成功，关键问题是必须对软件项目的工作范围、可能风险、需要资源（人、硬件/软件）、要实现的任务、经历的里程碑、花费工作量（成本）、进度安排等做到心中有数。

本节重点介绍了软件项目管理的相关知识，包括软件项目管理基础知识、软件风险管理等，以及 ISO 9000 与 CMM 质量管理体系，最后对合同进行了介绍。

习 题

简述题

1．软件项目管理包括哪些内容？
2．说明软件工程管理的重要性。
3．ISO 9000 管理体系基本思想是什么？
4．CMM 的基本概念和分级内容是什么？

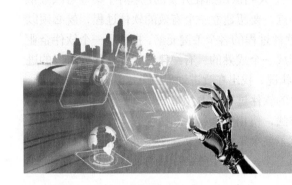

第16章
合同管理

随着市场经济体制的逐步建立和改革的不断深化，经济合同在社会生活中的地位越来越重要。由于社会分工的不断发展，作为信息技术行业的项目管理者在项目执行过程中经常会牵涉到对产品和服务的采购，不可避免地要与其他企业和个人签订各种各样的合同。这就要求项目管理者要尽可能多地了解合同的法律含义、合同可能牵涉到的法律风险和怎样来管理合同。

16.1 合同管理的定义

在采购管理过程中包含了一个买卖双方之间的重要法律文档——合同。《民法典》合同编规定"合同是民事主体之间设立、变更、终止民事法律关系的协议"。合同是买卖双方形成的一个共同遵守的协议，卖方有义务提供合同指定的产品和服务，而买方则有义务支付合规定的价款。合同是一种法律关系，合同协议根据项目交付物的复杂程 度可以很简单也可以很复杂。

从合同角度来看，软件工程生命周期可以用图16.1所示。

根据应用领域不同，合同有时也被称为协议、子合同或者采购单。大多数组织都有书面的政策和流程规定谁能代表组织签订和管理这些协议。

（1）合同的审核和批准

虽然所有的项目文档都需要经过某种方式的审核和批准，合同具有法律约束力的天性导致其更为广泛和严格的批准过程。在所有情况下，复审和批准过程应主要集中于确保合同正确描述了能够满足项目需要的产品或服务。对于公共机构承担的重要项目而言，复审过程更应包括公众听证过程。

项目管理团队可能会在项目前期就寻求法律专家对合同、采购的法律事务进行支持。各种组织应该在其策略中强制规定法律专家的介入。

（2）合同管理生命周期

项目采购管理过程包括的各种活动构成了一个合同的生命周期。通过积极地管理合同生命周期，一些可识别的项目风险可以被规避或减缓。事实上，进入合同阶段是一种响应潜在风险的抉择方法。一个复杂的项目可能会包括对同步的或顺序的多个合同或子合同的管理。在这种情形下，每个合同的生命周期可在项目生命周期的任何阶段结束。

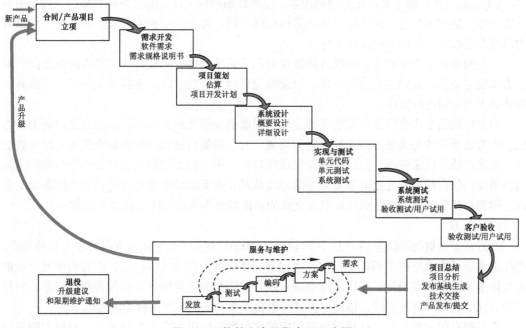

图 16.1 软件生命周期合同示意图

（3）合同的条款和条件

据《民法典》合同编规定，合同可以是书面形式、口头形式和其他形式。因此，项目采购过程中需要注意口头要约可能与书面合同具有同等法律效力。这就要求项目团队在处理相关事务时尽量将所有口头协议文档化。合同的规定，一般会包括当事人的名称和地址。

对于技术合同，则一般会包括：项目名称；标的内容、范围和要求；履行的计划、进度、期限、地点、地域和方式；技术情报和资料的保密；风险责任的承担，技术成果的归属等条目。对于合作开发合同，除另有约定外合同当事方共同拥有项目所有知识产权。

① 技术转让合同。包括专利权转让、专利申请权转让、技术秘密转让和专利实施许可合同。

② 技术咨询合同和技术服务合同。除双方另有约定外，受托人完成的技术成果归受托人所有，委托人利用受托人的成果完成的技术成果归委托人所有。

16.2 合同管理的要件

16.2.1 合同的实质要件

合同由采购方（一般称为甲方）和供应方（一般称为乙方）双方协商一致达成。在一些涉及多方的采购合同中会规定各方的权利和义务，部分合同也可能有中介方（如代理机构、融资中介机构、公证机关等）作为丙方存在。

（1）甲方

甲方是实施采购的一方，采购组织在项目实施或运作过程对某种货物或服务的需求，经过自制外购分析做出了外购决定后通常会自己与委托招标中介机构进行招标采购活动。甲方（或其委托的代理）的主要责任是明确需求，提供详细招标文件，组织评标委员会进行标书的评定工作，确定中标者，和中标方协商签订最终合同，对合同变更的管理，对乙方工作绩效的审核和对乙方工作成果的及时支付。

甲方拥有的主要权利有：根据合同规定对乙方的绩效进行考核并决定是否终止合同，对乙方未能完全履行合同追究违约责任，对最终交付物进行验收以决定接受或拒绝，在协商一致基础上对合同进行修改。

甲方特别需要注意的是合同是平等主体之间遵循和平互利原则签订的具有法律效力的协议。甲方需要保持与其他方的良好接触与沟通，对合同履行过程中出现的变化要及时通告它方。尤其在信息技术领域，如软件开发集成项目中，甲方需要理解双方在合同附件和约定的项目范围，任何的需求变更都需要双方的协议认可，重大的需求变更可能引起合同条款的变动。作为项目管理者，要注意任何双方之间的承诺都会作为补充协议成为合同的一部分。

（2）乙方

乙方是提供货物和服务的一方。作为项目采购的供应方，乙方通常在收到甲方的招标告、邀标请求或采购单后准备相应的标书、建议书和报价单。在确认中标后，乙方与甲对合同最终具体条款进行磋商谈判，签订最终合同，执行合同标的，向甲方及时报告执行信息，对甲方的合同变更请求进行响应，协助甲方进行验收工作，提供甲方支付项的发票。

乙方拥有的主要权利包括根据合同规定的支付期限向甲方提出支付请求，对甲方的违约责任的追究，在协商一致基础上对合同的修改。

（3）标的

合同标的是指合同中规定的甲方需要采购的产品、货物或服务。标的物可能只是简单的一台标配的计算机，也可能是一个遍布全国的银行业务处理系统。根据其复杂程度，标的物的技术参数和其他特性可能在合同中、单独的附件中或者建议书进行描述。

（4）效力

依法成立的合同，自成立时生效。当事人对合同的效力也可以约定生效或解除条件。附生效条件的合同，自条件成立时生效。附解除条件的合同，自条件成立时失效。如果当事人为自己的利益不正当地促成或阻止条件的发生，则视为条件不成立或成立。当事人对合同的效力可以约定生效或终止期限。附生效期限的合同，自期限截止时生效。附终止期限的合同，自期限届满时失效。

法人或者其他组织的法定代表人、负责人超越权限订立的合同，除对方知道或者应该知道其超越权限以外，该合同有效。

有下列情形之一的，合同无效：一方以欺诈、胁迫的手段订立合同，损害国家利益；恶意串通，损害国家、集体或者第三人利益；以合法形式掩盖非法目的；损害社会公共利益；违反法律、行政法规的强制性规定。合同中的下列条款无效：造成对方人员人身伤害的；因故意或者重大过失造成对方财产损失的。

对于因重大误解订立的或在订立时显失公平的合同，当事人一方有权请求人民法院或者仲裁机构变更或者撤销。

如果一方以欺诈、胁迫的手段或者乘人之危，使对方在违背真实意愿情况下订立的合同，受损害方有权请求人民法院或者仲裁机构变更或者撤销。当事人请求变更合同时，人民法院或者仲裁机构不得撤销合同。但对方自知道或者应该知道撤销事由之日起一年内没有行使撤销权或知道撤销事由后明确表示或以自己的实际行为放弃撤销权的合同不能再撤销。

无效的合同或者被撤销的合同自始没有法律约束力。合同部分无效，不影响其他部分效力的，其他部分仍然有效。合同无效、被撤销或者终止的，不影响合同中独立存在的有关于争议方法的条款的效力。合同无效或者被撤销后，因该合同取得的财产应该予以返还；不能返还或者没有必要返还的，应该折价补偿。有过错的一方应该赔偿对方因此所受到的损失。双方都有过错的，应该各自承担相应的责任。当事人恶意串通，损害国家或者第三人利益的，因此取得的财产收归国家所有或者返还第三人。

16.2.2 合同的形式要件

合同可以由书面形式、口头形式或其他形式订立。对于法律、法规规定或双方协商确之采用书面形式的，应该采用书面形式。

书面形式是指合同书、信件和数据电文（包括电报、电传、传真、电子数据交换和电子邮件）等可以有形地表现所载内容的形式。

作为项目采购签订的经济合同，除部分商品可采用及时结清外，应该采用书面形式以明晰双方的权利和责任。口头形式虽然简单易行，但不容易留下文字依据，一旦发生纠纷，容易出现举证困难的不利后果。同时对于书面形式的合同，也应该参照合同范本保证合同条款的完备。

16.3 合同的订立

合同的订立采用要约和承诺的形式。

（1）要约

要约是希望和他人订立合同的意思，要约的内容应具体确定，并且表明经受要约承诺，要约人即受该要约的约束。

要约邀请是希望他人向自己发出要约的意思。寄送的价目表、拍卖公告、招标公告、商业广告等均为要约邀请。要注意商业广告的内容符合要约规定的将视为要约，项目管理者应该与组织内其他部门保持沟通以规避相关的法律风险。

要约到达受要约人时立即生效。使用数据电文（电报、电传、传真、电子数据交换和电子邮件等）形式，该电文进入受要约人指定系统的时间视为到达时间；未指定系统的，该电文进入收件人任何系统的首次时间，视为到达时间。

要约人可以在要约到达受要约人之前或与要约同时发出撤回要约的通知。如果要约已到达，要约人不能撤回要约。但在受要约人发出承诺之前，要约人发出通知以撤销要约。不过在要约人确定了承诺期限或者明示要约不可撤销或受要约人有理由认为要约是不可撤销的，并已经为履行合同做了准备工作的情况下，要约不得撤销。

在下列情形任何之一发生的情况下，要约失效：①拒绝要约的通知到达要约人；②要约人依法撤销要约；③承诺期限届满，受要约人未作出承诺；④受要约人对要约的内容作出实质性变更。

（2）承诺

承诺是受要约人同意要约的意思表示。一般情况下承诺应该以书面通知的方式作出，但根据交易习惯或者要约表明可以通过行为作出承诺的除外。例如，在一些简单项的常规采购中，双方可能有默认协议，在甲方发出订货通知后，乙方直接供货即表示其作出以原有条件供货的承诺。

承诺应该在要约规定的期限内到达要约人。要约没有规定承诺期限的，承诺应该依照下列规定到达：①要约以对话方式作出的，应该即时作出承诺，但当事人另有约定的除外；②要约以非对话方式作出的，承诺应该在合理期限内到达。合理期限是指通常收到要约并发出承诺需要花费的时间，如采用信件方式合理期限将包含来回邮件寄送时间。要约以信件或者电报作出的，承诺期限自信件载明的日期或者电报交发之日开始计算。信件未载明日期的，自投寄该信件的邮戳日期开始计算。要约以电话、传真等快速通信方式作出的，承诺期限自要约到达受要约人时开始计算。

承诺通知到达要约人时即生效。承诺不需要通知的，根据交易习惯或者要约的要求作出承诺的行为时生效。采用数据电文形式订立合同的，承诺到达的时间与要约到达的规定相同。

同样，承诺也可以撤回。撤回承诺的通知应该在承诺通知到达要约人之前或者与承诺通知同时到达要约人。但是承诺不可以撤销。

受要约人超过承诺期限发出承诺的，除要约人通知受要约人该承诺有效外，该承诺自动成为其对要约人的新要约。受要约人在承诺期限内发出承诺，按照通常情形能够及时到达要约人，但因其他原因承诺到达要约人时超过承诺期限的（如信件的投递延误），除要约人及时通知受要约人因承诺超过期限不接受该承诺以外，该承诺有效。

承诺的内容应该与要约的内容一致。受要约人对要约的内容作出实质性变更的是新要约。有关合同标的、数量、质量、价款或者报酬、履行期限、履行地点和方式、违约责任和解决争议方法等的变更，是对要约内容的实质性变更。承诺对要约的内容作出非实质性变更的，除要约人及时表示反对或者要约表明承诺不得对要约的内容作出任何变更的以外，该承诺有效，合同的内容以承诺的内容为准。

承诺生效时合同成立。

（3）合同签订

双方采用合同书形式订立合同的，自双方签字或者盖章时合同成立。双方采用信件、数据电文等形式订立合同的，可以在合同成立之前签订确认书。签订确认书时合同成立。

除非当事双方另有约定，承诺生效的地点即为合同成立的地点。采用数据电文形式订立合同的，收件人的主营业地为合同成立的地点。采用合同书形式订立合同的，双方当事、签字或者盖章的地点为合同成立的地点。项目管理者不应忽视合同成立的地点，除非另有明确规定，一般对于合同成立地点当地法院对于合同拥有司法管辖权，双方合同执行过程中存在争议需要进行诉讼时，管辖权可能对最终裁决产生较大的影响。

法律规定或者约定采用书面形式订立合同，未采用书面形式但一方已经履行主要义务，对方接受的，该合同成立。采用合同书形式订立合同，在签字或者盖章之前，当事人一方已经履行主要义务，对方接受的，该合同成立。

如果双方采用格式条款订立合同的，提供格式条款的一方应该遵循公平原则确定当事人之间的权利和义务，并采取合理的方式提请对方注意免除或者限制其责任的条款，按照付方的要求，对该条款予以说明。格式条款是当事人为了重复使用而预先拟定，并在订立同时未与对方协商的条款。

格式条款如果存在以下情形：一方以欺诈、压迫的手段订立合同，损害国家利益；恶意串通，损害国家、集体或者第三人利益；以合法形式掩盖非法目的；损害社会公共利益；违反法律、行政法规的强制性规定；造成对方人员人身伤害的和因故意或者重大过失造成对方财产损失的免责条款，或者提供格式条款一方免除其责任、加重对方责任、排除对方主要权利的，该条款无效。

对格式条款的理解发生争议的，应该按照通常理解予以解释。对格式条款有两种以上解释的，应该作出不利于提供格式条款一方的解释。格式条款和非格式条款不一致的，以非格式条款为准。因此，作为格式条款提供方的项目管理者要注意格式条款中可能存在的法律风险。

当事人在订立合同过程中有下列情形之一，给对方造成损失的，应该承担损害赔偿责任：假借订立合同，恶意进行磋商；故意隐瞒与订立合同有关的重要事实或者提供虚假情况；有其他违背诚实信用原则的行为。当事人在订立合同过程中知悉的商业秘密，无论合同是否成立，不得泄露或者不正当地使用。泄露或者不正当地使用该商业秘密给对方造成失的，应该承担损害赔偿责任。项目管理者尤其要注意对项目团队的培训以保障对于双方商业机密的保护。

此外，为确保采购合同的顺利执行，在订立合同阶段采购和供应双方都应积极做好准备工作。尤其是采购方应该做好所需采购品的市场调查，了解市场上是否有足够的能满足项目需求的货物或服务，收集价格等市场信息，做好可行性研究。

采购双方都应该做好对方资格的审查，检查供应商是否有能力提供所需商品和服务，采购方是否有能力支付采购款项。双方需要调查对方的资信状况，对于信用度抵偿债能力低下的应该尽量规避或积极准备风险预案。

16.4 合同的履行

合同一经生效，就进入双方的履行阶段。在履行阶段，可能会对合同中未确定事宜的协商，对合同内容条款的修改和对违约责任的追究。采购方会对供应方的项目执行绩效进行评估考核、对交付物进行验收并支付，供应方则按合同规定进行项目标的的交付，并提供发票以获得支付。

16.4.1 合同未尽事宜的确定

当事人应该按照约定全面履行自己的义务。当事人应该遵循诚实信用原则，根据合同的性质、目的和交易习惯履行通知、协助、保密等义务。

合同生效后，当事人就质量、价款或者报酬、履行地点等内容没有约定或者约定不明确的，可以协议补充；不能达成补充协议的，按照合同有关条款或者交易习惯确定。质量要求不明确的，按照国家标准、行业标准履行；没有国标和行标的，按照通常标准或者符合合同目的的特定标准履行；价款或者报酬不明确的，按照订立合同时履行地的市场价格履行；履行地点不明确，给付货币的，在接受货币一方所在地履行；交付不动产的，在不动产所在地履行；其他标的，在履行义务一方所在地履行；履行期限不明确的，债务人可以随时履行，债权人也可以随时要求履行，但当该给对方必要的准备时间；履行方式不明确的，按照有利于实现合同目的的方式履行；履行费用的负担不明确的，由履行义务一方负担。

16.4.2 合同履行过程中的变动

执行政府定价者或者政府指导价的，在合同约定的交付期限内政府价格调整时，按照交付时的价格计价。逾期交付标的物的，遇价格上涨时，按照原价格执行；价格下降时，按照新价格执行。逾期提取标的物或者逾期付款的，遇价格上涨时，按照新价格执行；价格下降时，按照原价格执行。

应该先履行的当事人（如供货方），有确切证据证明对方有下列情形之一的，可以中止履行：经营状况严重恶化；转移财产、抽逃资金以逃避债务；丧失商业信誉；有丧失或者可能丧失履行债务能力的其他情形。当事人没有确切证据终止履行的，应该承担违约责任。当事人依照规定中止履行的，应该及时通知对方。对方提供适当担保时，应该恢复履行。中止履行后，对方在合理期限内未恢复履行能力并且未提供适当担保的，中止履行的一方可以解除合同。

一方分立、合并或者变更住所没有通知另一方，致使履行发生困难的，对方可以中止履行或者将标的物提存。但合同生效后，当事人不得因姓名、名称的变更或者法定代表人、负责人、承办人的变更而不履行合同义务。

16.5　合同的变更

当一方需要对合同内容进行修改时，可以提出合同变更请求并通知对方，在双方协商一致的情况下，对合同进行变更。在信息技术行业的项目中，合同的变更尤其突出，主要表现在对合同技术附件的修改上。由于信息技术（尤其是软件产品）的本性，项目需求变化较大，初始需求很难精确细化。项目管理人员应特别注意双方形成的一致意见会作为合同的补充协议自动生效，所以应该做到将任何变更请求和答复文档化，以形成正式的文字证据。

（1）合同变更

当事人协商一致，可以变更合同。当事人对合同变更的内容约定不明确的，确定为未变更。一方希望解除合同时也可以作为一个合同变更请求提出，经过双方协商一致可以终止合同。

（2）合同的转让和分包

除了根据合同性质、当事人约定和法律规定不能转让外，债权人可以将合同的权利全部或者部分转让给第三人。债权人转让权利的，应该通知债务人。未经通知，该转让对债务人不发生效力。债权人转让权利的通知不得撤销，但经受让人同意的除外。

债务人将合同的义务全部或者部分转移给第三人的，应该经债权人同意。这种合同转让关系和信息产业中常见的项目转包或分包不一样。合同转让除双方另有规定外，债务人将自己在合同关系中的所有权利和义务转移给第三人，由第三人与债权人继续合同的履行。所以合同的转让必须征得债权人同意。项目转包和分包则是供应商将合同标的全部或部分交由第三人提供，合同中双方权利义务没有任何变化，采购方和第三人之间不存在任何法律关系。因此，除非双方另有约定，供应商可以自由选择将项目转包给第三方。但要注意某些标的物的法律或法规规定不得进行分包。

当事人订立合同后合并的，由合并后的法人或者其他组织行使合同权利，履行合同义务。当事人订立合同后分立的，除另有约定外，由分立的法人或者其他组织对合同的权利和义务享有连带债权，承担连带债务。

16.6　合同的终止

当合同已经正常履行完毕、合同解除、相互债务抵消、债务免除、权利和义务归于一方或者法律或双方约定终止的条件发生时，合同的权利和义务终止。合同的权利义务终止后，当事人应该遵循诚实信用原则，根据交易习惯履行通知、协助、保密等义务，同时合同的终止并不影响合同中结算和清理条款的效力。

（1）合同履行完毕

供应商按期提供符合合同约定的交付物，采购方经过验收接受采购项并支付规定的货款后，合同履行完毕，合同的权利和义务即时终止。

（2）合同解除

一方或双方可以向对方提出解除合同请求，经过双方协商一致，可以解除合同。同时，双方可以在合同中约定一方解除合同的条件，当解除合同的条件成立时，可以解除合同；当事人因不可抗力致使不能实现合同目的；在履行期限届满之前，当事人一方明确表示或者以自己的行为表明不履行主要义务；当事人一方迟延履行主要义务，经催告后在合理期限内仍未履行；当事人一方迟延履行义务或者有其他违约行为致使不能实现合同目的；法律规定的其他情形下，可以解除合同。因上述原因主张解除合同的，应该向对方发出解除合同通知，合同自通知到达对方时解除。对方有异议的，可以请求人民法院或者仲裁机构确认解除合同的效力。法律、行政法规规定解除合同应该办理批准、登记等手续的，依照其规定。

合同解除后，尚未履行的，终止履行；已经履行的，根据履行情况和合同性质，当事人可以要求恢复原状、采取其他补救措施，并有权要求赔偿损失。

16.7　违 约 责 任

采购当事一方或双方不履行合同义务或未能符合规定履行合同义务时，应该承担违约责任。合同中一般规定双方各自的违约责任，同时也规定一定的免责条款。

一方不能完整履行合同义务时，应该承担继续履行、采取补救措施或者赔偿损失等违约责任。一方明确表示或者以自己的行为表明不履行合同义务的，对方可以在履行期限届满之前要求其承担违约责任。采购方未支付价款或者报酬的，对方可以要求其支付。

供应商供应产品或服务质量不符合约定的，应该按照双方的约定承担违约责任。对违约责任没有约定或者约定不明确，受损害方根据标的的性质以及损失的大小，可以合理选择要求对方承担修理、更换、重作、退货、减少价款或者报酬等违约责任。

因一方不完整履行合同义务的，在履行义务或者采补救措施后，对方还有其他损失的，应该赔偿损失。一方不完整履行合同义务给对方造成损失的，损失赔偿额应该相当于因违约所造成的损失，包括合同履行后可以获得的利益，但不超过违反合同一方订立合同时预见到或者应该预见到的因违反合同可能造成的损失。

双方可以约定一方违约时应该根据违约情况向对方支付一定数额的违约金，也可以约定因违约产生的损失赔偿额的计算方法。约定的违约金低于造成的损失的，可以请求人民法院或者仲裁机构予以增加；约定的违约金过分高于造成的损失的，可以请求人民法院或者仲裁机构予以适当减少。迟延履行约定违约金的，违约方除支付违约金，还应该履行合同义务和支付利息。

双方可以依照《民法典》约定一方向对方给付定金作为担保。债务人履行债务后，定金应该抵作价款或者收回。给付定金的一方不履行约定的债务的，无权要求返还定金；收受定金的一方不履行约定的债务的，应该双倍返还定金。

如果双方既约定违约金又约定定金的，一方违约时，对方可以选择使用违约金或者定金条款。

16.8　合同管理的其他注意事项

双方可以通过和解或者调解解决合同争议。双方不能和解、调解的，可以根据仲裁协议向仲裁机构申请仲裁。涉外合同的双方可以根据仲裁协议向中国仲裁机构或者其他仲裁机构申请仲裁。双方没有订立仲裁协议或者仲裁协议无效的，可以向人民法院起诉。当事人应该履行发生法律效力的判决、仲裁裁决、调解书；拒不履行的，对方可以请求人民法院执行。

随着项目执行组织的发展，组织需要进行采购和其他经济活动越来越多，组织需要建立自己的经济合同管理办法。如果组织内没有类似管理办法，项目管理者需要建立自己项目的管理办法。

本 章 小 结

在当前经济体制下，软件企业之间会签订各种各类的合同，这也是双方经济业务往来关系建立的主要表现形式，关系着双方利益能否成功实现，由此可以看出合同管理在企业生产经营管理工作中起着重要的作用。本章对合同管理的基础知识、订立、履行、变更、违约等方法进行了介绍。

习 题

简述题

1．什么是合同？
2．合同的实质要件有哪些内容组成？
3．合同的订立有哪些形式？分别给出相应说明。

案例篇

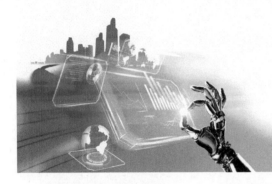

第17章

项目实例——在线订餐系统的实现

17.1　项目背景说明

电子商务是以信息网络技术为手段，以商品交换为中心的商务活动；也可理解为在互联网（Internet）、企业内部网（Intranet）和增值网（Value Added Network，VAN）上以电子交易方式进行交易活动和相关服务的活动，是传统商业活动各环节的电子化、网络化、信息化。

在因特网开放的网络环境下，电子商务基于浏览器/服务器应用方式，买卖双方不谋面地进行各种商贸活动，实现消费者的网上购物、商户之间的网上交易和在线电子支付以及各种商务活动、交易活动、金融活动和相关的综合服务活动。电子商务分为 ABC、B2B、B2C、C2C、B2M、M2C、B2A（即 B2G）、C2A（即 C2G）、O2O 等。

餐饮业在全球是比较广泛的行业，随着经济的快速发展，我国的餐饮行业也在迅速发展。但是在发展的同时也存在许多问题，如管理方法落后、订购查询不方便、资源整合率低等不足。随着计算机技术的快速发展，使得越来越多的事物与计算机及其网络息息相关，很多的日常工作可以使用高效率的信息化方式进行。

传统的实体餐饮行业在高速发展的互联网时代下也迎来了基于网站和 App 的实现网上订餐的时代。网上订餐服务平台为传统的餐厅提供了一种新的经营模式，它是将餐厅经营到网络上，用户可以通过网站和移动客户端浏览餐厅信息和进行菜品的订购以及配送，更加方便了用户的自助选择。

网上订餐系统是一种新兴的网络消费模式，它覆盖了全球的传统餐饮行业的业务范围。其主要的优点如下：

（1）用户可以随时随地浏览餐厅信息，选择自己喜欢的菜品和餐厅。

（2）可以避免实体餐厅的拥挤和等待，能够方便地更改配送地点。

（3）方便快捷的搜索方式，能够短时间地查询到用户喜爱的餐厅。

（4）餐厅可以方便地管理相关的订单和菜品。

目前，通过网上订餐的人群众多，由于受传统的消费模式、订餐平台技术等原因，在线订餐系统的发展受到了很大的阻碍。我国的在线订餐起步相对时间较短，城市的覆盖率较低并且餐厅数据不准确。其技术上还存在以下不足：

(1) 搜索功能不够强大，用户查询返回的信息不够精准。

(2) 餐厅的效果展示差，用户很难了解到餐厅的环境及卫生情况。

(3) 系统的交互性较差，用户之间交流以及用户和餐厅之间的交流比较困难。

(4) 订单处理不够及时，配送耽误时间过长。

17.1.1　项目问题描述

本项目主要是应用电子商务的基本原理，使用 J2EE 搭建一个动态的在线订餐系统。该系统分为前端和后台两部分，前端的功能主要是针对消费者，包括用户的登录、注册，菜品的展示、搜索，购物车的管理，店家的收藏，在线支付等功能，还有以图搜索的特色功能；后台分为店家和管理员，店家针对店铺进行管理，包括订单的查看（未支付订单和历史订单），菜品的上传、查询等功能；管理员主要是针对用户和店家的进行管理。

17.1.2　目的及意义

随着电子商务的发展，人们的生活和工作方式受到了改变，需求也在发生着变化，从原来的到店就餐逐渐转变为订餐到户、随时随地就餐。特别是上班族和高校学生，他们对互联网比较熟悉，很多的信息都是在互联网上获取到，经常在网上进行购物等。而在线订餐平台可以给实体餐厅增加一种新式的宣传途径，同时可以获取更大的经济利润。

根据用户对在线订餐功能的需求，以及对国内外目前存在订餐网站案例的分析，本项目设计开发实现一个在线订餐系统，其中餐厅拥有自主管理权，能够修改店家的菜品和订单处理等功能；用户也能够自主选择餐厅和菜品进行订购，它更加符合消费者的生活需求，节省了买家和卖家的时间。

17.2　开发技术

17.2.1　B/S 模式

B/S 模式（Browser/Server，浏览器/服务器模式）是人们广泛使用进行 Web 开发的模式，其中 B 是用户使用的浏览器，S 是针对网站的功能进行实现的服务器。B/S 结构是 Web 兴起后的一种网络结构模式，Web 浏览器是客户端最主要的应用软件。这种模式统一了客户端，将系统功能实现的核心部分集中到服务器上，简化了系统的开发、维护和使用。客户机上只要安装一个浏览器（Browser），服务器安装 SQL Server、Oracle、MYSQL 等数据库，浏览器即可通过 Web Server 同数据库进行数据交互。

B/S 主要的工作模式是用户通过网站向服务器端发送链接请求，然后服务器经过处理，将请求的结果返回给浏览器，完成响应。系统设计时采用的基于 Web 的三层体系结构，主要由浏览器、Web 服务器、数据库三部分组成，体系结构如图 17.1 所示。

该模式的主要特点如下：

(1) 使得维护和升级变得简单，尤其适用于数据需要不断更新维护的系统。B/S 架构的软件只需要管理服务器即可，所有的客户端只是浏览器，根本不需要做任何的维护。无论用户的规模有多大，有多少分支机构都不会增加任何维护升级的工作量，所有的操作只需要针对服务器进行；如果是异地，把服务器连接网络即可，即可实现远程维护、升级和共享。所以客户机越来越"瘦"，而服务器越来越"胖"是将来信息化发展的主流方向。今后，软件升级和维护会越来越容易，而使用起来会越来越简单，这对用户人力、物力、时间、费用的节省是显而易见的，惊人的。因此，维护和升级革命的方式是"瘦"客户机，"胖"服务器。

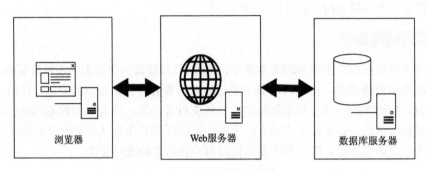

图 17.1   B/S 三层体系结构

（2）将客户端和数据库分离开来，提高了系统的安全性。由于 B/S 架构管理软件只安装在服务器端（Server）上，网络管理人员只需要管理服务器即可，用户界面主要事务逻辑在服务器（Server）端完全通过 WWW 浏览器实现，极少部分事务逻辑在前端（Browser）实现，所有的客户端只有浏览器，网络管理人员只需要做硬件维护。但是，应用服务器运行数据负荷较重，一旦发生服务器"崩溃"等问题，后果不堪设想。因此，许多单位都备有数据库存储服务器，以防万一。

（3）只需要浏览器作为客户端即可运行系统，避免了在本地安装软件带来占用存储空间的弊端。

17.2.2 JSP 技术

JSP（Java Server Page）是一种动态网页资源开发技术，它是由传统的 HTML 静态标签和内嵌的 Java 程序代码组成。JSP 是由 Sun Microsystems 公司倡导、许多公司参与一起建立的一种动态网页技术标准。JSP 技术有点类似 ASP 技术，它是在传统的网页 HTML（标准通用标记语言的子集）文件（*.htm，*.html）中插入 Java 程序段（Scriptlet）和 JSP 标记（tag），从而形成 JSP 文件，后扩展名为*.jsp。用 JSP 开发的 Web 应用是跨平台的，既能在 Linux 下运行，也能在其他操作系统上运行。它很好地解决了在 Servlet 中拼写 HTML、CSS 和 JS 内容不方便的问题，十分便于组织 HTML 页面。

一个 JSP 页面可以被分为以下几部分：

（1）静态数据，如 HTML。

（2）JSP 指令，如 include 指令。

（3）JSP 脚本元素和变量。

（4）JSP 动作。

（5）用户自定义标签。

JSP 技术被广泛地应用在动态 Web 网站开发中，其主要的优点有：

（1）动态地获取内容并且进行显示，将两者有效地分离。

（2）使用可重用组件来执行程序的复杂处理。

（3）采用标识使得编程人员更加高效地进行页面开发。

（4）系统的多平台支持，使用 JSP 技术开发出来的 Web 程序可以在任意环境中进行系统的部署。

17.2.3　MySQL 数据库

MySQL 是一种开放源代码的关系型数据库管理系统（RDBMS），MySQL 数据库系统使用最常用的数据库管理语言——结构化查询语言（SQL）进行数据库管理。由于 MySQL 是开放源代码的，因此任何人都可以在 General Public License 的许可下下载并根据个性化的需要对其进行修改。MySQL 因为其速度、可靠性和适应性而备受关注。大多数人都认为在不需要事务化处理的情况下，MySQL 是管理内容最好的选择。

数据库是用来存储数据的，它将数据进行结构化存储，每一种类型的数据，系统设计时会为其建立对应的数据表。合理高效的数据库设计能够很好地处理数据的存储，更好地满足用户的信息要求。MySQL 数据库是一种关系型数据库，它通过设置关联，将不同数据表中的数据进行联系，增加了数据访问的速度和灵活性。该数据库体积小、成本低，适用于中小型网站的开发。其主要的特性有：

（1）支持多种操作系统和多种编程语言进行开发。

（2）源码使用的是 C 和 C++进行编写，使用多种编译器测试，保证了源码的可移植性。

（3）提供了多种连接数据库的方式，如 TCP/CP、ODBC 和 JDBC。

（4）使用标准的 SQL 数据语言，并且不需要支付额外的费用。

（5）提供了简易的管理工具进行管理、检查数据库。

17.2.4　MVC 模式

目前很多的 JSP 系统基本上都是使用 MVC 模式，MVC 是指模型（Model）、视图（View）和控制（Controller）。MVC 是一种软件设计典范，用一种业务逻辑、数据、界面显示分离的方法组织代码，将业务逻辑聚集到一个部件里面，在改进和个性化定制界面及用户交互的同时，不需要重新编写业务逻辑。

MVC 被独特地发展起来用于映射传统的输入、处理和输出功能在一个逻辑的图形化用户界面的结构中。该模式有着独特的优势，它将系统开发分成不同的模块进行开发，每个模块都处理不同的功能，其中模型层是一个对象 JavaBean，它将对象的属性进行封装定义，只需定义一次就可以在整个开发过程中多次且方便地使用，节省了开发的时间；视图层主要是指系统的界面部分，它是体现交互性的主要方面，用户可以通过界面高效地从后台程序中获取到信息；而控制层则是最核心的部分，它将视图层和后台的数据库有效地连接在一起，控制程序的流转，节省了请求访问的时间。

在开发软件的过程中，依据"高内聚，低耦合"的原则，采用 MVC 模式进行系统开发的主要原因。它很好地将系统开发划分成三个层次，实现了框架分离结构。在视图层，随着人们对界面的美观要求，系统需要不断地修改，而 MVC 使得系统界面的管理和维护更加容易，它将系统的视图与别的开发工作分割开来，仅仅提供用户与后台进行交互的显示界面，不具有任何的业务处理；模型则是数据对象和业务规则的抽象，它可以为多个视图提供数据，也可以为控制层提供封装模型，有效降低了代码的重复性；控制层控制模型构件的调用和视图的显示，同时在控制层代码开发的过程中，可以降低错误维护的复杂性，并且方便调用各个对象和函数。

17.2.5 相似图像搜索算法

本项目设计实现类似于谷歌、百度等识图功能，设计使用了一维灰度直方图的算法进行相似图像的搜索。所谓灰度直方图，是指灰度级的函数，表示图像中具有某种灰度级的像素个数，反映了图片中某种灰度出现的频率（见图 17.2）。

 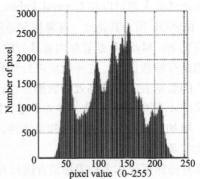

图 17.2 图像灰度直方图示例

直方图的算法主要分为两部分：

（1）直方图的计算

首先使用 BufferedImage 类将图片实例化，然后使用 getHeight 和 getWidth 计算出图像的像素，每个颜色的值的范围是 0～255，划分成 16 等份，遍历所有像素点的对应直方图索引值，假设 RGB 值为 (14,68,221)，它对应直方图的索引值分别为 (0,4,13)，其中索引值 index 的计算方式是：

$$index = r + g \times 16 + b \times 16 \times 16$$

完成直方图的计算。

（2）巴氏系数计算

计算公式如下：

$$p(p, p') = \sum_{i=1}^{N} \sqrt{p(i)p'(i)}$$

其中 p 和 p' 分别代表的是源图像和候选图像直方图数据，对每个相同 i 位置的数据乘积开平方以后求和得到的结果就是两张图像的相似度（巴氏系数因子值），范围是 0～1。

17.3 可行性分析

结合目前的实际情况，分析一个系统开发的必要性和合理性，就是该系统能够进行项目开发的可行性，需要从经济、技术和社会可行性等条件进行分析。

17.3.1　技术可行性分析

本在线订餐系统考虑到硬件和软件环境的要求，采用的是 MyEclipse 开发平台、MySQL 数据库和 Tomcat 服务器。使用 MyEclipse 作为开发平台，能够帮助开发者提高开发软件的效率和质量，极大程度地缩短开发周期。MySQL 数据库能够很好地实现数据的存储和操作，具有数据读取速度快的优点，并且是一种免费的数据库。同时，Tomcat 服务器可以进行网站系统的发布，可以方便地对该系统进行维护和修改。

在开发的过程中，该系统使用的是 JSP 技术来实现数据读取和显示，通过用户的前台地址链接请求，访问后台的 Servlet，紧接着操作数据库，完成访问，将数据和结果响应到 JSP 动态页面，通过 EL 表达式和 JSTL 标签库进行读取显示。总体使用的是 Java 开发语言。

17.3.2　经济可行性分析

本在线订餐系统开发使用的所有软件开发平台，都是免费使用的，可以从网上搜索下载，然后进行环境配置和平台搭建，就可以使用。从经济上，本设计没有支付任何开发平台的费用，即使是后期购买域名、服务器和数据库，也仅仅需要投入很少的经济。

17.3.3　社会可行性分析

在线订餐系统是互联网中电子商务的部分，它紧跟社会发展的趋势，是将来的一种消费模式，必然会被社会接受。

（1）对于餐厅而言，在线订餐系统为他们提供了更加广阔的市场空间，降低了实体店的扩展成本，减少了地域的局限性，提高了经济利润，增加了市场竞争力。

（2）目前为止，很多的人越来越倾向于网上购物这种消费模式，能够足不出户地购买自己想要买的食品，既满足了他们的需求，又能够节省时间。

综上，在线订餐系统的开发具有可行性。

17.4　需　求　分　析

一个软件在开发之前，需求分析是非常关键的步骤，该过程一般分为功能需求分析和非功能需求分析。

17.4.1　业务需求分析

传统实体餐厅只能满足部分到店就餐的用户，而另一方面很多的上班族和高校学生渴望得到更多种类的菜品，因而本系统的业务流程主要是实现餐厅和用户的对接。它将渴望得到网上推广的实体餐厅进行资源整合，然后给用户群体提供多方面的选择。

本系统的业务流程图如图 17.3 所示，用户可以通过在线浏览餐厅之后，选择自己喜爱的菜品进行下单，然后进行在线支付，经系统处理订单之后，餐厅可以看到用户的订单，接着配送人员将菜品配送到订餐用户。

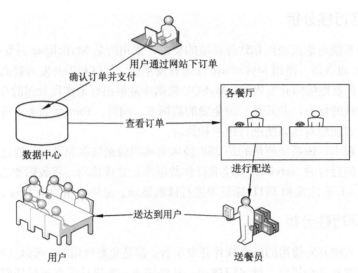

用户通过网站下订单

确认订单并支付

各餐厅

查看订单

数据中心

进行配送

送达到用户

送餐员

用户

图 17.3　系统业务流程图

17.4.2　用户需求分析

本在线订餐系统主要的用户人群分为两类：一种是餐馆商家，另一种是订餐的用户。对于大多数的餐馆和小吃店来说，由于交通、地域、资金成本等条件的限制，他们无法扩大营业额，所以当他们加入到在线订餐系统之后，他们的店面和特色菜品可以有效地得到推广，起到一种很好的广告宣传效果。同时该系统能够扩大餐厅的销售空间、扩展用户空间、增加用户数量，降低了实体店成本。

对于订餐用户，尤其是高校学生和上班族，他们受教育程度较高，对在线订餐这种新兴的消费模式更加喜爱；同时他们希望节省出更多的时间并且能够自主选择爱吃的食物和有营养的菜品。通过分析，可以看出这两种用户人群都希望更好的在线订餐系统的出现。

17.4.3　功能需求分析

本系统主要分为前端订餐网站和后台餐厅管理系统，其中前端主要是呈现给订餐用户的，要实现用户浏览餐厅和菜品、收藏餐厅、购物车的操作、下单并且支付以及菜品和餐厅的搜索等功能；后台餐厅管理系统主要是给加盟店家进行自主管理的平台，要实现信息的修改、菜品的添加、订单的查看和处理等功能，系统总用例图如图 17.4 所示。

通过功能需求分析，对在线订餐系统的前期需求进行了如下定义：

（1）普通用户的注册功能，该注册过程中需要进行邮箱的验证，只有通过验证才能进行其他操作。

（2）普通用户的登录和注销功能。

（3）用户可以在网站上对餐厅和菜品进行关键字搜索。

（4）用户能够使用图片进行菜品的查询，这就是本项目以图识图的特色功能。

（5）用户对喜爱的餐厅具有收藏的功能。

（6）用户还可以将自己喜爱的菜品分享到微博、QQ 和微信中，让自己的朋友也享受美食。

（7）将菜品添加到购物车中，对购物车里面的菜品进行增加和移除等功能，并且可以动态的显示付款价格。

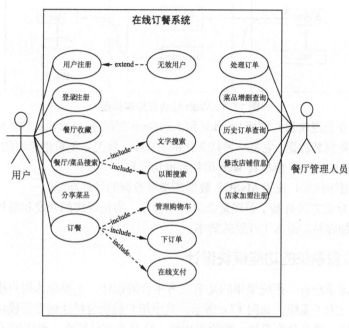

图 17.4 在线订餐系统用例图

（8）订单及支付功能，调用易宝支付第三方平台来完成订单的支付。

（9）店家加盟注册的功能，通过注册可以完成在该订餐平台上进行餐厅的开铺管理。

（10）加盟店家可以对用户的订单进行查询和处理，配送完成之后，将该订单转为历史订单。

（11）加盟店家能够管理自己的餐厅，对店铺的菜品进行增加、删除和查询。

17.4.4 非功能需求分析

（1）安全可靠性需求。目前很多的系统都存在用户信息泄露之类的事情，因此系统的安全性和可靠性是必须要考虑的事情，本系统为了维护系统的安全性能，使用 MD5 加密技术对用户的密码进行加密，同时将前后台分开管理。

（2）数据处理能力。高效的数据处理能够提高系统的响应速度。

（3）易维护性和实用性。一个系统开发要满足用户的需求并且要具有良好的维护性。

17.5 系统概要设计

17.5.1 在线订餐系统的架构设计

本系统分为前端和后台两部分，使用的是 B/S 模式。为了使软件具有结构性，便于开发、维护和管理，采用 MVC 的设计模式，将不同功能模块独立，在需要修改时只需要修改其中某一模块，而不需要修改其他模块，方便代码的重用。采用的是 J2EE 的经典三层架构，如图 17.5 所示。

Web 层（视图层）包括 Servlet 和 JSP 两部分，其中 Servlet 主要负责接受请求和控制程序的流转，JSP 用来展示界面和用户进行交互。

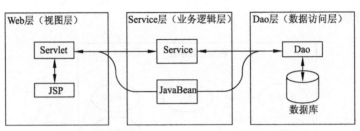

图 17.5 Web 经典三层架构图

Service 层（业务逻辑层）包括 Service 和 JavaBean 两部分，Service 主要负责处理业务逻辑；JavaBean 负责封装数据，它是一种持久化的对象层，将关系型数据库中的表映射成对象，然后通过面向对象的方式，参与到 Web 层和数据访问层。

Dao 层（数据访问层）使用 MySQL 数据库实现数据的管理功能。

以上 MVC 分层方法有助于管理复杂的应用程序，方便程序的开发和维护，同时也让应用程序的测试更加容易，提高了开发的效率。

17.5.2 在线订餐系统的功能模块设计

根据前期的需求分析，系统采用的是第三方平台的设计，主要分为用户模块、店家模块和后台管理模块三大子系统，如图 17.6 所示。其中用户模块包括注册登录模块、餐厅搜索模块、餐厅收藏模块、菜品分享模块、购物车模块、订单及支付模块、餐厅/菜品浏览模块；店家模块主要包括店家注册登录模块、信息管理模块、菜品管理模块、订单管理模块等；后台管理模块主要是管理用户和店家，包括店家审核模块、用户和店家显示模块等。

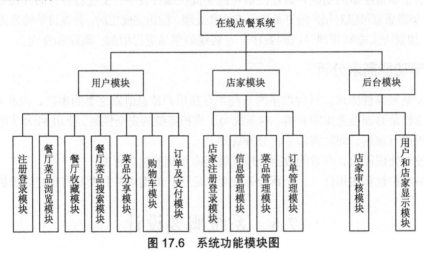

图 17.6 系统功能模块图

17.5.3 在线订餐系统的流程图设计

本系统分为三个主要的功能子系统，业务流程为：当用户订餐时，首先要进行注册，然后才能进行购物车等一系列的操作；餐厅在用户订餐之后，通过订单管理模块进行查看，进行备餐，之后由配送人员将菜品送给用户。其中上线的店家必须要通过后台的认证，只有这样才能保障消费者的利益和订餐网络的安全环境。该系统通过操作数据库完成购买的整体流程如图 17.7 所示。

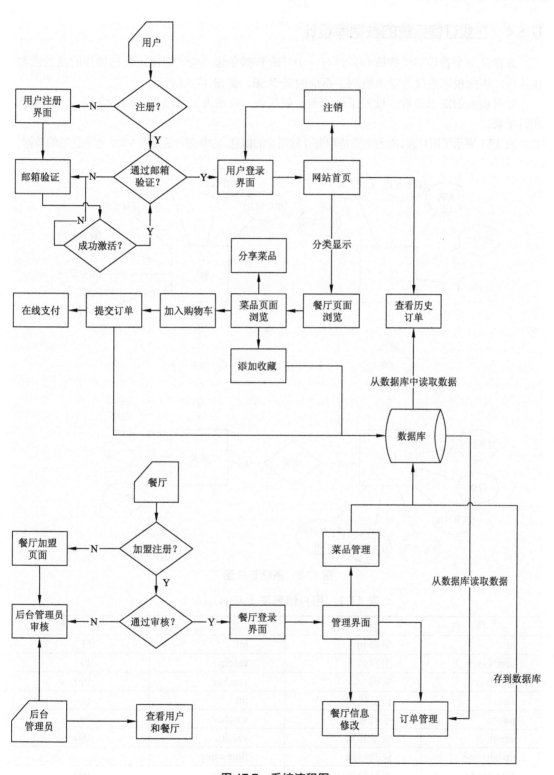

图 17.7　系统流程图

17.5.4 在线订餐系统的数据库设计

数据是一个管理系统的核心，只有一个好的数据存储结构才能保证数据操作的高效性和快速性，因此根据系统的需求绘制了系统的 E-R 图，如图 17.8 所示。

针对前面的需求分析，设置了用户表、餐厅表、收藏表、菜品表、购物车表、订单项表和订单表。

表 17.1 展示了用户表，本表主要是用来存储用户的信息，其中密码是使用 MD5 加密之后的数据。

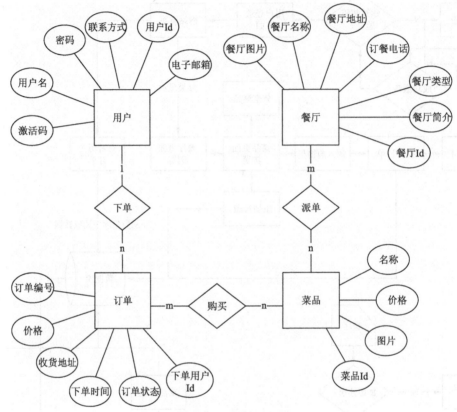

图 17.8　系统 E-R 图

表 17.1　用户信息表（users.table）

字　段　名	注　　释	类　　型	长　　度
id	用户 id	int	11
userName	用户名	varchar	40
userPass	密码	varchar	100
state	验证状态	int	11
phone	手机号码	varchar	40
email	电子邮箱	varchar	100
updatetime	修改时间	timestamp	
activecode	邮箱验证码	varchar	100

表 17.2 展示了餐厅表，本表主要是用来存储加盟店家的信息。

表 17.2 餐厅信息表（restaurant.table）

字 段 名	注 释	类 型	长 度
id	餐厅 id	int	11
djUserName	餐厅用户名	varchar	40
djPass	餐厅密码	varchar	100
djName	餐厅名称	varchar	100
djPhone	订餐手机号码	varchar	40
djNum	订餐固定电话	varchar	40
djCity	餐厅城市	varchar	40
djAddress	餐厅详细地址	varchar	255
djType	餐厅类型	timestamp	40
djSummary	餐厅简介	varchar	255
djLogo	餐厅 Logo 路径	varchar	255
djHj	餐厅环境路径	varchar	255
updatetime	加盟时间	timestamp	
state	审核状态	int	11
cardurl	认证图片路径	varchar	255

表 17.3 展示了菜品表，本表主要是存储加盟店家的菜品。

表 17.3 菜品表（menu.table）

字 段 名	注 释	类 型	长 度
id	菜品 id	varchar	100
name	菜品名称	varchar	40
price	售卖价格	double	
rest_id	所属餐厅 id	int	11
imgurl	菜品图片路径	varchar	255

表 17.4 展示了收藏表，本表主要是用来存储用户收藏的餐厅。将用户 id 和餐厅 id 两个字段联合作为主键，并且引用外键，这样可以保证当删除用户或者餐厅的时候能够联动的将收藏表中的数据删除，减少了数据的冗余。

表 17.4 收藏表（collection.table）

字 段 名	注 释	类 型	长 度
user_id	用户 id	int	11
rest_id	餐厅 id	int	11

表 17.5 展示了购物车表，本表主要是用来存储对应用户的购物车数据。

表 17.5 购物车表（cart.table）

字 段 名	注 释	类 型	长 度
id	购物车 id	varchar	100
user_id	对应用户 id	int	11
rest_id	所属餐厅 id	int	11

续表

字　段　名	注　释	类　型	长　度
menu_id	欲购买菜品 id	varchar	100
menu_price	欲购买菜品价格	double	
buynum	欲购买菜品数量	int	11

表 17.6 展示了订单表，本表主要是存储用户购买菜品的订单。

表 17.6　订单表（orders.table）

字　段　名	注　释	类　型	长　度
id	订单表 id	varchar	100
user_id	对应用户 id	int	11
menu_ids	订单所有菜品 id	varchar	255
price	订单的价格	double	
address	送餐地址	varchar	255
rest_id	购买菜品的餐厅	int	11
updatetime	下单时间	timestamp	
status	订单支付状态	int	11

表 17.7 展示了订单项表，本表主要是存储订单和购买菜品之家的对应关系。

表 17.7　订单项表（orderitem.table）

字　段　名	注　释	类　型	长　度
order_id	订单表 id	varchar	100
menu_id	菜品 id	varchar	100
buynum	购买数量	int	11

17.6　系统详细设计

在系统的开发过程中，为了解决访问过程中的乱码和参数传递的乱码问题，对全站编码在 web.xml 中进行了设置，统一使用 UTF-8 编码，然后使用 EncodeFilter 过滤器进行请求和响应乱码的处理。其中在处理请求乱码时，使用装饰设计模式对 request 进行包装，改变其获取请求参数的方法，从而解决请求参数乱码的问题。

17.6.1　用户模块的功能实现

前台模块主要是根据用户的需求进行划分的功能模块，主要提供给用户来实现餐厅的浏览、菜品的搜索、下单购买等功能，其主要包括的模块是餐厅菜品显示模块、用户登录和注册模块、收藏模块、购物车模块、订单模块、以图搜索模块、文字搜索模块、分享模块、在线支付模块等。

（1）用户注册和登录模块

用户登录界面如图 17.9 所示。

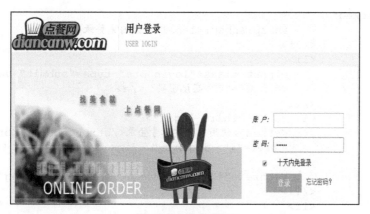

图 17.9 登录界面

附代码如下：

```
<%@ page language="java" import="java.util.*" pageEncoding="utf-8"%>
<!DOCTYPE HTML PUBLIC "-//W3C//DTD HTML 4.01 Transitional//EN">
<html lang="en">
  <head>
    <meta charset="utf-8">
    <title>点餐网——用户登录</title>
    <link rel="stylesheet" type="text/css" href="../css/login_Yh.css">
  </head>
  <body>
    <!-- 导航信息部分 -->
    <div class="head">
        <h1 class="logo"><a href="/index.jsp"><img src="../image/logo1.
png"> </a></h1>
        <strong>用户登录<tt>USER lOGIN</tt></strong>
    </div>
    <!-- 用户登录填写部分 -->
    <div class="login">
    <div class="login_box">
        <div class="left">
            <img src="../image/logo2.png">
        </div>
        <div class="right">
            <form action="/LoginServlet" method="post">
                <ul>
                    <li><font color="red">${msg }</font></li>
                    <li>
                        <em>账 户:</em>
                        <input type="text" name="userName" placeholder="
请输入用户名/邮箱/手机号"/>
                    </li>
                    <li>
                        <em>密 码:</em>
                        <input type="password" name="userPass" placeholder=
"******"/>
                    </li>
                    <li>
                        <input type="checkbox" name="autologin" value="true"
```

```
checked="checked">
                           <label>十天内免登录</label>
                 </li>
                 <li>
                     <input class="login_btn" type="submit" value="登录">
                     <a href="#">忘记密码？</a>
                 </li>
                 <li class="third_login">
                     <strong>使用第三方账号登录</strong><br /><br />
                    <a href="#"><img src="../image/qq.png"></a>   
   
                     <a href="#"><img src="../image/weibo.png"></a>
                 </li>
                 <li>
                     没有点餐网账号？<strong><a href="./register.jsp">立即注
册>></a></strong>
                 </li>
             </ul>
         </form>
      </div>
   </div>
   </div>
   <!-- 页脚部分 -->
   <div class="foot">
        <span>&copy 版权所有兰州交通大学</span>
        <a href="#">关于我们</a> | <a href="#">免责声明</a> | <a href="#">
联系我们</a> | <a href="#">使用帮助</a>
   </div>
 </body>
 </html>
```

用户输入用户名和密码，单击"登录"按钮，将会把用户信息提交到 LoginServlet 中，在该 Servlet 中读取数据信息，并且要对密码进行 MD5 加密，从数据库中查询用户是否存在，如果不存在该用户或者用户没有进行邮箱验证，将会返回登录界面并进行友好性的提示（见图 17.10）。其中 MD5 加密具体实现是，首先使用 MD5 算法将密码转换成二级制字符串，然后转换成十六进制的字符串返回一个 32 位的加密字符串，如"123456"经过加密之后变成了"e10adc3949ba59abbe56e057f20f883e"。

图 17.10 登录失败提示界面

　　登录成功，系统将会请求转发到网站的主页。同时为了方便用户能够方便地登录和使用该网站，设计了十天免登录的功能，首先要判断用户是不是勾选了免登录复选框，然后使用cookie进行存储信息，设计cookie的生存时间为十天。每次访问网站时，使用AutoLoginFilter自动登录过滤器来处理，在该过滤器中，只有未登录的用户并且携带正确cookie信息的用户才能进行自动登录。

　　附代码如下：

```java
package web;
import java.io.IOException;
import java.net.URLEncoder;
import java.util.LinkedHashMap;
import java.util.List;
import java.util.Map;
import javax.servlet.ServletException;
import javax.servlet.http.Cookie;
import javax.servlet.http.HttpServlet;
import javax.servlet.http.HttpServletRequest;
import javax.servlet.http.HttpServletResponse;
import domain.Cart;
import domain.Menu;
import domain.User;
import factory.BasicFactory;
import service.CartService;
import service.MenuService;
import service.UserService;
import util.MD5Utils;
public class LoginServlet extends HttpServlet {
    public void doGet(HttpServletRequest request, HttpServletResponse response)
            throws ServletException, IOException {
        //创建服务对象
        UserService service=BasicFactory.getFactory().getInstance (UserService
.class);
        CartService cart_service=BasicFactory.getFactory().getInstance
(CartService.class);
        MenuService menu_service=BasicFactory.getFactory().getInstance
(MenuService.class);
        //1.获取用户名和密码
        String userName=request.getParameter("userName");
        String userPass=MD5Utils.md5(request.getParameter("userPass"));
        //2.调用service中的根据用户名和密码的方法查找用户
        User user=service.findUserByNameAndPass(userName,userPass);
        if(user==null){
            request.setAttribute("msg", "用户名或者密码不正确!");
            request.getRequestDispatcher("/Yh/login.jsp").forward(request,
response);
            return;
        }
        //3.检查用户的激活状态
        if(user.getState()==0){
            request.setAttribute("msg", "用户尚未激活，请到邮箱中进行激活!");
```

```
                request.getRequestDispatcher("/Yh/login.jsp").forward(request,
response);
                return;
        }
        //--处理是否自动十天内免登录
        if("true".equals(request.getParameter("autologin"))){
                //使用 URLEncoder 解决无法在 Cookie 当中保存中文字符串问题
                Cookie autoLoginC=new Cookie("autologin",URLEncoder. encode
(user.getUserName()+ ":" + user.getUserPass(),"utf-8"));
                autoLoginC.setPath("/");
                autoLoginC.setMaxAge(3600*24*10);
                response.addCookie(autoLoginC);
        }
        //查询该用户的购物车数据
        List<Cart> list_cart=cart_service.findAll(user.getId());
        Map<Menu,Integer> cartmap=new LinkedHashMap<Menu, Integer>();
        if(list_cart!=null){
            Menu menu;
            for(Cart cart:list_cart){
                menu=menu_service.findById(cart.getMenu_id());
                cartmap.put(menu,cart.getBuynum());
            }
        }
        //4.登录用户重新定向到主页
        request.getSession().setAttribute("user", user);
        request.getSession().setAttribute("cartmap",cartmap);
        response.sendRedirect("/index.jsp");
    }

    public void doPost(HttpServletRequest request, HttpServletResponse response)
        throws ServletException, IOException {

        doGet(request, response);
    }

}
package util;

import java.math.BigInteger;
import java.security.MessageDigest;
import java.security.NoSuchAlgorithmException;
/**
 *   该工具类主要的功能是: 实现重要信息的 MD5 加密
 * @author ASUS-
 *
 */
public class MD5Utils {

    private MD5Utils(){

    }
    /**
```

```
     *  使用MD5的算法进行加密
     *  @param plainText      要加密的内容
     *  @return
     */
    public static String md5(String plainText){
        byte[] secretBytes = null;
        try {
            //通过MD5算法将plainText加密成二进制的密文
            secretBytes=MessageDigest.getInstance("md5").digest (plainText.
getBytes());
        } catch (NoSuchAlgorithmException e) {
            e.printStackTrace();
            throw new RuntimeException("没有md5这个算法!");
        }
        //n转换成十六进制
        String md5code = new BigInteger(1,secretBytes).toString(16);
        //不够32位的前面使用0来补齐
        for(int i=0;i<32-md5code.length();i++){
            md5code="0" + md5code;
        }
        return md5code;
    }
}
```

(2) 用户注册模块

该模块主要实现用户的注册功能，用户名根据界面提示信息进行填写，单击"注册"按钮时，会调用页面中写的 JavaScript 代码进行前台校验数据，格式只有满足要求之后才会提交到 RegisterServlet 中；首先要判断用户是否存在，如果存在该用户会抛出一个异常，否则在数据库中增加一条记录，并且设置其邮箱验证状态为 0（未验证），同时根据用户填写的用户邮箱信息，使用本地的邮箱服务器，发送邮箱验证码到对应的邮箱中。本注册模块的两个特色功能主要是注册验证码和发送邮箱激活码。在注册中为了保证数据的安全性，使用 MD5 对密码进行加密，同时使用事务进行注册。使用事务的好处是，当注册过程中发生异常时，注册失败。注册界面如图 17.11 所示。

图 17.11　注册界面

附代码如下：

```
<%@ page language="java" import="java.util.*" pageEncoding="utf-8"%>
<!DOCTYPE HTML PUBLIC "-//W3C//DTD HTML 4.01 Transitional//EN">
<html>
  <head>
    <meta charset="utf-8">
    <title>点餐网──用户注册</title>
    <link rel="stylesheet" type="text/css" href="../css/regist.css">
    <script type="text/javascript">
        function changeImg(img){
                img.src=img.src + "?time=" + new Date().getTime;
        }
        function checkForm(){
            var canSub=true;
            //1.非空校验
            canSub=checkNull("userName","用户名不能为空") && canSub;
            canSub=checkNull("userPass","密码不能为空") && canSub;
            canSub=checkNull("userRePass","确认密码不能为空") && canSub;
            canSub=checkNull("email","邮箱不能为空") && canSub;
            canSub=checkNull("valiNum","验证码不能为空") && canSub;
            //2.用户名格式的校验
            var name=document.getElementsByName("userName")[0].value;
            if(!/^\w+$/.test(name)){
                document.getElementById("userName_msg").innerHTML="<font
color='red'>用户名必须是英文或数字的组合</font>";
                canSub=false;
            }
            //3.密码长度的校验
            var psw1=document.getElementsByName("userPass")[0].value;
            var psw2=document.getElementsByName("userRePass")[0].value;
            if(psw1.length<6 || psw1.length >12){
                document.getElementById("userPass_msg").innerHTML="<font
color='red'>密码长度不合适</font>";
                canSub=false;
            }
            //4.两次密码一致的校验
            if(psw1!=psw2){
                document.getElementById("userRePass_msg").innerHTML=
"<font color='red'>两次密码不一致</font>";
                canSub=false;
            }
            //5.邮箱格式校验 ****@***.**
            var email=document.getElementsByName("email")[0].value;
            if(email!= null && email != "" && ! /^\w+@\w+\.\w+$/.test
(email)){
                document.getElementById("email_msg").innerHTML = "<font
color='red'>邮箱格式不正确</font>";
                canSub=false;
            }
```

```
                return canSub;
            }
            function checkNull(name,msg){
                document.getElementById(name+"_msg").innerHTML="";
                var objValue=document.getElementsByName(name)[0].value;
                if(objValue==null || objValue==""){
                    document.getElementById(name+ "_msg").innerHTML = "<font
color='red'>"+ msg +"</font>";
                    return false;
                }
                return true;
            }
    </script>
    </head>
    <body>
    <!-- 导航信息部分 -->
    <div class="head">
        <h1 class="logo"><a href="/index.jsp"><img src="../image/logo1.
png"></a></h1>
        <strong>新用户注册<tt>USER REGISTRATION</tt></strong>
        <span><a href="../Dj/register.jsp"><img src="../image/djregist.
png"></a></span>
    </div>
    <!-- 注册信息部分 -->
    <div class="regist">
        <div class="regist_box">
            <div class="btop">
                <span>
                    <a href="./login.jsp"><img src="../image/gotologin.png">
</a>
                </span>
                <img src="../image/ico.png">
                <strong>
                    欢迎注册点餐网新用户<br>
                    <tt>WELCOME TO REGISTERED NEW MEMBERS</tt>
                </strong>
            </div>
            <form action="/RegisterServlet" method="post" onsubmit="return
checkForm()">
                <table class="regist_input">
                    <tr>
                        <th><strong>*</strong> 用 户 名 ： </th><td><input
type="text" name="userName" placeholder=" 请输入用户名 " onblur="check()"
value="${param.userName }"><span id="userName_msg"> 用户名可用英文、数字
${user_msg }</span></td>
                    </tr>
                    <tr>
                        <th><strong>*</strong> 密　　码： </th><td><input
type="password" name="userPass" placeholder="******"><span id="userPass_msg"> 密
```

码为 6-12 位字符</span></td>
```
                        </tr>
                        <tr>
                            <th><strong>*</strong>确认密码：</th><td><input
type="password" name="userRePass" placeholder="******"><span id="userRePass_msg">
与上面输入密码必须一致</span></td>
                        </tr>
                        <tr>
                            <th><strong>*</strong>邮箱:</th><td><input type=
"text" name="email" placeholder="请输入邮箱" value="${param. email }"><span
id="email_msg"></span></td>
                        </tr>
                        <tr>
                            <th><strong>*</strong>验证码：</th><td><input type
="text" name="valiNum" placeholder="验证码"><input id="get_num" type="button"
value="获取验证码" onclick=""><img src="/ValiImg" style="cursor: pointer;"
onclick="changeImg(this)"/><span id="valiNum_msg">${msg }</span></td>
                        </tr>
                        <tr>
                            <th> </th><td><a href="./agreement.jsp" target
="_blank" style="color: blue;">阅读《点餐网用户协议》</a></td>
                        </tr>
                        <tr>
                            <th> </th><td><input id="regist_btn" type
="submit" value="我无条件同意《点餐网用户协议》，确定注册"></td>
                        </tr>
                    </table>
                </form>
            </div>
        </div>
        <!-- 页脚部分 -->
        <div class="foot">
            <span>&copy 版权所有兰州交通大学</span>
            <a href="#">关于我们</a> | <a href="#">免责声明</a> | <a href="#">
联系我们</a> | <a href="#">使用帮助</a>
        </div>
    </body>
</html>


package web;

import java.io.IOException;

import javax.servlet.ServletConfig;
import javax.servlet.ServletException;
import javax.servlet.http.HttpServlet;
import javax.servlet.http.HttpServletRequest;
import javax.servlet.http.HttpServletResponse;
```

```java
import org.apache.commons.beanutils.BeanUtils;

import domain.User;

import factory.BasicFactory;

import service.UserService;
import util.MD5Utils;

public class RegisterServlet extends HttpServlet {
    public void doGet(HttpServletRequest request,HttpServletResponse response)
            throws ServletException, IOException {
        //创建服务对象
        UserService service=BasicFactory.getFactory().getInstance (UserService.class);
        try{
            //1.校验验证码
            String valistr=request.getParameter("valiNum");
            String valistr2=(String) request.getSession().getAttribute("valiNum");
            if(valistr==null || valistr2==null || !valistr.equals(valistr2)){
                request.setAttribute("msg", "<font color='red'>验证码不正确!</font>");
                request.getRequestDispatcher("/Yh/register.jsp").forward(request,response);
                return;
            }
            //2.封装数据
            User user=new User();
            BeanUtils.populate(user, request.getParameterMap());
            System.out.println(request.getParameterMap().toString());
            //使用 MD5 加密
            user.setUserPass(MD5Utils.md5(user.getUserPass()));
            //3.调用 service 注册用户
            service.register(user);
            //4.注册成功返回主页
            response.getWriter().write("注册成功,请到邮箱中进行激活...");
            response.setHeader("Refresh", "3;url=/index.jsp");
        }catch (Exception e) {
            e.printStackTrace();
            throw new RuntimeException(e);
        }

    }

    public void doPost(HttpServletRequest request, HttpServletResponse response)
            throws ServletException,IOException {
```

```
            doGet(request,response);
    }

}
```

（3）注册验证码的实现

系统在 ValiImg 的 Servlet 来实现验证码的功能,在该类中,首先要创建一个 BufferedImage 对象,然后使用 GraPhics2D 对象在创建的 image 上面进行矩形、边框、干扰线的描画,其中主要的是文字的描画,设计时将所有汉字的编码保存在一个字符串中,然后随机从字符串中选取四个汉字,并进行画布的旋转来实现字体的倾斜,最后将选取的四个汉字保存成一个字符串,存储在 session 域中,注册时,从前台用户输入的验证码和 session 域中的验证码进行比较,如果一致,则进行用户的注册,否则不能进行注册。

附代码如下:

```java
package web;

import java.awt.Color;
import java.awt.Font;
import java.awt.Graphics2D;
import java.awt.image.BufferedImage;
import java.io.IOException;
import java.util.Random;

import javax.imageio.ImageIO;
import javax.servlet.ServletException;
import javax.servlet.http.HttpServlet;
import javax.servlet.http.HttpServletRequest;
import javax.servlet.http.HttpServletResponse;

public class ValiImg extends HttpServlet {

    public void doGet(HttpServletRequest request, HttpServletResponse response)
            throws ServletException,IOException {
        response.setDateHeader("Expires",-1);
        response.setHeader("Cache-Control","no-Cache");
        response.setHeader("pragma","no-Cache");

        int height=30;
        int width=30*4;
        BufferedImage image = new BufferedImage(width, height, BufferedImage
.TYPE_INT_RGB);
        Graphics2D g=(Graphics2D) image.getGraphics();

        //1.画矩形
        g.setColor(Color.GREEN);
        g.fillRect(0,0,width,height);

        //2.画边框
```

```
g.setColor(Color.BLACK);
g.drawRect(0, 0, width-1, height-1);

//3.画干扰线
g.setColor(Color.RED);
for(int i=0;i<5;i++){
        g.drawLine(getRandInt(0,width), getRandInt(0,height), getRandInt
(0,width), getRandInt(0,height));
}
//4.随机生成字符写到图片上
String base = "\u7684\u4e00\u4e86\u662f\u6211\u4e0d\u5728\u4eba\
u4eec\u6709\u6765\u4ed6\u8fd9\u4e0a\u7740\u4e2a\u5730\u5230\u5927\u91cc\u8
bf4\u5c31\u53bb\u5b50\u5f97\u4e5f\u548c\u90a3\u8981\u4e0b\u770b\u5929\u65f
6\u8fc7\u51fa\u5c0f\u4e48\u8d77\u4f60\u90fd\u628a\u597d\u8fd8\u591a\u6ca1\
u4e3a\u53c8\u53ef\u5bb6\u5b66\u53ea\u4ee5\u4e3b\u4f1a\u6837\u5e74\u60f3\u7
51f\u540c\u8001\u4e2d\u5341\u4ece\u81ea\u9762\u524d\u5934\u9053\u5b83\u540
e\u7136\u8d70\u5f88\u50cf\u89c1\u4e24\u7528\u5979\u56fd\u52a8\u8fdb\u6210\
u56de\u4ec0\u8fb9\u4f5c\u5bf9\u5f00\u800c\u5df1\u4e9b\u73b0\u5c71\u6c11\u5
019\u7ecf\u53d1\u5de5\u5411\u4e8b\u547d\u7ed9\u957f\u6c34\u51e0\u4e49\u4e0
9\u58f0\u4e8e\u9ad8\u624b\u77e5\u7406\u773c\u5fd7\u70b9\u5fc3\u6218\u4e8c\
u95ee\u4f46\u8eab\u65b9\u5b9e\u5403\u505a\u53eb\u5f53\u4f4f\u542c\u9769\u6
253\u5462\u771f\u5168\u624d\u56db\u5df2\u6240\u654c\u4e4b\u6700\u5149\u4ea
7\u60c5\u8def\u5206\u603b\u6761\u767d\u8bdd\u4e1c\u5e2d\u6b21\u4eb2\u5982\
u88ab\u82b1\u53e3\u653e\u513f\u5e38\u6c14\u4e94\u7b2c\u4f7f\u5199\u519b\u5
427\u6587\u8fd0\u518d\u679c\u600e\u5b9a\u8bb8\u5feb\u660e\u884c\u56e0\u522
b\u98de\u5916\u6811\u7269\u6d3b\u90e8\u95e8\u65e0\u5f80\u8239\u671b\u65b0\
u5e26\u961f\u5148\u529b\u5b8c\u5374\u7ad9\u4ee3\u5458\u673a\u66f4\u4e5d\u6
0a8\u6bcf\u98ce\u7ea7\u8ddf\u7b11\u554a\u5b69\u4e07\u5c11\u76f4\u610f\u591
c\u6bd4\u9636\u8fde\u8f66\u91cd\u4fbf\u6597\u9a6c\u54ea\u5316\u592a\u6307\
u53d8\u793e\u4f3c\u58eb\u8005\u5e72\u77f3\u6ee1\u65e5\u51b3\u767e\u539f\u6
2ff\u7fa4\u7a76\u5404\u516d\u672c\u601d\u89e3\u7acb\u6cb3\u6751\u516b\u96b
e\u65e9\u8bba\u5417\u6839\u5171\u8ba9\u76f8\u7814\u4eca\u5176\u4e66\u5750\
u63a5\u5e94\u5173\u4fe1\u89c9\u6b65\u53cd\u5904\u8bb0\u5c06\u5343\u627e\u4
e89\u9886\u6216\u5e08\u7ed3\u5757\u8dd1\u8c01\u8349\u8d8a\u5b57\u52a0\u811
a\u7d27\u7231\u7b49\u4e60\u9635\u6015\u6708\u9752\u534a\u706b\u6cd5\u9898\
u5efa\u8d76\u4f4d\u5531\u6d77\u4e03\u5973\u4efb\u4ef6\u611f\u51c6\u5f20\u5
6e2\u5c4b\u79bb\u8272\u8138\u7247\u79d1\u5012\u775b\u5229\u4e16\u521a\u4e1
4\u7531\u9001\u5207\u661f\u5bfc\u665a\u8868\u591f\u6574\u8ba4\u54cd\u96ea\
u6d41\u672a\u573a\u8be5\u5e76\u5e95\u6df1\u523b\u5e73\u4f1f\u5fd9\u63d0\u7
86e\u8fd1\u4eae\u8f7b\u8bb2\u519c\u53e4\u9ed1\u544a\u754c\u62c9\u540d\u544
0\u571f\u6e05\u9633\u7167\u529e\u53f2\u6539\u5386\u8f6c\u753b\u9020\u5634\
u6b64\u6cbb\u5317\u5fc5\u670d\u96e8\u7a7f\u5185\u8bc6\u9a8c\u4f20\u4e1a\u8
3dc\u722c\u7761\u5174\u5f62\u91cf\u54b1\u89c2\u82e6\u4f53\u4f17\u901a\u51b
2\u5408\u7834\u53cb\u5ea6\u672f\u996d\u516c\u65c1\u623f\u6781\u5357\u67aa\
u8bfb\u6c99\u5c81\u7ebf\u91ce\u575a\u7a7a\u6536\u7b97\u81f3\u653f\u57ce\u5
2b3\u843d\u94b1\u7279\u56f4\u5f1f\u80dc\u6559\u70ed\u5c55\u5305\u6b4c\u7c7
b\u6e10\u5f3a\u6570\u4e61\u547c\u6027\u97f3\u7b54\u54e5\u9645\u65e7\u795e\
u5ea7\u7ae0\u5e2e\u5566\u53d7\u7cfb\u4ee4\u8df3\u975e\u4f55\u725b\u53d6\u5
165\u5cb8\u6562\u6389\u5ffd\u79cd\u88c5\u9876\u6025\u6797\u505c\u606f\u53e
```

5\u533a\u8863\u822c\u62a5\u53f6\u538b\u6162\u53d4\u80cc\u7ec6";

```
        g.setFont(new Font("宋体",Font.BOLD,20));
        g.setColor(Color.BLACK);
        StringBuffer buffer=new StringBuffer();
        for(int i=0;i<4;i++){
            double c=getRandInt(-45,45)/180F*Math.PI;
            g.rotate(c,5+width/4*i, 22);
            String s=base.charAt(getRandInt(0,base.length()-1))+"";
            buffer.append(s);
            g.drawString(s,5+width/4*i,22);
            g.rotate(-c,5+width/4*i,22);
        }
        System.out.println(buffer.toString());
        request.getSession().setAttribute("valiNum", buffer.toString());
//将验证码存储起来
        //5.释放资源
        g.dispose();
        //6.利用 ImageIO 进行输出
        ImageIO.write(image,"jpg",response.getOutputStream());

    }

    Random random=new Random();
    public int getRandInt(int begin,int end){
        return random.nextInt(end-begin)+begin;
    }

    public void doPost(HttpServletRequest request, HttpServletResponse response)
            throws ServletException, IOException {
        doGet(request,response);
    }
}
```

（4）邮箱验证的实现

在注册的过程中，本系统使用易邮邮箱服务器进行邮件的发送，首先要创建一个 Properties 对象，设置易邮邮箱服务器使用的协议、主机名、是否开启权限设置、是否打印发送信息，然后使用 Session 对象创建程序到服务器之间的一次会话，使用 MImeMessage 获取邮件对象，通过邮件对象的 setSubject 和 setText 来设置目标对象和邮件的内容，然后通过邮递员进行邮寄。用户通过收到邮件之后点击激活链接地址即可激活用户邮箱，如图 17.12 所示。

17.6.2 餐厅菜品显示模块

该模块只要是用来显示餐厅和菜品的，当用户访问网站主页时，主页中将会使用一个<c:import>标签访问 RestListServlet，在

图 17.12 邮件发送流程图

RestListServlet 中从数据库中查询得到所有的餐厅数据，然后带回到主页进行显示；在主页中，增加了分类显示功能，当用户单击不同的类别时，将会把类别信息作为 url 参数带到 RestListServlet 中去，进而读取数据库显示，其中主页显示如图 17.13 所示。

图 17.13 主页显示界面

附代码如下：

```java
package web;

import java.io.IOException;
import java.util.List;
import javax.servlet.ServletException;
import javax.servlet.http.HttpServlet;
import javax.servlet.http.HttpServletRequest;
import javax.servlet.http.HttpServletResponse;
import domain.Restaurant;
import factory.BasicFactory;
import service.RestaurantService;

public class RestListServlet extends HttpServlet {

    public void doGet(HttpServletRequest request, HttpServletResponse response)
            throws ServletException,IOException {
        //获取服务对象
        RestaurantService service=BasicFactory.getFactory(). getInstance
(RestaurantService.class);
        //获取请求参数
        String type=request.getParameter("type");
        if(type==null || type == ""){
            //调用 service 中的方法查询所有的店家
            List<Restaurant> rest_list=service.findByStatus(1);
            request.setAttribute("rest_list",rest_list);
        }else{
            List<Restaurant> rest_list2=service.findRestByType(type,1);
            List<Restaurant> rest_list=service.findByStatus(1);
            request.setAttribute("rest_list",rest_list);
            request.setAttribute("rest_list2",rest_list2);
        request.getRequestDispatcher("/index.jsp").forward(request,
```

```
response);
        }
    }

    public void doPost(HttpServletRequest request,HttpServletResponse
response)
            throws ServletException,IOException {
        doGet(request,response);
    }

}
```

每个餐厅使用的都是一个 div 进行包含显示，当用户单击某家餐厅时，将会跳转到对应的餐厅界面中去，首先会在 URL 地址请求中将餐厅的 id 信息带到 DJInfoServlet 中去，在该 Servlet 中读取对应餐厅的 id 信息，然后从数据库中查询得到对应餐饮 id 的所有菜品，并在显示界面进行显示。在该页面中，通过分析目前流行的订餐网站，设计了不同的排序风格，当用户以价格进行排序时，菜品将会根据价格的升序进行显示，更加方便用户的体验效果，其升序使用的是 sql 语句的升序查询。

附代码如下：

```
package web;

import java.io.IOException;
import java.util.List;
import java.util.Map;

import javax.servlet.ServletException;
import javax.servlet.http.HttpServlet;
import javax.servlet.http.HttpServletRequest;
import javax.servlet.http.HttpServletResponse;

import domain.Menu;
import domain.Restaurant;
import domain.User;

import factory.BasicFactory;

import service.CollectionService;
import service.MenuService;
import service.RestaurantService;

public class DjInfoServlet extends HttpServlet {

    public void doGet(HttpServletRequest request, HttpServletResponse response)
            throws ServletException,IOException {
        //创建店家、菜单和收藏的服务对象
        RestaurantService rest_service=BasicFactory.getFactory().getInstance
(RestaurantService.class);
```

```
        MenuService menu_service = BasicFactory.getFactory(). getInstance
(MenuService.class);
        CollectionService collection_service = BasicFactory.getFactory().
getInstance(CollectionService.class);
        //获取店家 id
        String id=request.getParameter("id");
        String price=request.getParameter("price");
        //根据 id 查找餐馆
        Restaurant restaurant=rest_service.findRestById(id);
        //根据店家 id 查询菜单
        List<Menu> menu_list=null;
        if(price==null||price==""){
            menu_list=menu_service.findAll(Integer.valueOf(id));
        }else{
            menu_list=menu_service.findAllOrderByPrice(Integer. valueOf
(id));
        }
        //查询该店家是否被收藏
        User user=(User) request.getSession().getAttribute("user");
        boolean isCollected;
        if(user==null){
            isCollected=false;
        }else{
            isCollected=collection_service.isCollected(user.getId(), Integer
.valueOf(id));
        }
        Map<Menu,Integer> cartmap=(Map<Menu,Integer>) request. getSession()
.getAttribute("cartmap");
        if(cartmap==null){
            request.setAttribute("cart_num",0);
        }else{
            request.setAttribute("cart_num",cartmap.size());
        }
        //将店家和店家的菜单存在 session 中
        request.setAttribute("rest", restaurant);
        request.setAttribute("isCollected", isCollected);
        request.setAttribute("menu_list", menu_list);
        request.getRequestDispatcher("/restInfo.jsp").forward(request,
response);
    }

    public void doPost(HttpServletRequest request, HttpServletResponse
response)
            throws ServletException,IOException {

        doGet(request,response);
    }

}
```

17.6.3 用户购物车模块

当用户浏览菜品时,每个菜品都有一个加入购物车的按钮,并且侧边栏会显示购物车的图标,当用户单击加入购物车时,我们使用异步提交的方式,将对应菜品的 id 传送到 AddCartServlet 中;根据菜品 id 查询菜品,如果不存在直接抛出异常,否则从 session 域中获取到 cartmap,判断该 map 中是否已经存在该菜品,如果存在则加一,不存在将其添加到 cartmap 中。本设计采用的是 session 和数据库联合的方式进行购物车的实现,登录用户在 session 存活期间,一直使用 session 进行购物车数据的存储,当 session 过期或者销毁时,将 session 域中的数据保存到购物车中,每次用户登录之后,都会将之前购物车的数据读取出来,然后进行显示。购物车界面如图 17.14 所示。

图 17.14 购物车界面

附代码如下:

```
package web;

import java.io.IOException;
import java.util.Map;

import javax.servlet.ServletException;
import javax.servlet.http.HttpServlet;
import javax.servlet.http.HttpServletRequest;
import javax.servlet.http.HttpServletResponse;

import domain.Menu;

import factory.BasicFactory;

import service.MenuService;

public class AddCartServlet extends HttpServlet {

    public void doGet(HttpServletRequest request, HttpServletResponse response)
            throws ServletException,IOException {
        //创建服务对象
        MenuService service=BasicFactory.getFactory().getInstance (MenuService
```

```
.class);
            //获取请求的参数: 菜单id
            String id=request.getParameter("id");
            //根据菜单id查询菜品是否存在
            Menu menu=service.findById(id);
            //向cartmap中添加这个菜品,如果之前没有这个菜品,则添加并将数量设置为1,如
果已经有过这个商品,数量+1
            if(menu==null){
                throw new RuntimeException("找不到该菜品");
            }else{
                Map<Menu,Integer> cartmap=(Map<Menu, Integer>) request.
getSession().getAttribute("cartmap");
                cartmap.put(menu, cartmap.containsKey(menu)?cartmap. get(menu)
 + 1 : 1);
                request.getSession().setAttribute("cart_num",cartmap.size());
            }
        }

    public void doPost(HttpServletRequest request, HttpServletResponse response)
            throws ServletException,IOException {

        doGet(request,response);
    }

}
```

在购物车显示界面中, 用户可以进行单选、多选、全选等操作, 当单击"删除"按钮时,
会调用 DeleteCartServlet 将对应勾选的菜品从购物车中移除, 同时使用 js 代码来实现选中菜
品的动态价格计算以及购买数量增减的动态计算。只有勾选了菜品, 才能单击"结算"按钮。
    附代码如下:

```
package web;

import java.io.IOException;
import java.util.Map;

import javax.servlet.ServletException;
import javax.servlet.http.HttpServlet;
import javax.servlet.http.HttpServletRequest;
import javax.servlet.http.HttpServletResponse;

import domain.Cart;
import domain.Menu;
import domain.User;

import factory.BasicFactory;

import service.CartService;
import service.MenuService;
```

```java
public class DeleteCartServlet extends HttpServlet {

    public void doGet(HttpServletRequest request, HttpServletResponse response)
            throws ServletException, IOException {
        //创建服务对象
        MenuService menu_service = BasicFactory.getFactory().getInstance
(MenuService.class);
        CartService cart_service = BasicFactory.getFactory().getInstance
(CartService.class);
        //获取多项删除的参数
        User user=(User)request.getSession().getAttribute("user");
        String idStr=request.getParameter("idStr");
        if(idStr==null){
            //根据购物车菜品id和用户id删除该购物车条目
            String menu_id=request.getParameter("menu_id");
            cart_service.delByMenuAndUser(menu_id,user.getId());
            //移除cartmap中的该条目数据
            //首先要查找到该菜品
            Menu menu=menu_service.findById(menu_id);
            Map<Menu,Integer> cartmap=(Map<Menu, Integer>) request.
getSession().getAttribute("cartmap");
            cartmap.remove(menu);
        }else{
            String[] menu_ids=idStr.split(",");
            System.out.println(menu_ids.length);
            for(int i=0;i<menu_ids.length; i++){
                cart_service.delByMenuAndUser(menu_ids[i],user.getId());
                Menu menu=menu_service.findById(menu_ids[i]);
                Map<Menu,Integer>cartmap=(Map<Menu,Integer>) request.
getSession().getAttribute("cartmap");
                cartmap.remove(menu);
            }
        }
        response.sendRedirect("/cart.jsp");
    }

    public void doPost(HttpServletRequest request, HttpServletResponse response)
            throws ServletException,IOException {

        doGet(request,response);
    }

}

<%@ page language="java" import="java.util.*" pageEncoding="utf-8"%>
<%@ taglib uri="http://java.sun.com/jsp/jstl/core" prefix="c" %>
<!DOCTYPE HTML PUBLIC "-//W3C//DTD HTML 4.01 Transitional//EN">
<html>
```

```
<head>
  <meta charset="utf-8">
  <title>购物车</title>
  <link rel="stylesheet" type="text/css" href="../css/usual.css">
  <link rel="stylesheet" type="text/css" href="../css/menu2.css">
  <link rel="stylesheet" type="text/css" href="../css/cart.css">
  <script type="text/javascript" src="../js/jquery-1.7.2.js"></script>
  <script type="text/javascript">
      $(function(){
          if($('input[name=cart_item]:checked').length==0){
              $('#pay').css('background','#ccc');
          }
          //全选按钮的控制
          $('#checkall').click(function(){
              if($(this).prop('checked')==true){
                  $('input[name=cart_item]').each(function(){
                      $(this).attr('checked',true);
                  });
              }else{
                  $('input[name=cart_item]').each(function(){
                      $(this).attr('checked',false);
                  });
              }
              if($('input[name=cart_item]:checked').length==0){
                  $('#pay').css('background','#ccc');
                  $('#pay').removeAttr('href');
              }else{
                  $('#pay').css('background','#ee0000');
                  var idStr= "";
                  $('input[name=cart_item]:checked').each(function(){
                      idStr+=$(this).parent().parent().parent(). parent()
[0].id + ',';
                  });
                  $('#pay').attr('href','/AddOrderServlet?idStr=' + idStr);
              }
              GetCount();
          });
          //每个按钮的设置
          $('input[name=cart_item]').click(function(){
              if($('input[name=cart_item]:checked').length == 0){
                  $('#pay').css('background','#ccc');
                  $('#pay').removeAttr('href');
              }else{
                  $('#pay').css('background','#ee0000');
                  var idStr="";
                  $('input[name=cart_item]:checked').each(function(){
                      idStr+=$(this).parent().parent().parent(). parent()
[0].id + ',';
                  });
```

```
                    $('#pay').attr('href','/AddOrderServlet?idStr='+idStr);
                }
            //如果当前状态是全选状态,那么就取消全选
            if($('#checkall').prop('checked')==true){
                $('#checkall').attr('checked',false);
            }
            //如果选中该多选框之后满足全部选中的个数, 那么增加全选
            if($('input[name=cart_item]').length==$('input[name= cart_
item]:checked').length){
                $('#checkall').attr('checked',true);
            }
            GetCount();
        });
        //数量的设置
        //数量的减少
        $('.sub').click(function(){
            var buynum=$(this).next();
            if((Number)(buynum.val())!=1){
                buynum.val(parseInt(buynum.val())-1);
                SubTotal(this);
                GetCount();
                $.ajax(
            {
                url:'/ChangeCartServlet?id='+$(this).parent(). parent()
.parent().parent()[0].id+'&buynum='+buynum.val(),
                }
                );
            }
        });
        //数量的增加
        $('.add').click(function(){
            var buynum=$(this).prev();
            buynum.val(parseInt(buynum.val())+1);
            SubTotal(this);
            GetCount();
            $.ajax(
            {
            url:'/ChangeCartServlet?id='+$(this).parent().parent().
parent().parent()[0].id+ '&buynum='+buynum.val(),
            }
            );
        });
        //给单项删除添加点击事件
        $('.delete').click(function(){

    if($(this).parent().parent().first().find('input[type=checkbox]').
prop('checked')==true){
```

```
                                    window.location.href = '/DeleteCartServlet?menu_id='
+ $(this).parent().parent().parent().parent()[0].id;
                }
            });
            //给多项删除添加点击事件
            $('.delAll').click(function(){
                if($('input[name=cart_item]:checked').length != 0){
                    var idStr= "";
                    if(confirm('是否确认删除!')){
                    $('input[name=cart_item]:checked').each(function(){
                            idStr+=$(this).parent().parent().parent().
parent()[0].id + ',';
                        });
                    }
                    window.location.href = '/DeleteCartServlet?idStr=' + idStr;
                }
            });
            //点击结算的时候


    });
    //手动改变数量
    function changeNum(obj,oldnum){
        if(!/^[1-9]\d*$/.test(obj.value)){
            alert("请输入正整数!");
            obj.value=oldnum;
            //改变小计总价
            var subtotal=$(obj).parent().siblings().find('label');
            var buynum=obj.value;
            var price=$(obj).parent().parent().find(':nth-child(5)
').html();
            subtotal.text((Number(buynum) * Number(price)).toFixed(2));
            GetCount();
            return;
        }
        //改变小计总价
        var subtotal=$(obj).parent().siblings().find('label');
        var buynum=obj.value;
        var price = $(obj).parent().parent().find(':nth-child(5)').html();
        subtotal.text((Number(buynum) * Number(price)).toFixed(2));
        GetCount();
        alert($(obj).parent().parent().parent().parent()[0].id);
        $.ajax(
            {
                url:'/ChangeCartServlet?id='+$(obj).parent(). parent()
.parent().parent()[0].id+'&buynum='+obj.value,
            }
        );
    }
     //进行小计
```

```
function SubTotal(obj){
    var subtotal=$(obj).parent().siblings().find('label');
    var buynum;
    var price = $(obj).parent().parent().find(':nth-child(5)').html();
    //如果是添加数量
    if($(obj).prop('class')=='add'){
        buynum=$(obj).prev().val();
    }else{
        buynum=$(obj).next().val();
    }
    subtotal.text((Number(buynum) * Number(price)).toFixed(2));
}
//进行总数据的改变
function GetCount(){
    var counts=0;
    var total=0;
    //遍历选中的购物单
    $('input[name=cart_item]').each(function(){
        if($(this).prop('checked')==true){
            counts+=1;
            total+=Number($(this).parent().siblings(). find
('label').html());
        }
    });
    //在最下方进行显示
    $('#counts').text(counts);
    $('#total').text((total).toFixed(2));//转换成两位小数
}
function logout(){
    window.location.href='/LogoutServlet';
}
function search(){
    window.location.href='/WebSearchServlet?keyword='+ $('#search')
.val();
}
    </script>
</head>
<body>
    <div style="height: 30px;background: #eee;">
        <div style="width: 980px; margin: 0px auto;padding: 5px;font-size: 12px;">
        兰州
        <div style="display: inline;float: right;">
        <c:if test="${user==null}">
            <a href="/Yh/register.jsp">注册</a> | <a href="/Yh/login.
jsp">登录</a> | <a href="/Dj/login.jsp">店家登录</a>
            <a href="http://weibo.com/anshshan?is_all=1" "><img src="../
image/weibo_icon.png"> 微博关注</a>
        </c:if>
```

```
        <c:if test="${user!=null }">
                <select id="log_msg" onchange="logout()">
                        <option selected="selected" disabled="disabled" style
="visibility: hidden;display: none;">欢迎回来，${user.userName }! </option>
                        <option style="cursor: wait;">注销</option>
                </select>
                <a href="http://weibo.com/anshshan?is_all=1 "><img src="../
image/weibo_icon.png">微博关注</a>
                </c:if>
        </div>
        </div>
    </div>
    <div class="head">
            <a href="/index.jsp" style="float: left;"><img src="../image/
logo1.png"></a>
        <div class="menu">
            <ul>
                <li>
                    <a href="/index.jsp">首页 | </a>
                </li>
                <li>
                    <a href="/imgsearch.jsp">按图索饭 | </a>
                </li>
            </ul>
        </div>
        <div style="float: right; margin: 20px 30px 0 0;">
                <input id="search" style="line-height:25px;"type="text"
placeholder="搜索店家、美食">
                <button style="border:0;padding:0;vertical-align: middle;
cursor: pointer;" onclick="search();"><img style="height:25px;" src="../
image/search.jpg"></button>
        </div>
    </div>
    <div class="content_box">
        <div class="content">
            <c:if test="${empty cartmap}">您的购物车空空如也,请去购物</c:if>
            <c:if test="${not empty cartmap}">
            <table style="width:100%; border-top:5px solid #48b9e5;
background:#d0e7fa; height:38px;overflow:hidden;text-align: center; margin-
bottom: 20px;">
                <tr>
                    <td style="width:35px;text-align:right;"><input id=
"checkall" type="checkbox"/></td>
                    <td style="width:50px;">全选</td>
                    <td style="width:250px;">菜品图片</td>
                    <td style="width:100px;">菜品名称</td>
                    <td style="width:180px;">购买数量</td>
                    <td style="width:80px;">菜品单价</td>
                    <td style="width:80px;">总价</td>
```

```
                        <td>操作</td>
                </tr>
                </table>
                <c:forEach items="${cartmap}" var="entry">
                    <table id="${entry.key.id}"style="width:100%; margin
-top:10px;background:#eef6ff;border:1px solid #e5e5e5; padding-top: 20px;
padding-bottom:20px;text-align: center;">
                        <tr>
                            <td  style="width:85px;"><input  type="checkbox"
name="cart_item"/></td>
                            <td style="width:250px;"><img style="height: 120px;
 width: 150px;" src="/ImgServlet?imgurl=${entry.key.imgurl }"></td>
                            <td style="width: 100px;">${entry.key.name }</td>
                            <td style="width: 180px;">
                            <input class="sub" style="width:20px; height:18px;
border:1px solid #ccc;" type="button" value="-" />
                                <input onchange="changeNum(this,'${entry. value
}');" type="text" value="${entry.value }" style=" width:30px; text-align:
center; border:1px solid #ccc;" />
                                <input class="add"style="width:20px;height: 18px;
border:1px solid #ccc;" type="button" value="+" />
                            </td>
                            <td style="width:80px;color:red;font-weight: bold;
">${entry.key.price }</td>
                            <td style="width:80px;color:red;font-weight: bold;
">
                                <label>${entry.value * entry.key.price }</label>
                            </td>
                            <td><button class="delete">删除</button></td>
                    </tr>
                    </table>
                </c:forEach>
                <table style="width:100%; border:1px solid #d2d2d2; background:
#e7e7e7; height:46px; margin-top:20px;text-align: center;">
                    <tr>
                        <td style="width: 120px;"><button class='delAll'>删除
</button></td>
                        <td style="width: 50px;"> </td>
                        <td style="width: 250px;"> </td>
                        <td style="width: 100px;"> </td>
                        <td> </td>
                        <td style="width: 180px;">已选订餐<label id="counts"
style="color: red;font-size: 20px;font-weight: bold;">0</label>种</td>
                        <td style="width: 180px;">合计:¥<label id="total"
style="color: red;font-size: 20px;font-weight: bold;">0.00</label></td>
                        <td><a id="pay">结算</a></td>
                    </tr>
                    </table>
                </c:if>
```

```
        </div>
    </div>
    <!-- 页脚部分 -->
    <div class="foot">
        <span>&copy 版权所有兰州交通大学</span>
        <a href="#">关于我们</a> |
        <a href="#">免责声明</a> |
        <a href="#">联系我们</a> |
        <a href="#">使用帮助</a>
    </div>
  </body>
</html>
```

17.6.4　以图搜索模块

类似于谷歌、百度等网站都具有识图的功能，可以根据用户上传的图片来识别图片中的内容或者查询相似的图片，本在线订餐系统的特色功能就是以图搜索模块，在本模块中，用户可以上传本地图片或者是读取网页上图片的URL地址进行全站的相似菜品搜索，如图17.15所示。

图 17.15　以图搜索界面

附代码如下：

```java
package web;

import java.awt.image.BufferedImage;
import java.io.File;
import java.io.IOException;
import java.io.InputStream;
import java.net.URL;
import java.net.URLDecoder;
import java.net.URLEncoder;
import java.util.ArrayList;
import java.util.HashMap;
import java.util.LinkedHashMap;
import java.util.List;
import java.util.Map;

import javax.imageio.ImageIO;
import javax.servlet.ServletException;
import javax.servlet.http.HttpServlet;
import javax.servlet.http.HttpServletRequest;
import javax.servlet.http.HttpServletResponse;
```

```
import org.apache.commons.fileupload.FileItem;
import org.apache.commons.fileupload.disk.DiskFileItemFactory;
import org.apache.commons.fileupload.servlet.ServletFileUpload;

import domain.Menu;

import factory.BasicFactory;

import service.MenuService;
import util.One;

public class ImgSearchServlet extends HttpServlet {

    public void doGet(HttpServletRequest request, HttpServletResponse response)
            throws ServletException, IOException {
        //获取菜品服务对象
        MenuService service=BasicFactory.getFactory().getInstance (MenuService
.class);
        //调用 service 中的方法查询所有的菜单
        List<Menu> menu_lsit = service.findAll();
        //用来存取相似度较高的图片
        Map<Menu,Double> similarmap=new LinkedHashMap<Menu, Double>();
        response.setHeader("referer", "http://www.baidu.com");
        try {
            String encode=this.getServletContext().getInitParameter
("encode");
            //1.上传图片
            DiskFileItemFactory factory=new DiskFileItemFactory(); //首
先获取工厂
            factory.setSizeThreshold(1024*100);//设置超过该大小时使用缓存
            factory.setRepository(new    File(this.getServletContext().
getRealPath("WEB-INF/tmp")));   //设置缓存的目录

            ServletFileUpload fileUpload=new ServletFileUpload (factory);
        //设置文件上传核心类对象
            fileUpload.setHeaderEncoding(encode); //设置编码集,解决上传文
件名的乱码问题
            fileUpload.setFileSizeMax(1024*1024*10);  //设置单个文件的大小
            fileUpload.setSizeMax(1024*1024*100); //设置总文件的大小
            //检查是否是正确的上传文件表单
            if(!fileUpload.isMultipartContent(request)){
                throw new RuntimeException("请使用正确的上传文件表单");
            }

            List<FileItem> list=fileUpload.parseRequest(request);//使用
文件上传核心类对象解析 request
            //遍历所有的 FileItem
            for(FileItem item : list){
                if(item.isFormField()){
                    //如果是普通上传项
                    String value=item.getString(encode);
                    if(value!=null && !value.equals("")){
```

```
                        BufferedImage img=ImageIO.read(new URL(value));
                        double[] histR=One.getHistgram2(img);
                        double[] histD=null;
                        double p=0;
                        //进行比较
                        for(int i=0;i<menu_lsit.size();i++){
                            String imgreal = this.getServletContext().
getRealPath(menu_lsit.get(i).getImgurl());
                            histD=One.getHistgram2(imgreal);
                            p=One.indentification2(histR, histD);
                            if(p>0.5){
                                //如果相似度大于0.6的话就把该图片路径存取起来
                                similarmap.put(menu_lsit.get(i), p);
                            }
                        }
                    }else{
                        if(item.getName()!=null && item.getName()!= ""){
                        //获取输入输出流
                        InputStream in=item.getInputStream();
                        //获取到目标文件的img输入流
                        BufferedImage img=ImageIO.read(in);
                        double[] histR=One.getHistgram2(img);
                        double[] histD=null;
                        double p=0;
                        //进行比较
                        for(int i=0;i<menu_lsit.size();i++){
                            String imgreal=this.getServletContext().getRealPath
(menu_lsit.get(i).getImgurl());
                            histD=One.getHistgram2(imgreal);
                            p=One.indentification2(histR,histD);
                            if(p>0.7){
                                //如果相似度大于0.7的话就把该图片路径存取起来
                                similarmap.put(menu_lsit.get(i), p);
                            }
                        }
                        }
                    }
                }
            //根据similarmap中的路径查找菜品
            request.setAttribute("similarmap",similarmap);
            request.getRequestDispatcher("search.jsp").forward(request,
response);
        } catch (Exception e) {
            e.printStackTrace();
            throw new RuntimeException(e);
        }
    }

    public void doPost(HttpServletRequest request, HttpServletResponse response)
            throws ServletException,IOException {
```

```
        doGet(request,response);
    }

}
```

在图 17.15 中，用户有两种方式进行以图索饭，一个是从本地上传，当用户单击"本地上传"按钮时，会打开本地资源管理器，然后选择目标图片，确定之后会在上传图片预览的位置处对用户选择的图片进行回显，然后用户单击"按图索饭"按钮，会跳转到 ImgSearchServlet 中，使用的是文件上传项，首先要对上传图片读取成二进制形式，然后转换成 BufferImage 对象，从数据库中读取所有菜品的图片路径，采用一维灰度直方图的算法与数据库中的菜品图片进行相似度比较，这里设定相似度超过 0.7 就表示两张图片比较相似，之后将与目标图片相似的菜品显示到界面中，程序的流程图如图 17.16 所示。

另一个是使用 URL 进行搜索，用户将网上图片的 URL 路径获取到，填写到输入框中，然后访问 ImgSearchServlet，判读其是不是普通项进行上传的，然后从 URL 中将目标图片读取到，进而与数据库中菜品图片进行比较，将与目标图片相似度超过 0.7 的菜品显示到界面中。

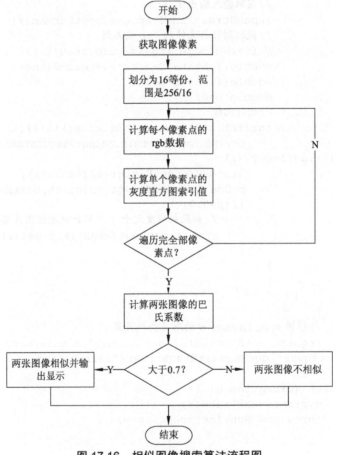

图 17.16　相似图像搜索算法流程图

附代码如下：

```
package util;
```

```java
import java.awt.image.BufferedImage;
import java.io.File;
import java.util.List;

public class One {
    private static final int GRAYBIT = 4;
    /**
     * 求一维的灰度直方图
     * @param srcPath
     * @return
     */
    public static double[] getHistgram2(String srcPath) {
        BufferedImage img=ImageTools.readImage(new File(srcPath));
        return getHistgram2(img);
    }
    /**
     * 求一维的灰度直方图
     * @param img
     * @return
     */
    public static double[] getHistgram2(BufferedImage img) {
        int w=img.getWidth();
        int h=img.getHeight();
        int series = (int) Math.pow(2, GRAYBIT);
        //GRAYBIT=4;用12位的int表示灰度值,前4位表示red,中间4们表示green,后面4位表
        //示blue
        int greyScope=256/series;
        double[] hist=new double[series*series*series];
        int r,g,b,index;
        int pix[]=new int[w*h];
        pix=img.getRGB(0,0,w,h,pix,0,w);
        for(int i=0; i<w*h; i++) {
            r=pix[i]>>16 & 0xff;
            r=r/greyScope;
            g=pix[i]>>8 & 0xff;
            g=g/greyScope;
            b=pix[i] & 0xff;
            b=b/greyScope;
            index=r<<(2*GRAYBIT) | g<<GRAYBIT | b;//r + g*16 + b*16*16
            hist[index] ++;
        }
        for(int i=0; i<hist.length; i++) {
            hist[i]=hist[i]/(w*h);
        }
        return hist;
    }
    public double indentification2(String srcPath,String destPath) {
        BufferedImage srcImg=ImageTools.readImage(new File(srcPath));
        BufferedImage destImg=ImageTools.readImage(new File(destPath));
        return indentification2(srcImg, destImg);
    }
```

```
    public  double  indentification2(BufferedImage  srcImg,BufferedImage
destImg) {
        double[] histR=getHistgram2(srcImg);
        double[] histD=getHistgram2(destImg);
        return indentification2(histR,histD);
    }

    public static double indentification2(double[] histR,double[] histD) {
        double p=(double) 0.0;
        for(int i=0; i<histR.length;i++) {
            p+=Math.sqrt(histR[i]*histD[i]);
        }
        return p;
    }
/**
 * 用一维直方图求图像的相似度
 * @param n
 * @param str1
 * @param str2
 */
    public static void histgramIditification2(BufferedImage  img,  List
<String> imglist) {
        double p=0;
        double[] histR=One.getHistgram2(img);
        double[] histD=null;
        for(int i=0;i<imglist.size();i++) {
            System.out.println(imglist.get(i));
            //histD=One.getHistgram2(imglist.get(i));
            //p=One.indentification2(histR, histD);
            System.out.println((i+1)+"--"+p+"    ");
        }
    }
}
```

17.6.5　文字搜索模块

本模块主要提供给用户进行全站的搜索,其表现显示有两种,如图 17.17 和图 17.18 所示。用户在输入框中输入要查询的关键字,店家搜索图标或者按钮,使用 js 请求转发到 WebSearchServlet,获取到用户输入的关键字,调用服务方法从数据库中查询到餐厅名称或者类型包含关键字的店家和菜品名称包含关键字的菜品,然后保存到 session 域中,跳转到 result.jsp 中进行显示。

图 17.17　全站快速搜索框

图 17.17 的搜索方式在全站界面中都包含,而图 17.18 则是单独的搜索界面,它与以图搜索模块连接在一起,使用不刷新改变的方式,将文字搜索和图片搜索进行自由切换。

图 17.18 全站搜索界面

附代码如下：

```java
package web;

import java.io.IOException;
import java.util.List;

import javax.servlet.ServletException;
import javax.servlet.http.HttpServlet;
import javax.servlet.http.HttpServletRequest;
import javax.servlet.http.HttpServletResponse;

import domain.Menu;
import domain.Restaurant;

import factory.BasicFactory;

import service.MenuService;
import service.RestaurantService;

public class WebSearchServlet extends HttpServlet {

    public void doGet(HttpServletRequest request,HttpServletResponse response)
            throws ServletException,IOException {
        RestaurantService rest_service=BasicFactory. getFactory(). getInstance
(RestaurantService.class);
        MenuService menu_service=BasicFactory.getFactory().getInstance
(MenuService.class);
        String keyword=request.getParameter("keyword");
        System.out.println(keyword);
        //从店家中查询所有相关的店家
        List<Restaurant>  rest_weblist = rest_service.findRestByKeyword(keyword);
        //从所有的菜品中查询相关的菜品
        List<Menu> menu_weblist=menu_service.findRestByKeyword(keyword);
        request.getSession().setAttribute("rest_weblist", rest_weblist);
        request.getSession().setAttribute("menu_weblist", menu_weblist);
        response.sendRedirect("result.jsp");
    }

    public void doPost(HttpServletRequest request, HttpServletResponse response)
            throws ServletException,IOException {
```

```
        doGet(request,response);
    }

}
```

17.6.6　用户分享模块

很多网站都具有分享功能，本项目也对该功能进行了开发，它允许用户将自己喜欢的餐厅和美食分享到微博、QQ 空间、微信等社交软件中，该功能不仅满足了用户记录生活的需求，还可以对餐厅进行推广。其分享平台界面如图 17.19 所示。

每个菜品都有分享的按钮，当单击"分享"按钮时，会弹出图 17.19 所示的分享平台界面，然后用户可以选择不同的分享平台进行分享，其分享的内容会根据本网站的 title 标签和<meta name=""　content="">来获取，之后跳转到分享界面。同时，用户可以对分享的内容进行编辑。

图 17.19　分享平台界面

分享之后，在用户的相关平台中看到分享的内容，可以通过店家网页链接来跳转到相关的餐厅。

17.6.7　用户订单模块

在购物车中，用户单击"结算"按钮时，会跳转到 AddOrderServlet 中，首先获取到要生成订单的菜品 id，查询菜品判断是不是一个餐厅的，如果是一个餐厅的，系统将其生成一条订单记录，然后将所有的菜品生成为订单，操作数据库添加订单记录并进行显示操作。

附代码如下：

```
package web;
/**
 * 生成订单
 */
import java.io.IOException;
import java.util.HashSet;
import java.util.LinkedHashMap;
import java.util.LinkedList;
import java.util.List;
import java.util.Map;
import java.util.Set;
import java.util.UUID;
import java.util.Map.Entry;

import javax.servlet.ServletException;
import javax.servlet.http.HttpServlet;
import javax.servlet.http.HttpServletRequest;
import javax.servlet.http.HttpServletResponse;

import domain.Menu;
import domain.Order;
import domain.OrderItem;
```

```
import domain.User;

import factory.BasicFactory;

import service.CartService;
import service.MenuService;
import service.OrderService;

public class AddOrderServlet extends HttpServlet {

    public void doGet(HttpServletRequest request, HttpServletResponse response)
            throws ServletException,IOException {
        //获取服务对象
        MenuService menu_service=BasicFactory.getFactory().getInstance
(MenuService.class);
        CartService cart_service=BasicFactory.getFactory().getInstance
(CartService.class);
        OrderService order_service=BasicFactory.getFactory().getInstance
(OrderService.class);
        User user=(User) request.getSession().getAttribute("user");
        //获取请求的订单参数
        String idStr=request.getParameter("idStr");
        List<Order> order_list=new LinkedList<Order>();

        //首先封装到 map 中，然后逐个生成订单
        Map<Integer, String> order_map = new LinkedHashMap<Integer, String>();
        Map<Menu,Integer> cartmap=(Map<Menu,Integer>) request. getSession()
.getAttribute("cartmap");
        String[] menu_ids=idStr.split(",");
        for(String menu_id:menu_ids ){
            Menu menu=menu_service.findById(menu_id);
            if(order_map.containsKey(menu.getRest_id())){
                order_map.put(menu.getRest_id(),order_map.get(menu. getRest_
id()) + "," + menu_id);
            }
            else{
                order_map.put(menu.getRest_id(),menu_id);
            }
        }
        for(Entry<Integer,String> entry:order_map.entrySet()){
            String[] ids=entry.getValue().split(",");
            double money=0;
            Order order=new Order();
            order.setId(UUID.randomUUID().toString());
            List<OrderItem> orderitem_list=new LinkedList<OrderItem>();
            for(String id:ids){
                Menu menu=menu_service.findById(id);
                money+=menu.getPrice() * cartmap.get(menu);
                OrderItem orderItem=new OrderItem();
                orderItem.setBuynum(cartmap.get(menu));
                orderItem.setMenu_id(id);
                orderItem.setOrder_id(order.getId());
                orderitem_list.add(orderItem);
            }
```

```
            order.setList(orderitem_list);
            order.setPrice(money);
            order.setUser_id(user.getId());
            order.setRest_id(entry.getKey());
            //调用service中的方法添加到数据库中
            order_service.addOrder(order);
            order_list.add(order);
            for(String id:ids){
                Menu menu=menu_service.findById(id);
                //从购物车数据库中移除
                cart_service.delByMenuAndUser(id,user.getId());
            }
            for(String id:ids){
                Menu menu=menu_service.findById(id);
                //从session购物车中移除
                cartmap.remove(menu);
            }
        }
        //根据orderlist查询刚下的订单
        request.getSession().setAttribute("order_list",order_service.
findOrders(order_list));
        response.sendRedirect("order.jsp");
    }

    public void doPost(HttpServletRequest request, HttpServletResponse response)
            throws ServletException,IOException {
        doGet(request,response);
    }

}
```

　　此外，为了方便的满足用户查看历史订单和订单的状态，本设计在导航栏上增加了"历史订单"按钮，当用户单击该按钮时，跳转到 OrderHistoryServlet 中，查询到登录用户的所有订单数据，并带到 orderhistory.jsp 中进行显示，如图 17.20 所示。

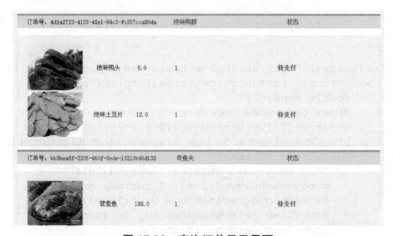

图 17.20　查询订单显示界面

　　附代码如下：

```java
package web;

import java.io.IOException;
import java.util.List;

import javax.servlet.ServletException;
import javax.servlet.http.HttpServlet;
import javax.servlet.http.HttpServletRequest;
import javax.servlet.http.HttpServletResponse;

import domain.Order;
import domain.OrderListForm;
import domain.User;

import factory.BasicFactory;

import service.OrderService;

public class OrderHistoryServlet extends HttpServlet {

    public void doGet(HttpServletRequest request, HttpServletResponse response)
            throws ServletException,IOException {
        OrderService service=BasicFactory.getFactory().getInstance (OrderService
.class);
        User user=(User) request.getSession().getAttribute("user");
        List<OrderListForm> order_list=service.findOrders(user.getId());
        System.out.println(order_list.size());
        request.getSession().setAttribute("order_list",order_list);
        response.sendRedirect("orderhistory.jsp");
    }

    public void doPost(HttpServletRequest request, HttpServletResponse response)
            throws ServletException,IOException {

        doGet(request,response);
    }

}
```

```jsp
<%@ page language="java" import="java.util.*" pageEncoding="utf-8"%>
<%@ taglib uri="http://java.sun.com/jsp/jstl/core" prefix="c" %>
<!DOCTYPE HTML PUBLIC "-//W3C//DTD HTML 4.01 Transitional//EN">
<html>
  <head>
    <meta charset="utf-8">
    <title>历史订单</title>
    <link rel="stylesheet" type="text/css" href="../css/usual.css">
    <link rel="stylesheet" type="text/css" href="../css/menu2.css">
    <link rel="stylesheet" type="text/css" href="../css/cart.css">
```

```
<script type="text/javascript" src="../js/jquery-1.7.2.js"></script>
<script type="text/javascript">
    function search(){
        window.location.href='/WebSearchServlet?keyword='+ $('#search')
.val();
    }
</script>
</head>
<body>
    <div style="height: 30px;background: #eee;">
        <div style="width: 980px; margin: 0px auto;padding: 5px;font-size:
12px;">
        兰州
        <div style="display: inline;float: right;">
        <c:if test="${user==null}">
            <a href="/Yh/register.jsp">注册</a> | <a href="/Yh/login.
jsp">登录</a> | <a href="/Dj/login.jsp">店家登录</a>
            <a href="http://weibo.com/anshshan?is_all=1" "><img src=
"../image/weibo_icon.png"> 微博关注</a>
        </c:if>
        <c:if test="${user != null }">
            <select id="log_msg" onchange="logout()">
                <option selected="selected" disabled="disabled" style
="visibility: hidden;display: none;">欢迎回来,${user.userName }! </option>
                <option style="cursor: wait;">注销</option>
            </select>
            <a href="http://weibo.com/anshshan?is_all=1" "><img src="../
image/weibo_icon.png">微博关注</a>
        </c:if>
        </div>
        </div>
    </div>
    <div class="head">
        <a href="/index.jsp" style="float: left;"><img src="../ image/
logo1.png"></a>
        <div class="menu">
            <ul>
                <li>
                    <a href="/index.jsp">首页 | </a>
                </li>
                <li>
                    <a href="/imgsearch.jsp">按图索饭 | </a>
                </li>
            </ul>
        </div>
        <div style="float: right; margin: 20px 30px 0 0;">
            <input id="search" style="line-height:25px;" type="text"
placeholder="搜索店家、美食">
            <button style="border: 0; padding: 0; vertical-align: middle;
```

```
cursor: pointer;" onclick="search();"><img style="height: 25px;" src="../
image/search.jpg"></button>
          </div>
     </div>
     <div class="content_box">
          <div class="content">
                  <c:forEach items="${order_list}" var="order" varStatus="i">
                       <table style="width:100%; border-top:5px solid #48b9e5;
 background:#d0e7fa; height:38px;overflow:hidden;text-align: center; margin-
bottom: 20px;">
                            <tr>
                                 <td style="width: 400px;">订单号: ${order.id }</td>
                                 <td style="width: 100px;color: blue;"><a href="
DjInfoServlet?id=${order.rest_id }">${order.djName }</a></td>
                                 <td>状态</td>
                            </tr>
                            </table>
                            <table style="width:100%; margin:10px 0; background:
#eef6ff; border:1px solid #e5e5e5; padding-top:20px; padding-bottom:20px;
text-align: center;">
                            <c:forEach items="${order.menumap }" var="entry">
                                 <tr>
                                      <td style="width: 180px;"><img style="height:
120px; width: 150px;" src="/ImgServlet?imgurl=${entry.key.imgurl }"></td>
                                      <td style="width: 80px;">${entry.key. name }
</td>
                                      <td style="width: 80px;">${entry.key. price }
</td>
                                      <td style="width: 80px;">${entry.value }</td>
                                 <c:if test="${order.status==0 }">
                                      <td style="color: red;font-weight: bold;
width: 450px;">
                                           待支付
                                      </td>
                                 </c:if>
                                 <c:if test="${order.status==1 }">
                                      <td style="color: red;font-weight: bold;
width: 450px;">
                                           已支付
                                      </td>
                                 </c:if>
                                 </tr>
                            </c:forEach>
                       </table>
                  </c:forEach>
          </div>
     </div>
     <!-- 页脚部分 -->
     <div class="foot">
```

```
        <span>&copy 版权所有兰州交通大学</span>
        <a href="#">关于我们</a> |
        <a href="#">免责声明</a> |
        <a href="#">联系我们</a> |
        <a href="#">使用帮助</a>
    </div>
    </body>
</html>
```

17.6.8　在线支付模块

一般的网上购物系统都具有在线支付功能，本系统也开发了此功能，方便用户在线进行支付和餐厅收取费用。在订单显示界面中，用户单击"立即支付"按钮，然后跳转到 pay.jsp 页面中，如图 17.21 所示。

图 17.21　银行选择界面

附代码如下：

```
<%@ page language="java" import="java.util.*" pageEncoding="utf-8"%>
<%@ taglib uri="http://java.sun.com/jsp/jstl/core" prefix="c" %>
<!DOCTYPE HTML PUBLIC "-//W3C//DTD HTML 4.01 Transitional//EN">
<html>
  <head>
    <title>在线支付</title>
    <link rel="stylesheet" type="text/css" href="../css/usual.css">
   <link rel="stylesheet" type="text/css" href="../css/menu2.css">
   <link rel="stylesheet" type="text/css" href="../css/index.css">
    <script type="text/javascript" src="/js/jquery-1.7.2.js"></script>
   <script type="text/javascript">
    $(function() {
        $("img").css('cursor','pointer').click(function() {
            $(this).prev().attr("checked",true);
        });
    });
    </script>
  </head>
  <body>
        <div style="height: 30px;background: #eee;">
        <div style="width: 980px; margin: 0px auto;padding: 5px;font-size: 12px;">
        兰州
        <div style="display: inline;float: right;">
        <c:if test="${user==null}">
            <a href="/Yh/register.jsp">注册</a> | <a href=" /Yh/login.
```

```
jsp">登录</a> | <a href="/Dj/login.jsp">店家登录</a>
                <a href="http://weibo.com/anshshan?is_all=1" "><img src="../
image/weibo_icon.png"> 微博关注</a>
        </c:if>
        <c:if test="${user != null }">
                <select id="log_msg" onchange="logout()">
                        <option selected="selected" disabled="disabled" style
="visibility: hidden;display: none;">欢迎回来,${user.userName }! </option>
                        <option style="cursor: wait;">注销</option>
                </select>
                <a href="/cart.jsp">购物车</a>
                <a href="/OrderHistoryServlet">历史订单</a>
            <a href="http://weibo.com/anshshan?is_all=1" "><img src="../
image/weibo_icon.png">微博关注</a>
            </c:if>
        </div>
        </div>
    </div>
    <div class="head">
        <a href="/index.jsp" style="float: left;"><img src="../image/
logo1.png"></a>
        <div class="menu">
            <ul>
                <li>
                    <a href="/index.jsp">首页 | </a>
                </li>
                <li>
                    <a href="/imgsearch.jsp">按图索饭 </a>
                </li>
            </ul>
        </div>
        <div style="float: right; margin: 20px 30px 0 0;">
            <input id="search" style="line-height:25px;" type="text"
placeholder="搜索店家、美食">
            <button style="border:0;padding:0;vertical-align: middle;
cursor: pointer;" onclick="search();"><img style="height:25px;" src="../
image/search.jpg"></button>
        </div>
    </div>
    <div class="content_box" style="height: 350px;">
        <div class="content">
         <form action="/PayServlet" method="post">
        <table width="100%">
            <tr>
                <td bgcolor="#F7FEFF" colspan="4">
                    <c:forEach items="${order_list}" var="order" varStatus
="i">

                        订单号: ${order.id }
                        <input type="hidden" value="${order.id}" name="id"/>
```

```
                        支付金额: ${order.price }元
                            <br />
                    </c:forEach>
                </td>
            </tr>
            <tr><td><br/></td></tr>
            <tr>
                <td>选择在线支付银行</td>
            </tr>
            <tr>
                <td><INPUT TYPE="radio" NAME="pd_FrpId" value="CMBCHINA-
NET-B2C">
                <img src="/bankimage/cmb.bmp" align="middle"></td>
                <td><INPUT TYPE="radio" NAME="pd_FrpId" value="ICBC-NET">
                <img src="/bankimage/icbc.bmp" align="middle"></td>
                <td><INPUT TYPE="radio" NAME="pd_FrpId" value="ABC-NET">
                <img src="/bankimage/abc.bmp" align="middle"></td>
                <td><INPUT TYPE="radio" NAME="pd_FrpId" value="CCB-NET">
                <img src="/bankimage/ccb.bmp" align="middle"></td>
            </tr>
            <tr>
                <td><INPUT TYPE="radio" NAME="pd_FrpId" value="CMBC-NET">
                <img src="/bankimage/cmbc.bmp" align="middle"></td>
                <td><INPUT TYPE="radio" NAME="pd_FrpId" value="CEB-NET" >
                <img src="/bankimage/guangda.bmp" align="middle"></td>
                <td><INPUT TYPE="radio" NAME="pd_FrpId" value="BOCO-NET">
                <img src="/bankimage/bcc.bmp" align="middle"></td>
                <td><INPUT TYPE="radio" NAME="pd_FrpId" value="SDB-NET">
                <img src="/bankimage/sfz.bmp" align="middle"></td>
            </tr>
            <tr>
                <td><INPUT TYPE="radio" NAME="pd_FrpId" value="BCCB-NET">
                <img src="/bankimage/bj.bmp" align="middle"></td>
                <td><INPUT TYPE="radio" NAME="pd_FrpId" value="CIB-NET">
                <img src="/bankimage/cib.bmp" align="middle"></td>
                <td><INPUT TYPE="radio" NAME="pd_FrpId" value="SPDB-NET">
                <img src="/bankimage/shpd.bmp" align="middle"></td>
                <td><INPUT TYPE="radio" NAME="pd_FrpId" value= "ECITIC-
NET">
                <img src="/bankimage/zx.bmp" align="middle"></td>
            </tr>
            <tr><td><br/></td></tr>
            <tr>
                <td><INPUT TYPE="submit" value="确定支付"></td>
            </tr>
        </table>
        </form>
        </div>
    </div>
```

```
        <!-- 页脚部分 -->
    <div class="foot">
        <span>&copy 版权所有兰州交通大学</span>
        <a href="#">关于我们</a> |
        <a href="#">免责声明</a> |
        <a href="#">联系我们</a> |
        <a href="#">使用帮助</a>
    </div>
</body>
</html>
```

在本页面中，选择相应的支付银行，然后单击"确认支付"按钮，将选择的银行信息和订单信息提交到 PayServlet 中，在其中获取到数据并将其按照易宝支付的接口说明进行封装，紧接着弹出确认支付界面，单击"确认"按钮，会调用易宝支付第三方，然后跳转到对应的银行支付界面进行支付，如图 17.22 所示，当支付完成之后，会调用 CallBackServlet 进行订单状态的修改。

图 17.22　支付界面

附代码如下：

```
package web;

import java.io.IOException;
import java.util.List;
import java.util.ResourceBundle;

import javax.servlet.ServletException;
import javax.servlet.http.HttpServlet;
import javax.servlet.http.HttpServletRequest;
import javax.servlet.http.HttpServletResponse;

import service.OrderService;
import util.PaymentUtil;


import com.sun.org.apache.xpath.internal.operations.Or;

import domain.Order;
```

```
import factory.BasicFactory;

public class PayServlet extends HttpServlet {

    public void doGet(HttpServletRequest request, HttpServletResponse response)
            throws ServletException,IOException {
        ResourceBundle bundle = ResourceBundle.getBundle("merchantInfo");
        OrderService service=BasicFactory.getFactory(). getInstance
(OrderService.class);
        String addr=request.getParameter("addr");
        //调用 service 中的方法修改地址
        List<Order> order_list=(List<Order>) request. getSession().getAttribute
("order_list");
//        String p2_Order = "";
//        for(int i = 0;i<order_list.size();i++){
//            p2_Order = p2_Order + request.getParameter(String.valueOf(i))
+ ",";
//        }
        String p0_Cmd="Buy";
        String p1_MerId=bundle.getString("p1_MerId");
        String p2_Order=request.getParameter("id");

        Order order=service.findOrderById(p2_Order);
        //String p3_Amt=order.getMoney()+"";
        String p3_Amt="0.01";
        String p4_Cur="CNY";
        String p5_Pid="";
        String p6_Pcat="";
        String p7_Pdesc="";
        String p8_Url="http://www.onlineorder.com/Callback";
        String p9_SAF="0";
        String pa_MP="";
        String pd_FrpId=request.getParameter("pd_FrpId");
        String pr_NeedResponse="1";
        String hmac=PaymentUtil.buildHmac(p0_Cmd, p1_MerId,p2_Order, p3_Amt,
p4_Cur,p5_Pid,p6_Pcat,p7_Pdesc,p8_Url,p9_SAF,pa_MP,pd_FrpId,pr_NeedRespons
e, bundle.getString("keyValue"));


        //生成 url --- url?
        request.setAttribute("pd_FrpId",pd_FrpId);
        request.setAttribute("p0_Cmd",p0_Cmd);
        request.setAttribute("p1_MerId",p1_MerId);
        request.setAttribute("p2_Order",p2_Order);
        request.setAttribute("p3_Amt",p3_Amt);
        request.setAttribute("p4_Cur",p4_Cur);
        request.setAttribute("p5_Pid",p5_Pid);
        request.setAttribute("p6_Pcat",p6_Pcat);
        request.setAttribute("p7_Pdesc",p7_Pdesc);
        request.setAttribute("p8_Url",p8_Url);
        request.setAttribute("p9_SAF",p9_SAF);
        request.setAttribute("pa_MP",pa_MP);
```

```
        request.setAttribute("pr_NeedResponse",pr_NeedResponse);
        request.setAttribute("hmac",hmac);
        request.getRequestDispatcher("/confirm.jsp").forward(request,
response);
    }


    public void doPost(HttpServletRequest request, HttpServletResponse response)
            throws ServletException,IOException {
        doGet(request,response);
    }

}

package web;

import java.io.IOException;
import java.util.ResourceBundle;

import javax.servlet.ServletException;
import javax.servlet.http.HttpServlet;
import javax.servlet.http.HttpServletRequest;
import javax.servlet.http.HttpServletResponse;

import factory.BasicFactory;

import service.OrderService;
import util.PaymentUtil;


public class Callback extends HttpServlet {

    public void doGet(HttpServletRequest request, HttpServletResponse response)
            throws ServletException, IOException {
        //获得回调所有数据
        String p1_MerId=request.getParameter("p1_MerId");
        String r0_Cmd=request.getParameter("r0_Cmd");
        String r1_Code=request.getParameter("r1_Code");
        String r2_TrxId=request.getParameter("r2_TrxId");
        String r3_Amt=request.getParameter("r3_Amt");
        String r4_Cur=request.getParameter("r4_Cur");
        String r5_Pid=request.getParameter("r5_Pid");
        String r6_Order=request.getParameter("r6_Order");
        String r7_Uid=request.getParameter("r7_Uid");
        String r8_MP=request.getParameter("r8_MP");
        String r9_BType=request.getParameter("r9_BType");
        String rb_BankId=request.getParameter("rb_BankId");
        String ro_BankOrderId=request.getParameter("ro_BankOrderId");
        String rp_PayDate=request.getParameter("rp_PayDate");
        String rq_CardNo=request.getParameter("rq_CardNo");
        String ru_Trxtime=request.getParameter("ru_Trxtime");
        //身份校验 --- 判断是不是支付公司通知你
```

```
        String hmac=request.getParameter("hmac");

        if(PaymentUtil.verifyCallback(hmac,p1_MerId,r0_Cmd,r1_Code, r2_TrxId,
r3_Amt,r4_Cur,r5_Pid,r6_Order,r7_Uid,r8_MP,r9_BType, ResourceBundle.getBundle
("merchantInfo").getString("keyValue"))){

                if("1".equals(r9_BType)){
                    //浏览器重定向访问,不能确信真的支付成功
                    response.getWriter().write("支付成功!!!");
                    response.setHeader("refresh", "3;url=/index.jsp");
                    OrderService service=BasicFactory.getFactory(). getInstance
(OrderService.class);
                    String[] ids=r6_Order.split(",");
                    System.out.println(r6_Order);
                    service.changePayState(r6_Order,1);
                    return;
                }
                if("2".equals(r9_BType)){
                    //易宝点对点通信通知支付成功,易宝通知了,说明真的支付成功
                    //--修改当前订单的支付状态为已支付
                    OrderService service=BasicFactory.getFactory(). getInstance
(OrderService.class);
                    service.changePayState(r6_Order,1);
                    response.getWriter().write("SUCCESS");
                }

        }else{
            throw new RuntimeException("数据被篡改过!!!!!!!");
        }

    }

    public void doPost(HttpServletRequest request, HttpServletResponse response)
            throws ServletException, IOException {
        doGet(request, response);
    }

}
```

17.6.9 收藏模块

每家餐厅都有对应的收藏按钮，当用户添加收藏或者取消收藏时会调用 CollectionServlet 进行收藏和取消收藏，对数据库中的数据进行修改，如果用户收藏过该餐厅，进入餐厅界面时会自动回显。

附代码如下：

```
package web;

import java.io.IOException;
```

```
import javax.servlet.ServletException;
import javax.servlet.http.HttpServlet;
import javax.servlet.http.HttpServletRequest;
import javax.servlet.http.HttpServletResponse;

import factory.BasicFactory;

import service.CollectionService;

public class CollectionServlet extends HttpServlet {

    public void doGet(HttpServletRequest request,HttpServletResponse response)
            throws ServletException,IOException {
        //获取收藏的服务对象
        CollectionService service=BasicFactory.getFactory(). getInstance
(CollectionService.class);
        //获取请求参数
        int user_id=Integer.valueOf(request.getParameter("user_id"));
        int rest_id=Integer.valueOf(request.getParameter("rest_id"));
        String operate=request.getParameter("operate");
        System.out.println(operate + "-----");
        if(("add").equals(operate)){
            //如果是添加收藏操作,调用 service 中的方法进行添加
            service.addCollection(user_id,rest_id);
        }else{
            //否则是删除收藏操作，调用 service 中的方法进行删除
            service.delCollection(user_id,rest_id);
        }
    }

    public void doPost(HttpServletRequest request, HttpServletResponse response)
            throws ServletException,IOException {

        doGet(request,response);
    }

}
```

17.6.10 店家模块的功能实现

店家模块主要是为了加盟餐厅能够方便地管理自己的餐厅，实现信息的修改、订单的查看、菜品管理等功能，因此系统划分了店家注册和登录模块、信息修改模块、菜品管理模块和订单管理模块。

（1）店家登录模块

店家登录界面如图 17.23 所示。

图 17.23　店家登录界面

附代码如下:

```jsp
<%@ page language="java" import="java.util.*" pageEncoding="utf-8"%>
<!DOCTYPE HTML PUBLIC "-//W3C//DTD HTML 4.01 Transitional//EN">
<html lang="en">
  <head>
    <meta charset="utf-8">
    <title>点餐网——店家登录</title>
    <link rel="stylesheet" type="text/css" href="../css/login_Yh.css">
  </head>
  <body>
    <!-- 导航信息部分 -->
    <div class="head">
        <h1 class="logo"><a href="/index.jsp"><img src="../image/logo1.png">
</a></h1>
        <strong>店家登录<tt>USER lOGIN</tt></strong>
    </div>
    <!-- 用户登录填写部分 -->
    <div class="login">
    <div class="login_box">
        <div class="left">
            <img src="../image/logo2.png">
        </div>
        <div class="right">
            <form action="/DjLoginServlet" method="post">
                <ul>
                    <li><font color="red">${msg }</font></li>
                    <li>
                        <em>账 户:</em>
                        <input type="text" name="djUserName" placeholder=
"请输入用户名/邮箱/手机号"/>
                    </li>
                    <li>
                        <em>密 码:</em>
                        <input type="password" name="djPass" placeholder=
"******"/>
                    </li>
                    <li>
                        <input type="checkbox" name="autologin2" value=
```

```
"true" checked="checked">
                              <label>十天内免登录</label>
                    </li>
                    <li>
                        <input class="login_btn" type="submit" value="登录">
                        <a href="#">忘记密码? </a>
                    </li>
                    <li class="third_login">
                        <strong>使用第三方账号登录</strong><br /><br />
                        <a href="#"><img src="../image/qq.png"></a> 
   
                        <a href="#"><img src="../image/weibo.png"></a>
                    </li>
                    <li>
                        没有点餐网账号? <strong><a href="./register.jsp">立
即注册>></a></strong>
                    </li>
                </ul>
            </form>
        </div>
    </div>
    </div>
    <!-- 页脚部分 -->
    <div class="foot">
        <span>&copy 版权所有兰州交通大学</span>
        <a href="#">关于我们</a> | <a href="#">免责声明</a> | <a href="#">
联系我们</a> | <a href="#">使用帮助</a>
    </div>
    </body>
    </html>
```

店家填写好登录信息单击"登录"按钮,将数据信息提交到 DJLoginServlet,从数据库中根据餐厅用户名和密码查询是否存在该用户,如果存在,判断店家是否通过审核,通过审核之后才能够登录成功,否则登录失败并且进行友好信息提示。

附代码如下:

```
package web.dj;

import java.io.IOException;
import java.net.URLEncoder;

import javax.servlet.ServletException;
import javax.servlet.http.Cookie;
import javax.servlet.http.HttpServlet;
import javax.servlet.http.HttpServletRequest;
import javax.servlet.http.HttpServletResponse;

import domain.Restaurant;
```

```java
import factory.BasicFactory;

import service.RestaurantService;
import util.MD5Utils;

public class DjLoginServlet extends HttpServlet {

    public void doGet(HttpServletRequest request, HttpServletResponse response)
            throws ServletException,IOException {
        //创建服务对象
        RestaurantService service=BasicFactory.getFactory().getInstance
(RestaurantService.class);
        //1.获取用户名和密码
        String djUserName = request.getParameter("djUserName");
        String djPass = request.getParameter("djPass");
        //2 调用 service 中的方法查询用户
        Restaurant restaurant = service.findRestByNameAndPass(djUserName,
MD5Utils.md5(djPass));
        if(restaurant == null){
            request.setAttribute("msg", "用户名或者密码不正确!");
            request.getRequestDispatcher("/Dj/login.jsp").forward(request,
response);
            return;
        }
        //3.检查用户的激活状态
        if(restaurant.getStatus() == 0){
            request.setAttribute("msg", "餐厅尚未通过审核，请耐心等待!");
            request.getRequestDispatcher("/Dj/login.jsp").forward(request,
response);
            return;
        }
        //--处理是否自动十天内免登录
        if("true".equals(request.getParameter("autologin2"))){
            //使用 URLEncoder 解决无法在 Cookie 当中保存中文字符串问题
            Cookie autoLoginC=new Cookie("autologin2",URLEncoder. encode
(restaurant.getDjUserName()+ ":" + restaurant.getDjPass(),"utf-8"));
            autoLoginC.setPath("/");
            autoLoginC.setMaxAge(3600*24*10);
            response.addCookie(autoLoginC);
        }
        //4.登录用户重新定向到主页
        request.getSession().setAttribute("restaurant", restaurant);
        response.sendRedirect("/Dj/index.jsp");
    }

    public void doPost(HttpServletRequest request, HttpServletResponse response)
            throws ServletException,IOException {

        doGet(request,response);
    }
}
```

（2）店家注册模块

店家注册界面如图 17.24 所示。

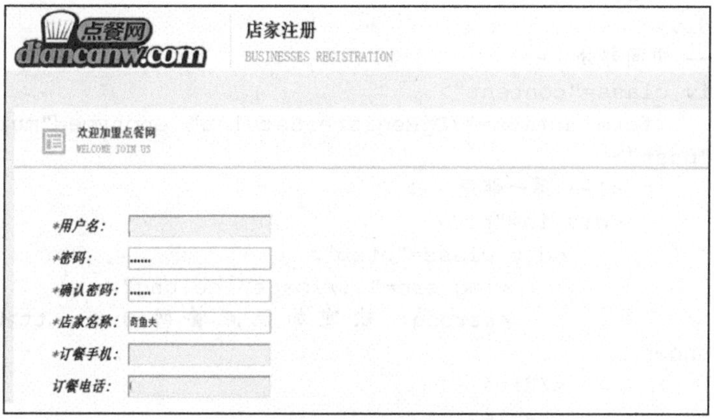

图 17.24 店家注册界面

附代码如下：

```jsp
<%@ page language="java" import="java.util.*" pageEncoding="utf-8"%>
<!DOCTYPE HTML PUBLIC "-//W3C//DTD HTML 4.01 Transitional//EN">
<html>
  <head>
    <meta charset="utf-8">
    <title>点餐网——店家注册</title>
    <link rel="stylesheet" type="text/css" href="../css/usual.css">
    <link rel="stylesheet" type="text/css" href="../css/djregister.css">
    <script type="text/javascript" src="../js/jquery-1.7.2.js"></script>
    <script type="text/javascript">
        /*实现的获取 json 数据然后进行 option 的填充*/
        $(document).ready(function(){
            $.getJSON("../json/types.json",function(json){
                var len=json.types.length;
                for(var i=0;i<len;i++){
                    $("[name=djType]").append(new Option(json.types[i].
name,json.types[i].name));
                }
            });
        });
    </script>
    <script type="text/javascript" src="../js/unrefresh.js"></script>
    <script type="text/javascript" src="../js/imgview.js"></script>
    <script type="text/javascript" src="../js/check.js"></script>
  </head>
  <body>
        <!-- 导航信息部分 -->
        <div class="head">
            <h1 class="logo">
                <a href="/index.jsp"><img src="../image/logo1.png">
                </a>
```

```
            </h1>
            <strong>店家注册<tt>BUSINESSES REGISTRATION</tt>
            </strong>
        </div>
        <!-- 中间部分 -->
        <div class="content">
            <form action="/DjRegisterServlet" enctype="multipart/form-
data" method="post">
                <!-- 第一部分 -->
                <div id="p1">
                    <div class="btop">
                        <img src="../image/ico.png">
                        <strong> 欢迎加盟点餐网 <br> <tt>WELCOME  JOIN
US</tt> </strong>
                    </div>
                    <table>
                        <tr>
                            <th><strong>*</strong>用户名:</th><td><input
type="text" name="djUserName" placeholder="请输入字母、数字" value="${param.
djUserName }"><span id="djUserName_msg"></span></td>
                        </tr>
                        <tr>
                            <th><strong>*</strong> 密码 :</th><td><input
type="password" name="djPass" placeholder="密码 6-12 位数字或字母"><span
id="djPass_msg"></span></td>
                        </tr>
                        <tr>
                            <th><strong>*</strong>确认密码:</th><td><input
type="password" name="djRePass" placeholder="与上面一致"><span id="djRePass_
msg"></span></td>
                        </tr>
                        <tr>
                            <th><strong>*</strong>店家名称:</th><td><input
type="text" name="djName" placeholder="请输入店家名称" value="${param.djName }
"><span id="djName_msg"></span></td>
                        </tr>
                        <tr>
                            <th><strong>*</strong>订餐手机:</th><td><input
type="text" name="djPhone" placeholder="请输入手机号" value="${param.djPhone }">
<span id="djPhone_msg"></span></td>
                        </tr>
                        <tr>
                            <th>订餐电话:</th><td><input type="text" name=
"djNum" placeholder="请输入固定电话" value="${param.djNum }"><span id="djNum_msg">
</span></td>
                        </tr>
                        <tr>
                            <th><strong>*</strong>所属城市:</th><td><input
type="text" name="djCity" placeholder="请输入城市" value="${param.djCity }">
```

```
<span id="djCity_msg"></td>
                            </tr>
                            <tr>
                                <th><strong>*</strong>店家地址:</th><td><input
type="text" name="djAddress" placeholder="请填写详细地址" value="${param.djAddress }
"><span id="djAddress_msg"></span></td>
                            </tr>
                            <tr>
                                <th><strong>*</strong>主营类型:</th>
                                <td>
                                    <select name="djType">
                                    </select>
                                    <span>请选择主营类型</span>
                                </td>
                            </tr>
                            <tr>
                                <th><strong>*</strong>店家简介:</th><td><textarea
name="djSummary" rows="6" cols="60" value="${param. djSummary }"></textarea>
<span id="djSummary_msg"></span></td>
                            </tr>
                        </table>
                        <span><img src="../image/next_btn.png" onclick= "next
('p1','p2',checkForm())"></span>
                    </div>
                    <!-- 第二部分 -->
                    <div id="p2" style="visibility: hidden;display: none;">
                        <div class="img">
                            <label>店家 Logo:</label>
                            <img id="DjLogo" src="../image/nodiancan.gif" name
="djLogo">
                            <div class="upload">
                                <input type="file" name="djLogo" accept= "image/
*" onchange="PreviewImage(this,'DjLogo')"/>
                            </div>
                        </div>
                        <div class="img">
                            <label>就餐环境:</label>
                            <img id="DjHj" src="../image/nodiancan.gif" name=
"DjHj">
                            <div class="upload">
                                <input type="file" name="djHj" accept="image/
*" onchange="PreviewImage(this,'DjHj')"/>
                            </div>
                        </div>
                        <div class="img">
                            <label>手持身份证:</label>
                            <img id="cardurl" src="../image/nodiancan.gif" name
="cardurl">
                            <div class="upload">
```

```
                              <input type="file" name="cardurl" accept= "image/
*" onchange="PreviewImage(this,'cardurl')"/>
                        </div>
                    </div>
                    <div style="font-size: 14px;">
                        <b style="color: blue;">提示: </b><br/>
                        1、图片大小 600px*450px(4: 3 的比例)进行上传, 此处显示
是压缩显示;<br/>
                        2、由于网络等原因可能会导致上传失败, 无法显示上传的图片,
请删除图片重新上传! <br/>
                        3、由于图片过大或者网络等原因会导致上传缓慢, 请等待到上传
成功后在进行下一步!
                    </div>
                    <span><img src="../image/before_btn.png" onclick= "next
('p2','p1',true)"></span>
                    <input type="submit" value="注册">
                </div>
            </form>
        </div>
        <!-- 页脚部分 -->
        <div class="foot">
            <span>&copy 版权所有兰州交通大学</span>
            <a href="#">关于我们</a> |
            <a href="#">免责声明</a> |
            <a href="#">联系我们</a> |
            <a href="#">使用帮助</a>
        </div>
    </body>
</html>
```

在注册界面中，系统使用了不刷新界面的跳转方式，用户填写基本信息，会有 JS 进行格式的前台校验，当基本信息填写无误之后单击"下一步"按钮，会跳转到店家 Logo、环境照片等图片信息的填写界面，通过 JS 实现本地的无刷新预览上传图片，当店家单击"完成"按钮之后，就会跳转到 DjRegisterServlet 中，使用文件上传工厂进行文件表格的读取数据，并且使用 BeanUtils 进行数据的封装，添加到数据库中完成注册，等待审核。

附代码如下：

```
package web.dj;

import java.io.File;
import java.io.FileOutputStream;
import java.io.IOException;
import java.io.InputStream;
import java.io.OutputStream;
import java.util.HashMap;
import java.util.List;
import java.util.Map;
import java.util.UUID;
```

```java
import javax.servlet.ServletException;
import javax.servlet.http.HttpServlet;
import javax.servlet.http.HttpServletRequest;
import javax.servlet.http.HttpServletResponse;

import org.apache.commons.beanutils.BeanUtils;
import org.apache.commons.fileupload.FileItem;
import org.apache.commons.fileupload.disk.DiskFileItemFactory;
import org.apache.commons.fileupload.servlet.ServletFileUpload;

import domain.Restaurant;

import factory.BasicFactory;

import service.RestaurantService;
import util.IOUtils;
import util.MD5Utils;
import util.PicUtils;

public class DjRegisterServlet extends HttpServlet {

    public void doGet(HttpServletRequest request, HttpServletResponse response)
            throws ServletException,IOException {
        //获取服务对象
        RestaurantService service=BasicFactory.getFactory().getInstance
(RestaurantService.class);
        try{
            String encode=this.getServletContext().getInitParameter
("encode");
            Map<String, String> paramMap=new HashMap<String, String>();
            //1.上传图片
            DiskFileItemFactory factory=new DiskFileItemFactory();
    //首先获取工厂
            factory.setSizeThreshold(1024*100); //设置超过该大小时使用缓存
            factory.setRepository(new File(this.getServletContext().getRealPath
("WEB-INF/tmp"))); //设置缓存的目录

            ServletFileUpload fileUpload=new ServletFileUpload(factory);
    //设置文件上传核心类对象
            fileUpload.setHeaderEncoding(encode); //设置编码集，解决上传文
件名的乱码问题
            fileUpload.setFileSizeMax(1024*1024*10); //设置单个文件的大小
            fileUpload.setSizeMax(1024*1024*100); //设置总文件的大小
            //检查是否是正确的上传文件表单
            if(!fileUpload.isMultipartContent(request)){
                throw new RuntimeException("请使用正确的上传文件表单");
            }

            List<FileItem> list=fileUpload.parseRequest(request);
    //使用文件上传核心类对象解析request
            //遍历所有的FileItem
            for(FileItem item:list){
```

```
                if(item.isFormField()){
                    //普通字段
                    String name=item.getFieldName();
                    String value=item.getString(encode);
                    paramMap.put(name,value);
                }else{
                    //文件上传项
                    String realname = item.getName();
                    // 将当前文件名保证唯一性，转化成一个 UUID 的名称
                    String uuidname = UUID.randomUUID().toString()+"_" +
realname;
                    // 使用 Hash 方式保证文件存储的位置
                    String hash=Integer.toHexString(uuidname.hashCode());
                    String upload=this.getServletContext().getRealPath("WEB-
INF/upload_dj");
                    String imgurl="WEB-INF/upload_dj";
                    //拼接路径
                    for(char c:hash.toCharArray()){
                        upload+="/" + c;
                        imgurl+="/" + c;
                    }
                    imgurl+="/" + uuidname;
                    if(("djLogo").equals(item.getFieldName())){
                        paramMap.put("djLogo",imgurl);
                    }else{
                        if(("djHj").equals(item.getFieldName())){
                            paramMap.put("djHj",imgurl);
                        }
                        else{
                            paramMap.put("cardurl",imgurl);
                        }
                    }
                    //创建文件
                    File uploadFile=new File(upload);
                    if(!uploadFile.exists()){
                        uploadFile.mkdirs();
                    }
                    //获取输入输出流
                    InputStream in=item.getInputStream();
                  OutputStream out=new FileOutputStream(new File(upload,
uuidname));
                    //开始读写然后关闭
                    IOUtils.in2Out(in, out);
                    IOUtils.close(in, out);
                    //删除临时文件
                    item.delete();
                    //生成缩略图
                  PicUtils picUtils=new PicUtils(this.getServletContext().
getRealPath(imgurl));
                    picUtils.resizeByHeight(140);
                }
            }
```

```
            //2.调用 service 中的方法，在数据库中添加店家
            Restaurant restaurant = new Restaurant();
            BeanUtils.populate(restaurant, paramMap);

    restaurant.setDjPass(MD5Utils.md5(restaurant.getDjPass()));
            service.register(restaurant);
            restaurant=service.findRestByName(restaurant. getDjUserName());
            //4.回到主页(此处应该返回的是店家管理的界面)
            response.getWriter().write("注册成功，欢迎您的加盟，请等待审核，
提前祝您生意兴隆!");
            request.getSession().setAttribute("restaurant", restaurant);
            response.setHeader("Refresh", "2;url=/Dj/login.jsp");
        }catch (Exception e) {
            e.printStackTrace();
            throw new RuntimeException(e);
        }
    }

    public void doPost(HttpServletRequest request, HttpServletResponse response)
            throws ServletException, IOException {

        doGet(request, response);
    }

}
```

17.6.11 菜品管理模块

首先跳转到 MenuListServlet 中，查询得到该店家的所有菜品，然后跳转到菜品管理界面，如图 17.25 所示。在该界面中，增加了分页显示的功能，店家通过单击不同页面的按钮，将页面数据信息传送给 MenuListServlet 中，然后进行数据查询，并且显示出来；同时，店家在显示界面中可以通过"删除菜品"按钮进行菜品的删除，会跳转到 DeleteServlet 中，根据菜品的 id 删除对应的菜品；在管理界面中，为了方便店家更好地找到菜品，系统增加了查询功能，在右上角的搜索框中输入关键字，点击搜索图标，跳转到 SearchServlet 中，根据关键字从菜品表中查询相关的菜品，并且进行显示。

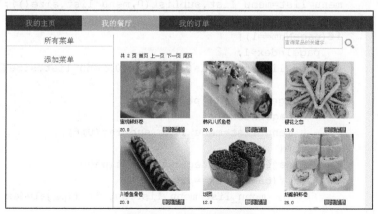

图 17.25 菜品管理界面

附代码如下：

```java
package web.dj;

import java.io.IOException;
import java.util.List;

import javax.servlet.ServletException;
import javax.servlet.http.HttpServlet;
import javax.servlet.http.HttpServletRequest;
import javax.servlet.http.HttpServletResponse;

import domain.Menu;

import factory.BasicFactory;

import service.MenuService;

public class MenuListServlet extends HttpServlet {

    public void doGet(HttpServletRequest request, HttpServletResponse response)
            throws ServletException,IOException {
        //获取服务对象
        MenuService service=BasicFactory.getFactory().getInstance (MenuService
.class);
        //获取请求参数中的店家id
        int rest_id=Integer.valueOf(request.getParameter("rest_id"));
        //调用 service 中的方法查询所有菜单
        List<Menu> menu_list=service.findAll(rest_id);
        int pageNum=(menu_list.size()%6==0) ? menu_list.size()/6 : menu_
list.size()/6+1;
        String page=request.getParameter("page");
        int pageIndex;
        if(pageNum==0){
            pageIndex=0;
            menu_list=menu_list.subList(0,menu_list.size());
        }else{
            if(pageNum==1){
                pageIndex=1;
                menu_list=menu_list.subList(0,menu_list.size());
            }else{
                if(page==null || page==""){
                    pageIndex=1;
                    menu_list=menu_list.subList(0,6);
                }else{
                    pageIndex=Integer.valueOf(page);
                    if(pageIndex==pageNum){
                        menu_list=menu_list.subList((pageIndex-1)*6, menu_
list.size());
                    }else{
```

```
                        menu_list=menu_list.subList((pageIndex-1)*6,
pageIndex*6);
                    }
                }
            }
        }
        //使用 request 存储列表转发
        request.setAttribute("page",pageIndex);
        request.setAttribute("pageNum",pageNum);
        request.setAttribute("menu_list",menu_list);
        request.getRequestDispatcher("/Dj/mine.jsp").forward(request,
response);
    }

    public void doPost(HttpServletRequest request, HttpServletResponse response)
            throws ServletException,IOException {

        doGet(request,response);
    }

}
```

店家通过单击"添加菜单"按钮，跳转到添加菜品界面，如图 17.26 所示。店家将菜品的名称、价格、菜品图片等信息填写完整之后，单击"确认添加"按钮跳转到 AddMenuServlet 中，由于使用文件上传表单，需要创建文件上传核心对象，然后对 request 请求进行解析，遍历出文件项和普通项，然后进行数据的封装，进而添加数据库中，菜品的图片一律都是保存在服务器文件夹中，完成添加之后会跳转到菜品管理界面。

附代码如下：

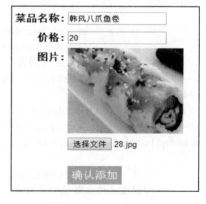

图 17.26　添加菜品界面

```
package web.dj;

import java.io.File;
import java.io.FileOutputStream;
import java.io.IOException;
import java.io.InputStream;
import java.io.OutputStream;
import java.util.HashMap;
import java.util.List;
import java.util.Map;
import java.util.UUID;

import javax.servlet.ServletException;
import javax.servlet.http.HttpServlet;
import javax.servlet.http.HttpServletRequest;
import javax.servlet.http.HttpServletResponse;
```

```java
import org.apache.commons.beanutils.BeanUtils;
import org.apache.commons.fileupload.FileItem;
import org.apache.commons.fileupload.disk.DiskFileItemFactory;
import org.apache.commons.fileupload.servlet.ServletFileUpload;

import domain.Menu;
import domain.Restaurant;

import factory.BasicFactory;

import service.MenuService;
import util.IOUtils;
import util.PicUtils;

public class AddMenuServlet extends HttpServlet {

    public void doGet(HttpServletRequest request, HttpServletResponse response)
            throws ServletException,IOException {
        //获取服务对象
        MenuService service=BasicFactory.getFactory().getInstance (MenuService
.class);
        try{
            String encode=this.getServletContext().getInitParameter ("encode");
            Map<String,String> paramMap=new HashMap<String,String>();
            //1.上传图片
            DiskFileItemFactory factory=new DiskFileItemFactory();
//首先获取工厂
            factory.setSizeThreshold(1024*100); //设置超过该大小时使用缓存
            factory.setRepository(new    File(this.getServletContext().
getRealPath("WEB-INF/tmp"))); //设置缓存的目录

            ServletFileUpload fileUpload=new ServletFileUpload (factory);
//设置文件上传核心类对象
            fileUpload.setHeaderEncoding(encode);
            //设置编码集，解决上传文件名的乱码问题
            fileUpload.setFileSizeMax(1024*1024*10); //设置单个文件的大小
            fileUpload.setSizeMax(1024*1024*100); //设置总文件的大小
            //检查是否是正确的上传文件表单
            if(!fileUpload.isMultipartContent(request)){
                throw new RuntimeException("请使用正确的上传文件表单");
            }

            List<FileItem>list=fileUpload.parseRequest(request);
//使用文件上传核心类对象解析request
            //遍历所有的FileItem
            for(FileItem item : list){
                if(item.isFormField()){
                    String name=item.getFieldName();
```

```
                    String value=item.getString(encode);
                    paramMap.put(name,value);
                }
                else{
                    //文件上传项
                    String realname=item.getName();
                    //将当前文件名保证唯一性，转化成一个 UUID 的名称
                    String uuidname=UUID.randomUUID().toString()+"_" +
realname;
                    // 使用 Hash 方式保证文件存储的位置
                    String hash=Integer.toHexString(uuidname. hashCode());
                    String upload=this.getServletContext().getRealPath("WEB
-INF/upload_food");
                    String imgurl="WEB-INF/upload_food";
                    //拼接路径
                    for(char c : hash.toCharArray()){
                        upload+="/"+c;
                        imgurl+="/"+c;
                    }
                    imgurl+="/"+uuidname;
                    paramMap.put("imgurl",imgurl);
                    //创建文件
                    File uploadFile=new File(upload);
                    if(!uploadFile.exists()){
                        uploadFile.mkdirs();
                    }
                    //获取输入输出流
                    InputStream in=item.getInputStream();
                    OutputStream out=new FileOutputStream(new File (upload,
uuidname));
                    //开始读写然后关闭
                    IOUtils.in2Out(in, out);
                    IOUtils.close(in, out);
                    //删除临时文件
                    item.delete();
                    //生成缩略图
                    PicUtils picUtils=new PicUtils(this. getServletContext()
.getRealPath(imgurl));
                    picUtils.resizeByHeight(140);
                }
            }
            paramMap.put("rest_id", request.getParameter("rest_id"));
            //2.调用 service 中的方法，添加菜单
            Menu menu=new Menu();
            BeanUtils.populate(menu, paramMap);
            service.addMenu(menu);
            //4.查询所有的菜单并且带回显示
            List<Menu>menu_list=service.findAll(Integer. valueOf(request.
getParameter("rest_id")));
```

```
                    int pageNum=(menu_list.size()%6 == 0) ? menu_list.size()/6 :
menu_list.size()/6+1;
                        if(pageNum==1){
                            menu_list=menu_list.subList(0,menu_list.size());
                        }else{
                            menu_list=menu_list.subList(0,6);
                        }
                        request.getSession().setAttribute("pageNum",pageNum);
                        request.getSession().setAttribute("menu_list",menu_list);
                        response.sendRedirect("/Dj/mine.jsp");
                }catch (Exception e) {
                    e.printStackTrace();
                    throw new RuntimeException(e);
                }
        }

    public void doPost(HttpServletRequest request, HttpServletResponse response)
            throws ServletException,IOException {

        doGet(request,response);
    }

}
```

17.6.12　店家订单管理模块

本订单模块不同于用户的订单模块，其主要的功能是给店家查询历史订单和未处理订单。店家单击"我的订单"按钮，跳转到 DJSearchOrderServlet 中，将没有处理的订单和历史订单查询出来，显示到界面中，如图 17.27 所示。

图 17.27　订单管理界面

附代码如下：

```
package web.dj;

import java.io.IOException;
import java.util.List;

import javax.servlet.ServletException;
import javax.servlet.http.HttpServlet;
import javax.servlet.http.HttpServletRequest;
import javax.servlet.http.HttpServletResponse;

import domain.Order;
import domain.Restaurant;
```

```
import factory.BasicFactory;

import service.OrderService;

public class DjSearchOrderServlet extends HttpServlet {

    public void doGet(HttpServletRequest request, HttpServletResponse response)
            throws ServletException,IOException {
        OrderService service=BasicFactory.getFactory().getInstance (OrderService.
class);
        Restaurant  rest=(Restaurant)  request.getSession().getAttribute
("restaurant");
        List<Order> order_list=service.findOrdersByRestID(rest.getId(),0);
        List<Order> order_list2=service.findOrdersByRestID(rest.getId(),1);
        request.getSession().setAttribute("order_list",order_list);
        request.getSession().setAttribute("order_list2",order_list2);
        response.sendRedirect("/Dj/order.jsp");
    }

    public void doPost(HttpServletRequest request, HttpServletResponse response)
            throws ServletException,IOException {

        doGet(request,response);
    }

}
```

店家可以看到未处理订单和历史订单，对于未处理订单，通过单击"接单"按钮，跳转到 ChangeOrderStatusServlet 中，修改订单的状态。

附代码如下：

```
package web.dj;

import java.io.IOException;
import java.util.List;

import javax.servlet.ServletException;
import javax.servlet.http.HttpServlet;
import javax.servlet.http.HttpServletRequest;
import javax.servlet.http.HttpServletResponse;

import domain.Order;
import domain.Restaurant;

import service.OrderService;
import factory.BasicFactory;
```

```
public class ChangeOrderStatusServlet extends HttpServlet {

    public void doGet(HttpServletRequest request, HttpServletResponse response)
            throws ServletException, IOException {
        OrderService service=BasicFactory.getFactory().getInstance
(OrderService.class);
        String id=request.getParameter("id");
        Restaurant rest = (Restaurant) request.getSession().getAttribute
("restaurant");
        service.changePayState(id,1);
        List<Order> order_list=service.findOrdersByRestID(rest.getId(),0);
        List<Order> order_list2=service.findOrdersByRestID(rest.getId(),1);
        request.getSession().setAttribute("order_list",order_list);
        request.getSession().setAttribute("order_list2",order_list2);
        response.sendRedirect("/Dj/order.jsp");
    }

    public void doPost(HttpServletRequest request, HttpServletResponse response)
            throws ServletException,IOException {

        doGet(request,response);
    }
}
```

17.7　系　统　测　试

　　系统测试是在一个系统或者软件正式投入使用前，对系统的功能和质量进行测试，它是系统开发进行到后期的一个重要的阶段，能够通过测试来提高系统的质量，减少维护的成本等。本系统主要针对文字搜索模块、菜品添加模块、各个注册登录模块、购物车模块、在线支付模块、图片搜索模块进行了测试。

　　(1) 登录注册模块测试如表 17.8 所示。

表 17.8　登录注册模块测试表

测试模块	测试用例	预期效果	实际结果	是否通过
注册模块	注册用户名为 assan，密码为 123456 的用户	注册成功	成功注册	通过
	再次注册用户名为 assan 的用户	注册失败	出现异常，注册失败	通过
	注册用户名为 anshshan，密码为 an0120 的店家	注册成功	成功注册	通过
登录模块	用户名为 assan 密码，为 123456 进行登录	登录成功	登录成功,跳转到系统主页	通过
	用户名为 assan 密码，为 123456 进行登录并且勾选十天免登录	登录成功	登录成功,并且再次浏览网站时是登录状态	通过
	用户名为 assan，密码为 785692 进行登录	登录失败	登录失败,跳转到登录界面并提示信息	通过

（2）菜品添加模块测试如表 17.9 所示。

表 17.9　菜品添加测试表

测 试 模 块	测 试 用 例	预 期 效 果	实 际 结 果	是 否 通 过
菜品添加模块	菜名：水煮鱼 价格：19	添加成功	添加成功	通过
	菜名：土豆脆皮鸡 价格：14	添加成功	添加成功	通过
	菜名：绝味鸭脖 价格：5	添加成功	添加成功	通过

（3）在线支付模块测试如表 17.10 所示。

表 17.10　在线支付模块

测试模块	测试用例	预期效果	实际结果	是否通过
在线支付	订单号： 4d9a2723-4103-48e1 -84c3-fc357cca80da	成功支付	正确跳转到选择的支付银行界面	通过
	订单号： bb8bea8f-2205-460f- 8ede-13210b46d138	成功支付	正确跳转到选择的支付银行界面	通过

（4）图片搜索模块测试。该模块是测试的重点模块，首选选取了一张本地照片（见图 17.28）进行搜索，其查找结果如图 17.29 所示。

图 17.28　目标搜索图片　　　　　　图 17.29　相似菜品搜索结果

其测试结果如表 17.11 所示。

表 17.11　相似菜品测试表

测试模块	测试用例	预期效果	实际结果	是否通过
图片搜索模块	选择本地的一张图片进行相似图片搜索	查找到相似菜品	查找到与目标图片相似的菜品并显示出来	通过
图片搜索模块	使用 URL：http://p1.meituan.net/210.0/xianfu/2ab3f8da92c928acdbaa7309d5ed522838912.jpg	查找到相似菜品	查找到与目标图片相似的菜品并显示出来	通过

（5）文字搜索模块测试如表 17.12 所示。

表 17.12　文字搜索测试表

测试模块	测试用例	预期效果	实际结果	是否通过
文字搜索模块	关键字：第九味	搜索到相关的店家和菜品	成功在搜索结果界面显示出包含关键字的店家和菜品	通过
	关键字：土豆	搜索到相关的店家和菜品	成功在搜索结果界面显示出包含关键字的店家和菜品	通过
	关键字：鱼	搜索到相关的店家和菜品	成功在搜索结果界面显示出包含关键字的店家和菜品	通过

通过系统测试，本项目在线订餐系统实现了以下功能：

① 实现了用户的登录、注册和浏览功能。

② 实现了店家基本的管理功能，包括信息的修改、菜品的添加和查询、订单的管理等。

③ 可以通过易邮服务器给注册用户发送邮件进行邮箱验证。

④ 能够使用微博、QQ 空间、微信等社交软件进行分享。

⑤ 可以通过图片进行菜品的查找，实现以图搜索的功能。

附录 A
软件工程师职业实践的国际标准

软件工程职业道德规范和实践要求 5.2 版

IEEE-CS 和 ACM 软件工程道德和职业实践联合工作组推荐

经 IEEE-CS 和 ACM 批准定为讲授和实践软件工程的标准

完整版

序　言

　　计算机正逐渐成为商业、工业、政府、医疗、教育、娱乐和整个社会的发展中心，软件工程师通过直接参与或者教授，对软件系统的分析、说明、设计、开发、授证、维护和测试做出贡献，正因为他们在开发软件系统中的作用，软件工程师有很大机会去做好事或带来危害，有能力让他人做好事或带来危害，以及影响他人做好事或造成危害。为了尽可能确保他们的努力会用于好的方面，软件工程师必须做出自己的承诺，使软件工程成为有益和受人尊敬的职业，为符合这一承诺，软件工程师应当遵循下列职业道德规范和实践。

　　本规范包含有关专业软件工程师行为和决断的八项原则，这涉及那些实际工作者、教育工作者、经理、主管人员、政策制定者以及与职业相关的受训人员和学生。这些原则指出了有个人、小组和团体参与其中的道德责任关系，以及这些关系中的主要责任，每个原则的条款就是对这些关系中某些责任做出说明，这些责任是基于软件工程师的人性、对受软件工程师工作影响的人们的特别关照以及软件工程实践的独特因素。本规范把这些规定为任何要认定或有意从事软件工程的人的基本责任。

　　不能把规范的个别部分孤立开来使用以辩护错误，所列出的原则和条款并不是非常完善和详尽的，在职业指导的所有实际使用情况中，不应当将条款的可接受部分与不可接受部分分离开来，本规范也不是简单的道德算法，不可用来产生道德决定，在某些情况下，标准可能互相抵触或与来自其他地方的标准抵触，在这种情况下就要求软件工程师用自己的道德判断，做出在特定情况下符合职业道德规范和职业实践精神的行动。

道德冲突的最好解决方法是对基本原则的周密思考，而不是对条文细节的咬文嚼字，这些原则应当影响软件工程师去从更广的角度考虑，谁会受他们工作的影响，去研究是否他们和他们的同行已给其他人应有的尊重，去考虑对他们工作有所了解的公众将如何看待他们的决定，去分析如何使他们的决定影响最小，去思考他们的行动是最符合软件工程师专业工作要求的，在所有情况下，这些判断关心的主要是公众的健康、安全和福利，也就是说，"公众利益"是这一规范的核心.

因为软件工程动态和求变的背景，要求规范能适合新的变化情况，但是即使在这样一般的情况下，规范对软件工程师和他们的经理提供了支持，帮助他们需要在所遇的特定情况中通过制定职业道德标准采取建设性的行动，本规范不仅为团体中的个人，而且为整个团体提供了一个能遵循的道德基础，本规范也就软件工程师或其团体去做道德上不适当的行为下了定义和限制。

本规范不单是用来判断有问题行为的性质的，它也具有重要的教育功能，由于这一规范表达了行业对职业道德的一致认识，所以它也是对公众和有志向的职业人员进行有关软件工程师道德责任教育的一种工具。

原　　则

原则 1　公众

软件工程师，应当以公众利益为目标，特别是在适当的情况下，软件工程师应当：

1.01 对他们的工作承担完全的责任；

1.02 用公益目标节制软件工程师、雇主、客户和用户的利益；

1.03 批准软件，应在确信软件是安全的、符合规格说明的、经过合适测试的、不会降低生活品质、影响隐私权或有害环境的条件之下，一切工作以大众利益为前提；

1.04 当他们有理由相信有关的软件和文档，可以对用户、公众或环境造成任何实际或潜在的危害时，向适当的人或当局揭露；

1.05 通过合作全力解决由于软件及其安装、维护、支持或文档引起的社会严重关切的各种事项；

1.06 在所有有关软件、文档、方法和工具的申述中，特别是与公众相关的部分，力求正直，避免欺骗；

1.07 认真考虑诸如体力残疾、资源分配、经济缺陷和其他可能影响使用软件益处的各种因素；

1.08 应致力于将自己的专业技能用于公益事业和公共教育的发展。

原则 2　客户和雇主

在保持与公众利益一致的原则下，软件工程师应注意满足客户和雇主的最高利益，特别是在适当的情况下，软件工程师应当：

2.01 在其胜任的领域提供服务，对其经验和教育方面的不足应持诚实和坦率的态度；

2.02 不明知故犯地使用非法或非合理渠道获得的软件；

2.03 在客户或雇主知晓和同意的情况下，只在适当准许的范围内使用客户或雇主的资产；

2.04 保证他们遵循的文档按要求经过某人的授权批准；

2.05 只要工作中所接触的机密文件不违背公众利益和法律，对这些文件所记载的信息须严格保密；

2.06 根据其判断，如果一个项目有可能失败，或者费用过高，违反知识产权法规，或者存在问题，应立即确认、文档记录、收集证据和报告客户或雇主；

2.07 当他们知道软件或文档有涉及社会关切的明显问题时，应确认、文档记录和报告给雇主或客户；

2.08 不接受不利于为他们雇主工作的外部工作；

2.09 不提倡与雇主或客户的利益冲突，除非出于符合更高道德规范的考虑，在后者情况下，应通报雇主或另一位涉及这一道德规范的合适的当事人。

原则3　产品

软件工程师应当确保他们的产品和相关的改进符合最高的专业标准，特别是在适当的情况下，软件工程师应当：

3.01 努力保证高质量、可接受的成本和合理的进度，确保任何有意义的折中方案雇主和客户是清楚和接受的，从用户和公众角度是合用的；

3.02 确保他们所从事或建议的项目有适当的和可达到的目标；

3.03 识别、定义和解决他们工作项目中有关的道德、经济、文化、法律和环境问题；

3.04 通过适当的教育、培训和实践经验，保证他们能胜任正从事和建议开展的工作项目；

3.05 保证在他们从事或建议的项目中使用合适的方法；

3.06 只要适用，遵循最适合手头工作的专业标准，除非出于道德或技术考虑可认定时才允许偏离；

3.07 努力做到充分理解所从事软件的规格说明；

3.08 保证他们所从事的软件说明是良好文档、满足用户需要和经过适当批准的；

3.09 保证对他们从事或建议的项目，做出现实和定量的估算，包括成本、进度、人员、质量和输出，并对估算的不确定性做出评估；

3.10 确保对其从事的软件和文档资料有合适的测试、排错和评审；

3.11 保证对其从事的项目，有合适的文档，包括列入他们发现的重要问题和采取的解决办法；

3.12 开发的软件和相关的文档，应尊重那些受软件影响的人的隐私；

3.13 小心和只使用从正当或法律渠道获得的精确数据，并只在准许的范围内使用；

3.14 注意维护容易过时或有出错情况时的数据完整性；

3.15 处理各类软件维护时，应保持与新开发时一样的职业态度。

原则4　判断

软件工程师应当维护他们职业判断的完整性和独立性，特别是在适当的情况下，软件工程师应当：

4.01 所有技术性判断，服从支持和维护人的价值需要；

4.02 只有在对本人监督下准备的文档，或在本人专业知识范围内并经本人同意的情况下才签署文档；

4.03 对受他们评估的软件或文档，保持职业的客观性；

4.04 不参与欺骗性的财务行为，如行贿、重复收费或其他不正当财务行为；

4.05 对无法回避和逃避的利益冲突，应告知所有有关方面；

4.06 当他们、他们的雇主或客户存有未公开和潜在的利益冲突时，拒绝以会员或顾问身份参加与软件事务相关的私人、政府或职业团体。

原则5 管理

软件工程的经理和领导人员应赞成和促进对软件开发和维护合乎道德规范的管理，特别是在适当的情况下，软件工程师应当：

5.01 对其从事的项目保证良好的管理，包括促进质量和减少风险的有效步骤；

5.02 保证软件工程师在遵循标准之前便知晓它们；

5.03 保证软件工程师知道雇主是如何保护对雇主或其他人保密的口令、文件和信息的有关政策和方法；

5.04 布置工作任务应先考虑其教育和经验会有适当的贡献，再加上有进一步教育和经验的要求；

5.05 保证对他们从事或建议的项目，做出现实和定量的估算，包括成本、进度、人员、质量和输出，并对估算的不确定性做出评估；

5.06 在雇佣软件工程师时，需实事求是地介绍雇佣条件；

5.07 提供公正和合理的报酬；

5.08 不能不公正地阻止一个人取得可以胜任的岗位；

5.09 对软件工程师有贡献的软件、过程、研究、写作或其他知识产权的所有权，保证有一个公平的协议；

5.10 对违反雇主政策或道德观念的指控，提供正规的听证过程；

5.11 不得要求软件工程师去做任何与道德规范不一致的事情；

5.12 不能处罚对项目表露有道德关切的人。

原则6 专业

在与公众利益一致的原则下，软件工程师应当推进其专业的完整性和声誉，特别是在适当的情况下，软件工程师应当：

6.01 协助发展一个适合执行道德规范的组织环境；

6.02 推进软件工程的共识性；

6.03 通过适当参加各种专业组织、会议和出版物，扩充软件工程知识；

6.04 作为一名职业成员，支持其他软件工程师，努力遵循本规范；

6.05 不以牺牲职业、客户或雇主利益为代价，谋求自身利益；

6.06 服从所有监管作业的法令，唯一可能的例外是，仅当这种法令与公众利益有不一致时；

6.07 要精确叙述自己所从事软件的特性，不仅避免错误的断言，也要防止那些可能造成猜测投机、空洞无物、欺骗性、误导性或者有疑问的断言；

6.08 对所从事的软件和相关文档，负起检测、修正和报告错误的责任；

6.09 保证让客户、雇主和主管人员知道软件工程师对本道德规范的承诺，以及这一承诺带来的后果影响；

6.10 避免与本道德规范有冲突的业务和组织沾边；

6.11 要认识违反本规范是与成为一名专业工程师不相称的；

6.12 在出现明显违反本规范时，应向有关当事人表达自己的关切，除非在没有可能、会影响生产或有危险时才可例外；

6.13 当与明显违反道德规范的人无法磋商，或者会影响生产或有危险时，应向有关当局报告。

原则7 同行

软件工程师对其同行应持平等、互助和支持的态度，特别是在适当的情况下，软件工程师应当：

7.01 鼓励同行遵守本规范；

7.02 在专业发展方面帮助同行；

7.03 充分信任和赞赏其他人的工作，节制追逐不应有的赞誉；

7.04 评审别人的工作，应客观、直率和适当地进行文档记录；

7.05 持良好的心态听取同行的意见、关切和抱怨；

7.06 协助同行充分熟悉当前的标准工作实践，包括保护口令、文件和保密信息有关的政策和步骤，以及一般的安全措施；

7.07 不要不公正地干涉同行的职业发展，出于对客户、雇主或公众利益的考虑，软件工程师应以善意态度质询同行的胜任能力；

7.08 在有超越本人胜任范围的情况时，应主动征询其他熟悉这一领域的专业人员的意见。

原则8 自身

软件工程师应当参与终生职业实践的学习，并促进合乎道德的职业实践方法，特别是软件工程师应不断尽力于：

8.01 深化他们的开发知识，包括软件的分析、规格说明、设计、开发、维护和测试，相关的文档，以及开发过程的管理；

8.02 提高他们在合理的成本和时限范围内，开发安全、可靠和有用的高质量软件的能力；

8.03 提高他们编写正确的、有技术含量的良好文档的能力；

8.04 促进他们对工作所涉及软件和相为关文档资料以及应用环境的了解；

8.05 提高他们对工作涉及软件和文档有关标准和法律的熟悉程度；

8.06 促进他们对本规范及其解释和如何应用于本身工作的了解；

8.07 不因为难以接受的偏见而不公正地对待他人；

8.08 不影响他人在执行道德规范时所采取的任何行动；

8.09 要认识违反本规范是与成为一名专业软件工程师不相称的。

附录 B
软件工程术语和定义

1. 验收（acceptance）

需方授权代表的一项活动，通过该活动，需方接受履行合同的部分或全部的软件产品的所有权。

2. 需方（acquirer）

为自己或为另一个组织采购软件产品的组织。

3. 批准（approval）

需方的授权代表或开发方的上级组织对开发方的项目计划、设计或其他方面表示满意并可以作为下一阶段工作基础而签署的书面文件。

4. 体系结构（architecture）

一个系统或 CSCI（Computer Software Configuration Item，计算机软件配置项）的组织结构，标明它的组成，这些组成的接口和它们之间的操作概念。

5. 相关开发方（associate developer）

一个既不是主承包方也不是开发方的分承包方的组织，但它在同一个或相关系统或项目中承担开发工作。

6. 行为设计（behavioral design）

从用户观点出发，对整个系统或 CSCI 的行为进行的设计，它只考虑满足用户需求而不考虑系统或 CSCI 的内部实现。这种设计与体系结构设计不同，后者要标明系统或 CSCI 的内部部件，并有这些部件的详细设计。

7. 开发阶段（build）

（1）软件的一个版本，它满足完整的软件所要满足的全部需求的一个特定的子集。

（2）开发满足特定需求子集的软件版本所经历的时间。

注意：术语"开发阶段"和"版本"之间的关系依赖于开发方。例如，可以通过几个版本来实现一个开发阶段，一个开发阶段也可以发行几个并行的版本（如发往不同的地点），或者将它们用作为同义词。

8．**计算机数据库**（computer database）

见 14 数据库。

9．**计算机硬件**（computer hardware）

能接收和存储计算机数据的，对计算机数据执行一系列系统性的操作的，或能产生控制输出的设备。这类设备能实现基本的解释、计算、通信、控制或其他逻辑功能。

10．**计算机程序**（computer program）

能使计算机硬件实现计算或控制功能的计算机指令和数据定义的集合。

11．**计算机软件**（computer software）

见 32 项。

12．**计算机软件配置项**（computer software configuration item，CSCI）

满足最终使用功能的软件集合，而且它由需方指定进行单独的配置管理。CSCI 应从下列诸因素中进行折中选择：软件功能、规模、宿主机或目标计算机、开发方、支持概念、重用计划、关键性、接口考虑、是否需要单独编写文档和控制以及其他因素。

13．**配置项**（configuration item）

能满足最终使用功能的硬件集合、软件集合或者软、硬件两者的集合，且由需方指定进行单独的配置管理。

14．**数据库**（database）

以一种能被用户或计算机程序通过一个数据库管理系统进行访问的方式，存储在一个或多个计算机文件中的相关数据的集合。

15．**数据库管理系统**（database management system）

是一整套计算机程序，它提供为建立、修改、使用和完整性维护一个数据库所需的功能。

16．**可交付的软件产品**（deliverable software product）

合同要求交付给需方或其他指定的接受方的软件产品。

17．**设计**（design）

开发方为响应一定的需求而对一个系统或 CSCI 选取的一些性能/规格。这些特性中有些是与 GB/T 8567—2006 需求相匹配的，有一些是需求的精细化，如为了响应显示错误信息这一需求而定义所有的错误信息；有一些则是与实现有关的，如为满足需求，决定选用哪些软件配置项和逻辑。

18．**开发方**（developer）

开发软件产品的组织（"开发"包括新的软件开发、修改、重用、再工程、维护或产生软件产品的任何其他活动）。开发方可以是一个承制方或者政府机构。

19．**文档/文档编制**（document/documentation）

能供人或机器阅读的，一般具有永久性的一套资料（不管它们记录在什么媒体上）。

20．**评价**（evaluation）

确定一个项或一个活动是否满足指定准则的过程。

21．**固件**（firmware）

硬件设备和以只读软件的形式驻留在硬件设备上的计算机指令和/或计算机数据的组合。

22．**硬件配置项**（hardware configuration item，HWCI）

满足最终使用功能并由需方指定进行单独配置管理的一套硬件。

23．独立验证与确认（independent verification and validation）

由一个机构对软件产品和活动作系统的评估，这个机构不负责该产品的开发或被评估的活动。

24．接口（interface）

在软件开发中，两个或多个实体之间的关系。这些实体依据这种关系共享、提供或交换数据。接口并不是 CSCI、软件配置项或其他的系统部件；接口只是这些实体间的一种关系。

25．联合评审（joint review）

由需方和开发方双方代表参加的对项目状态、软件产品和/或项目中的问题进行检查和讨论的活动或会议。

26．非交付的软件产品（Non-deliverable software product）

不是合同中要求交付给需方或其他指定接受方的软件产品。

27．过程（process）

为实现某个既定目的而进行的一组有组织的活动，如软件开发过程。

28．合格性测试（qualification testing）

为了向需方表明一个 CSCI 或系统满足其指定的需求而进行的测试。

29．再工程（reengineering）

为了以一种新的形式重组一个现有的系统而对其进行检查和改造的过程。再工程可包括逆向工程（分析一个系统并产生更高一级的抽象来表示它，如从代码到设计）、重构（在同一个抽象级上把系统从一种表示形式转换到另一种表示形式）、重编文档（分析一个系统并产生用户文档式支持文档）、正向工程（从现有的系统的软件产品结合新的需求，产生新系统）、重定目标系统（对系统进行转换以便将其安装到不同的目标系统上）和翻译（将源码从一种语言转换到另一种语言或者从一种语言的某个版本转换成另一种版本）。

30．需求（requirement）

（1）为了使需方能够接受一个系统或 CSCI 所必需具备的特性。

（2）本标准或合同中规定的必须遵守的陈述。

31．可重用的软件产品（reusable software product）

为一个用途开发但还具有别的用途的软件产品，或者专门为了用于多个项目而开发的软件产品，或者在一个项目中有多种作用的软件产品。例子包括（但不限于）上市的商用软件产品，需方已装备的软件产品，重用库中的软件产品和开发方现存的软件产品。每一次使用可以包括这些软件产品的全部或部分，也可以涉及对它的修改。这个术语可以应用于任何软件产品（例如需求，体系结构等）而不只限于软件本身。

32．软件（software）

计算机程序和计算机数据库。

注意：虽然有些软件的定义中包括文档，本标准把这个定义只限于计算机程序和计算机数据库。

33．软件开发（software development）

产生软件产品的一整套活动。软件开发可以包括新开发、修改、重用、再工程、维护或者任何会产生软件产品的其他活动。

34．软件开发文件（software development file，SDF）

与特定软件实体开发有关的资料库。其内容一般包括（直接的或引用的）有关需求分析、设计和实现的考虑、原理和约束条件；开发方内部的测试资料；进度和状态资料。

35．软件开发库（software development library，SDL）

一组受控的软件、文档、其他中间的和最终的软件产品，以及相关的用以促进软件的有序开发和后续支持的工具和方法。

36．软件开发过程（software development process）

为了把用户的需求转换成软件产品而进行的一系列有组织的活动。

37．软件工程（software engineering）

一般情况下，它是软件开发的同义词。在本标准中，软件工程是软件开发的一个子集，它包含除了合格性测试之外的全部活动。本标准之所以加以这种区分只是为了给软件工程和软件测试环境以不同的命名。

38．软件工程环境（software engineering environment）

实施软件工程所需要的设施、硬件、软件、固件、方法和文档。它可以包括（但不限于）计算机辅助软件工程（CASE）的工具、编译程序、汇编程序、连接程序、装载程序、操作系统、排错程序、仿真程序、模拟程序、文档工具和数据库管理系统。

39．软件产品（software product）

为了满足一个合同而建立、修改或组台的软件及相关资料。例如，包括计划、需求、设计、代码、数据库、测试资料和手册。

40．软件质量（software quality）

软件满足所规定的需求的能力。

41．软件支持（software support）

为保证软件安装后能继续按既定目标持续运行而且在系统的运行中能起到既定的作用而实施的一系列活动。软件支持包括软件维护、用户支持和有关的活动。

42．软件系统（software system）

只由软件组成的系统，有时可能还包括该软件赖以运行的计算机设备。

43．软件测试环境（software test environment）

为完成软件合格性测试和可能的其他测试所需的设施、硬件、软件、固件、方法和文档。其要素可以包括（但不限于）仿真程序、代码分析程序、测试用例生成程序和路径分析程序，还可能包括在软件工程环境下用到的要素。

44．软件移交（software transition）

使软件开发的责任从一个组织转交给另一个组织的一系列活动。一般说，前一个组织是实现初期软件开发，而后一个组织是进行软件支持。

45．软件单元（software unit）

CSCI 设计中的一个基本单位，如 CSCI 的一个主要分支，该分支的一个组成部分、一个类、对象、模块、函数、子程序或者数据库。软件配置项可以出现在层次结构的不同层上并可以由其他的软件配置项组成。设计中的软件配置项与实现它们的代码和数据实体（例程、过程、数据库、数据文件等）及包含这些实体的计算机文件之间不一定有一一对应的关系。

附录 C

软件工程缩略语

CASE	计算机辅助软件工程	Computer Assistant Software Engineering
COM	计算机操作手册	Computer Operation Manual
CPM	计算机编程手册	Computer Programming Manual
CSCI	计算机软件配置项	Computer Software Configuration Item
DBDD	数据库（顶层）设计说明	Database Design Description
DID	资料条目说明	Data Item Description
DPMR	开发进度月报	Development Plan Month Report
DRD	数据需求说明	Data requirement Description
FAR	可行性分析报告	Feasibility analysis Report
HWCI	硬件配置项	Hardware Configuration Item
IDD	接口设计说明	Interface Design Description
IRS	接口（软件）需求规格说明	Interface Requirement Specification
IV&V	独立验证和确认	Independent verification and validation
OCD	运行概念说明	Operation Conception Description
PDSR	项目开发总结报告	Project Development summary Report
SCCB	软件配置控制委员会	Software Configuration Control Board
SCM	软件配置管理	Software Configuration Manager
SCMP	软件配置管理计划	Software Configuration Manager Plan
SDD	软件（结构）设计说明	Software Design Description
SDF	软件开发文件	Software Development File
SFDD	软件开发文档	Software Development Document
SDL	软件开发库	Software Development Library
SDP	软件开发计划	Software Development Plan
SIP	软件安装计划	Software Installation Plan
SPS	软件产品规格说明	Software Product Specification
SQA	软件质量保证	Software Quality Assure
SQAP	软件质量保证计划	Software Quality Assure Plan

续表

SRS	软件需求规格说明	Software Requirement Specification
SSDD	系统/子系统设计（结构设计）说明	System Subsystem Design Description
SSS	系统/子系统需求规格说明	System Subsystem Requirement Specification
STD	软件测试说明	Software Testing Description
STP	软件测试计划	Software Testing Plan
STR	软件测试报告	Software Testing Report
STrP	软件移交计划	Software Transfer Plan
SUM	软件用户手册	Software User Manual
SVD	软件版本说明	Software Version Description
SW	软件	Software

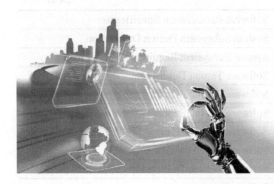

附录 D

计算机软件文档编制规范

中华人民共和国国家标准

GB/T 8567—2006
代替 GB/T 8567—1988

计算机软件文档编制规范

Specification for computer software documentation

2006–03–14 发布
2006–07–01 实施

中华人民共和国国家质量监督检验检疫总局

中国国家标准化管理委员会

I 可行性分析（研究）报告（FAR）

说明：

（1）《可行性分析（研究）报告》（FAR）是项目初期策划的结果，它分析了项目的要求、目标和环境；提出了几种可供选择的方案；并从技术、经济和法律各方面进行了可行性分析。可作为项目决策的依据。

（2）FAR 也可以作为项目建议书、投标书等文件的基础。

可行性分析报告的正文格式如下：

1 引言

本章分为以下几条。

1.1 标识

本条应包含本文档适用的系统和软件的完整标识，（若适用）包括标识号、标题、缩略词语、版本号和发行号。

1.2 背景

说明项目在什么条件下提出，提出者的要求、目标、实现环境和限制条件。

1.3 项目概述

本条应简述本文档适用的项目和软件的用途，它应描述项目和软件的一般特性；概述项目开发、运行和维护的历史；标识项目的投资方、需方、用户、开发方和支持机构；标识当前和计划的运行现场；列出其他有关的文档。

1.4 文档概述

本条应概述本文档的用途和内容，并描述与其使用有关的保密性和私密性的要求。

2 引用文件

本章应列出本文档引用的所有文档的编号、标题、修订版本和日期，本章也应标识不能通过正常的供货渠道获得的所有文档的来源。

3 可行性分析的前提

3.1 项目的要求

3.2 项目的目标

3.3 项目的环境、条件、假定和限制

3.4 进行可行性分析的方法

4 可选的方案

4.1 原有方案的优缺点、局限性及存在的问题

4.2 可重用的系统，与要求之间的差距

4.3 可选择的系统方案 1

4.4 可选择的系统方案 2

4.5 选择最终方案的准则

5 所建议的系统

5.1 对所建议的系统的说明

5.2 数据流程和处理流程

5.3 与原系统的比较（若有原系统）

5.4 影响（或要求）

5.4.1 设备

5.4.2 软件

5.4.3 运行

5.4.4 开发

5.4.5 环境

5.4.6 经费

5.5 局限性

6 经济可行性（成本——效益分析）

6.1 投资

包括基本建设投资（如开发环境、设备、软件和资料等），其他一次性和非一次性投资（如技术管理费、培训费、管理费、人员工资、奖金和差旅费等）。

6.2 预期的经济效益

6.2.1 一次性收益

6.2.2 非一次性收益

6.2.3 不可定量的收益

6.2.4 收益/投资比

6.2.5 投资回收周期

6.3 市场预测

7 技术可行性（技术风险评价）

本公司现有资源（如人员、环境、设备和技术条件等）能否满足此工程和项目实施要求，若不满足，应考虑补救措施（如需要分承包方参与、增加人员、投资和设备等），涉及经济问题应进行投资、成本和效益可行性分析，最后确定此工程和项目是否具备技术可行性。

8 法律可行性

系统开发可能导致的侵权、违法和责任。

9 用户使用可行性

用户单位的行政管理和工作制度；使用人员的素质和培训要求。

10 其他与项目有关的问题

未来可能的变化。

11 注解

本章应包含有助于理解本文档的一般信息（例如：原理）。本章应包含为理解本文档需要的术语和定义，所有缩略语和它们在文档中的含义的字母序列表。

附录

附录可用来提供那些为便于文档维护而单独出版的信息（例如：图表、分类数据）。为便于处理附录可单独装订成册。附录应按字母顺序（A，B 等）编排。

II 软件开发计划（SDP）

说明：

（1）《软件开发计划》（SDP）描述开发者实施软件开发工作的计划，本文档中"软件开发"一词涵盖了新开发、修改、重用、再工程、维护和由软件产品引起的其他所有的活动。

（2）SDP 是向需求方提供了解和监督软件开发过程、所使用的方法、每项活动的途径、项目的安排、组织及资源的一种手段。

（3）本计划的某些部分可视实际需要单独编制成册，例如，软件配置管理计划、软件质量保证计划和文档编制计划等。

软件开发计划的正文的格式如下：

1 引言

本章分为以下几条。

1.1 标识

本条应包含本文档适用的系统和软件的完整标识，（若适用）包括标识号、标题、缩略词语、版本号和发行号。

1.2 系统概述

本条应简述本文档适用的系统和软件的用途，它应描述系统和软件的一般特性；概述系统开发、运行和维护的历史；标识项目的投资方、需方、用户、开发方和支持机构；标识当前和计划的运行现场；列出其他有关的文档。

1.3 文档概述

本条应概述本文档的用途和内容，并描述与其使用有关的保密性和私密性的要求。

1.4 与其他计划之间的关系

（若有）本条描述本计划和其他项目管理计划的关系。

1.5 基线

给出编写本项目开发计划的输入基线，如软件需求规格说明。

2 引用文件

本章应列出本文档引用的所有文档的编号、标题、修订版本和日期，本章也应标识不能通过正常的供货渠道获得的所有文档的来源。

3 交付产品

3.1 程序

3.2 文档

3.3 服务

3.4 非移交产品

3.5 验收标准

3.6 最后交付期限

列出本项目应交付的产品，包括软件产品和文档。其中，软件产品应指明哪些是要开发的，哪些是属于维护性质的；文档是指随软件产品交付给用户的技术文档，如用户手册、安装手册等。

4 所需工作概述

本章根据需要分条对后续章描述的计划作出说明，（若适用）包括以下概述：

（1）对所要开发系统、软件的需求和约束；

（2）对项目文档编制的需求和约束；

（3）该项目在系统生命周期中所处的地位；

（4）所选用的计划/采购策略或对它们的需求和约束；

（5）项目进度安排及资源的需求和约束；

（6）其他的需求和约束，如项目的安全性、保密性、私密性、方法、标准、硬件开发和软件开发的相互依赖关系等。

5 实施整个软件开发活动的计划

本章分以下几条。不需要的活动的条款用"不适用"注明，如果对项目中不同的开发阶段或不同的软件需要不同的计划，这些不同之处应在此条加以注解。除以下规定的内容外，每条中还应标识可适用的风险和不确定因素，及处理它们的计划。

5.1 软件开发过程

本条应描述要采用的软件开发过程。计划应覆盖论及它的所有合同条款，确定已计划的开发阶段（适用的话）、目标和各阶段要执行的软件开发活动。

5.2 软件开发总体计划

本条应分以下若干条进行描述。

5.2.1 软件开发方法

本条应描述或引用要使用的软件开发方法，包括为支持这些方法所使用的手工、自动工具和过程的描述。该方法应覆盖论及它的所有合同条款。如果这些方法在它们所适用的活动范围有更好的描述，可引用本计划的其他条。

5.2.2 软件产品标准

本条应描述或引用在表达需求、设计、编码、测试用例、测试过程和测试结果方面要遵循的标准。标准应覆盖合同中论及它的所有条款。如果这些标准在标准所适用的活动范围有更好的描述，可引用本计划中的其他条。对要使用的各种编程语言都应提供编码标准，至少应包括：

a. 格式标准（例如：缩进、空格、大小写和信息的排序）；

b. 首部注释标准，例如（要求：代码的名称/标识符，版本标识，修改历史，用途）需求和实现的设计决策，处理的注记（例如：使用的算法、假设、约束、限制和副作用），数据注记（输入、输出、变量和数据结构等）；

c. 其他注释标准（例如要求的数量和预期的内容）；

d. 变量、参数、程序包、过程和文档等的命名约定；

e. （若有）编程语言构造或功能的使用限制；

f. 代码聚合复杂性的制约。

5.2.3 可重用的软件产品

本条应分以下若干条。

5.2.3.1 吸纳可重用的软件产品

本条应描述标识、评估和吸纳可重用软件产品要遵循的方法，包括搜寻这些产品的范围和进行评估的准则。描述应覆盖合同中论及它的所有条款。在制定或更新计划时对已选定的或候选的可重用的软件产品应加以标识和说明，（若适用）同时应给出与使用有关的优点、缺陷和限制。

5.2.3.2 开发可重用的软件产品

本条应描述如何标识、评估和报告开发可重用软件产品的机会。描述应覆盖合同中论及它的所有条款。

5.2.4 处理关键性需求

本条应分以下若干条描述为处理指定关键性需求应遵循的方法。描述应覆盖合同中论及它的所有条款。

5.2.4.1 安全性保证

5.2.4.2 保密性保证

5.2.4.3 私密性保证

5.2.4.4 其他关键性需求保证

5.2.5 计算机硬件资源利用

本条应描述分配计算机硬件资源和监控其使用情况要遵循的方法。描述应覆盖合同中论及它的所有条款。

5.2.6 记录原理

本条应描述记录原理所遵循的方法，该原理在支持机构对项目作出关键决策时是有用的。应对项目的"关键决策"一词作出解释，并陈述原理记录在什么地方。描述应覆盖合同中论及它的所有条款。

5.2.7 需方评审途径

本条应描述为评审软件产品和活动，让需方或授权代表访问开发方和分承包方的一些设施要遵循的方法。描述应遵循合同中论及它的所有条款。

6 实施详细软件开发活动的计划

本章分条进行描述。不需要的活动用"不适用"注明，如果项目的不同的开发阶段或不同的软件需要不同的计划，则在本条应指出这些差异。每项活动的论述应包括应用于以下方面的途径（方法/过程/工具）：

a. 所涉及的分析性任务或其他技术性任务；

b. 结果的记录；

c. 与交付有关的准备（如果有的话）。

论述还应标识存在的风险和不确定因素，及处理它们的计划。如果适用的方法在5.2.1处描述了的话，可引用它。

6.1 项目计划和监督

本条分成若干分条描述项目计划和监督中要遵循的方法。各分条的计划应覆盖合同中论及它的所有条款。

6.1.1 软件开发计划（包括对该计划的更新）

6.1.2CSCI 测试计划

6.1.3 系统测试计划

6.1.4 软件安装计划

6.1.5 软件移交计划

6.1.6 跟踪和更新计划，包括评审管理的时间间隔

6.2 建立软件开发环境

本条分成以下若干分条描述建立、控制、维护软件开发环境所遵循的方法。各分条的计划应覆盖合同中论及它的所有条款。

6.2.1 软件工程环境

6.2.2 软件测试环境

6.2.3 软件开发库

6.2.4 软件开发文档

6.2.5 非交付软件

6.3 系统需求分析

6.3.1 用户输入分析

6.3.2 运行概念

6.3.3 系统需求

6.4 系统设计

6.4.1 系统级设计决策

6.4.2 系统体系结构设计

6.5 软件需求分析

本条描述软件需求分析中要遵循的方法。应覆盖合同中论及它的所有条款。

6.6 软件设计

本条应分成若干分条描述软件设计中所遵循的方法。各分条的计划应覆盖合同中论及它的所有条款。

6.6.1 CSCI 级设计决策

6.6.2 CSCI 体系结构设计

6.6.3 CSCI 详细设计

6.7 软件实现和配置项测试

本条应分成若干分条描述软件实现和配置项测试中要遵循的方法。各分条的计划应覆盖合同中论及它的所有条款。

6.7.1 软件实现

6.7.2 配置项测试准备

6.7.3 配置项测试执行

6.7.4 修改和再测试

6.7.5 配置项测试结果分析与记录

6.8 配置项集成和测试

本条应分成若干分条描述配置项集成和测试中要遵循的方法。各分条的计划应覆盖合同中论及它的所有条款。

6.8.1 配置项集成和测试准备

6.8.2 配置项集成和测试执行

6.8.3 修改和再测试

6.8.4 配置项集成和测试结果分析与记录

6.9 CSCI 合格性测试

本条应分成若干分条描述 CSCI 合格性测试中要遵循的方法。各分条的计划应覆盖合同中论及它的所有条款。

6.9.1 CSCI 合格性测试的独立性

6.9.2 在目标计算机系统（或模拟的环境）上测试

6.9.3 CSCI 合格性测试准备

6.9.4 CSCI 合格性测试演练

6.9.5 CSCI 合格性测试执行

6.9.6 修改和再测试

6.9.7 CSCI 合格性测试结果分析与记录

6.10 CSCI/HWCI 集成和测试

本条应分成若干分条描述 CSCI/HWCI 集成和测试中要遵循的方法。各分条的计划应覆盖合同中论及它的所有条款。

6.10.1 CSCI/HWCI 集成和测试准备

6.10.2 CSCI/HWCI 集成和测试执行

6.10.3 修改和再测试

6.10.4 CSCI/HWCI 集成和测试结果分析与记录

6.11 系统合格性测试

本条应分成若干分条描述系统合格性测试中要遵循的方法。各分条的计划应遵循合同中论及它的所有条款。

6.11.1 系统合格性测试的独立性

6.11.2 在目标计算机系统（或模拟的环境）上测试

6.11.3 系统合格性测试准备

6.11.4 系统合格性测试演练

6.11.5 系统合格性测试执行

6.11.6 修改和再测试

6.11.7 系统合格性测试结果分析与记录

6.12 软件使用准备

本条应分成若干分条描述软件应用准备中要遵循的方法。各分条的计划应遵循合同中论及它的所有条款。

6.12.1 可执行软件的准备

6.12.2 用户现场的版本说明的准备

6.12.3 用户手册的准备

6.12.4 在用户现场安装

6.13 软件移交准备

本条应分成若干分条描述软件移交准备要遵循的方法。各分条的计划应遵循合同中论及它的所有条款。

6.13.1 可执行软件的准备

6.13.2 源文件准备

6.13.3 支持现场的版本说明的准备

6.13.4 "已完成"的 CSCI 设计和其他的软件支持信息的准备

6.13.5 系统设计说明的更新

6.13.6 支持手册准备

6.13.7 到指定支持现场的移交

6.14 软件配置管理

本条应分成若干分条描述软件配置管理中要遵循的方法。各分条的计划应遵循合同中论及它的所有条款。

6.14.1 配置标识

6.14.2 配置控制

6.14.3 配置状态统计

6.14.4 配置审核

6.14.5 发行管理和交付

6.15 软件产品评估

本条应分成若干分条描述软件产品评估中要遵循的方法。各分条的计划应覆盖合同中论及它的所有条款。

6.15.1 中间阶段的和最终的软件产品评估

6.15.2 软件产品评估记录（包括所记录的具体条目）

6.15.3 软件产品评估的独立性

6.16 软件质量保证

本条应分成若干分条描述软件质量保证中要遵循的方法。各分条的计划应覆盖合同中论及它的所有条款。

6.16.1 软件质量保证评估

6.16.2 软件质量保证记录、包括所记录的具体条目

6.16.3 软件质量保证的独立性

6.17 问题解决过程（更正活动）

本条应分成若干分条描述软件更正活动中要遵循的方法.各分条的计划应覆盖合同中论及它的所有条款。

6.17.1 问题/变更报告

它包括要记录的具体条目（可选的条目包括：项目名称，提出者，问题编号，问题名称，受影响的软件元素或文档，发生日期，类别和优先级，描述，指派的该问题的分析者，指派日期，完成日期，分析时间，推荐的解决方案，影响，问题状态，解决方案的批准，随后的动作，更正者，更正日期，被更正的版本，更正时间，已实现的解决方案的描述）。

6.17.2 更正活动系统

6.18 联合评审（联合技术评审和联合管理评审）

本条应分成若干分条描述进行联合技术评审和联合管理评审要遵循的方法。各分条的计划应覆盖合同中论及它的所有条款.

6.18.1 联合技术评审包括——组建议的评审

6.18.2 联合管理评审包括——组建议的评审

6.19 文档编制

本条应分成若干分条描述文档编制要遵循的方法。各分条的计划应覆盖合同中论及它的所有条款。编制应遵循文档编制规定执行.

6.20 其他软件开发活动

本条应分成若干分条描述进行其他软件开发活动要遵循的方法。各分条的计划应覆盖合同中论及它的所有条款。

6.20.1 风险管理，包括已知的风险和相应的对策

6.20.2 软件管理指标，包括要使用的指标

6.20.3 保密性和私密性

6.20.4 分承包方管理

6.20.5 与软件独立验证与确认（IV&V）机构的接口

6.20.6 和有关开发方的协调

6.20.7 项目过程的改进

6.20.8 计划中未提及的其他活动

7 进度表和活动网络图

本章应给出：

a．进度表，标识每个开发阶段中的活动，给出每个活动的初始点、提交的草稿和最终结果的可用性、其他的里程碑及每个活动的完成点。

b．活动网络图，描述项目活动之间的顺序关系和依赖关系，标出完成项目中有最严格时间限制的活动。

8 项目组织和资源

本章应分成若干条描述各阶段要使用的项目组织和资源。

8.1 项目组织

本条应描述本项目要采用的组织结构，包括涉及的组织机构、机构之间的关系、执行所需活动的每个机构的权限和职责。

8.2 项目资源

本条应描述适用于本项目的资源。（若适用）应包括：

（1）人力资源，包括：

① 估计此项目应投入的人力（人员/时间数）；

② 按职责（如：管理，软件工程，软件测试，软件配置管理，软件产品评估，软件质量保证和软件文档编制等）分解所投入的人力；

③ 履行每个职责人员的技术级别、地理位置和涉密程度的划分；

（2）开发人员要使用的设施，包括执行工作的地理位置、要使用的设施、保密区域和运用合同项目的设施的其他特性；

（3）为满足合同需要，需方应提高的设备、软件、服务、文档、资料及设施，给出一张何时需要上述各项的进度表；

（4）其他所需的资源，包括：获得资源的计划、需要的日期和每项资源的可用性。

9 培训

9.1 项目的技术要求

根据客户需求和项目策划结果，确定本项目的技术要求，包括管理技术和开发技术。

9.2 培训计划

根据项目的技术要求和项目成员的情况，确定是否需要进行项目培训，并制订培训计划。如不需要培训，应说明理由。

10 项目估算

本章应分若干条说明项目估算的结果。

10.1 规模估算

10.2 工作量估算

10.3 成本估算

10.4 关键计算机资源估算

10.5 管理预留

11 风险管理

本章应分析可能存在的风险，所采取的对策和风险管理计划。

12 支持条件

12.1 计算机系统支持

12.2 需要需方承担的工作和提供的条件

12.3 需要分包商承担的工作和提供的条件

13 注解

本章应包含有助于理解本文档的一般信息（例如原理）。本章应包含为理解本文档需要的术语和定义，所有缩略语和它们在文档中的含义的字母序列表。

附录

附录可用来提供那些为便于文档维护而单独出版的信息（例如图表、分类数据）。为便于处理，附录可单独装订成册。附录应按字母顺序（A、B 等）编排。

III 软件测试计划（STP）

说明：

（1）《软件测试计划》（STP）描述对计算机软件配置项 CSCI，系统或子系统进行合格性测试的计划安排。内容包括进行测试的环境、测试工作的标识及测试工作的时间安排等。

（2）通常每个项目只有一个 STP，使得需方能够对合格性测试计划的充分性作出评估。

软件测试计划的正文的格式如下：

1 引言

本章应分成以下几条。

1.1 标识

本条应包含本文档适用的系统和软件的完整标识，（若适用）包括标识号、标题、缩略词语、版本号和发行号。

1.2 系统概述

本条应简述本文档适用的系统和软件的用途。它应描述系统与软件的一般性质；概述系统开发、运行和维护的历史；标识项目的投资方、需方、用户、开发方和支持机构；标识当前和计划的运行现场；并列出其他有关文档。

1.3 文档概述

本条应概括本文档的用途与内容，并描述与其使用有关的保密性或私密性要求。

1.4 与其他计划的关系

（若有）本条应描述本计划和有关的项目管理计划之间的关系。

1.5 基线

给出编写本软件测试计划的输入基线，如软件需求规格说明。

2 引用文件

本章应列出本文档引用的所有文档的编号、标题、修订版本和日期。本章还应标识不能通过正常的供货渠道获得的所有文档的来源。

3 软件测试环境

本章应分条描述每一预计的测试现场的软件测试环境。可以引用软件开发计划（SDP）中所描述的资源。

3.x（测试现场名称）

本条应标识一个或多个用于测试的测试现场，并分条描述每个现场的软件测试环境。如果所有测试可以在一个现场实施，本条及其子条只给出一次。如果多个测试现场采用相同或相似的软件测试环境，则应在一起讨论。可以通过引用前面的描述来减少测试现场说明信息的重复。

3.x.1 软件项

（若适用）本条应按名字、编号和版本标识在测试现场执行计划测试活动所需的软件项（如操作系统、编译程序、通信软件、相关应用软件、数据库、输入文件、代码检查程序、动态路径分析程序、测试驱动程序、预处理器、测试数据产生器、测试控制软件、其他专用测试软件和后处理器等）。本条应描述每个软件项的用途、媒体（磁带、盘等），标识那些期望由现场提供的软件项，标识与软件项有关的保密措施或其他保密性与私密性问题。

3.x.2 硬件及固件项

（若适用）本条应按名字、编号和版本标识在测试现场用于软件测试环境中的计算机硬件、接口设备、通信设备、测试数据归约设备、仪器设备（如附加的外围设备（磁带机、打印机、绘图仪）、测试消息生成器、测试计时设备和测试事件记录仪等）和固件项。本条应描述每项的用途，陈述每项所需的使用时间与数量，标识那些期望由现场提供的项，标识与这些项有关的保密措施或其他保密性与私密性问题。

3.x.3 其他材料

本条应标识并描述在测试现场执行测试所需的任何其他材料。这些材料可包括手册、软件清单、被测试软件的媒体、测试用数据的媒体、输出的样本清单和其他表格或说明。本条应标识需交付给现场的项和期望由现场提供的项。（若适用）本描述应包括材料的类型、布局和数量。本条应标识与这些项有关的保密措施或其他保密性与私密性问题。

3.x.4 所有权种类、需方权利与许可证

本条应标识与软件测试环境中每个元素有关的所有权种类、需方权利与许可证等问题。

3.x.5 安装、测试与控制

本条应标识开发方为执行以下各项工作的计划，可能需要与测试现场人员共同合作：

（1）获取和开发软件测试环境中的每个元素；

（2）使用前，安装与测试软件测试环境中的每项；

（3）控制与维护软件测试环境中的每项。

3.x.6 参与组织

本条应标识参与现场测试的组织和它们的角色与职责。

3.x.7 人员

本条应标识在测试阶段测试现场所需人员的数量、类型和技术水平，需要他们的日期与时间，及任何特殊需要，如为保证广泛测试工作的连续性与一致性的轮班操作与关键技能的保持。

3.x.8 定向计划

本条应描述测试前和测试期间给出的任何定向培训。此信息应与 3.x.7 所给的人员要求有关。培训可包括用户指导、操作员指导、维护与控制组指导和对全体人员定向的简述。如果预料有大量培训的话，可单独制定一个计划而在此引用。

3.x.9 要执行的测试

本条应通过引用"4 计划"来标识测试现场要执行的测试。

4 计划

本章应描述计划测试的总范围并分条标识，并且描述本 STP 适用的每个测试。

4.1 总体设计

本条描述测试的策略和原则，包括测试类型和测试方法等信息。

4.1.1 测试级

本条所描述要执行的测试的级别，例如：CSCI 级或系统级。

4.1.2 测试类别

本条应描述要执行的测试的类型或类别（例如，定时测试、错误输入测试、最大容量测试）。

4.1.3 一般测试条件

本条应描述运用于所有测试或一组测试的条件，例如："每个测试应包括额定值、最大值和最小值；""每个 x 类型的测试都应使用真实数据（live data）；""应度量每个 CSCI 执行的规模与时间。"并对要执行的测试程度和对所选测试程度的原理的陈述。测试程度应表示为某个已定义总量（如离散操作条件或值样本的数量）的百分比或其他抽样方法。也应包括再测试/回归测试所遵循的方法。

4.1.4 测试过程

在渐进测试或累积测试情况下，本条应解释计划的测试顺序或过程。

4.1.5 数据记录、归约和分析

本条应标识并描述在本 STP 中标识的测试期间和测试之后要使用的数据记录、归纳和分析过程。（若适用）这些过程包括记录测试结果、将原始结果处理为适合评价的形式，以及保留数据归约与分析结果可能用到的手工、自动、半自动技术。

4.2 计划执行的测试

本条应分条描述计划测试的总范围。

4.2.x（被测试项）

本条应按名字和项目唯一标识符标识一个 CSCI、子系统、系统或其他实体，并分以下几条描述对各项的测试。

4.2.x.y（测试的项目唯一标识符）

本条应由项目唯一标识符标识一个测试，并为该测试提供下述测试信息。根据需要可引用 4.1 中的一般信息。

（1）测试对象；

（2）测试级；

（3）测试类型或类别；

（4）需求规格说明中所规定的合格性方法；

（5）本测试涉及的 CSCI 需求（若适用）和软件系统需求的标识符（此信息亦可在第 6 章中提供）；

（6）特殊需求（例如，设备连续工作 48 小时、测试程度、特殊输入或数据库的使用）；

（7）测试方法，包括要用的具体测试技术，规定分析测试结果的方法。

（8）要记录的数据的类型；

（9）要采用的数据记录/归约/分析的类型；

（10）假设与约束，如由于系统或测试条件即时间、接口、设备、人员、数据库等的原因而对测试产生的预期限制；

（11）与测试有关的安全性、保密性与私密性要求。

4.3 测试用例

（1）测试用例的名称和标识；

（2）简要说明本测试用例涉及的测试项和特性；

（3）输入说明，规定执行本测试用例所需的各个输入，规定所有合适的数据库、文件、终端信息、内存常驻区域和由系统传送的值，规定各输入间所需的所有关系（如时序关系等）；

（4）输出说明，规定测试项的所有输出和特性（如：响应时间），提供各个输出或特性的正确值；

（5）环境要求，见"3 软件测试环境"。

5 测试进度表

本章应包含或引用指导实施本计划中所标识测试的进度表。包括：

（1）描述测试被安排的现场和指导测试的时间框架的列表或图表。

（2）每个测试现场的进度表，（若适用）它可按时间顺序描述以下所列活动与事件，根据需要可附上支持性的叙述。

① 分配给测试主要部分的时间和现场测试的时间，

② 现场测试前，用于建立软件测试环境和其他设备、进行系统调试、定向培训和熟悉工作所需的时间；

③ 测试所需的数据库/数据文件值、输入值和其他操作数据的集合；

④ 实施测试，包括计划的重测试；

⑤ 软件测试报告（STR）的准备、评审和批准。

6 需求的可追踪性

本章应包括：

（1）从本计划所标识的每个测试到它所涉及的 CSCI 需求和（若适用）软件系统需求的可追踪性（此可追踪性亦可在 4.2.x.y 中提供，而在此引用）。

（2）从本测试计划所覆盖的每个 CSCI 需求和（若适用）软件系统需求到针对它的测试的可追踪性。这种可追踪性应覆盖所有适用的软件需求规格说明（SRS）和相关接口需求规格说明（IRS）中的 CSCI 需求，对于软件系统，还应覆盖所有适用的系统/子系统规格说明（SSS）及相关系统级 IRS 中的系统需求。

7 评价

7.1 评价准则

7.2 数据处理

7.3 结论

8 注解

本章应包含有助于理解本文档的一般信息（例如背景信息、词汇表、原理）。本章应包含为理解本文档需要的术语和定义，所有缩略语和它们在文档中的含义的字母序列表。

附录

附录可用来提供那些为便于文档维护而单独出版的信息（例如图表、分类数据）。为便于处理，附录可单独装订成册。附录应按字母顺序（A、B 等）编排。

IV 软件需求规格说明（SRS）

说明：

（1）《软件需求规格说明》（SRS）描述对计算机软件配置项 CSCI 的需求，及确保每个要求得以满足的所使用的方法。涉及该 CSCI 外部接口的需求可在本 SRS 中给出：或在本 SRS 引用的一个或多个《接口需求规格说明》（IRS）中给出。

（2）这个 SRS，可能还要用 IRS 加以补充，是 CSCI 设计与合格性测试的基础。

软件需求规格说明的正文的格式如下：

1 范围

本章应分为以下几条。

1.1 标识

本条应包含本文档适用的系统和软件的完整标识，（若适用）包括标识号、标题、缩略词语、版本号和发行号。

1.2 系统概述

本条应简述本文档适用的系统和软件的用途，它应描述系统和软件的一般特性；概述系统开发、运行和维护的历史；标识项目的投资方、需方、用户、开发方和支持机构；标识当前和计划的运行现场；列出其他有关的文档。

1.3 文档概述

本条应概述本文档的用途和内容，并描述与其使用有关的保密性或私密性要求。

1.4 基线

说明编写本系统设计说明书所依据的设计基线。

2 引用文件

本章应列出本文档引用的所有文档的编号、标题、修订版本和发行日期，也应标识不能通过正常的供货渠道获得的所有文档的来源。

3 需求

本章应分以下几条描述 CSCI 需求，也就是，构成 CSCI 验收条件的 CSCI 的特性。CSCI 需求是为了满足分配给该 CSCI 的系统需求所形成的软件需求。给每个需求指定项目唯一标识符以支持测试和可追踪性。并以一种可以定义客观测试的方式来陈述需求。如果每个需求有关的合格性方法（见"4 合格性规定"）和对系统（若适用，子系统）需求的可追踪性[见"5 需求可追踪性"中的（1）]在相应的章中没有提供，则在此进行注解。描述的详细程度遵循以下规则：应包含构成 CSCI 验收条件的那些 CSCI 特性，需方愿意推迟到设计时留给开发方说明的那些特性。如果在给定条中没有需求的话，本条应如实陈述。如果某个需求在多条中出现，可以只陈述一次而在其他条直接引用。

3.1 所需的状态和方式

如果需要 CSCI 在多种状态和方式下运行，且不同状态和方式具有不同需求的话，则要标识和定义每一状态和方式，状态和方式的例子包括：空闲、准备就绪、活动、事后分析、培训、降级、紧急情况和后备等。状态和方式的区别是任意的，可以仅用状态描述 CSCI，也可以仅用方式、方式中的状态、状态中的方式或其他有效方式描述。如果不需要多个状态和方式，不需人为加以区分，应如实陈述；如果需要多个状态或方式，还应使本规格说明中的每个需求或每组需求与这些状态和方式相关联，关联可在本条或本条引用的附录中用表格或其他方法表示，也可在需求出现的地方加以注解。

3.2 需求概述

3.2.1 目标

（1）本系统的开发意图、应用目标及作用范围（现有产品存在的问题和建议产品所要解决的问题）。

（2）本系统的主要功能、处理流程、数据流程及简要说明。

（3）表示外部接口和数据流的系统高层次图。说明本系统与其他相关产品的关系，是独立产品还是一个较大产品的组成部分（可用方框图说明）。

3.2.2 运行环境

简要说明本系统的运行环境（包括硬件环境和支持环境）的规定。

3.2.3 用户的特点

说明是哪一种类型的用户，从使用系统来说，有什么特点。

3.2.4 关键点

说明本软件需求规格说明书中的关键点（例如：关键功能、关键算法和所涉及的关键技术等）。

3.2.5 约束条件

列出进行本系统开发工作的约束条件。例如：经费限制、开发期限和所采用的方法与技术，以及政治、社会、文化、法律等。

3.3 需求规格

3.3.1 软件系统总体功能/对象结构

对软件系统总体功能/对象结构进行描述，包括结构图、流程图或对象图。

3.3.2 软件子系统功能/对象结构

对每个主要子系统中的基本功能模块/对象进行描述，包括结构图、流程图或对象图。

3.3.3 描述约定

通常使用的约定描述（数学符号、度量单位等）。

3.4 CSCI 能力需求

本条应分条详细描述与 CSCI 每一能力相关联的需求。"能力"被定义为一组相关的需求。可以用"功能""性能""主题""目标"或其他适合用来表示需求的词来替代"能力"。

3.4.x（CSCI 能力）

本条应标识必需的每一个 CSCI 能力，并详细说明与该能力有关的需求。如果该能力可以更清晰地分解成若干子能力，则应分条对子能力进行说明。该需求应指出所需的 CSCI 行为，包括适用的参数，如响应时间、吞吐时间、其他时限约束、序列、精度、容量（大小/多少）、优先级别、连续运行需求和基于运行条件的允许偏差；（若适用）需求还应包括在异常条件、非许可条件或越界条件下所需的行为，错误处理需求和任何为保证在紧急时刻运行的连续性而引入到 CSCI 中的规定。在确定与 CSCI 所接收的输入和 CSCI 所产生的输出有关的需求时，应考虑在本文 3.5.x 给出要考虑的主题列表。

对于每一类功能或者对于每一个功能，需要具体描写其输入、处理和输出的需求。

（1）说明

描述此功能要达到的目标、所采用的方法和技术，还应清楚说明功能意图的由来和背景。

（2）输入

包括：

① 详细描述该功能的所有输入数据，如输入源、数量、度量单位、时间设定和有效输入范围等。

② 指明引用的接口说明或接口控制文件的参考资料。

（3）处理

定义对输入数据、中间参数进行处理以获得预期输出结果的全部操作。包括：

① 输入数据的有效性检查；

② 操作的顺序，包括事件的时间设定；

③ 异常情况的响应，例如，溢出、通信故障、错误处理等；

④ 受操作影响的参数；

⑤ 用于把输入转换成相应输出的方法；

⑥ 输出数据的有效性检查。

（4）输出

① 详细说明该功能的所有输出数据，例如，输出目的地、数量、度量单位、时间关系、有效输出范围、非法值的处理、出错信息等；

② 有关接口说明或接口控制文件的参考资料。

3.5 CSCI 外部接口需求

本条应分条描述 CSCI 外部接口的需求。（如有）本条可引用一个或多个接口需求规格说明（IRS）或包含这些需求的其他文档。

外部接口需求，应分别说明：

（1）用户接口；

（2）硬件接口；

（3）软件接口；

（4）通信接口的需求。

3.5.1 接口标识和接口图

本条应标识所需的 CSCI 外部接口，也就是 CSCI 和与它共享数据、向它提供数据或与它交换数据的实体的关系。（若适用）每个接口标识应包括项目唯一标识符，并应用名称、序号、版本和引用文件指明接口的实体（系统、配置项、用户等）。该标识应说明哪些实体具有固定的接口特性（因而要对这些接口实体强加接口需求），哪些实体正被开发或修改（从而接口需求已施加给它们）。可用一个或多个接口图来描述这些接口。

3.5.x 接口的项目唯一标识符

本条（从 3.5.2 开始）应通过项目唯一标识符标识 CSCI 的外部接口，简单地标识接口实体，根据需要可分条描述为实现该接口而强加于 CSCI 的需求。该接口所涉及的其他实体的接口特性应以假设或"当[未提到实体]这样做时，CSCI 将……"的形式描述，而不描述为其他实体的需求。本条可引用其他文档（如：数据字典、通信协议标准、用户接口标准）代替在此所描述的信息。（若适用）需求应包括下列内容，它们以任何适合于需求的顺序提供，并从接口实体的角度说明这些特性的区别（如对数据元素的大小、频率或其他特性的不同期望）：

（1）CSCI 必须分配给接口的优先级别；

（2）要实现的接口的类型的需求（如实时数据传送、数据的存储和检索等）；

（3）CSCI 必须提供、存储、发送、访问、接收的单个数据元素的特性，如：

①　名称/标识符；

a．项目唯一标识符；

b．非技术（自然语言）名称；

c．标准数据元素名称；

d．技术名称（如代码或数据库中的变量或字段名称）；

e．缩写名或同义名；

②　数据类型（字母数字、整数等）；

③　大小和格式（如字符串的长度和标点符号）；

④　计量单位（如米、元、纳秒）；

⑤　范围或可能值的枚举（如 0～99）；

⑥　准确度（正确程度）和精度（有效数字位数）；

⑦　优先级别、时序、频率、容量、序列和其他的约束条件，如数据元素是否可被更新和业务规则是否适用；

⑧　保密性和私密性的约束；

⑨　来源（设置/发送实体）和接收者（使用/接收实体）。

（4）CSCI 必须提供、存储、发送、访问、接收的数据元素集合体（记录、消息、文件、显示和报表等）的特性，如：

①　名称/标识符；

a．项目唯一标识符；

b．非技术（自然语言）名称；

c．技术名称（如代码或数据库的记录或数据结构）；

d．缩写名或同义名。

② 数据元素集合体中的数据元素及其结构（编号、次序、分组）；

③ 媒体（如光盘）和媒体中数据元素/数据元素集合体的结构；

④ 显示和其他输出的视听特性（如颜色、布局、字体、图标和其他显示元素、蜂鸣器以及亮度等）；

⑤ 数据元素集合体之间的关系，如排序/访问特性；

⑥ 优先级别、时序、频率、容量、序列和其他的约束条件，如数据元素集合体是否可被修改和业务规则是否适用；

⑦ 保密性和私密性约束；

⑧ 来源（设置/发送实体）和接收者（使用/接收实体）。

(5) CSCI 必须为接口使用通信方法的特性。如：

① 项目唯一标识符；

② 通信链接/带宽/频率/媒体及其特性；

③ 消息格式化；

④ 流控制（如序列编号和缓冲区分配）；

⑤ 数据传送速率，周期性/非周期性，传输间隔；

⑥ 路由、寻址、命名约定；

⑦ 传输服务，包括优先级别和等级；

⑧ 安全性/保密性/私密性方面的考虑，如加密、用户鉴别、隔离和审核等。

(6) CSCI 必须为接口使用协议的特性，如：

① 项目唯一标识符；

② 协议的优先级别/层次；

③ 分组，包括分段和重组、路由和寻址；

④ 合法性检查、错误控制和恢复过程；

⑤ 同步，包括连接的建立、维护和终止；

⑥ 状态、标识、任何其他的报告特征。

(7) 其他所需的特性，如：接口实体的物理兼容性（尺寸、容限、负荷、电压和接插件兼容性等）。

3.6 CSCI 内部接口需求

本条应指明 CSCI 内部接口的需求（如有的话）。如果所有内部接口都留待设计时决定，则需在此说明这一事实。如果要强加这种需求，则可考虑本文档的 3.5 给出的一个主题列表。

3.7 CSCI 内部数据需求

本条应指明对 CSCI 内部数据的需求，（若有）包括对 CSCI 中数据库和数据文件的需求。如果所有有关内部数据的决策都留待设计时决定，则需在此说明这一事实。如果要强加这种需求，则可考虑在本文档的 3.5.x.(3)和 3.5.x.(4)给出的一个主题列表。

3.8 适应性需求

（若有）本条应指明要求 CSCI 提供的、依赖于安装的数据有关的需求（如依赖现场的经纬度)和要求 CSCI 使用的、根据运行需要进行变化的运行参数(如表示与运行有关的目标常量或数据记录的参数)。

3.9 保密性需求

(若有)本条应描述有关防止对人员、财产、环境产生潜在的危险或把此类危险减少到最低的 CSCI 需求,包括:为防止意外动作(如意外地发出"自动导航关闭"命令)和无效动作(发出一个想要的"自动导航关闭"命令)时失败 CSCI 必须提供的安全措施。

3.10 保密性和私密性需求

(若有)本条应指明保密性和私密性的 CSCI 需求,包括:CSCI 运行的保密性/私密性环境、提供的保密性或私密性的类型和程度。CSCI 必须经受的保密性/私密性的风险、减少此类危险所需的安全措施、CSCI 必须遵循的保密性/私密性政策、CSCI 必须提供的保密性/私密性审核、保密性/私密性必须遵循的确证/认可准则。

3.11 CSCI 环境需求

(若有)本条应指明有关 CSCI 必须运行的环境的需求。例如,包括用于 CSCI 运行的计算机硬件和操作系统(其他有关计算机资源方面的需求在下条中描述)。

3.12 计算机资源需求

本条应分以下各条进行描述。

3.12.1 计算机硬件需求

本条应描述 CSC1 使用的计算机硬件需求,(若适用)包括:各类设备的数量、处理器、存储器、输入/输出设备、辅助存储器、通信/网络设备和其他所需的设备的类型、大小、容量及其他所要求的特征。

3.12.2 计算机硬件资源利用需求

本条应描述 CSCI 计算机硬件资源利用方面的需求,如最大许可使用的处理器能力、存储器容量、输入/输出设备能力、辅助存储器容量、通信/网络设备能力。描述(如每个计算机硬件资源能力的百分比)还包括测量资源利用的条件。

3.12.3 计算机软件需求

本条应描述 CSCI 必须使用或引入 CSCI 的计算机软件的需求,例如包括:操作系统、数据库管理系统、通信/网络软件、实用软件、输入和设备模拟器、测试软件、生产用软件。必须提供每个软件项的正确名称、版本、文档引用。

3.12.4 计算机通信需求

本条应描述 CSCI 必须使用的计算机通信方面的需求,例如:包括:连接的地理位置、配置和网络拓扑结构、传输技术、数据传输速率、网关、要求的系统使用时间、传送/接收数据的类型和容量、传送/接收/响应的时间限制、数据的峰值、诊断功能。

3.13 软件质量因素

(若有)本条应描述合同中标识的或从更高层次规格说明派生出来的对 CSCI 的软件质量方面的需求,例如:包括有关 CSCI 的功能性(实现全部所需功能的能力)、可靠性(产生正确、一致结果的能力)、可维护性(易于更正的能力)、可用性(需要时进行访问和操作的能力)、灵活性(易于适应需求变化的能力)、可移植性(易于修改以适应新环境的能力)、可重用性(可被多个应用使用的能力)、可测试性(易于充分测试的能力)、易用性(易于学习和使用的能力)以及其他属性的定量需求。

3.14 设计和实现的约束

（若有）本条应描述约束 CSCI 设计和实现的那些需求。这些需求可引用适当的标准和规范。

例如需求包括：

（1）特殊 CSCI 体系结构的使用或体系结构方面的需求，例如：需要的数据库和其他软件配置项；标准部件、现有的部件的使用；需方提供的资源（设备、信息、软件）的使用；

（2）特殊设计或实现标准的使用；特殊数据标准的使用；特殊编程语言的使用；

（3）为支持在技术、风险或任务等方面预期的增长和变更区域，必须提供的灵活性和可扩展性。

3.15 数据

说明本系统的输入、输出数据及数据管理能力方面的要求（处理量、数据量）。

3.16 操作

说明本系统在常规操作、特殊操作以及初始化操作、恢复操作等方面的要求。

3.17 故障处理

说明本系统在发生可能的软硬件故障时，对故障处理的要求。包括：

（1）说明属于软件系统的问题；

（2）给出发生错误时的错误信息；

（3）说明发生错误时可能采取的补救措施。

3.18 算法说明

用于实施系统计算功能的公式和算法的描述。包括：

（1）每个主要算法的概况；

（2）用于每个主要算法的详细公式。

3.19 有关人员需求

（若有）本条应描述与使用或支持 CSCI 的人员有关的需求，包括人员数量、技能等级、责任期、培训需求、其他的信息。例如：同时存在的用户数量的需求，内在帮助和培训能力的需求，（若有）还应包括强加于 CSCI 的人力行为工程需求，这些需求包括对人员在能力与局限性方面的考虑：在正常和极端条件下可预测的人为错误，人为错误造成严重影响的特定区域。例如：包括错误消息的颜色和持续时间、关键指示器或关键的物理位置以及听觉信号的使用的需求。

3.20 有关培训需求

（若有）本条应描述有关培训方面的 CSCI 需求。包括：在 CSCI 中包含的培训软件。

3.21 有关后勤需求

（若有）本条应描述有关后勤方面的 CSCI 需求，包括：系统维护、软件支持、系统运输方式、供应系统的需求、对现有设施的影响、对现有设备的影响。

3.22 其他需求

（若有）本条应描述在以上各条中没有涉及的其他 CSCI 需求。

3.23 包装需求

（若有）本条应描述需交付的 CSCI 在包装、加标签和处理方面的需求（如用确定方式标记和包装 8 磁道磁带的交付）。（若适用）可引用适当的规范和标准。

3.24 需求的优先次序和关键程度

（若适用）本条应给出本规格说明中需求的、表明其相对重要程度的优先顺序、关键程度或赋予的权值。例如：标识出那些认为对安全性、保密性或私密性起关键作用的需求，以便进行特殊的处理。如果所有需求具有相同的权值，本条应如实陈述。

4 合格性规定

本章定义一组合格性方法，对于第 3 章中每个需求，指定所使用的方法，以确保需求得到满足。可以用表格形式表示该信息，也可以在第 3 章的每个需求中注明要使用的方法。合格性方法包括：

（1）演示：运行依赖于可见的功能操作的 CSCI 或部分 CSCI，不需要使用仪器、专用测试设备或进行事后分析；

（2）测试：使用仪器或其他专用测试设备运行 CSCI 或部分 CSCI，以便采集数据供事后分析使用。

（3）分析：对从其他合格性方法中获得的积累数据进行处理，如测试结果的归约、解释或推断；

（4）审查：对 CSCI 代码、文档等进行可视化检查；

（5）特殊的合格性方法。任何应用到 CSCI 的特殊合格性方法，如专用工具、技术、过程、设施、验收限制。

5 需求可追踪性

本章应包括：

（1）从本规格说明中每个 CSCI 的需求到其所涉及的系统（或子系统）需求的可追踪性。（该可追踪性也可以通过对"3 所需的状态和方式"中的每个需求进行注释的方法加以描述）。

注意：每一层次的系统细化可能导致对更高层次的需求不能直接进行追踪。例如：建立多个 CSCI 的系统体系结构设计可能会产生有关 CSCI 之间接口的需求，而这些接口需求在系统需求中并没有被覆盖，这样的需求可以被追踪到诸如"系统实现"这样的一般需求，或被追踪到导致它们产生的系统设计决策上。

（2）从分配到被本规格说明中的 CSCI 的每个系统（或子系统）需求到涉及它的 CSCI 需求的可追踪性。分配到 CSCI 的所有系统（或子系统）需求应加以说明。追踪到 IRS 中所包含的 CSCI 需求可引用 IRS.

6 尚未解决的问题

如需要，可说明软件需求中的尚未解决的遗留问题。

7 注解

本章应包含有助于理解本文档的一般信息（例如背景信息、词汇表、原理）。本章应包含为理解本文档需要的术语和定义，所有缩略语和它们在文档中的含义的字母序列表。

附录

附录可用来提供那些为便于文档维护而单独出版的信息（如图表、分类数据）。为便于处理，附录可单独装订成册。附录应按字母顺序（A、B 等）编排。

V 软件（结构）设计说明（SDD）

说明：

（1）《软件（结构）设计说明》（SDD）描述了计算机软件配置项（CSCI 的设计。它描述了 CSCI 级设计决策、CSCI 体系结构设计（概要设计）和实现该软件所需的详细设计。SDD 可用接口设计说明 IDD 和数据库（顶层）设计说明 DBDD 加以补充。

（2）SDD 连同相关的 IDD 和 DBDD 是实现该软件的基础。向需方提供了设计的可视性，为软件支持提供了所需要的信息。

（3）IDD 和 DBDD 是否单独成册抑或与 SDD 合为一份资料视情况繁简而定。

软件（结构）设计说明的正文的格式如下：

1 引言

本章应分为以下几条。

1.1 标识

本条应包含本文档适用的系统和软件的完整标识。（若适用）包括标识号、标题、缩略词语、版本号、发行号。

1.2 系统概述

本条应简述本文档适用的系统和软件的用途。它应描述系统与软件的一般性质；概述系统开发、运行和维护的历史；标识项目的投资方、需方、用户、开发方和支持机构；标识当前和计划的运行现场；并列出其他有关文档。

1.3 文档概述

本条应概述本文档的用途与内容，并描述与其使用有关的保密性或私密性要求。

1.4 基线

说明编写本系统设计说明书所依据的设计基线。

2 引用文件

本章应列出本文档引用的所有文档的编号、标题、修订版本和日期。本章也应标识不能通过正常的供货渠道获得的所有文档的来源。

3 CSCI 级设计决策

本章应根据需要分条给出 CSCI 级设计决策，即 CSCI 行为的设计决策（忽略其内部实现，从用户的角度看，它如何满足用户的需求）和其他影响组成该 CSCI 的软件配置项的选择与设计的决策。

如果所有这些决策在 CSCI 需求中均是明确的，或者要推迟到 CSCI 的软件配置项设计时指出，本章应如实陈述。为响应指定为关键性的需求（如安全性、保密性、私密性需求）而作出的设计决策，应在单独的条中加以描述。如果设计决策依赖于系统状态或方式，则应指出这种依赖性。应给出或引用理解这些设计所需的设计约定。CSCI 级设计决策的例子如下：

（1）关于 CSCI 应接受的输入和产生的输出的设计决策，包括与其他系统、HWCI、CSCI 和用户的接口（本文的 4.5.x 标识了本说明要考虑的主题）。如果该信息的部分或全部已在接口设计说明（IDD）中给出，此处可引用。

（2）有关响应每个输入或条件的 CSCI 行为的设计决策，包括该 CSCI 要执行的动作、响应时间及其他性能特性、被模式化的物理系统的说明、所选择的方程式/算法/规则和对不允许的输入或条件的处理。

（3）有关数据库/数据文件如何呈现给用户的设计决策（本文的 4.5.x 标识了本说明要考虑的主题）。如果该信息的部分或全部已在数据库（顶层）设计说明（DBDD）中给出，此处可引用。

（4）为满足安全性、保密性、私密性需求而选择的方法。

（5）对应需求所做的其他 CSCI 级设计决策，例如：为提供所需的灵活性、可用性和可维护性所选择的方法。

4 CSCI 体系结构设计

本章应分条描述 CSCI 体系结构设计。如果设计的部分或全部依赖于系统状态或方式，则应指出这种依赖性。如果设计信息在多条中出现，则可只描述一次，而在其他条引用。应给出或引用为理解这些设计所需的设计约定。

4.1 体系结构

4.1.1 程序（模块）划分

用一系列图表列出本 CSCI 内的每个程序（包括每个模块和子程序）的名称、标识符、功能及其所包含的源标准名。

4.1.2 程序（模块）层次结构关系

用一系列图表列出本 CSCI 内的每个程序（包括每个模块和子程序）之间的层次结构与调用关系。

4.2 全局数据结构说明

本章说明本程序系统中使用的全局数据常量、变量和数据结构。

4.2.1 常量

包括数据文件名称及其所在目录，功能说明，具体常量说明等。

4.2.2 变量

包括数据文件名称及其所在目录，功能说明，具体变量说明等。

4.2.3 数据结构

包括数据结构名称，功能说明，具体数据结构说明（定义、注释、取值…）等。

4.3 CSCI 部件

本条应：

（1）标识构成该 CSCI 的所有软件配置项。应赋予每个软件配置项一个项目唯一标识符。

注意：软件配置项是 CSCI 设计中的一个元素，如 CSCI 的一个主要的分支、该分支的一个组成部分、一个类、对象、模块、函数、例程或数据库。软件配置项可以出现在一个层次结构的不同层次上，并且可以由其他软件配置项组成。设计中的软件配置项与实现它们的代码和数据实体（例程、过程、数据库、数据文件等）或包含这些实体的计算机文件之间，可以有也可以没有一对一的关系。一个数据库可以被处理为一个 CSCI，也可被处理为一个软件配置项。SDD 可以通过与所采用的设计方法学一致的名字来引用软件配置项。

（2）给出软件配置项的静态关系（如"组成"）。根据所选择的软件设计方法学可以给出多种关系（例如，采用面向对象的设计方法时，本条既可以给出类和对象结构，也可以给出 CSCI 的模块和过程结构）。

（3）陈述每个软件配置项的用途，并标识分配给它的 CSCI 需求与 CSCI 级设计决策（需求的分配也可在（1）中提供）。

（4）标识每个软件配置项的开发状态/类型（如新开发的软件配置项、重用已有设计或软件的软件配置项、再工程的已有设计或软件、为重用而开发的软件等）。对于已有设计或软件，本说明应提供标识信息，如名称、版本、文档引用、库等。

（5）描述 CSCI（若适用，每个软件配置项）计划使用的计算机硬件资源（例如处理器能力、内存容量、输入/输出设备能力、辅存容量和通信/网络设备能力）。这些描述应覆盖该 CSCI 的资源使用需求中提及的、影响该 CSCI 的系统级资源分配中提及的以及在软件开发计划的资源使用度量计划中提及的所有计算机硬件资源。如果一给定的计算机硬件资源的所有使用数据出现在同一个地方，如在一个 SDD 中，则本条可以引用它。针对每一计算机硬件资源应包括如下信息：

① 得到满足的 CSCI 需求或系统级资源分配；

② 使用数据所基于的假设和条件（例如：典型用法、最坏情况用法、特定事件的假设）；

③ 影响使用的特殊考虑（例如：虚存的使用、覆盖的使用、多处理器的使用或操作系统开销、库软件或其他的实现开销的影响）；

④ 所使用的度量单位（例如：处理器能力百分比、每秒周期、内存字节数、每秒千字节）；

⑤ 进行评估或度量的级别（例如：软件配置项，CSCI 或可执行程序）。

（6）指出实现每个软件配置项的软件放置在哪个程序库中。

4.4 执行概念

本条应描述软件配置项间的执行概念。为表示软件配置项之间的动态关系，即 CSCI 运行期间它们如何交互的，本条应包含图示和说明，（若适用）包括执行控制流、数据流、动态控制序列、状态转换图、时序图、配置项之间的优先关系、中断处理、时间/序列关系、异常处理、并发执行、动态分配与去分配、对象/进程/任务的动态创建与删除和其他的动态行为。

4.5 接口设计

本条应分条描述软件配置项的接口特性，既包括软件配置项之间的接口，也包括与外部实体，如系统、配置项及用户之间的接口。如果这些信息的部分或全部已在接口设计说明（IDD）、本文的"5 CSCI 详细设计"或其他地方说明的话，可在此处引用。

4.5.1 接口标识与接口图

本条应陈述赋予每个接口的项目唯一标识符，（若适用）并用名字、编号、版本和文档引用等标识接口实体（软件配置项、系统、配置项、用户等）。接口标识应说明哪些实体具有固定接口特性（从而把接口需求强加给接口实体），哪些实体正在开发或修改（因而已把接口需求分配给它们）。（若适用）应该提供一个或多个接口图以描述这些接口。

4.5.x 接口的项目唯一标识符

本条（从 4.5.2 开始编号）应用项目唯一标识符标识接口，应简要标识接口实体，并且应根据需要划分为几条描述接口实体的单方或双方的接口特性。如果一给定的接口实体本文没有提到（例如：一个外部系统），但是其接口特性需要在本 SDD 描述的接口实体时提到，则这些特性应以假设或"当[未提到实体]这样做时，[提到的实体]将……"的形式描述。本条可引用其他文档（例如：数据字典、协议标准、用户接口标准）代替本条的描述信息。本设计说明应包括以下内容，（若适用）它们可按适合于要提供的信息的任何次序给出，并且应从接口实体角度指出这些特性之间的区别（例如数据元素的大小、频率或其他特性的不同期望）。

（1）由接口实体分配给接口的优先级；

（2）要实现的接口的类型（例如实时数据传输、数据的存储与检索等）；

（3）接口实体将提供、存储、发送、访问、接收的单个数据元素的特性，例如：

① 名称/标识符；

a. 项目唯一标识符；

b. 非技术（自然语言）名称；

c. 标准数据元素名称；

d. 缩写名或同义名。

② 数据类型（字母数字、整数等）；

③ 大小与格式（例如字符串的长度与标点符号）；

④ 计量单位（如米、元、纳秒等）；

⑤ 范围或可能值的枚举（如0～99）；

⑥ 准确度（正确程度）与精度（有效数位数）；

⑦ 优先级、时序、频率、容量、序列和其他约束，如数据元素是否可被更新，业务规则是否适用；

⑧ 保密性与私密性约束；

⑨ 来源（设置/发送实体）与接收者（使用/接收实体）。

（4）接口实体将提供、存储、发送、访问、接收的数据元素集合体（记录、消息、文件、数组、显示、报表等）的特性，例如：

① 名称/标识符；

a. 项目唯一标识符；

b. 非技术（自然语言）名称；

c. 技术名称（如代码或数据库中的记录或数据结构名）；

d. 缩写名或同义名。

② 数据元素集合体中的数据元素及其结构（编号、次序、分组）；

③ 媒体（如光盘）及媒体上数据元素/集合体的结构；

④ 显示和其他输出的视听特性（如颜色、布局、字体、图标及其他显示元素、蜂鸣声、亮度等）；

⑤ 数据集合体之间的关系，如排序/访问特性；

⑥ 优先级、时序、频率、容量、序列和其他约束，如数据集合体是否可被更新，业务规则是否适用；

⑦ 保密性与私密性约束；

⑧ 来源（设置/发送实体）与接收者（使用/接收实体）。

（5）接口实体为该接口使用通信方法的特性，例如：

① 项目唯一标识符；

② 通信链路/带宽/频率/媒体及其特性；

③ 消息格式化；

④ 流控制（如序列编号与缓冲区分配）；

⑤ 数据传输率、周期或非周期和传送间隔；

⑥ 路由、寻址及命名约定；

⑦ 传输服务，包括优先级与等级；

⑧ 安全性/保密性/私密性考虑，如加密、用户鉴别、隔离、审核等。

（6）接口实体为该接口使用协议的特性，例如：

① 项目唯一标识符；

② 协议的优先级/层；

③ 分组，包括分段与重组、路由及寻址；

④ 合法性检查、错误控制、恢复过程；

⑤ 同步，包括连接的建立、保持、终止；

⑥ 状态、标识和其他报告特性。

（7）其他特性，如接口实体的物理兼容性（尺寸、容限、负荷、电压、接插件的兼容性等）。

5 CSCI 详细设计

本章应分条描述 CSCI 的每个软件配置项。如果设计的部分或全部依赖于系统状态或方式，则应指出这种依赖性。如果该设计信息在多条中出现，则可只描述一次，而在其他条引用。应给出或引用为理解这些设计所需的设计约定。软件配置项的接口特性可在此处描述，也可在"4 CSCI 体系结构设计"或接口设计说明（IDD）中描述。数据库软件配置项，或用于操作/访问数据库的软件配置项，可在此处描述，也可在数据库（顶层）设计说明（DBDD）中描述。

5.x 软件配置项的项目唯一标识符或软件配置项组的指定符

本条应用项目唯一标识符标识软件配置项并描述它。（若适用）描述应包括以下信息。作为一种变通，本条也可以指定一组软件配置项，并分条标识和描述它们。包含其他软件配置项的软件配置项可以引用那些软件配置项的说明，而无需在此重复。

（1）（若有）配置项设计决策，诸如（如果以前未选）要使用的算法；

（2）软件配置项设计中的约束、限制或非常规特征；

（3）如果要使用的编程语言不同于该 CSCI 所指定的语言.应该指出，并说明使用它的理由；

（4）如果软件配置项由过程式命令组成或包含过程式命令（如数据库管理系统（DBMS）中用于定义表单与报表的菜单选择、用于数据库访问与操纵的联机 DBMS 查询、用于自动代码生成的图形用户接口（GUI）构造器的输入、操作系统的命令或 shell 脚本），应有过程式命令列表和解释它们的用户手册或其他文档的引用；

（5）如果软件配置项包含、接收或输出数据，（若适用）应有对其输入、输出和其他数据元素以及数据元素集合体的说明。（若适用）本文的 4.5.x 提供要包含主题的列表。软件配置项的局部数据应与软件配置项的输入或输出数据分开来描述。如果该软件配置项是一个数据库，应引用相应的数据库（顶层）设计说明（DBDD）；接口特性可在此处提供，也可引用本文"4 CSCI 体系结构设计"或相应接口设计说明。

（6）如果软件配置项包含逻辑，给出其要使用的逻辑，（若适用）包括：

① 该软件配置项执行启动时，其内部起作用的条件；

② 把控制交给其他软件配置项的条件；

③ 对每个输入的响应及响应时间，包括数据转换、重命名和数据传送操作；

④ 该软件配置项运行期间的操作序列和动态控制序列，包括：

a．序列控制方法；

b．该方法的逻辑与输入条件，如计时偏差、优先级赋值；

c．数据在内存中的进出；

d．离散输入信号的感知，以及在软件配置项内中断操作之间的时序关系。

⑤ 异常与错误处理。

6 需求的可追踪性

本章应包括：

（1）从本 SDD 中标识的每个软件配置项到分配给它的 CSCI 需求的可追踪性（亦可在 4.1 中提供）；

（2）从每个 CSCI 需求到它被分配给的软件配置项的可追踪性。

7 注解

本章应包含有助于理解本文档的一般信息（例如背景信息、词汇表、原理）。本章应包含为理解本文档需要的术语和定义，所有缩略语和它们在文档中的含义的字母序列表。

附录

附录可用来提供那些为便于文档维护而单独出版的信息（例如：图表、分类数据）。为便于处理，附录可单独装订成册。附录应按字母顺序（A、B 等）编排。

VI 数据库（顶层）设计说明（DBDD）

说明：

（1）《数据库（顶层）设计说明》（DBDD）描述了数据库的设计。所谓数据库，指存储在一个或多个计算机文件中的相关数据的集合，它们可由用户或计算机程序通过数据库管理系统（DBMS）加以访问。DBDD 还描述了存取或操纵数据所使用的软件配置项。

（2）DBDD 是实现数据库及相关软件配置项的基础。它向需方提供了设计的可视性，为软件支持提供了所需要的信息。

（3）DBDD 是否单独成册或与 SDD 合为一份资料视情况繁简而定。

数据库（顶层）设计说明的正文的格式如下：

1 引言

本章应分为以下几条。

1.1 标识

本条应包含本文档适用的数据库的完整标识，（若适用）包括标识号、标题、缩略词语、版本号、发行号。

1.2 数据库概述

本条应简述本文档适用的数据库的用途。它应描述数据库的一般性质；概括它的开发、使用和维护的历史；标识项目的投资方、需方、用户、开发方和支持机构；标识当前和计划的运行现场；并列出其他有关文档。

1.3 文档概述

本条应概括本文档的用途与内容，并描述与其使用有关的保密性或私密性要求。

2 引用文件

本章应列出本文档引用的所有文档的编号、标题、修订版本和日期。也应标识不能通过正常的供货渠道获得的所有文档的来源。

3 数据库级设计决策

本章应根据需要分条给出数据库级设计决策，即数据库行为设计决策（从用户的角度看，该数据库如何满足它的需求而忽略内部实现）和其他影响数据库进一步设计的决策。如果所有这些决策在系统或 CSCI 需求中均是明确的，本章应如实陈述。对应于指定为关键性需求（如安全性、保密性、私密性需求）的设计决策，应在单独的条中加以描述。如果设计决策依赖于系统状态或方式，则应指出这种依赖性。如果设计决策的部分或全部已在定制的或商用的数据库管理系统（DBMS）的文档中作了描述，本章可引用它们。应给出或引用理解设计所需的设计约定。数据库级设计决策的例子如下：

（1）关于该数据库应接受的查询或其他输入和它应产生的输出（显示、报告、消息、响应等）的设计决策，包括与其他系统、HWCI、CSCI 和用户的接口（本文的 5.x.（4）标识了本说明要考虑的主题）。如果该信息的部分或全部已在接口设计说明（IDD）中给出，此处可引用。

（2）有关响应每次输入或查询的数据库行为的设计决策，包括动作、响应时间和其他性能特性、所选择的方程式/算法/规则、配置和对不允许的输入的处理。

（3）有关数据库/数据文件如何呈现给用户的设计决策（本文的 4.x 标识了本说明要考虑的主题）。

（4）有关要使用什么数据库管理系统（包括名字、版本/发行）的设计决策和为适应需求的变化而引入到数据库内部的灵活性类型的设计决策。

（5）有关数据库要提供的可用性、保密性、私密性和运行连续性的层次与类型的设计决策。

（6）有关数据库的分布（如客户机/服务器）、主数据库文件更新与维护的设计决策，包括一致性的维护、同步的建立/重建与维护、完整性与业务规则的实施等。

（7）有关备份与恢复的设计决策，包括数据与处理分布策略、备份与恢复期间所允许的动作、对例如音像等新技术或非标准技术的特殊考虑。

（8）有关重组、排序、索引、同步与一致性的设计决策，包括自动的盘管理与空间回收、优化策略、存储与空间大小、数据库内容的填充与历史数据的捕获等方面的考虑。

4 数据库详细设计

本章应根据需要分条描述数据库的详细设计。设计级别数以及每一级别的名称应基于所用的设计方法学。数据库设计级别的例子包括：概念设计、内部设计、逻辑设计和物理设计。如果这些设计决策的部分或全部依赖于系统状态或方式，则应指出这种依赖性。应给出或引用为理解这些设计所需的设计约定。

注意：本文用术语"数据元素集合体"表示在给定的设计级别（如概念设计、内部设计、逻辑设计、物理设计）中具有结构特征（数据元素的编号/次序/分组）的任何实体、关系、模式、字段、表、数组等；同时用术语"数据元素"表示在给定的级别中没有结构特征的关系、属性、字段、配置项、数据元素等。

4.x 数据库设计级别的名称

本条应标识一个数据库设计级别，并用所选择的设计方法的术语描述数据库的数据元素和数据元素集合体。（若适用）描述信息应包括以下内容，它们可按适合于要提供的信息的任何次序给出。

（1）数据库设计中的单个数据元素特性，例如：

① 名称/标识符；

　　　a. 项目唯一标识符；

　　　b. 非技术（自然语言）名称；

　　　c. 标准数据元素名；

　　　d. 技术名称（如数据库中的字段名）；

　　　e. 缩写名或同义名。

　　② 数据类型（字母数字、整数等）；

　　③ 大小与格式（例如字符串的长度与标点符号）；

　　④ 计量单位（如米、元、纳秒等）；

　　⑤ 范围或可能值的枚举（如 0～99）；

　　⑥ 准确度（正确程度）与精度（有效位数）；

　　⑦ 优先级、时序、频率、容量、序列和其他约束，如数据元素是否可被更新，业务规则是否适用；

　　⑧ 保密性与私密性约束；

　　⑨ 来源（设置/发送实体）与接收者（使用/接收实体）。

　　（2）数据库设计中的数据元素集合体（记录、消息、文件、数组、显示、报表等）的特性，例如：

　　① 名称/标识符；

　　　a. 项目唯一标识符；

　　　b. 非技术（自然语言）名称；

　　　c. 技术名称（如代码或数据库中的记录或数据结构名）；

　　　d. 缩写名或同义名。

　　② 数据元素集合体中的数据元素及其结构（编号、次序、分组）；

　　③ 媒体（如光盘）及媒体上数据元素/集合体的结构；

　　④ 显示和其他输出的视听特性（如颜色、布局、字体、图标及其他显示元素、蜂鸣声、亮度等）；

　　⑤ 数据元素集合体之间的关系，如排序/访问特性；

　　⑥ 优先级、时序、频率、容量、序列和其他约束，如数据集合体是否可被更新，业务规则是否适用；

　　⑦ 保密性与私密性约束；

　　⑧ 来源（设置/发送实体）与接收者（使用/接收实体）。

5 用于数据库访问或操纵的软件配置项的详细设计

　　本章应分条描述用于数据库访问或操纵的每个软件配置项。如果该信息的部分或全部已在别处提供，如在软件（结构）设计说明（SDD）、定制的 DBMS 的 SDD，商用的 DBMS 的用户手册等处，在此可引用该信息，而无需重复说明。如果设计的部分或全部依赖于系统状态或方式，则应指出这种依赖性。如果该设计信息在多条中出现，则可只描述一次，而在其他条引用。应给出或引用为理解设计所需的设计约定。

5.x 软件配置项的项目唯一标识符或软件配置项组的指定符

　　本条应用项目唯一标识符标识软件配置项并描述它。（若适用）描述应包括以下信息。作为一种变通，本条也可以指定一组软件配置项，并分条标识和描述它们。包含其他软件配置项的软件配置项可以引用那些软件配置项的说明，而无须在此重复。

(1) （若有）配置项设计决策，诸如（如果以前未选）要使用的算法；

(2) 软件配置项设计中的约束、限制或非常规特征；

(3) 如果要使用的编程语言不同于该 CSCI 所指定的语言，应该指出，并说明使用它的理由；

(4) 如果软件配置项由过程式命令组成或包含过程式命令（如数据库管理系统，DBMS）中用于定义表单与报表的菜单选择、用于数据库访问与操纵的联机 DBMS 查询、用于自动代码生成的图形用户接口（GUI）构造器的输入、操作系统的命令或命令解释程序（shell）脚本，应有过程式命令列表和对解释它们的用户手册或其他文档的引用；

(5) 如果软件配置项包含、接收或输出数据，（若适用）应有对其输入、输出和其他数据元素以及数据元素集合体的说明。（若适用）本文的 4.x.提供要包含主题的列表。软件配置项的局部数据应与软件配置项的输入或输出数据分开来描述。如果该软件配置项是一个数据库，应引用相应的数据库（顶层）设计说明（DBDD）：接口特性可在此处提供，也可引用相应接口设计说明。如果一给定的接口实体本文没有提及（例如，一个外部系统），但是其接口特性需要在本 DBDD 描述的接口实体时提到，则这些特性应以假设、或"当[未提及实体]这样做时，[软件配置项]将……"的形式描述。本条可引用其他文档（例如，数据字典、协议标准、用户接口标准）代替本条的描述信息。本设计说明应包括以下内容，（若适用）它们可按适合于要提供的信息的任何次序给出，并且应从接口实体角度指出这些特性之间的区别（例如，数据元素的大小、频率等）。

① 接口的项目唯一标识符；

② （若适用）用名字、编号、版本和文档引用来标识接口实体（软件配置项、配置项、用户等）；

③ 由接口实体分配给接口的优先级；

④ 要实现的接口的类型（例如，实时数据传输、数据的存储与检索等）；

⑤ 接口实体将提供、存储、发送、访问、接收的单个数据元素的特性。本文档 4.x.a 标识了要提及的主题；

⑥ 接口实体将提供、存储、发送、访问、接收的数据元素集合体（记录、消息、文件、数组、显示、报表等）的特性。本文档的 4.x.标识了要提及的主题；

⑦ 接口实体为该接口使用通信方法的特性，例如：

a. 项目唯一标识符；

b. 通信链路/带宽/频率/媒体及其特性；

c. 消息格式化；

d. 流控制（如序列编号与缓冲区分配）；

e. 数据传输率、周期或非周期和传送间隔；

f. 路由、寻址及命名约定；

g. 传输服务，包括优先级与等级；

h. 安全性/保密性/私密性考虑，如加密、用户鉴别、隔离、审核等。

⑧ 接口实体为该接口使用协议的特性，例如：

a. 项目唯一标识符；

b．协议的优先级/层次；

c．分组，包括分段与重组、路由及寻址；

d．合法性检查、错误控制、恢复过程；

e．同步，包括连接的建立、维护、终止；

f．状态、标识和其他报告特征。

⑨ 其他特性，如接口实体的物理兼容性（尺寸、容量、负荷、电压、接插件的兼容性等）。

（6）如果软件配置项包含逻辑，给出其要使用的逻辑，（若适用）包括：

① 该软件配置项执行启动时，其内部起作用的条件；

② 把控制交给其他软件配置项的条件；

③ 对每个输入的响应及响应时间，包括数据转换、重命名和数据传送操作；

④ 该软件配置项运行期间的操作序列和动态控制序列，包括：

a．序列控制方法；

b．该方法的逻辑与输入条件，如计时偏差、优先级赋值；

c．数据在内存中的进出；

d．离散输入信号的读出，以及在软件配置项内中断操作之间的时序关系。

⑤ 异常与错误处理。

6 需求的可追踪性

本章应包括：

（1）从本 DBDD 所提到的每个数据库或其他软件配置项到它们所涉及的系统或 CSCI 需求的可追踪性；

（2）从已经分配给本 DBDD 所提及的数据库或软件配置项的每个系统或 CSCI 需求到涉及它们的数据库或软件配置项的可追踪性。

7 注解

本章应包含有助于理解本文档的一般信息（例如背景信息、词汇表、原理）。本章应包含为理解本文档需要的术语和定义，所有缩略语和它们在文档中的含义的字母序列表。

附录

附录可用来提供那些为便于文档维护而单独出版的信息（例如，图表、分类数据）。为便于处理，附录可单独装订成册。附录应按字母顺序（A、B 等）编排。

VII 软件测试说明（STD）

说明：

（1）《软件测试说明》（STD）描述执行计算机软件配置项 CSCI、系统或子系统合格性测试所用到的测试准备、测试用例及测试过程。

（2）通过 STD 需方能够评估所执行的合格性测试是否充分。

软件测试说明的正文的格式如下：

1 引言

本章应分成以下几条。

1.1 标识

本条应包含本文档适用的系统和软件的完整标识，（若适用）包括标识号、标题、缩略词语、版本号、发行号。

1.2 系统概述

本条应简述本文档适用的系统和软件的用途。它应描述系统与软件的一般性质；概述系统开发、运行和维护的历史；标识项目的投资方、需方、用户、开发方和支持机构；标识当前和计划的运行现场；并列出其他有关文档。

1.3 文档概述

本条应概述本文档的用途与内容，并描述与其使用有关的保密性与私密性要求。

2 引用文件

本章应列出本文档引用的所有文档的编号、标题、修订版本和日期。本章还应标识不能通过正常的供货渠道获得的所有文档的来源。

3 测试准备

本章应分以下几条，（若适用）应包括用"警告"或"注意"标记的安全提示和保密性与私密性考虑。

3.x 测试的项目唯一标识符

本条应用项目唯一标识符标识一个测试并提供简要说明，应分为以下几条。当所需信息与前面为另一测试所指出的信息重复时，此处可作引用而无须重复。

3.x.1 硬件准备

本条应描述为进行测试工作需要做的硬件准备过程。有关这些过程可以引用已出版的操作手册。（若适用）应提供以下内容：

(1) 要使用的特定硬件，用名字和（若适用）编号标识；

(2) 任何用于连接硬件的开关设置和电缆；

(3) 说明硬件、互联控制和数据路径的一个或多个图示；

(4) 使硬件处于就绪状态的分步指令。

3.x.2 软件准备

本条应描述为测试准备被测项和其他有关软件，包括用于测试的数据的必要过程。有关这些过程，可以引用已出版的软件手册。（若适用）应提供下述信息：

(1) 测试中要使用的特定软件；

(2) 被测项的存储媒体（如磁带、盘）；

(3) 任何相关软件（如模拟器、测试驱动程序、数据库）的存储媒体；

(4) 加载软件的指令，包括所需的顺序；

(5) 多个测试用例共同使用的软件初始化指令。

3.x.3 其他测试前准备

本条应描述进行测试前所需的其他人员活动、准备或过程。

4 测试说明

本章应分为以下几条。（若适用）应包括用"警告"或"注意"标记的安全提示和保密性与私密性考虑。

4.x 测试的项目唯一标识符

本条应用项目唯一标识符标识一个测试，并分为以下几条。当所需信息与以前提供的信息重复时，此处可作引用而无需重复。

4.x.y 测试用例的项目唯一标识符

本条应用项目唯一标识符标识一个测试用例，说明其目的并提供简要描述。下述各条提供测试用例的详细说明。

4.x.y.1 涉及的需求

本条应标识测试用例所涉及的 CSCI 需求或系统需求（此信息亦可在"5 需求的可跟踪性"的（1）中提供）。

4.x.y.2 先决条件

本条应标识执行测试用例前必须建立的先决条件，（若适用）应讨论以下内容：

（1）软、硬件配置；

（2）测试开始之前需设置或重置的标志、初始断点、指针、控制参数或初始数据；

（3）运行测试用例所需的预置硬件条件或电气状态；

（4）计时度量所用的初始条件；

（5）模拟环境的条件；

（6）测试用例特有的其他特殊条件。

4.x.y.3 测试输入

本条应描述测试用例所需的测试输入，（若适用）应提供以下内容：

（1）每一测试输入的名称、用途和说明（如值的范围、准确度）；

（2）测试输入的来源与用于选择测试输入的方法；

（3）测试输入是真实的还是模拟的；

（4）测试输入的时间或事件序列。

（5）控制输入数据的方式：

① 用最小/合理数量的数据类型和值测试各项；

② 对过载、饱和及其他"最坏情况"影响，用各种有效数据类型和值试验被测各项；

③ 对非常规输入处理用无效数据类型和值试验被测各项；

④ 如需要允许再测试。

4.x.y.4 预期测试结果

本条应标识测试用例的所有预期测试结果。（若适用）应提供中间结果和最终结果。

4.x.y.5 评价结果的准则

本条应标识用于评价测试用例的中间和最终测试结果的准则。（若适用）应对每一测试结果提供以下信息：

（1）输出可能变化但仍能接受的范围或准确度；

（2）构成可接受的测试结果的输入和输出条件的最少组合或选择；

（3）用时间或事件数表示的最大/最小允许的测试持续时间；

（4）可能发生的中断、停机或其他系统故障的最大数目；

（5）允许的处理错误的严重程度；

（6）当测试结果不明确时执行重测试的条件；

（7）把输出解释为"指出在输入测试数据、测试数据库／数据文件或测试过程中的不规则性"的条件；

（8）允许表达测试的控制、状态和结果的指示方式，以及表明下一个测试用例（或许是辅助测试软件的输出）准备就绪的指示方式；

(9) 以上未提及的其他准则。

4.x.y.6 测试过程

本条应定义测试用例的测试过程。测试过程应被定义为以执行步骤顺序排列的、一系列单独编号的步骤。为便于文档维护，可以将测试过程作为附录并在此引用。每个测试过程的适当详细程度依赖于被测试软件的类型。对于某些软件，每次键击可以是一个单独的测试过程步骤；而对于大多数软件，每一步骤可以包括逻辑相关的一串键击或其他动作。适当的详细程度应该有利于规定预期结果并把它们与实际结果进行比较。（若适用）每一测试过程应提供：

(1) 每一步骤所需的测试操作员的动作和设备操作，（若适用）包括以下方面的命令：

① 初始化测试用例并运用测试输入；

② 检查测试条件；

③ 执行测试结果的临时评价；

④ 记录数据；

⑤ 暂停或中断测试用例；

⑥ 如果需要，请求数据转储或其他帮助；

⑦ 修改数据库/数据文件；

⑧ 如果不成功，重复测试用例；

⑨ 根据该测试用例的要求，应用替代方式；

⑩ 终止测试用例。

(2) 对每一步骤的预期结果与评价准则；

(3) 如果测试用例涉及多个需求，需标识出哪一个（些）测试过程步骤涉及哪些需求（亦可在"5 需求的可追踪性"中提供）；

(4) 程序停止或指示的错误发生后要采取的动作，如：

① 为便于引用，根据指示器记录关键的数据；

② 暂停或中止对时间敏感的测试支持软件和测试仪器；

③ 收集与测试结果有关的系统记录和操作员记录。

(5) 归约和分析测试结果所采用的过程，（若适用）应完成下述各项：

① 检测是否已产生了输出；

② 标识由测试用例所产生数据的媒体和位置；

③ 评价输出，作为继续测试序列的基础；

④ 与所需的输出对照，评价测试输出。

4.x.y.7 假设和约束

本条应标识所做的任何假设，以及在描述测试用例中由于系统或测试条件而引入的约束或限制，如时间、接口、设备、人员与数据库/数据文件的限制。如果对指定的限制和参数放弃或例外得到批准的话，应对它们加以标识，并且本条应指出它们对测试用例的影响与冲击。

5 需求的可追踪性

本章应包括：

(1) 从本文中的每个测试用例到它所涉及的系统或 CSCI 需求的可追踪性。如果测试用例涉及多个需求，应包含从每一组测试过程步骤到所涉及的需求的可追踪性（此可追踪性亦可在 4.x.y.1 中提供）；

(2) 从本文所提的每个系统或 CSCI 需求到涉及它们的测试用例的可追踪性。对于 CSCI

测试，是从 CSCI 软件需求规格说明（SRS）和有关接口需求规格说明（IRS）中的 CSCI 需求到涉及它们的测试用例的可追踪性。对于系统测试，是从在系统的系统/子系统规格说明（SSS）及有关 IRS 中的每个系统需求到涉及它们的测试用例的可追踪性。如果测试用例涉及多个需求，则可追踪性应指明涉及每一个需求的具体测试过程步骤。

6 注解

本章应包含有助于理解本文档的一般信息（例如，背景信息、词汇表、原理）。本章应包含为理解本文档需要的术语和定义，所有缩略语和它们在文档中的含义的字母序列表。

附录

附录可用来提供那些为便于文档维护而单独出版的信息（例如，图表、分类数据）。为便于处理，附录可单独装订成册。附录应按字母顺序（A、B 等）编排。

VIII 软件配置管理计划（SCMP）

说明

《软件配置管理计划》（SCMP）说明在项目中如何实现配置管理。

软件配置管理计划的正本格式如下：

1 引言

本章应分成以下几条。

1.1 标识

本条应包含本文档适用的系统和软件的完整标识，（若适用）包括标识号、标题、缩略词语、版本号、发行号。

1.2 系统概述

本条应简述本文档适用的系统和软件的用途。它应描述系统与软件的一般性质；概述系统开发、运行和维护的历史；标识项目的投资方、需方、用户、开发方和支持机构；标识当前和计划的运行现场；并列出其他有关文档。

1.3 文档概述

本条应概括本文档的用途与内容，并描述与其使用有关的保密性与私密性要求。

1.4 组织和职责

描述软件配置管理（SCM）负责人和软件配置控制委员会（SCCB）的组成以及他们在项目中的职责和权限；说明与项目配置管理相关的人员，如项目经理、部门 SCM 组长的职责；描述以上人员之间的关系。

为了能够清晰地表述，可选用图表的方式进行说明。

1.5 资源

描述项目配置管理活动所需的各种资源，包括人员、培训、工具、设备、设施等。其中人员是指人力成本，它是根据项目开发计划中的总工时计算得出的。

2 引用文件

本章应列出本文档引用的所有文档的编号、标题、修订版本和日期。本章还应标识不能通过正常的供货渠道获得的所有文档的来源。

3 管理

描述负责软件配置管理的机构、任务、职责及其有关的接口控制。

3.1 机构

描述在各阶段中负责软件配置管理的机构。描述的内容如下：

（1）描述在软件生存周期各阶段中软件配置管理的功能和负责软件配置管理的机构；

（2）说明项目和子项目与其他有关项目之间的关系；

（3）指出在软件生存周期各阶段中的软件开发或维护机构与配置控制委员会的相互关系。

3.2 任务

描述在软件生存周期各阶段中的配置管理任务以及要进行的评审和检查工作，并指出各个阶段的阶段产品应存放在哪一类软件库中（软件开发库、软件受控库或软件产品库）。

3.3 职责

描述与软件配置管理有关的各类机构或成员的职责，并指出这些机构或成员相互之间的关系：

（1）指出负责各项软件配置管理任务（如配置标识、配置控制、配置状态记录以及配置的评审与检查）的机构的职责；

（2）指出上述机构与软件质量保证机构、软件开发单位、项目承办单位、项目委托单位以及用户等机构的关系；

（3）说明由本计划第3.2条指明的生存周期各阶段的评审、检查和审批过程中的用户职责以及相关的开发和维护活动；

（4）指出与项目有关的各个机构的代表的软件配置管理职责；

（5）指出其他特殊职责，例如为满足软件配置管理要求所必要的批准要求。

3.4 接口控制

描述：

（1）接口规格说明标识和文档控制的方法；

（2）对已交付的接口规格说明和文档进行修改的方法；

（3）对要完成的软件配置管理活动进行跟踪的方法；

（4）记录和报告接口规格说明和文档控制状态的方法；

（5）控制软件和支持它运行的硬件之间的接口的方法。

3.5 实现

规定实现软件配置管理计划的主要里程碑，例如：

（1）建立配置控制委员会；

（2）确定各个配置基线；

（3）建立控制接口协议；

（4）制订评审与检查软件配置管理计划和规程；

（5）制订相关的软件开发、测试和支持工具的配置管理计划和规程。

3.6 适用的标准、条例和约定

3.6.1 指明所适用的软件配置管理标准、条例和约定

必须说明这些标准、条例和约定要实现的程度。

3.6.2 描述要在本项目中编写和实现的软件配置管理标准、条例和约定

这些标准、条例和约定可以包括以下内容：

（1）软件结构层次树中软件位置的标识方法；

（2）程序和模块的命名约定；

（3）版本级别的命名约定；

（4）软件产品的标识方法；

（5）规格说明、测试计划与测试规程、程序设计手册及其他文档的标识方法；

（6）媒体和文档管理的标识方法；

（7）文档交付过程；

（8）软件产品库中软件产品入库、移交或交付的过程；

（9）问题报告、修改请求和修改次序的处理过程；

（10）配置控制委员会的结构和作用；

（11）软件产品交付给用户的验收规程；

（12）软件库的操作，包括准备、存储和更新模块的方法；

（13）软件配置管理活动的检查；

（14）问题报告、修改请求或修改次序的文档要求，指出配置修改的目的和影响；

（15）软件进入配置管理之前的测试级别；

（16）质量保证级别，例如，在进人配置管理之前，验证软件满足有关基线的程度。

4 软件配置管理活动

本章描述配置标识、配置控制、配置状态记录与报告以及配置检查与评审等四方面的软件配置管理活动的需求。

4.1 配置标识

4.1.1 本条必须详细说明软件项目的基线（即最初批准的配置标识）

把它们与本计划的 3.2 条描述的生存周期的特定阶段相联系。在软件生存周期中，主要有三种基线，它们是功能基线、分配基线和产况，基线。对于每个基线，必须描述下列内容：

（1）每个基线的项（包括应交付的文档和程序）；

（2）与每个基线有关的评审与批准事项以及验收标准；

（3）在建立基线的过程中用户和开发者参与情况。

例如，在产品基线中，要定义的元素可以包括：

（1）产品的名字和命名规则；

（2）产品标识编号；

（3）对每一个新交付的版本，要给出版本交付号、新修改的描述、修改交付的方法、对支持软件的修改要求以及对有关文档的修改要求；

（4）安装说明；

（5）已知的缺陷和故障；

（6）软件媒体和媒体标识。

4.1.2 本条必须描述本项目所有软件代码和文档的标题、代号、编号以及分类规程

例如，对代码来说：

（1）编译日期可以作为每个交付模块标识的一部分；

（2）在构造模块源代码的顺序行号时，应使它适合于模块作进一步的修改。

4.2 配置控制

4.2.1 本条必须描述在本计划 3.2 条描述的软件生存周期中各个阶段使用的修改批准权限的级别

4.2.2 本条必须定义对已有配置的修改申请进行处理的方法

其中包括：

（1）详细说明在本计划第 3.2 条描述的软件生存周期各个阶段中提出修改申请的程序（可以用注上自然语言的流程图来表达）；

（2）描述实现已批准的修改申请（包括源代码、目标代码和文档的修改）的方法；

（3）描述软件库控制的规程，其中包括库存软件控制、对于适用基线的读写保护、成员保护、成员标识、档案维护、修改历史以及故障恢复等七项规程；

d．如果有必要修补目标代码，则要描述其标识和控制的方法。

4.2.3 对于各个不同层次的配置控制组和其他修改管理机构

本条必须：

（1）定义其作用，并规定其权限和职责；

（2）如果已组成机构，则指明该机构的领导人及其成员；

（3）如果还没有组成机构，则说明怎样任命该机构的领导人、成员及代理人；

（4）说明开发者和用户与配置控制组的关系。

4.2.4 当要与不属于本软件配置管理计划适用范围的程序和项目进行接口时，本条必须说明对其进行配置控制的方法如果这些软件的修改需要其他机构在配置控制组评审之前或之后进行评审，则本条必须描述这些机构的组成、它们与配置控制组的关系以及它们相互之间的关系。

4.2.5 本条必须说明与特殊产品（如非交付的软件、现存软件、用户提供的软件和内部支持软件）有关的配置控制规程.

4.3 配置状态的记录和报告

本条必须：

（1）指明怎样收集、验证、存储、处理和报告配置项的状态信息；

（2）详细说明要定期提供的报告及其分发办法；

（3）如果有动态查询，要指出所提供的动态查询的能力；

（4）如果要求记录用户说明的特殊状态时，要描述其实现手段。

例如，在配置状态记录和报告中，通常要描述的信息有：

（1）规格说明的状态；

（2）修改申请的状态；

（3）修改批准的报告；

（4）产品版本或其修改版的状态；

（5）安装、更新或交付的实现报告；

（6）用户提供的产品（如操作系统）的状态；

（7）有关开发项目历史的报告。

4.4 配置的检查和评审

本条必须：

（1）定义在本计划的 3.2 条所定义的软件生存周期的特定点上执行的检查和评审中软件配置管理计划的作用；

（2）规定每次检查的评审所包含的配置项；

（3）指出用于标识和解决在检查和评审期间发现的问题的工作流程。

5 工具、技术和方法

本章必须指明为支持特定项目的软件配置管理所使用的软件工具、技术和方法，指明它们的目的，并在开发者所有权的范围内描述其用法。例如，可以包括用于下列任务的工具，技术和方法：

（1）软件媒体和媒体文档的标识。

（2）把文档和媒体置于软件配置管理的控制之下，并把它正式地交付给用户。例如，要给出对软件库内的源代码和目标代码进行控制的工具、技术和方法的描述；如果用到数据库管理系统，则还要对该系统进行描述。又如，要指明怎样使用软件库工具、技术和方法来处理软件产品的交付。

（3）编制关于程序及其有关文档的修改状态的文档。因此必须进一步定义用于准备多种级别（如项目负责人、配置控制小组、软件配置管理人员和用户）的管理报告的工具、技术和方法。

6 对供货单位的控制

供货单位是指软件销售单位、软件开发单位或软件子开发单位。必须规定对这些供货单位进行控制的管理规程，从而使从软件销售单位购买的、其他开发单位开发的或从软件开发单位现存软件库中选用的软件能满足规定的软件配置管理需求。管理规程应该规定在本软件配置管理计划的执行范围内控制供货单位的方法；还应解释用于确定供货单位的软件配置管理能力的方法以及监督它们遵循本软件配置管理计划需求的方法。

7 记录的收集、维护和保存

本章必须指明要保存的软件配置管理文档，指明用于汇总、保护和维护工程文档的方法和设施（其中包括要使用的后备设施），并指明要保存的期限。

8 配置项和基线

8.1 配置项命名规则

根据组织的《标识规范》，对不同类型的配置项建立命名规则。

配置项类型	命名规则的说明

8.2 配置项的识别和基线的划分

列出识别到的所有配置项和所属的配置基线，并明确配置项的标识、作者（或负责人）和配置时间。

配置基线	配置项名称	配置项标识	作者/负责人	配置时间

8.3 变更和发布

描述配置项和基线变更、发布的流程以及相应的批准权限。

为了能够清晰地表述，应选用图表的方式进行说明。

9 备份

说明配置库和配置管理库的备份方式、频度、责任人。

10 日程表

列出项目配置管理活动的日程表，并确保配置管理活动的日程表与项目开发计划以及质量保证计划保持一致。

阶段	活动	日期

11 注解

本章应包含有助于理解本文档的一般信息（例如，背景信息、词汇表、原理）。本章应包含为理解本文档需要的术语和定义，所有缩略语和它们在文档中的含义的字母序列表。

附录

附录可用来提供那些为便于文档维护而单独出版的信息（例如图表、分类数据）。为便于处理，附录可单独装订成册。附录应按字母顺序（A、B等）编排。

附表

附表 1: 产品发布清单

产品发布清单

项目名称		项目标识	
发布范围			

产品发布清单

序号	产品名称	所属基线	密级	版本号	是否收回	规定收回时间

发布列表

序号	发布人	发布日期	发布对象			回收日期	备注
			姓名	所属部门	确认签名		

项目标识：按照《标识规范》为项目分配的标识号。

发布范围：产品发布到公司内外哪些部门。

所属基线：随着项目的进展，产品当前配置到的项目基线。

密级：绝密、机密、秘密、普通。

发布对象：产品被发布到的责任人。

附表 2：配置变更申请单。

配置变更申请表

1．项目（系统）名称：			
2．变更标识号：		3．基线类别：	
4．申请人姓名：		5．申请日期：	
6．变更描述：			
7．变更理由：			
评估			
8．估计工时：	11．受影响配置项：		版本：
9．需要资源：			
10．评估人： 日期			
变更批准			
12．审批人： 　意见： 　日期	16．变更配置项：		版本：
13．变更实施人： 　日期			
14．完成日期：	15．实际工时：		
基线更新批准			
17 审批人： 　意见： 　日期		18．SQA 批准： 　日期：	
19 更新人： 　日期		20．备注：	

变更标识号：项目标识＋变更序号。

基线类别：正式基线变更、（非正式基线变更）开发基线变更。

需要资源：需要哪些工具、哪方面的人员、哪方面的培训。

受影响配置项：估计将受影响的配置项。

变更配置项：实际发生变更的配置项。

附表3：配置问题报告单。

配置问题报告单

1. 项目（系统）名称：			
2. 问题标识号：		3. 基线类别：	
4. 报告人姓名：		5. 报告日期：	
6. 问题描述：			
7. 影响范围：			
评估			
8. 估计工时：	11. 受影响配置项：		版本：
9. 需要资源：			
10. 评估人： 日期			
变更批准			

12. 审批人：
  意见：
  日期
	16. 变更配置项：		版本：

13. 变更实施人： 日期：			
14. 完成日期：	15. 实际工时：		
基线更新批准			

17 审批人：
  意见：
  日期：
		18. SQA 批准：
		  日期：	

19 更新人： 日期：		20. 备注：	

问题标识号：项目标识＋向题序号。

基线类别：需求、设计、代码、交付基线等。

影响范围：估计将受影响的功能组件、模块、配置等。

需要资源：需要哪些工具、哪方面的人员、哪方面的培训。

受影响配置项：估计将受影响的配置项。

变更配置项：实际发生变更的配置项。

附表4：配置变更和问题登录表

配置变更和问题登录表

项目名称：　　　　　　　　　　　　　　　　　　　　　　　　　　　　　配置管理员：

标识号	申请人	申请日期	概述	受影响配置项	修改前版本/修改后版本	批准情况	实施人	完成日期	纳入基线日期	状态及标识日期

标识号：变更申请标识号或问题标识号。

批准情况：批准、拒绝、延缓。

状态及标识日期：配置项当前的变更状态（参见本程序文件）及记录当前状态的时间。

附表5：配置状态统计报告

配置状态统计报告

项目名称：　　　　　　　　　　　　　统计人：　　　　　　　　统计日期：

序号	基线标识/名称	版本号	序号	配置项标识/名称	版本号	变更状态							
						变更或问题编号	变更人	变更开始日期	变更简述	受影响配置项及变更后版本号	变更完成日期	纳入基线日期	状态及标识日期

"基线标识"前的"序号"：指基线的序号。

"配置项标识"前的"序号"：指配置项在该基线中的序号。

附表 6：配置审核报告

配置审核报告

项目名称：				
审核类型：基线审核 □ 软件发布审核 □ 审核人员：			日期：	
<div align="center">工作产品审核</div>				
应完成的工作产品			完成情况	
<div align="center">变更情况审核</div>				
变更/问题编号	变更开始日期	变更计划完成日期	是否完成	相关项更新情况
<div align="center">版本描述文件完备性审核</div>				
版本号：				
版本说明评价：				
<div align="center">配置项追溯关系审核</div>				
配置项追溯关系维护情况：				
<div align="center">质量检查点和质量保证活动审核</div>				
质量检查点的设置及检查活动完成情况：				
质量保证活动完成情况：				

相关项更新情况：指定配置变更请求或问题报告单中所有受影响配置项的变更情况说明（是否完成、实施状态）。

版本说明评价、配置项追溯关系维护情况：是否完整、准确，存在哪些问题。

IX 项目开发总结报告（PDSR）

说明：

项目开发总结报告的编制是为了总结本项目开发工作的经验，说明实际取得的开发结果以及对整个开发工作的各个方面的评价。

项目开发总结报告的正文格式如下：

1 引言

本章应分成以下几条。

1.1 标识

本条应包含本文档适用的系统和软件的完整标识，（若适用）包括标识号、标题、缩略词语、版本号、发行号。

1.2 系统概述

本条应简述本文档适用的系统和软件的用途。它应描述系统与软件的一般性质；概述系统开发、运行和维护的历史，标识项目的投资方、需方、用户、开发方和支持机构；标识当前和计划的运行现场；并列出其他有关文档。

1.3 文档概述

本条应概述本文档的用途与内容，并描述与其使用有关的保密性与私密性要求。

2 引用文件

本章应列出本文档引用的所有文档的编号、标题、修订版本和日期。也应标识不能通过正常的供货渠道获得的所有文档的来源。

3 实际开发结果

3.1 产品

说明最终制成的产品，包括：

（1）本系统（CSCI）中各个软件单元的名字，它们之间的层次关系，以千字节为单位的各个软件单元的程序量、存储媒体的形式和数量；

（2）本系统共有哪几个版本，各自的版本号及它们之间的区别；

（3）所建立的每个数据库。

如果开发计划中制订过配置管理计划，要同这个计划相比较。

3.2 主要功能和性能

逐项列出本软件产品所实际具有的主要功能和性能，对照可行性分析（研究）报告、项目开发计划、功能需求说明书的有关内容，说明原定的开发目标是达到了、未完全达到、或超过了。

3.3 基本流程

用图给出本程序系统的实际的基本的处理流程。

3.4 进度

列出原计划进度与实际进度的对比，明确说明实际进度是提前了，还是延迟了，分析主要原因。

3.5 费用

列出原定计划费用与实用支出费用的对比，包括：

（1）工时，以人月为单位，并按不同级别统计；

（2）计算机的使用时间，区别 CPU 时间及其他设备时间；

（3）物料消耗、出差费等其他支出。

明确说明，经费是超过了，还是节余了，分析主要原因。

4 开发工作评价

4.1 对生产效率的评价

给出实际生产效率，包括：

(1) 程序的平均生产效率，即每人月生产的行数；

(2) 文件的平均生产效率，即每人月生产的千字数。

并列出原计划数做对比。

4.2 对产品质量的评价

说明在测试中检查出来的程序编制中的错误发生率，即每千条指令（或语句数）中的错误指令数（或语句数）。如果开发中制订过质量保证计划或配置管理计划，要同这些计划相比较。

4.3 对技术方法的评价

给出在开发中所使用的技术、方法、工具、手段的评价。

4.4 出错原因的分析

给出对于开发中出现的错误的原因分析。

4.5 风险管理

(1) 初期预计的风险；

(2) 实际发生的风险；

(3) 风险消除情况。

5 缺陷与处理

分别列出在需求评审阶段、设计评审阶段、代码测试阶段、系统测试阶段和验收测试阶段发生的缺陷及处理情况。

6 经验与教训

列出从这项开发工作中得到的最主要的经验与教训及对今后的项目开发工作的建议。

7 注解

本章应包含有助于理解本文档的一般信息（例如，背景信息、词汇表、原理）。本章应包含为理解本文档需要的术语和定义，所有缩略语和它们在文档中的含义的字母序列表。

附录

附录可用来提供那些为便于文档维护而单独出版的信息（例如，图表、分类数据）。为便于处理，附录可单独装订成册。附录应按字母顺序（A、B 等）编排。

附表

附表:项目总结报告

项目总结报告

项目			编写		审批	
一般性信息						
1．生产效率						
2．质量						
3．项目工期						
	初始估算		实际		延误	
起始日期						
4．过程裁剪情况						
5．使用的工具						
风险管理						
1．初期预估的风险						

续表

规模		
估算项	估算规模	实际规模

工作量			
1. 团队最大规模			
2. 估算工作量			
3. 实际工作量			
4. 工作量在各阶段的分布			

阶段	任务（人时）	审查（人时）	返工（人时）	总计（人时）
总计（人时）				

质量成本（COQ）	COQ=（审查工作量＋返工工作量＋测试工作量＋培训工作量）/总工作量×100%
质量成本（COQ）值	COQ=

5. 工作量在各阶段的分布比例和偏差

阶段	估算值		实际值		偏差（%）
	工作量（人日）	工作量（%）	工作量（人日）	工作量（%）	
总计		100		100	

缺陷					

1. 缺陷分布情况

缺陷检测阶段	估算值		实际值		偏差（%）
	缺陷数量	占总缺陷数(%)	缺陷数量	占总缺陷数（%）	
需求评审					
设计评审					
代码测试					
系统测试					
验收测试					
总计		100		100	

2. 缺陷消除率

缺陷检测阶段	缺陷引入阶段				缺陷消除率（%）
	需求	设计	实现	其他	

续表

需求评审				
设计评审				
代码测试				
系统测试				
验收测试				

因果分析	
偏差	偏差原因

提交的过程资产

总结论

X 软件版本说明（SVD）

说明：

（1）《软件版本说明》（SVD）标识并描述了由一个或多个计算机软件配置项（CSCI）组成的一个软件的版本。它被用于发行、追踪以及控制软件的版本。

（2）术语"版本"可用于软件的最初发行，用于其后续的发行，或用于在几乎同时发行的软件的多种形式之一（例如，用于不同的场所等）。

软件版本说明的正文的格式如下：

1 引言

本章应分为以下几条。

1.1 标识

本条应包含本文档适用的系统和软件的完整标识，（若适用）包括标识号、标题、缩略词语、版本号和发行号。它也应标识 SVD 预期的接受者和该标识影响发行软件的内容的程度（例如，源代码可能不向所有的接受者发行）。

1.2 系统概述

本条应简述本文档适用的系统和软件的用途。它应描述系统和软件的一般特性；概述系统的开发、运行与维护的历史；标识项目的投资方、需方、用户、开发方和支持机构；标识当前和计划的运行现场；并列出其他有关的文档。

1.3 文档概述

本条应概述本文档的用途和内容，并描述与其使用有关的保密性或私密性要求。

2 引用文件

本章应列出本文档引用的所有文档的编号、标题、修订版本和日期。也应标识不能通过正常的供货渠道获得的所有文档的来源。

3 版本说明

本章应分为以下几条。

3.1 发行材料清单

（若适用）本条应通过标识号、标题、缩略语、日期、版本号和发行号列出构成发行软件的所有物理媒体（例如，列表、磁带、磁盘）和有关的文档。它应包括适用于这些项的保密性和私密性要求、处理它们的安全措施（例如，对静电和磁场的关注）和关于复制和许可证条款的说明和制约。

3.2 软件内容清单

（若适用）本条应通过标识号、标题、缩略语、日期、版本号和发行号列出构成发行软件版本的所有计算机文件。应包含适用的保密性和私密性要求。

3.3 已安装的变更

本条应包含一张列表，记录当前的软件版本自上一个版本后引入的所有变更。如果使用了变更类别，则变更应按这些类别进行划分。（若适用）本条应标识与每一变更和（若有）每一变更对系统运行和其他软硬件接口产生的影响相关的问题报告、变更建议和变更通告。本条不适用于最初的软件版本。

3.4 适应性资料

本条应标识或引用包含在软件版本中的所有场地专用的资料。对于第一版之后的软件版本，本条应描述对适应性资料做的变更。

3.5 相关文档

（若适用）本条应按标识号、标题、缩略语、日期、版本号和发行号列出与发行软件有关但未包含在其中的所有文档。

3.6 安装指令

（若适用）本条应提供或引用以下信息：

（1）安装该软件版本的指令；

（2）为使该版本可用而必须安装的其他变更的标识，包括未包含在软件版本中的场地专用的适应性资料；

（3）与安装有关的保密性、私密性和安全提示；

（4）判定版本是否被正确安装的过程；

（5）安装中遇到问题后的求助联系地点。

3.7 可能的问题和已知的错误

本条应标识软件版本在发行时可能存在的问题或已知的错误，解决问题和错误应采取的步骤，以及说明（直接或通过引用）如何识别、避免、更正或处理问题和错误的处理措施。给出的信息应适合于SVD预期的受众（例如，一个用户机构可能需要避免错误的建议，支持机构则需要改正错误的建议）。

4 注解

本章应包含有助于理解本文档的一般信息（例如，背景信息、词汇表、原理）。本章应包含为理解本文档需要的术语和定义,所有缩略语和它们在文档中的含义的字母序列表。

附录

附录可用来提供那些为便于文档维护而单独出版的信息(例如,图表、分类数据)。为便于处理,附录可单独装订成册。附录应按字母顺序(A、B等)编排。

XI 软件用户手册(SUM)

说明:

(1)《软件用户手册》(SUM)描述手工操作该软件的用户应如何安装和使用一个计算机软件配置项(CSCI)、一组 CSCI、一个软件系统或子系统。它还包括软件操作的一些特别的方面,诸如,关于特定岗位或任务的指令等。

(2)SUM 是为由用户操作的软件而开发的,具有要求联机用户输入或解释输出显示的用户界面。如果该软件是被嵌入在一个硬件—软件系统中,由于已经有了系统的用户手册或操作规程,所以可能不需要单独的 SUM.

软件用户手册的正文的格式如下:

1 引言

本章应分为以下几条。

1.1 标识

本条应包含本文档适用的系统和软件的完整标识,(若适用)包括标识号、标题、缩略词语、版本号和发行号。

1.2 系统概述

本条应简述本文档适用的系统和软件的用途。它应描述系统和软件的一般特性;概述系统的开发、运行与维护历史;标识项目的投资方、需方、用户、开发方和支持机构;标识当前和计划的运行现场;并列出其他有关的文档。

1.3 文档概述

本条应概述本文档的用途和内容,并描述与其使用有关的保密性或私密性要求。

2 引用文件

本章应列出本文档引用的所有文档的编号、标题、修订版本和日期。也应标识不能通过正常的供货渠道获得的所有文档的来源。

3 软件综述

本章应分为以下几条。

3.1 软件应用

本条应简要说明软件预期的用途。应描述其能力、操作上的改进以及通过本软件的使用而得到的利益。

3.2 软件清单

本条应标识为了使软件运行而必须安装的所有软件文件,包括数据库和数据文件。标识应包含每份文件的保密性和私密性要求和在紧急时刻为继续或恢复运行所必需的软件的标识。

3.3 软件环境

本条应标识用户安装并运行该软件所需的硬件、软件、手工操作和其他的资源。(若适用)包括以下标识:

(1)必须提供的计算机设备,包括需要的内存数量、需要的辅存数量及外围设备(诸如

打印机和其他的输入/输出设备);

(2) 必须提供的通信设备;

(3) 必须提供的其他软件,如操作系统、数据库、数据文件、实用程序和其他的支持系统;

(4) 必须提供的格式、过程或其他的手工操作;

(5) 必须提供的其他设施、设备或资源。

3.4 软件组织和操作概述

本条应从用户的角度出发,简要描述软件的组织与操作。(若适用)描述应包括:

(1) 从用户的角度来看的软件逻辑部件和每个部件的用途/操作的概述;

(2) 用户期望的性能特性,例如:

① 可接受的输入的类型、数量、速率;

② 软件产生的输出的类型、数量、精度和速率;

③ 典型的响应时间和影响它的因素;

④ 典型的处理时间和影响它的因素;

⑤ 限制,如可追踪的事件数目;

⑥ 预期的错误率;

⑦ 预期的可靠性。

(3) 该软件执行的功能与所接口的系统、组织或岗位之间的关系;

(4) 为管理软件而采取的监督措施(例如口令)。

3.5 意外事故以及运行的备用状态和方式

(若适用)本条应解释在紧急时刻以及在不同运行状态和方式下用户处理软件的差异。

3.6 保密性和私密性

本条应包含与该软件有关的保密性和私密性要求的概述。(若适用)应包括对非法制作软件或文档拷贝的警告。

3.7 帮助和问题报告

本条应标识联系点和应遵循的手续,以便在使用软件时遇到的问题时获得帮助并报告问题。

4 访问软件

本章应包含面向首次/临时的用户的逐步过程。应向用户提供足够的细节,以使用户在学习软件的功能细节前能可靠地访问软件。在合适的地方应包含用"警告"或"注意"标记的安全提示。

4.1 软件的首次用户

本条应分为以下几条。

4.1.1 熟悉设备

合适的话,本条应描述以下内容:

(1) 打开与调节电源的过程;

(2) 可视化显示屏幕的大小与能力;

(3) 光标形状,如果出现了多个光标如何标识活动的光标,如何定位光标和如何使用光标;

(4) 键盘布局和不同类型键与点击设备的功能;

(5) 关电过程,如果需要特殊的操作顺序的话。

4.1.2 访问控制

本条应提供用户可见的软件访问与保密性特点的概述。(若适用)本条应包括以下内容:

(1) 怎样获得和从谁那里获得口令;

（2）如何在用户的控制下添加、删除或变更口令；

（3）与用户生成的输出报告及其他媒体的存储和标记有关的保密性和私密性要求。

4.1.3 安装和设置

本条应描述为标识或授权用户在设备上访问或安装软件、执行安装、配置软件、删除或覆盖以前的文件或数据和键入软件操作的参数必须执行的过程。

4.2 启动过程

本条应提供开始工作的步骤，包括任何可用的选项。万一遇到困难时，应包含一张问题定义的检查单。

4.3 停止和挂起工作

本条应描述用户如何停止或中断软件的使用和如何判断是否是正常结束或终止。

5 使用软件指南

本章应向用户提供使用软件的过程。如果过程太长或太复杂，按本章相同的段结构添加第 6 章、第 7 章……标题含义与所选择的章有关。文档的组织依赖于被描述的软件的特性。例如，一种办法是根据用户工作的组织、他们被分配的岗位、他们的工作现场和他们必须完成的任务来划分章。对其他的软件而言，让第 5 章成为菜单的指南，让第 6 章成为使用的命令语言的指南，让第 7 章成为功能的指南更为合适。在 5.3 的子条中给出详细的过程。依赖于软件的设计，可能根据逐个功能，逐个菜单，逐个事务或其他的基础方式来组织条。在合适的地方应包含用"警告"或"注意"标记的安全提示。

5.1 能力

为了提供软件的使用概况，本条应简述事务、菜单、功能或其他的处理相互之间的关系。

5.2 约定

本条应描述软件使用的任何约定，例如使用的颜色、使用的警告铃声、使用的缩略词语表和使用的命名或编码规则。

5.3 处理过程

本条应解释后续条（功能、菜单、屏幕）的组织，应描述完成过程必需的次序。

5.3.x 软件使用的方面

本条的标题应标识被描述的功能、菜单、事务或其他过程。（若适用）本条应描述并给出以下各项的选择与实例，包括：菜单、图标、数据录入表、用户输入、可能影响软件与用户的接口的来自其他软硬件的输入、输出、诊断或错误消息或报警和能提供联机描述或指导信息的帮助设施。给出的信息格式应适合于软件特定的特性，但应使用一种二致的描述风格，如对菜单的描述应保持一致，对事务描述应保持一致。

5.4 相关处理

本条应标识并描述任何关于不被用户直接调用，并且在 5.3 中也未描述的由软件所执行的批处理、脱机处理或后台处理。应说明支持这种处理的用户职责。

5.5 数据备份

本条应描述创建和保留备份数据的过程，这些备份数据在发生错误、缺陷、故障或事故时可以用来代替主要的数据拷贝。

5.6 错误，故障和紧急情况时的恢复

本条应给出从处理过程中发生的错误、故障中重启或恢复的详细步骤和保证紧急时刻运行的连续性的详细步骤。

5.7 消息

本条应列出完成用户功能时可能发生的所有错误消息、诊断消息和通知性消息，或引用列出这些消息的附录。应标识和描述每一条消息的含义和消息出现后要采取的动作。

5.8 快速引用指南

如果适用于该软件的话，本条应为使用该软件提供或引用快速引用卡或页。如果合适，快速引用指南应概述常用的功能键、控制序列、格式、命令或软件使用的其他方面。

6 注解

本章应包含有助于理解本文档的一般信息（例如，背景信息、词汇表、原理）。本章应包含为理解本文档需要的术语和定义，所有缩略语和它们在文档中的含义的字母序列表。如果第 5 章扩展到了第 6 章至第 N 章，本章应编号为第 N 章之后的下一章。

附录

附录可用来提供那些为便于文档维护而单独出版的信息（例如，图表、分类数据）。为便于处理，附录可单独装订成册。附录应按字母顺序（A、B 等）编排。

XII 计算机操作手册（COM）

说明：

（1）《计算机操作手册》（COM）提供操作指定的计算机及其外部设备所需的信息。本手册侧重计算机自身，而不是运行在其上的特定的软件

（2）COM 主要针对一些新开发的计算机、专用计算机、无现成的商用操作手册或其他操作手册可用的其他的计算机。

计算机操作手册的正文的格式如下：

1 引言

本章应分为以下几条。

1.1 标识

本条应包含本文档所适用的计算机系统的制造商名、型号和其他的标识信息。

1.2 计算机系统概述

本条应简述本文档所适用的计算机系统的用途。

1.3 文档概述

本条应概述本文档的用途和内容并描述与其使用有关的保密性或私密性要求。

2 引用文件

本章应列出本文档引用的所有文档的编号、标题、修订版本和日期。也应标识不能通过正常的供货渠道获得的所有文档的来源。

3 计算机系统操作

本章应分为以下几条。在合适的地方应包含用"警告"或"注意"标记的安全防范提示。

3.1 计算机系统的准备和关机

本条应分为以下几条。

3.1.1 加电和断电

本条应包含计算机系统加电和断电的必要规程。

3.1.2 启动过程

本条应包含启动计算机系统操作必需的步骤（若适用），包括设备加电、操作前准备、自

检和启动计算机系统的典型命令。

3.1.3 关机
本条应包含终止计算机系统操作的必要规程。

3.2 操作过程
本条应分为以下几条。如果有多种操作方式，应为每一种方式提供相应的说明。

3.2.1 输入和输出过程
本条应描述与计算机系统有关的输入和输出媒体（例如，磁盘、磁带），描述在这些媒体上的读写过程，简述操作系统的控制语言，并列出交互消息和响应过程（例如，使用的终端、口令、键）。

3.2.2 监视过程
本条应包含监视计算机系统的操作所应遵循的过程。它应描述可用的指示器，对这些指示器的解释和必须遵循的规程及专用监视过程。

3.2.3 脱机过程
本条应包含操作所有与计算机系统有关的脱机设备的必须的过程。

3.2.4 其他过程
本条应包含操作员要遵循的任何附加的过程（例如，计算机系统报警、计算机系统保密性或私密性要求、切换到冗余的计算机系统，或在紧急情况下保证操作连续性的其他措施。）

3.3 问题处理过程
本条应标识在本章前几条所描述的操作步骤中可能发生的问题。它应陈述错误消息或与该问题相关的其他指示信息，并应描述针对每一发生的问题要遵循的自动和手工的过程（若适用），包括评价技术、要求关闭计算机系统的条件、联机干预或非正常退出的过程、在操作中断或非正常退出后采取的重新启动计算机系统操作的步骤，以及记录有关故障的过程。

4 诊断功能
本章应分为以下几条描述为标识和定位计算机系统内的故障而可能采取的诊断措施。

4.1 诊断功能综述
本条应概述计算机系统的诊断功能。包括错误消息语法和故障隔离的层次结构。本条应描述每一个诊断功能的目的。

4.2 诊断过程
本条应分为以下几条描述计算机系统要遵循的诊断过程，包括：
（1）执行每一诊断过程需要的硬件、软件或固件的标识；
（2）执行每一诊断过程的分步指令；
（3）诊断消息和相应的要求动作。

4.3 诊断工具
本条应分为以下几条描述计算机系统可用的诊断工具。这些工具可能是硬件、软件或固件。本条应用名字和编号来标识每一个工具，并描述这种工具和它的应用。

5 注解
本章应包含有助于理解本文档的一般信息（例如，背景信息、词汇表、原理说明）。本章应包含为理解本文档需要的术语和定义，所有缩略语和它们在文档中的含义的字母序列。

附录
附录可用来提供那些为便于文档维护而单独出版的信息（例如，图表、分类数据）。为便于处理，附录可单独装订成册。附录应按字母顺序（A、B 等）编排。

参 考 文 献

[1] IAN SOMMERVILLE. 软件工程[M]. 程成，等，译. 北京：机械工业出版社，2013.

[2] 张海藩. 软件工程导论[M]. 2版. 北京：清华大学出版社，2008.

[3] 钱乐，赵文耘，牛军钰. 软件工程导论[M]. 2版. 北京：清华大学出版社，2013.

[4] 佟伟光. 软件测试[M]. 2版. 北京：人民邮电学出版社，2016.

[5] 杨林，赵池龙，姜义平，等. 软件工程实践教程[M]. 2版. 北京：电子工业出版社，2011.

[6] 朱少民，韩莹. 软件项目管理[M]. 2版. 北京：人民邮电学出版社，2016.

[7] 刘明亮，高章舜. 信息系统项目管理师教程[M]. 2版. 北京：清华大学出版社，2012.

[8] 孟祥旭. 人机交互基础教程[M]. 2版. 北京：清华大学出版社，2012.

[9] RON PATTON. 软件测试[M]. 2版. 张小松，王钰，曹跃，等，译. 北京：机械工业出版社，2006.

[10] 张万军，储善忠. 基于CMMI的软件工程教程[M]. 北京：北京交通大学出版社，2008.

[11] 李联宁. 大数据技术及应用教程[M]. 北京：清华大学出版社，2016.

[12] 埃尔，等. 云计算：概念、技术与架构[M]. 龚奕利，译. 北京：机械工业出版社，2014.

[13] 马慧，杨一平. 软件质量管理与认证方法[M]. 北京：清华大学出版社，2011.

[14] 黄国光，周勇. 软件需求工程[M]. 北京：清华大学出版社，2008.

[15] 李莹，吴江琴. 软件工程形式化方法与语言[M]. 杭州：浙江大学出版社，2010.

[16] ALAN SHALLOWAY，IAMES R TROTT. 设计模式精解[M]. 熊节，译. 北京：清华大学出版社，2004.

[17] 何克清，李兵，马于涛，等. 大数据时代的软件工程关键技术[J]. 中国计算机学会通讯，2014，10(3).

[18] 李磊. 面向服务计算的若干关键技术研究[D]. 合肥：中国科技大学，2008.

[19] 杨芙清. 软件工程技术发展思索[J]. 软件学报，2005，16(1).

参考文献

[1] IAN SOMMERVILLE. 软件工程[M]. 程成, 等, 译. 北京: 机械工业出版社, 2012.

[2] 张海藩. 软件工程导论[M]. 7版. 北京: 清华大学出版社, 2008.

[3] 郑人杰, 殷人昆, 李宁安. 软件工程导论[M]. 2版. 北京: 清华大学出版社, 2018.

[4] 张海藩. 软件测试[M]. 2版. 北京: 人民邮电出版社, 2016.

[5] 朱少民, 钟远光, 董孟高, 等. 软件工程理论与实践[M]. 2版. 北京: 电子工业出版社, 2011.

[6] KU尔茨, 布鲁格. 实用面向对象[M]. 2版. 北京: 人民邮电出版社, 2016.

[7] 刘伟强, 胡志刚. 基于UML的面向对象分析与设计[M]. 2版. 北京: 清华大学出版社, 2012.

[8] 麻志毅. 人机交互及其应用[M]. 2版. 北京: 清华大学出版社, 2012.

[9] RON PATTON. 软件测试[M]. 2版. 张小松, 王珏, 曹跃, 等, 译. 北京: 机械工业出版社, 2006.

[10] 朱少民. 软件测试. 基于CMMI的软件工程实践[M]. 北京: 北京交通大学出版社, 2003.

[11] 单美贤. 大型软件架构及实践教程[M]. 北京: 清华大学出版社, 2010.

[12] 郑人杰, 等. 文件质量. 技术与规则[M]. 北京: 北京工业出版社, 2014.

[13] 贝克, 一个. 软件构架与设计[M]. 北京: 清华大学出版社, 2011.

[14] 贾振华, 郑莉. 软件架构与工程[M]. 北京: 清华大学出版社, 2008.

[15] 李航, 贾正华. 软件工程理论与方法[M]. 杭州: 浙江大学出版社, 2010.

[16] ALAN SHALLOWAY, JAMES R TROTT. 设计模式之禅[M]. 熊节, 译. 北京: 清华大学出版社, 2004.

[17] 刘建国, 高文, 王千祥, 等. 大型软件开发过程的工程化管理技术[J]. 中国计算机学会通讯, 2014, 10(3).

[18] 李航. 面向服务的架构分析与建模研究[D]. 合肥: 中国科技大学, 2005.

[19] 杨芙清. 软件工程技术发展思索[J]. 软件学报, 2005, 16(1).